Raspberry Pi – Das technische Handbuch

Klaus Dembowski

Raspberry Pi – Das technische Handbuch

Konfiguration, Hardware, Applikationsentwicklung

3., erweiterte und aktualisierte Auflage

Klaus Dembowski
Hamburg, Deutschland

Hinweis für die E-Book-Ausgabe: Die beiden Umschlagseiten mit der Schnellübersicht der Raspberry Pi-Befehle und die Signalbelegungen des GPIO-Ports stehen auf der Internetseite zum Buch.

ISBN 978-3-658-27492-4 ISBN 978-3-658-27493-1 (eBook)
https://doi.org/10.1007/978-3-658-27493-1

Die Deutsche Nationalbibliothek verzeichnet diese Publikation in der Deutschen Nationalbibliografie; detaillierte bibliografische Daten sind im Internet über http://dnb.d-nb.de abrufbar.

Springer Vieweg

Springer Vieweg ist ein Imprint der eingetragenen Gesellschaft Springer Fachmedien Wiesbaden GmbH und ist ein Teil von Springer Nature.
Die Anschrift der Gesellschaft ist: Abraham-Lincoln-Str. 46, 65189 Wiesbaden, Germany

Vorwort zur 3. Auflage

An der Cambridge University in England wurde ab 2006 an der Entwicklung eines Minicomputers gearbeitet, um den Studenten hiermit ein kostengünstiges System für das Programmieren an die Hand geben zu können. Was auf einer Lochrasterplatine mit einem Prozessor der Firma Atmel startete, nahm durch die Verfügbarkeit von leistungsfähigeren und preisgünstigen ARM-Prozessoren im Jahre 2012 Gestalt an, und zwar in Form des ersten Raspberry Pi auf der Basis eines BCM2835 der Firma Broadcom. Seitdem sind verschiedene Versionen davon erschienen, was mittlerweile zu über 18 Millionen verkauften Exemplaren geführt und den Raspberry Pi zum beliebtesten Minicomputer weltweit gemacht hat, denn jeder zweite, der sich privat oder beruflich mit Elektronik beschäftigt, setzt ihn bereits ein.

Minicomputer sind natürlich auch zuvor entwickelt worden und laufend kommen andere Modelle – auch als vermeintliche Konkurrenz zum Raspberry Pi – auf den Markt. Wie der Raspberry Pi arbeiten Systeme wie Beagle Bone, Cubieboard, Cubietruck, Pandaboard oder der Banana Pi nach einem Open-Source-Konzept ebenfalls mit Prozessoren auf ARM-Basis und bieten eigene Communities. Die verschiedenen Versionen vom Banana Pi sehen den Raspberry Pi Boards sogar zum Verwechseln ähnlich, stammen jedoch nicht von der *Raspberry Pi Foundation*, sondern aus China.

Auch wenn die erwähnten Boards teilweise über eine leistungsfähigere Ausstattung als ein Raspberry Pi verfügen und sich in der gleichen Preisregion bewegen, sind sie dazu nicht kompatibel. Selbst Firmen wie Microsoft und Intel haben eigene Lösungen entwickelt, wobei Intel mit Galileo und Edison sowie Microsoft mit ihrer .NET Gadgeteer-Plattform gegen den Raspberry Pi im Grunde genommen gescheitert sind. Ein Raspberry Pi ist für das, was er zu leisten vermag, sowie funktionstechnisch und preislich gesehen in diesem Bereich nach wie vor die erste Wahl. Neben dem preislichen Aspekt sind die universelle Verwendbarkeit, der einfache Zugang zum System und eine gute Unterstützung von Bedeutung.

Das hauptsächlich eingesetzte Raspbian-Betriebssystem auf der Basis von Linux lässt sich schnell und einfach einsetzen, wodurch keine Berührungsängste bei den Anwendern entstehen. *Embedded Linux* als professionell angesehenes System etwa ist demgegenüber aufwendiger und schwieriger zu installieren, zu administrieren und auch anzuwenden. Im

Gegensatz zu leistungsfähigeren Systemen, die ebenfalls mit einem ARM-Prozessor arbeiten, sind für die Applikationserstellung mit dem Raspberry Pi keine Profikenntnisse, weder bei der Programmierung noch beim Schaltungsaufbau, notwendig.

Ein wesentliches Argument für den Einsatz eines Raspberry Pi ist die Unterstützung einer weltweit sehr aktiven Community, wie sie kein kommerziell orientiertes Unternehmen anbietet. Gleichwohl sind die Informationen und Lösungen aus der Community keineswegs immer fundiert und korrekt, weil viele Raspberry Pi-Enthusiasten – quasi ungeachtet ihrer jeweiligen Kenntnisse und Erfahrungen – etwas dazu beitragen möchten, wie gehaltvoll dies mitunter auch sein mag. Deshalb verwundert es auch nicht, dass meist einfachere Dinge in unzähligen Ausführungen zu finden sind, was sich auch in Zeitschriften und in Buchform niederschlägt, wobei sogar gravierende Fehler seit Jahren weitertransportiert werden. Verlässliche Informationen zu komplexeren Eigenschaften und Themen des Raspberry Pi lassen sich hingegen kaum finden, was eigene Messungen, Programmierungen und Schaltungsentwicklungen erfordert, wie sie für dieses Buch durchgeführt worden sind.

Dementsprechend geht es in der vorliegenden dritten Auflage des Technischen Handbuchs für den Raspberry Pi weiterhin darum, das Zusammenspiel der Software mit der Hardware zu verdeutlichen, um dem Leser damit das Entwerfen und die Programmierung eigener Applikationen zu ermöglichen. Der Schwerpunkt liegt auf der Hardware mit den Schnittstellen (LAN, WLAN, GPIO, seriell SPI, I^2C, I^2S, One-Wire), die für die Kommunikation und den Datenaustausch mit Sensoren und anderen Einheiten prädestiniert sind. Es geht weniger darum, Linux oder eine bestimmte Programmiersprache zu erlernen oder um den Einsatz spezieller Peripherie.

Als vollwertiger Minicomputer kann der Raspberry Pi auch ohne spezielle elektronische Schaltungen und Programmierarbeiten für typische Computeranwendungen wie Office, Internet oder hochauflösendes Video und als Plattform für den Aufbau von Mediacentern sowie Drucker- und NAS-Server eingesetzt werden, was im Kapitel 4 behandelt wird. Zu beachten ist dabei, dass der Raspberry Pi weder ein PC, noch ein Notebook und auch kein Smartphone ist, was mitunter vor lauter Begeisterung etwas aus dem Blickfeld gerät, etwa, wenn der Raspberry Pi den heimischen PC ersetzen oder als Player und Recorder für HDTV oder auch als NAS-Server im Windows-Netzwerk fungieren soll. Es ist wichtig, dass die limitierten Ressourcen des Raspberry Pi stets mit beachtet werden. Der Raspberry Pi 4 Modell B ist für derartige Anwendungen am besten geeignet, weil er bis zu 4 GByte-Speicher, USB 3.0 und zwei HDMI-Anschlüsse bietet.

Generell eignet sich der Raspberry Pi aufgrund der Schnittstellenvielfalt und des Open-Source-Betriebssystems Linux hervorragend für die Systementwicklung, sodass er mittlerweile auch im professionellen Bereich als *Embedded System*, etwa für die Industrieautomatisierung, eingesetzt wird. Viele Proof-of-Concept-Untersuchungen basieren auf einer Raspberry Pi-Plattform. Eine Weiterentwicklung der üblichen Raspberry Pi-Ausführungen für die industrielle Anwendung bieten die *Raspberry Pi Compute Modules*, die als Modul angeboten werden und um die jeweils notwendigen Komponenten und Schnittstellen, wie eine 24 V-Versorgung sowie RS232/485 und CAN erweitert werden, was bei entsprechenden Kenntnissen und Erfahrungen in Eigenregie realisiert wird oder auch von Anbietern aus der Industrieautomatisierung hinzugekauft werden kann, worauf im letzten Kapitel näher eingegangen wird.

Geesthacht, Januar 2020 Klaus Dembowski

Inhaltsverzeichnis

Einführung 1

Der Raspberry Pi ist ein kleines preiswertes System, welches ursprünglich aus einer Platine von ca. 9 × 6 (Abb. 1.1) cm besteht, auf der sich alle notwendigen Komponenten befinden, um es als Computer verwenden zu können. Es ist lediglich noch eine SD-Karte als Speichermedium einzusetzen und ein Netzteil für die Spannungsversorgung anzuschließen. Je nach Einsatzzweck kann dies bereits als minimale Ausstattungsform dieses Single Board-Computers angesehen werden. Wenn er mit einem Programm für eine bestimmte Aufgabe programmiert wird, fungiert er damit als ein *Embedded System.*

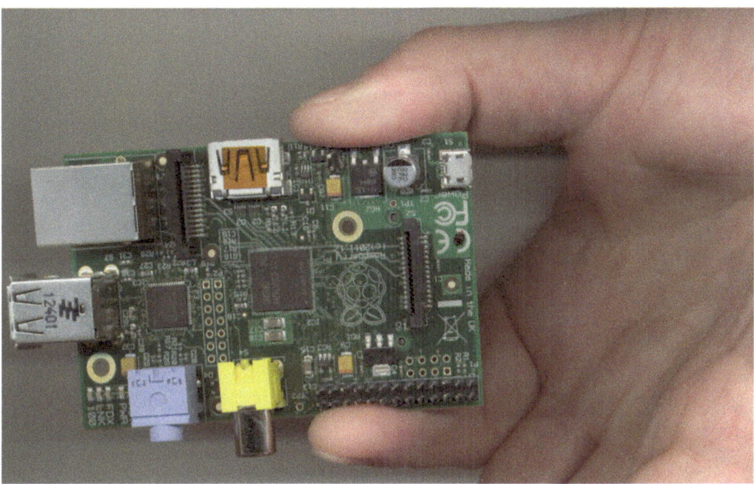

Abb. 1.1 Die erste Version des Raspberry Pi ist ein kompaktes Computerboard mit großem Leitungsumfang zu einem kleinen Preis und bietet eine Plattform für die mittlerweile zahllose Software- und auch Hardware-Lösungen existieren

K. Dembowski, *Raspberry Pi – Das technische Handbuch*,
https://doi.org/10.1007/978-3-658-27493-1_1

An das Board lassen sich ein Monitor und als Eingabegeräte eine USB-Tastatur sowie eine USB-Maus anschließen. Eine Netzwerk- und eine Audioverbindung komplettieren den Raspberry Pi hardwaretechnisch gesehen zu einem üblichen und bedienbaren Computer (Abb. 1.3). Als Betriebssystem wird hierfür meist eine spezielle Linux-Distribution eingesetzt, die sich im Gegensatz zu anderen Systemen – etwa zu Windows – als recht genügsam darstellt, wenn es darum geht, mit relativ begrenzten Hardware-Ressourcen in puncto Prozessorleistung, Speichergröße und Grafiksystem umgehen zu können.

1.1 Intention

Der Ursprung des Single Board-Computers reicht in das Jahr 2006 an die Universität Cambridge zurück. Die Intention war dabei, den Studenten sowie allen Interessierten ein kostengünstiges System an die Hand geben zu können, um ihnen hiermit das Programmieren von Computern näher zu bringen. Personal Computer, in erster Linie mit dem Betriebssystem Windows, sind zwar allgegenwärtig, im Laufe der Jahre ist es jedoch immer schwieriger und unübersichtlicher geworden, einen PC zu durchschauen und programmieren zu können, was insbesondere für die Hardware und die Programmierung derselben für eigene Anwendungen gilt. Selbst unter dem Gesichtspunkt, dass PCs für das, was sie leistungs- und funktionstechnisch bieten, immer günstiger geworden sind, kosten sie verhältnismäßig viel Geld.

In früheren Zeiten war es für viele PC-Benutzer fast selbstverständlich, dass auch eigene Programme und Hardware-Erweiterungen für den Computer umgesetzt wurden, weshalb der PC damals noch als ein Gerät für Spezialisten wie Informatiker oder Elektroniker angesehen wurde. Diesen Status hat er schon lange nicht mehr, und dass er sich prinzipiell intuitiv von jedermann für alle möglichen Aufgaben einsetzen lässt, ist letztendlich der für den Anwender immer einfacher erscheinenden Software geschuldet. Auf der Programmierebene führt diese Anwenderfreundlichkeit vermehrt zu aufwendigeren Prozessen, was nicht nur das entsprechende *Know How*, sondern auch eine Vielzahl spezieller Tools, Entwicklungsumgebungen und Programmiersprachen erfordert. Nicht selten entsteht beim Windows-Betriebssystem und den entsprechenden Programmen der Eindruck, dass hier geradezu eine Unmenge an überflüssigem Programmcode „mitgeschleppt“ wird, der selten bis nie aufgerufen wird, was teilweise an der durchgängigen Kompatibilität des Personal Computers mit Windows liegt, was zu recht hohen Leistungs- und Speicheranforderungen führt. Aus diesen Gründen ist ein üblicher PC als Lern-, Experimentier- und Programmiersystem für Einsteiger ungeeignet.

An der Universität in Cambridge wurde Anfang der achtziger Jahre ein Heimcomputer mit 6502-CPU (2 MHz) entwickelt, der in britischen Schulen als Lehrmodell fungierte und in einer Sendereihe von der BBC unterstützt wurde. Hergestellt wurde dieser Heimcomputer, der als *BBC Micro* bekannt ist, von der englischen Firma Acorn, die später als ARM (siehe Abschn. 3.1) von sich reden machte. Einer der Entwickler war Jack Lang, der auch an der Raspberry Pi-Entwicklung beteiligt war, was verdeutlicht, dass hier ebenfalls der Gedanke für die Schaffung eines „Lehrsystems“ Pate gestanden hat.

Abb. 1.2 Der Computer BBC Micro ist ebenfalls für Lehrzwecke von der Universität Cambridge konzipiert worden

1.2 Raspberry Pi-Entwicklung

Im Gegensatz zum *BBC Micro* (Abb. 1.2) sollte der Raspberry Pi jedoch wesentlich günstiger sein. Außerdem ist der Raspberry Pi von vornherein dafür vorgesehen, auch Büroanwendungen und Spiele ausführen zu können. Aktuelle Features wie die Möglichkeit eines Internet-Zuganges und die Videowiedergabe in High Definition-Qualität lassen erkennen, dass es sich dabei um einen „richtigen" Computer im Kleinformat handelt.

Die Entwicklung basiert maßgeblich auf den Vorstellungen von David Braben, der bereits als Student in Cambridge 1984 das bekannte Weltraumspiel *Elite* entwickelt und das Entwicklerstudio *Frontier Developments* gegründet hatte. Zusammen mit zwei weiteren Informatikern aus Cambridge (Alan Mycroft, Rob Mullins) und Eben Upton, einem Cambridge-Absolventen, der mittlerweile Technical Director bei der Firma Broadcom war, sowie dem Unternehmer Pete Lomas (Norcott Technologies, Electronic Design), ebenfalls ein Cambridge-Absolvent, wurde die *Raspberry Pi Foundation* als gemeinnützige Stiftung gegründet, um das Projekt zu finanzieren und Entwickler von Open-Source-Software mit auf den Plan zu rufen.

Die Foundation wollte bei der Namensgebung für den Single Board-Computer die Tradition weiterverfolgen, Computer nach Obstsorten zu benennen, wie Acorn (Eichel) oder Apricot (Aprikose), beide mit Cambridge/ARM-Tradition, wobei die bekannteste Frucht sicherlich Apple ist, deren Produkte wie iPad oder iPhone interessanterweise ebenfalls mit ARM-Prozessoren arbeiten. Nach längeren Diskussionen einigte man sich dann auf Raspberry (Himbeere) mit dem Zusatz *Pi*, der nicht für *Pie*, also Torte oder Kuchen, stehen soll, sondern für die Kennzeichnung der Hauptprogrammiersprache des Systems, Python, gedacht ist.

Entgegen der ursprünglichen Idee wurde der Vertrieb der Raspberry Pi-Boards nicht selbst von der Foundation übernommen, sondern an die beiden weltweit agierenden Distributoren RS-Components und Farnell übertragen. Nach dem Verkaufsstart am 29.02.12 konnten die Distributoren innerhalb einer Stunde über 10.000 Boards verkaufen. Der Andrang war so groß, dass der Verkauf ausgesetzt werden musste und Interessenten sich erst für ein einziges Exemplar pro Käufer zu registrieren hatten, bevor es dann Wochen bis Monate später wieder erhältlich war.

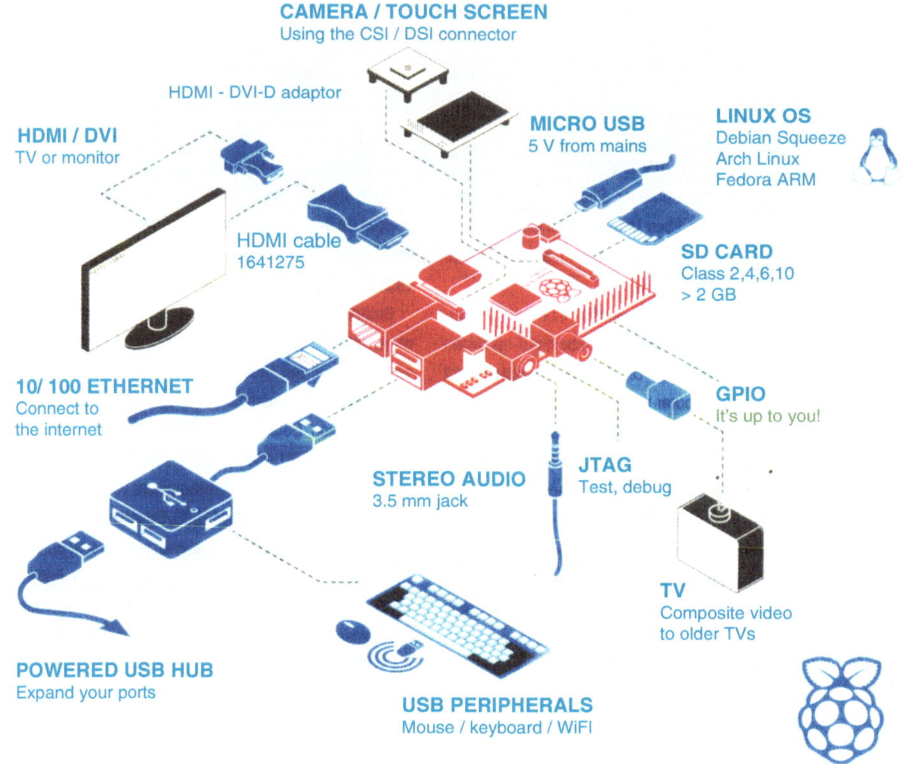

Abb. 1.3 Der Raspberry Pi erlaubt die Verbindung mit verschiedener Peripherie, was vielfältige Einsatzmöglichkeiten gestattet

Bis 2018 sind über 12 Millionen Stück von Raspberry Pi-Modellen verkauft worden – mittlerweile sollen es sogar über 20 Millionen sein –, wobei der Raspberry Pi 3B aktuell das meistverkaufte Modell ist, welches sich mit ca. 30 Prozent in den Verkaufszahlen niederschlägt. Die Raspberry Pi-Boards sind mittlerweile bei zahlreichen Firmen erhältlich, wobei die Preise keineswegs identisch sind und die Kosten für Transport und Verpackung ebenfalls unterschiedlich ausfallen.

1.3 Open Source und Maker Scene

Der Raspberry Pi hat weltweit einen „Hype" ausgelöst, was nicht nur am günstigen Preis liegt, sondern am Gesamtkonzept. Es basiert letztendlich auf dem Open-Source-Gedanken, der somit Programmieren und Experimentieren auf aktueller Hardware fördert, was mittlerweile zu einer sehr aktiven Community und damit zahllosen Applikationen geführt hat.

Die Raspberry Pi-Hardware wird von der Foundation allerdings nicht vollständig offengelegt, was teilweise auch an den Rechten der Firma Broadcom liegt, die den speziellen ARM-Prozessor sowie einige der Peripherie-Chips liefern.

Konsequent Open Source ist das Arduino-Projekt, welches Software mit Hardware (Abb. 1.4) kombiniert, und erstmalig versucht hat, auch Laien einen einfachen, relativ kostengünstigen Zugang zur Programmierung und Hardware-Entwicklung zu ermöglichen. Initiiert wurde Arduino im Jahre 2005 von Massimo Banzi und David Cuartielles am *Interaction Design Institute Iverea* in Italien, ursprünglich gedacht für die Steuerung von interaktiven Objekten und Installationen in Kunstausstellungen und Museen. Dabei spielt die Interaktion mit der Umwelt und/oder den Betrachtern eine wichtige Rolle. Für die Kommunikation mit der realen – der analogen – Umwelt ist deshalb von vornherein der Einsatz von Sensoren und Aktoren vorgesehen, die die analogen Signale umsetzen und mit einem Mikrocontroller kommunizieren, was aktuell als *Physical Computing* bezeichnet wird.

Abb. 1.4 Das Uno-Board arbeitet mit einem AVR-Mikrocontroller vom Typ ATmega328 und stellt die am häufigsten verwendete Arduino-Platine dar

Arduino ist im Gegensatz zum Raspberrry Pi nicht als Computer mit eigenem Betriebssystem ausgelegt, der alle möglichen Anwendungen wie Office, Mediacenter oder auch als Web-Server ausführen kann. Demnach kann der Raspberrry Pi auch ohne eigenes Programmieren „nur" als Mini-PC eingesetzt werden. Bei Arduino wird demgegenüber stets ein Mikrocontroller für eigene Projekte programmiert. Die Arduino-Entwicklungsumgebung (Abb. 1.5), die mit Windows-, Linux- und Mac OS-Computern eingesetzt werden kann, basiert auf einem Java-Dialekt (Processing) und wirkt sehr übersichtlich. Die Programme werden in einem vereinfachten C-Dialekt (Wiring) erstellt, die bei Arduino als *Sketches* bezeichnet werden. Ein wesentlicher Bestandteil sind dabei die zur Verfügung gestellten *Core Libraries*, die eine Vielzahl von unterschiedlichen Boards unterstützen und die Komplexität der Software gegenüber dem Programmierer verbergen.

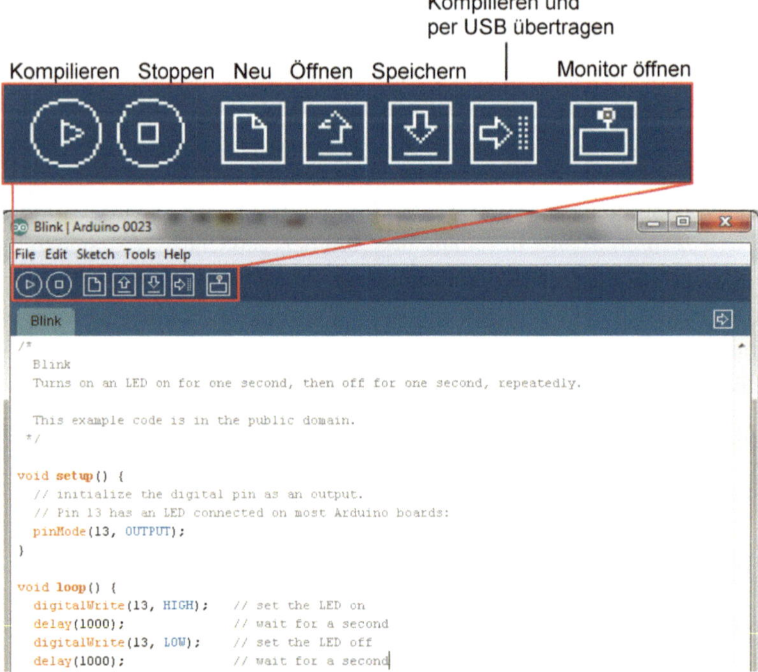

Abb. 1.5 Die Arduino-Entwicklungsumgebung ist einfach aufgebaut, was die Erstellung eigener Programme sehr erleichtert. Hier ist das typische LED-Blink-Programm in der Bearbeitung

Die Arduino-Plattform und der Raspberry Pi haben wesentlich zum Boom der elektronischen *Maker Scene* beigetragen. Deshalb verwundert es auch nicht, dass von allen möglichen Firmen und Herstellern verschiedenste Mikrocontroller- und Computer-Boards vorgestellt werden, die diese Zielgruppe adressieren. Gleichwohl sind Arduino und Raspberry Pi nach wie vor die beiden populärsten Maker-Plattformen, die zunehmend auch im professionellen Bereich eingesetzt werden.

1.4 Raspberry Pi-Modelle im Überblick

Der Verkauf des Raspberry Pi startete mit dem Modell B (Abb. 1.6), gefolgt vom Modell A Anfang des Jahres 2013. Beide Board-Typen unterscheiden sich lediglich dadurch, dass das Modell B über einen SDRAM-Speicher von 512 MByte verfügt, das Modell A hingegen lediglich 256 MByte, nur einen einzigen USB-Port und keinen Ethernet-Anschluss besitzt. Die erste Version des Modell B, die nur kurzzeitig am Markt war, besaß ebenfalls nur einen SDRAM-Speicher von 256 MByte.

Abb. 1.6 Das Raspberry Pi- Modell A weist die Größe des Original-Modells auf und besitzt keinen Ethernet- und nur einen USB-Anschluss

Im Jahre 2014 folgten die +Modelle (Abb. 1.7), die als wesentliche Neuerung gegenüber den vorherigen Modellen über einen um 14 Kontakte erweiterten GPIO-Connector, der nunmehr 40-polig ist, verfügen und als Speichermedium statt einer *SD Card* eine *Micro SD Card* verwenden. Das B+-Modell besitzt jetzt vier statt bisher zwei USB 2.0-Anschlüsse; das Modell A+ demgegenüber nur einen USB 2.0-Port, keinen Ethernet-Anschluss und die Platine ist kleiner (6,5 × 5,6 cm) geworden. Separate Audio- und Video-Buchsen gibt es bei den +Modellen nicht mehr; die Signale sind nunmehr an einer vierpoligen Klinkensteckerbuchse zusammengefasst.

Abb. 1.7 Modell B+ (links) und Modell A+ (rechts) bieten einen erweiterten GPIO-Port mit 40 Kontakten

Außerdem ist 2014 ein *Raspberry Pi Compute Module* (Abb. 1.8) plus einem hierzu passenden Träger-Board als *Compute Module Development Kit* erschienen, was explizit auf die Entwicklung eigener Embedded-Lösungen abzielt, die den Raspberry Pi als Controller einsetzen. Ein *Compute Module* hat die gleichen Abmessungen und die gleiche Kontaktanzahl wie ein DDR2-SO-DIMM-Speichermodul, wie es bei Notebooks verwendet wird, und verfügt, abgesehen von den Platinensteckkontakten, über keinerlei weitere Anschlüsse. Demnach befindet sich auf dem Träger-Board ein entsprechender Slot für die Aufnahme des *Compute Moduls* sowie die Spannungsversorgung und die üblichen Anschlüsse (HDMI, USB, GPIO, CSI, DSI). Das Träger-Board (vgl. auch Abb. 1.11) ist lediglich als Entwicklungsbasis vorgesehen, um hiermit eigene Hardware-Entwicklungen für das *Compute Module* zu erleichtern.

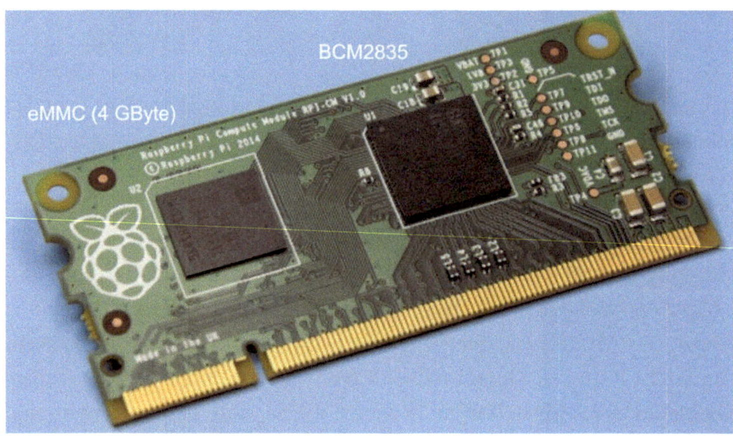

Abb. 1.8 Das Raspberry Pi Compute Modul ist in Form eines Speichermoduls ausgeführt und beherbergt lediglich den SoC BCM2835 mit integriertem RAM sowie den Flash-Speicher in Form eines eMMC-Chips

Mit dem Modell 2B wurde Anfang des Jahres 2015 ein leistungsfähigerer Raspberry Pi auf der Basis eines ARM Cortex A7 präsentiert, der mit einem Vierkern SoC (BCM2836) arbeitet, nunmehr mit 900 MHz, statt 700 MHz getaktet wird und über einen SDRAM-Speicher von 1 GByte verfügt. Alle anderen Ausstattungsmerkmale entsprechen denen des Modells B+ (Abb. 1.7, links).

Anfang 2016 erschien das Modell 3B (Abb. 1.9), wiederum mit einem neuen SoC (BCM2837) der erstmalig auf einer 64-Bit-Architektur (ARM Cortex A53), ebenfalls mit vier Kernen, basiert. Der CPU-Takt wurde dabei auf 1,2 GHz angehoben sowie der Takt des *Video Core IV* auf 400 MHz, der bei den vorherigen Modellen 250 MHz beträgt. Als wichtige Neuerung werden jetzt auch WLAN und Bluetooth *OnBoard* mit einem neuen Chip (CYW43438) unterstützt. SDRAM-Speicher (1 GByte), GPIO-Port (40-polig) sowie der Ethernet-Anschluss (10/100 MBit/s), USB (vier x USB 2.0) und der Micro-SD-Karten-Slot bleiben wie beim Vorgänger-Modell.

Abb. 1.9 Der Raspberry Pi 3B sieht fast genauso so aus wie das Modell 2B. Auf der Platinenrückseite ist hier (rechts oben) jedoch der Chip für WLAN und Bluetooth untergebracht

Von den Raspberry Pi-Modellen 2 und 3 gibt es keinen Ableger als A-Modell. Ein entsprechendes funktionsreduziertes Modell ohne Ethernet- und mit nur einem USB-Anschluss ist der *Raspberry Pi Zero*, der erstmalig Ende des Jahres 2015 vorgestellt wurde. Hiermit kommt weiterhin der SoC (BCM2835) der ersten Raspberry Pi-Generation mit einem SDRAM-Speicher von 512 MByte auf einer kleineren Platine (5,3 × 3,3 cm) zum Einsatz. Der Takt des BCM2835 wurde dabei von maximal 700 MHz auf 1 GHz angehoben.

Als HDMI- und USB-Anschluss werden hier die miniaturisierten Varianten (Mini-HMDI, Micro-USB) eingesetzt. Zum Lieferumfang eines *Raspberry Pi Zero* gehören üblicherweise zwei Adapter, die die verkleinerten Buchsen auf die gebräuchlicheren Standard-Anschlüsse umsetzen. Die GPIO-Leiste ist möglicherweise – was vom jeweiligen Anbieter abhängt – nicht bestückt, was man im Bedarfsfall dann selbst durchführen muss.

Der Nachfolger *Raspberry Pi Zero W* (Abb. 1.10) aus dem Jahre 2017 enthält gegenüber dem Vorgänger als Verbesserung WLAN und Bluetooth mit dem gleichen Chip (CYW43438) wie beim Raspberry Pi 3 und entspricht ansonsten dem Vorgänger. Beim Modell *Raspberry Pi Zero WH* ist die GPIO-Leiste (H für Header) standardmäßig gestückt.

Abb. 1.10 Der Raspberry Zeo W verfügt über den gleichen WLAN/Bluetooth-Chip wie der Raspberry Pi 3

Seit 2017 wird ein neues *Compute Module* (CM3) angeboten, das wie der Raspberry Pi 3, mit einem BCM2837 mit einem Takt von 1 GHz und 1 GByte SDRAM arbeitet. Wie beim ersten *Compute Module* wird hier statt eines Slots für eine (Micro) SD-Karte ein Flash-Speicher mit 4 GByte in Form eines auf der Platine aufgelöteten eMMC-Chips verwendet. In der Lite-Version vom *Compute Modul* wird auf Flash-Speicher verzichtet, der sich demnach auf dem passenden Träger-Board befinden muss. Wie für das erste Compute Module wird auch für das *Compute Module 3* (Abb. 1.11) ein Träger-Board mit verschiedenen Adaptern (DSI, CSI) zusammen als *Development Kit* angeboten. Als wichtige Ergänzung zur ersten Version ist hier ein Slot für *Micro SD Cards* eingebaut.

Abb. 1.11 Das Compute Module 3 wird in den Slot des Träger-Boards eingesetzt

Im März 2018 erschien das Model 3B+ (Abb. 1.12, links), dessen augenscheinlichtes Erkennungsmerkmal der mit einem Metalldeckel als Kühlung versehene *BCM2837B0* ist, wobei das B0 in der Bezeichnung kennzeichnet, dass der Takt bei dieser Version um 200 MHz auf 1,4 GHz angehoben ist, weshalb auch das Kühlblech notwendig ist. Abmessungen, Anschlüsse sowie Speicher (1 GByte) sind die gleichen wie beim Model 3B und der VideoCore IV ist bei allen bis dato erschienenen Raspberry Pi-Modellen der gleiche. Auffällig ist außerdem der links oben neben dem *BCM2837B0* befindliche Chip, der von einem Metalldeckel abgeschlossen und auf dem die Raspberry Pi-Himbeere eingestanzt ist. Darunter befindet sich der BCM43455, der WLAN und Bluetooth zur Verfügung stellt. Die Neuerungen gegenüber dem Vorgänger CYW43438 sind, dass Bluetooth nunmehr dem Standard 4.2. BLE (statt 4.1) entspricht und das das WLAN nicht nur im 2,4 GHz- sondern jetzt auch im 5 GHz-Band arbeiten kann. Der zweite neue Chip ist der LAN7515, der jetzt auch Gigabit-Ethernet statt maximal Fast-Ethernet (100 MBit/s) beherrscht.

Durch diese Verbesserungen steigt auf der anderen Seite die Leistungsaufnahme, die sich gegenüber dem Vorgängermodell mit 7 W fast verdoppelt hat. Für die Spannungsversorgung des Raspberry Pi über das Netzwerkkabel wird Power-over-Ethernet (PoE) mithilfe von vier Pins (Steckposten) unterstützt auf die sich ein optionales PoE-Modul aufstecken lässt, was eine Leistung von bis zu 13 W ermöglicht. Gespeist wird das Netzwerkkabel von einem geeigneten Switch mit PoE-Funktionalität (IEEE 802.af).

Abb. 1.12 Raspberry Pi 3B+ und Raspberry Pi 3A+ bieten zusätzlich Gigabit Ethernet und WLAN im 5 GHz-Band

Vom Raspberry Pi 3B+ gibt es auch wieder einen funktionsreduzierten Ableger als A-Modell (Abb. 1.12, rechts) in den klassischen Maßen (6,5 × 5,6 cm). Es verwendet ebenfalls den *BCM2837B0* mit 1,4 GHz und den BCM43455 für Bluetooth und WLAN, verfügt jedoch nur über 512 MByte SDRAM-Speicher und ihm fehlt der LAN7515, weshalb nur ein USB-Anschluss und kein Ethernet zur Verfügung steht. Die Platine ist bis auf den fehlenden PoE-Steckposten schaltungsgleich mit dem *Raspberry Pi 3B+* und besitzt auch die gleichen Befestigungslöcher.

Im Juni 2019 ist der Raspberry Pi 4 als Model B (Abb. 1.13) mit dem SoC BCM2711 auf den Markt gekommen. Dabei handelt es sich um einem Cortex-A72 (vgl. Tab. 3.2), der aus der gleichen 64-Bit-Familie (ARM v8) wie der Vorgänger stammt, wobei die vier Kerne hier geringfügig höher – mit 1,5 GHz – getaktet werden. Der SDRAM-Speicher kann über eine Kapazität von 1, 2 oder 4 GByte verfügen, was dementsprechend drei unterschiedliche Bestückungen des Raspberry Pi 4 zur Folge hat. Der Speicher vom Typ DDR4 ist jeweils als separater Chip rechts neben dem SoC positioniert. Er ist im Wesentlichen für die Leistungsverbesserung gegenüber dem Vorgänger Raspberry Pi 3B+ verantwortlich.

Abb. 1.13 Der Raspberry Pi 4B von der Ober- und der Unterseite

Der SDRAM-Controller (siehe Abschn. 3.2) ist – wie bisher auch – Bestandteil der Grafikeinheit, die nunmehr als *Video Core VI* bezeichnet und mit 500 MHz statt mit bisher maximal 450 MHz getaktet wird. Der *Video Core VI* unterstützt zusätzlich den Standard H.265, der 4 k-Displays (Ultra HD: 3840 × 2160 Pixel) mit 60 Hz oder mit jeweils 30 Hz im Dual Monitor-Mode an den beiden HDMI-Ausgängen betreiben kann. Statt eines HDMI-Anschlusses sind zwei Micro-HDMI-Anschlüsse vorhanden.

Abb. 1.14 Geänderte Anschlüsse für die Spannungsversorgung und den Monitoranschluss

Weitere Anschlussänderungen (Abb. 1.14) betreffen die Spannungsversorgung, wofür ein USB-C-Connector eingebaut ist, was somit andere Gehäuse als bisher erfordert, weil sich zwar nicht die Abmessungen der Platine, jedoch einige der Steckverbindungen geändert haben. Dies gilt im Prinzip auch für die beiden neuen USB 3.0-Anschlüsse (Abb. 1.15), die zwei der bisherigen USB 2.0-Ports ersetzen sowie für die LAN-Anschlussbuchse, die ihre Position auf dem Board mit den bisherigen beiden weiteren USB 2.0-Buchsen getauscht hat.

Als Netzteil wird von der *Raspberry Pi Foundation* ein Modell mit einer Leistung von 15 W (5V/3A) empfohlen; demnach ist dieser Raspberry Pi das Modell mit der bisher höchsten Stromaufnahme. Idealerweise verfügt das Steckernetzteil über einen USB-C-Stecker für den direkten Anschluss an das Board, alternativ ist – je nach Netzteilstecker – ein entsprechender Adapter notwendig.

Die relativ hohe Dimensionierung des Netzteils ist auch mit Rücksicht auf den möglichen Anschluss von Peripherie getroffen worden, denn insbesondere USB 3.0-Geräte, wie etwa Speichersticks, benötigen verhältnismäßig viel Strom, was durch ihre Abwärme offensichtlich wird. Der SoC wird im Betrieb ebenfalls recht warm und erreicht ohne besondere Leistungsanforderungen innerhalb weniger Minuten bis zu 60 °C, der Vorgänger (RP 3B+) kommt dabei auf lediglich 32 °C. Deshalb sind möglicherweise eine zusätzliche Kühlung des BCM2711 sowie ein „luftiges" Gehäuse für den Raspberry Pi 4 notwendig.

Abb. 1.15 An den beiden blauen USB-Buchsen (mitte) steht USB 3.0 zur Verfügung und an der LAN-Buchse (rechts) Gigabit-Ethernet

Aufgrund eines neuen Ethernet-Controllers, der nicht mehr über den USB, sondern über ein PCIe-Interface direkt an den SoC angeschlossen ist, ist erstmalig „richtiges" Gigabit-Ethernet mit (fast) 1000 MBit/s statt wie bisher maximal 300 MBit/s möglich. Die weiteren Ausstattungsmerkmale wie mircoSD-Card-Steckplatz, GPIO-Ports sowie WLAN und Bluetooth haben sich im Wesentlichen nicht geändert. Details dazu finden sich in den entsprechenden Abschnitten des Kap. 3.

Schnellstart 2

Neben dem jeweiligen Raspberry Pi-Board wird noch einiges als Zubehör benötigt, wie ein Netzteil, ein Monitor mit dem dazu passenden HDMI-Anschlusskabel sowie eine Tastatur und eventuell eine Maus. Außerdem ist eine (Micro) SD Card (Abb. 2.1) unumgänglich auf der das Betriebssystem installiert sein muss.

Für die aktuellen Raspberry Pi-Boards werden stets *Micro SD Cards* eingesetzt, die auch mit bereits installiertem Raspbian-System erhältlich oder mit einem NOOBS-Paket (New Out Oft the Box Software) versehen sind, welches einen Installer bietet, um wahlweise verschiedene für den Raspberry Pi geeignete Systeme wie Raspbian, RISC OS, Ubuntu Mate oder Windows 10 IoT Core und Mediacenterlösungen wie LibreELEC und OSMC auszuwählen und daraufhin einsetzen zu können. Raspberry Pi-Modelle inklusive dem notwendigen Zubehör werden auch in verschiedenen Bundles angeboten, was sich insbesondere für Einsteiger empfiehlt.

Abb. 2.1 Diese SD-Karten sind bereits mit einem oder gleich mehreren Systemen vorinstalliert. Ab den +Modellen wird eine Micro SD Card benötigt, die in einem SD Card-Adapter untergebracht werden kann, um sie auch an einem PC bearbeiten zu können

K. Dembowski, *Raspberry Pi – Das technische Handbuch*,
https://doi.org/10.1007/978-3-658-27493-1_2

2.1 Betriebssystem auf die SD-Karte schreiben

Die Anfertigung einer SD-Karte mit Betriebssystem ist relativ einfach durchzuführen, wofür man einen PC mit einem SD-Card-Slot benötigt. Falls dieser nicht vorhanden ist, empfiehlt sich ein USB/SD-Card-Adapter. Als Software wird auf dem PC ein Entpacker für ZIP-Archive wie beispielsweise *7-Zip* sowie ein Image Writer-Programm wie *Win32 Disk Imager* benötigt. Ein Betriebssystem für den Raspberry Pi oder auch NOOBS wird als ZIP-Image zur Verfügung gestellt, das auszupacken und daraufhin auf die SD-Karte zu schreiben ist. Ein Micro SD-Card-Slot ist im PC nicht notwendig, denn oftmals befindet sich ein entsprechender Adapter (Abb. 2.1) im Lieferumfang der Micro-SD-Card, die sich dort einstecken lässt.

Als vertrauenswürdige und aktuelle Quelle für den Bezug von Images ist die Internetseite der *Raspberry Pi Foundation* anzusehen:

https://www.raspberrypi.org/downloads/

Raspbian basiert auf Debain-Linux und ist dasjenige System, welches auf allen Raspberry Pi-Modelle lauffähig ist, weshalb es auch als bevorzugtes System anzusehen ist. Raspbian gibt es mittlerweile in verschiedenen abwärtskompatiblen Versionen (Wheezy, Jessie, Stretch, Buster), wobei die erste noch nicht die vier Kerne eines ARM-SoCs unterstützt. Es wird empfohlen stets die neueste Raspbian-Version, die sich auf der Download-Seite *Raspberry Pi Foundation* (Abb. 2.2) befindet, einzusetzen.

Neben Raspbian stehen an dieser Stelle auch NOOBS für den Download zur Verfügung sowie ein Raspbian-Desktop für Windows und iOS sowie verschiedene andere Betriebssysteme, wovon Ubuntu Mate als Linux und Windows 10 IoT Core die gebräuchlichsten sind.

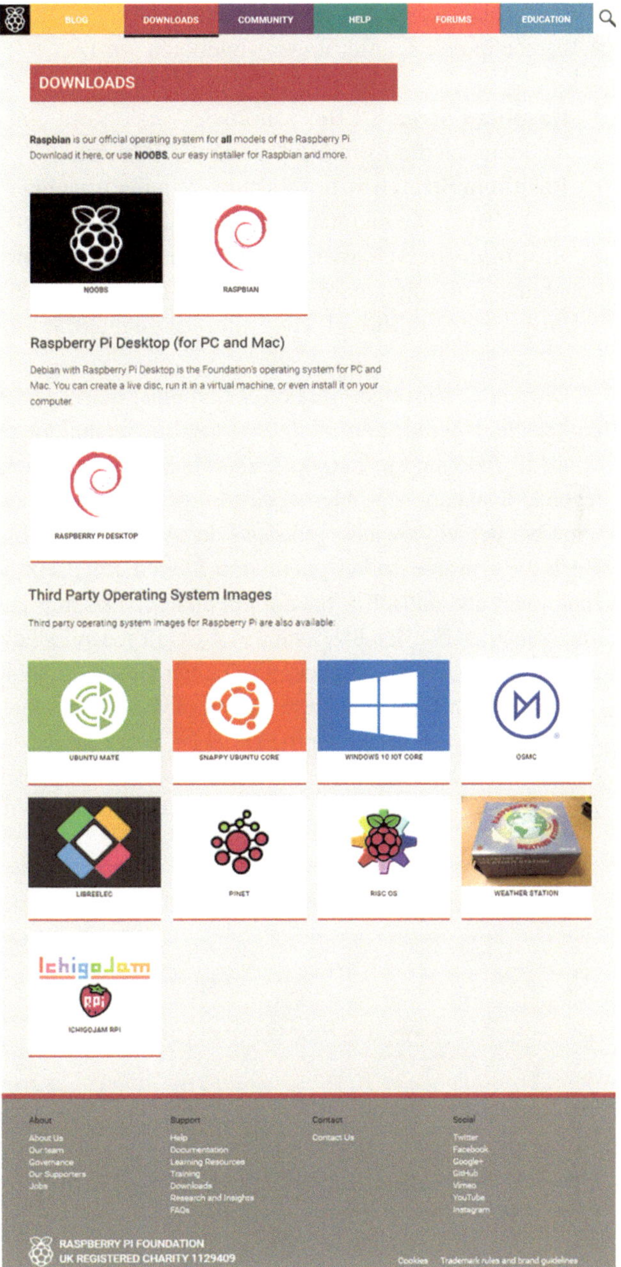

Abb. 2.2 Auf der Download-Seite der Raspberry Pi Foundation gibt es die offizielle Raspbian-Version sowie weitere geeignete Betriebssysteme anderer Anbieter

Verwendet wurde die Raspbian-Stretch-Version vom 13.11.2018, Release 2.5 (Kernel 4.14), die in drei Ausführungen angeboten wird:

- **Raspbian Stretch Lite:** Minimale Version mit einer Dateigröße von ca. 350 MByte, die lediglich die Kommandozeile (CLI) bietet.
- **Raspbian Stretch with Desktop:** Version (raspbian_stretch) mit einer Dateigröße von ca. 1 GByte, die automatisch in den Desktop startet.
- **Raspbian Stretch with Desktop and recommended software:** Version (raspbian_stretch_full), die automatisch in den Desktop startet und bereits eine ganze Reihe von Programmen mitbringt. Die Datei hat eine Größe ca. 1,8 GByte.

Die neuere Raspbian-Version *Buster* entspricht einer angepassten Version von Debian 10 und erschien gerade zum Zeitpunkt der Bucherstellung. Mit der ersten erprobbaren Version vom Juli 2019 sind jedoch noch zahlreiche Unzulänglichkeiten zutage getreten, wie grundlegende Installationsprobleme, eine eingeschränkte Netzwerkfunktionalität oder auch Probleme bei der Videowiedergabe und der Abarbeitung von Python-Code, weshalb in diesem Buch die erprobte vorherige Version *Stretch* eingesetzt wird, die sich auf den ersten Blick funktional und optisch – bis auf ein anderes Desktop-Bild – nicht von der Stretch-Version unterscheidet. Für den Raspberry Pi 4 ist auf jeden Fall die an die neue Hardware angepasste Buster-Version notwendig, denn mit einer älteren Raspbian-Version startet er nicht.

Für den Einsteiger und zum Kennlernen empfiehlt sich die Ausführung *Raspbian Stretch Lite with Desktop*. Je größer die Datei ist, desto länger dauert natürlich auch der Download. Nach dessen Beendigung ist die ZIP-Datei zu entpacken (Abb. 2.3), was in einer Image Datei (*.img) resultiert, die ca. 2,5-mal so groß ist, wie die per Download bezogene.

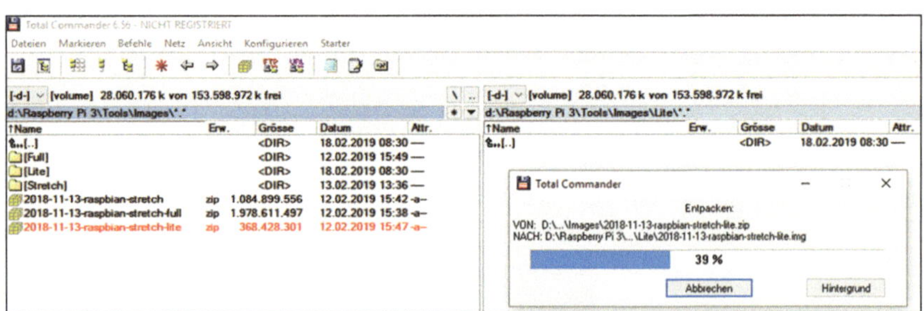

Abb. 2.3 Entpacken der Raspbian Stretch Lite-Version, hier mit dem Total Commander

Das jeweilige Image ist danach auf die Micro-SD-Karte zu schreiben, wofür das Programm *Win32 Disk Imager* (Abb. 2.5) geeignet ist. Beim Einsatz ist darauf zu achten, dass unter DEVICE der richtige Kartenslot – tatsächlich die gewünschte SD Card – ausgewählt wird, falls mit dem PC mehrere SD-Karten oder vergleichbare Speichermedien wie etwa USB-Sticks verbunden sind. Eine vorherige Kontrolle über ARBEITSPLATZ oder COMPUTER ist bei einem Windows-PC (Abb. 2.4) deshalb ratsam, denn nach dem Start des Win32DiskImage-Programms und der Selektierung von *Write* wird die SD Card unwiederbringlich überschrieben.

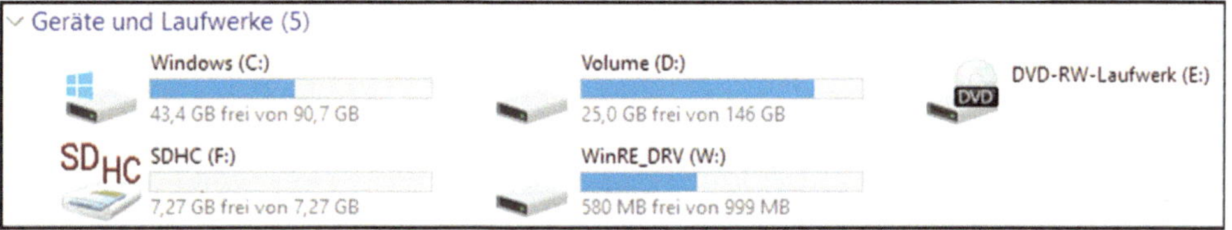

Abb. 2.4 Kontrolle des SD Card-Laufwerks (SDHC) unter Windows, welches bei diesem PC als Laufwerk F geführt wird

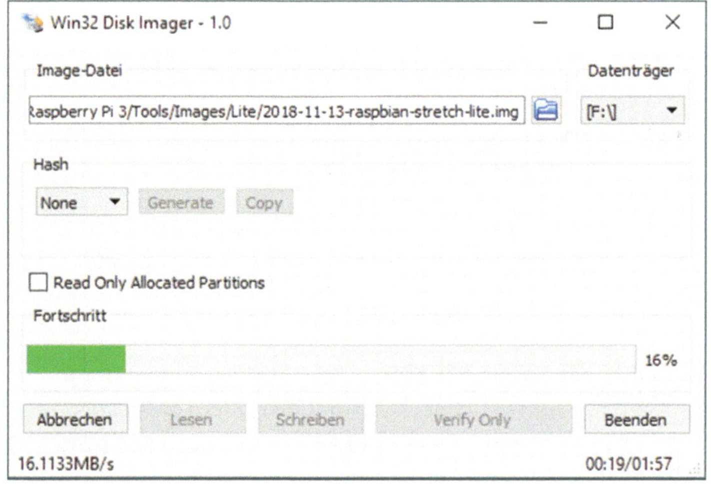

Abb. 2.5 Schreiben eines Images auf die SD Card mit dem Win32 Disk Imager

Mitunter ist es nützlich eine Kopie der SD-Karte anzulegen, etwa weil das System auf dem Raspberry Pi wunschgemäß konfiguriert und mittlerweile mit der notwendigen Software versehen ist. Eine direkte Kopie der Karte ist unter Windows aufgrund des Linux-Dateisystems nicht möglich, gleichwohl kann auch hierfür das Win32DiskImage-Programm eingesetzt werden. Die SD Card ist dementsprechend zu lesen und in eine Datei, wofür ein Name und ein Verzeichnis anzugeben ist, auf die Festplatte zu schreiben. Nachdem der Schreibvorgang beendet ist, fragt Windows mitunter nach, ob die (soeben beschriebene) SD Card formatiert werden soll, was natürlich zu verneinen ist, denn für Windows ist der Inhalt (das Image) der SC Card nicht interpretierbar und sie wirkt daher als nicht formatiert.

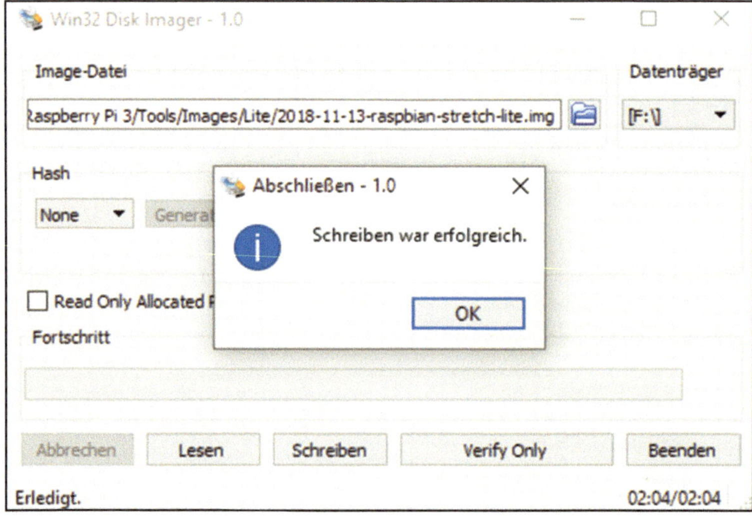

Abb. 2.6 Das Image ist erfolgreich geschrieben worden, sodass die SD Card für den Raspberry Pi jetzt einsatzbereit ist

Die erfolgreich beschriebene SD-Karte (Abb. 2.6) ist in den Slot auf dem jeweiligen Raspberry Pi-Board einzusetzen, wobei dies mit den Micro SD-Cards, wie sie für die aktuellen Modelle notwendig sind, etwas „hakelig" sein kann, während dies bei den älteren Raspberry Pi-Modellen einfacher zu handhaben ist. Bei beiden Varianten schnappt die SD-Karte im Slot ein, die durch einen Klemmmechanismus festgehalten wird.

Abb. 2.7 Die SD-Karten müssen im jeweiligen Slot einrasten

Bei den Zero-Modellen befindet sich der Slot auf der Platinenoberseite (Abb. 2.7, rechts), bei den anderen Modellen stets auf der Platinenunterseite, sodass das Board hierfür umzudrehen ist. Grundsätzlich ist beim Einschieben der SD-Karten zu beachten, dass sich die beschriftete Seite stets oben befinden muss, d. h. die Kontakte der Karte befinden sich unten.

2.2 Anschließen

Für das Raspberry Pi-Board sind die folgenden Peripherie-Einheiten notwendig, die entsprechend zu verbinden sind:

- Das USB-Netzteil
- Das Kabel für die Verbindung des USB-Netzteils mit der USB-Buchse (Mikro, USB-C) des Raspberry Pi-Boards. Möglicherweise ist kein separates Kabel notwendig, weil es fest mit dem Netzteil verbunden ist.
- Die Tastatur mit dem USB-Anschluss und (optional) eine Maus
- Das HDMI-Kabel für die Verbindung mit einem geeigneten Monitor

2.2.1 Netzteil

Im Prinzip kann der Raspberry Pi für die Spannungsversorgung über ein entsprechendes USB-Kabel mit dem USB-Anschluss eines PCs oder eines USB-Hubs verbunden werden. Für den üblichen Betrieb wird jedoch eher eine autarke Versorgung mit einem passenden Netzteil sinnvoll sein. Hierfür hat die *Raspberry Pi Foundation* einen gebräuchlichen Typ vorgesehen, wie er bei vielen Kleingeräten zum Einsatz kommt. Demnach handelt es um ein relativ kompaktes Steckernetzteil mit einem gewöhnlichen USB-Anschluss (Buchse USB-Typ A) und einem Verbindungskabel, welches mit einem USB-Typ-A Stecker auf der einen und mit einem USB-Micro-B-Stecker auf der anderen Seite versehen ist.

Das Netzteil sollte für die meisten Raspberry Pi Boards mindestens 1 A (1000 mA, 5 W) liefern können, damit noch etwas Reserve für später anzuschließende Peripherie gegeben ist. Wichtig ist, dass es sich um ein Netzteil mit einer geregelten Ausgangsspannung von 5 V handelt und dass es über einen Micro-USB-Anschluss verfügt, der dementsprechend mit der Power-Buchse des Raspberry Pi-Boards verbunden wird.

Für den Raspberry Pi 4 wird ein anderes Netzteil (Abb. 2.8 rechts) benötigt, das einerseits eine höhere Leistung (15 W), als wie bisher notwendig, bietet und einen USB-C-Anschluss als Stecker besitzt.

Abb. 2.8 Passende Netzteile mit festem oder steckbarem USB-Kabel und das offizielle Netzteil für den Raspberry Pi 4

Aus Sicherheitsgründen sollten Spannungsverbindungen nur bei ausgeschaltetem Board vorgenommen werden, auch wenn der USB den Geräteanschluss bei aktivem Gerät erlaubt und HDMI dies ebenfalls tolerieren sollte. Gleichwohl ist das Board mit den quasi freiliegenden Anschlüssen, insbesondere wenn es sich noch nicht in einem Gehäuse befindet, nicht gegen den unabsichtlichen Kontakt mit daneben liegenden Kabeln oder Werkzeugen geschützt.

In die Steckdose wird das Netzteil erst dann eingesteckt, wenn die SD-Karte eingesetzt und alle Verbindungen soweit hergestellt sind. Weil weder der Raspberry Pi noch die üblichen USB-Netzteile über einen Einschalter verfügen, empfiehlt sich der Einsatz einer schaltbaren Steckdosenleiste (Abb. 2.9), die später auch das Netzteil für einen USB-Hub aufnehmen kann. Das Raspberry Pi-System kann somit mit einem einzigen Schalter komplett ein- und ausgeschaltet werden, ohne dass laufend die einzelnen Netzteile aus der Dose entfernt werden müssen.

Abb. 2.9 Eine Steckdose mit Schalter ist sinnvoll damit sich der Raspberry Pi bequem ein- und ausschalten lässt

Es sei darauf hingewiesen, dass es keine praktikable Alternative ist, wenn stattdessen das Kabel für die Spannungsversorgung aus der Micro-USB-Buchse ständig eingesteckt und herausgezogen wird. Dieses Verfahren sollte schon gar nicht mit anderen Netzteilen, die später vielleicht noch dazukommen, praktiziert werden, weil Stecker durchaus verkanten können oder man unglücklicherweise mit dem spannungsführenden Kabel an eine Stelle der Elektronik gerät, die dies nicht verträgt.

2.2.2 Tastatur und Maus

Als Eingabegerät sind eine gewöhnliche Tastatur und Maus mit einem USB-Anschluss vorgesehen, die mit den USB-Buchsen des Raspberry Pi-Boards zu verbinden sind. Die A- und Zero-Modelle verfügen nur über eine einzige USB-Buchse, sodass man sich zunächst für ein Eingabegerät – Tastatur oder Maus – entscheiden muss. Wer vorhat ein derartiges Board auf der Kommandozeile bedienen zu wollen, wird eine Taststur anschließen; wer sich zunächst nur einen Überblick über die Funktionstüchtigkeit des Raspberry Pi verschaffen will, wird stattdessen eine Maus anschließen wird dann nicht eine Raspbian Lite-Version, sondern eine der beiden Desktop-Versionen auf der SD-Karte installieren. An die A- und Zero-Modelle lässt sich im Bedarfsfall natürlich ein USB-Hub mit eigenem Netzteil anschließen, sodass dann eine ausreichende Anzahl von USB-Ports zur Verfügung steht, was für den ersten Test jedoch nicht sinnvoll ist, weil nicht jeder x-beliebige USB-Hub mit dem Raspberry Pi funktioniert. Die A- und Zero-Modelle sind aufgrund ihrer Bauweise, ihrer Ausstattung sowie ihres geringeren Stromverbrauchs für den Aufbau von Embedded Systems geeignet, sodass dann eine Maus und ein Desktop meist keinen Sinn macht.

Abb. 2.10 Die Eingabegeräte mit USB-Anschluss sollten einfacher Ausführung sein

Grundsätzlich sollten beide Eingabegeräte (Abb. 2.10) einer einfachen Standardausführung entsprechen, denn eine Tastatur mit beleuchteten Tasten oder eine Gaming-Maus verbrauchen unnötig viel Strom, der vom Raspberry Pi möglicherweise nicht per USB geliefert werden kann. Die Tastatur sollte zudem eine deutsche Standardtastenbelegung aufweisen. Es lassen sich natürlich auch Tastaturen mit anderen Belegungen verwenden und (mit raspi-config) konfigurieren, gleichwohl ist dies für den ersten Start nicht ratsam, weil sich durch die andere Tastebenbelegung leicht Fehlbedienungen ergeben.

2.2.3 Monitor

Jeder aktuelle Computermonitor verfügt über einen HDMI-Anschluss (High Definition Multimedia Interface). HDMI setzt für die digitale Bild- und Tonübertragung über HDMI einen Kopierschutz ein, der als **H***igh bandwith* **D***igital* **C***ontent* **P***rotection* (HDCP) bezeichnet wird und auch vom Raspberry Pi unterstützt wird, etwa um Blu-ray-Videos abspielen zu können. Die üblichen HDMI-Stecker sind in der Abb. 2.11 gezeigt.

Monitore, die keinen HDMI sondern nur einen DVI-Anschluss (Digital Video Interface) besitzen, lassen sich prinzipiell über einen entsprechenden DVI-HDMI-Adapter anschließen. Allerdings funktioniert dies nicht mit älteren Monitoren, bei denen nur DVI und nicht HDMI und/oder HDCP spezifiziert ist, dann nützt auch kein DVI-HDMI-Adapter oder -Kabel, er wird mit dem Raspberry Pi nicht funktionieren.

Abb. 2.11 Für die meisten Raspberry Pi-Modelle wird ein Standard HDMI-Kabel (Typ A) benötigt. Für die Zero-Modelle ist ein Mini- (Typ C) und für den Raspberry Pi 4 ein Micro-HDMI-Kabel (Typ D) notwendig

Meist wird der HDMI- oder auch DVI-Anschluss für den PC eingesetzt und der bei älteren Monitoren vorhandene VGA-Eingang wird aufgrund der demgegenüber schlechteren Bildqualität nicht genutzt. Prinzipiell kann auch der VGA-Eingang für den Raspberry Pi geeignet sein, zumindest dann, wenn er ohne eine grafische Oberfläche – im Textmodus – betrieben wird. Aufgrund der völlig unterschiedlichen Elektronik (VGA = analog, DVI = digital) ist es jedoch nicht möglich, den Raspberry Pi direkt über VGA zu betreiben. Hierfür gibt es eine Adapterlösung (Pi-View), die eine aufwendige Konverterelektronik beinhaltet, was deshalb eine verhältnismäßig teure Lösung ist. Am besten ist es, wenn der Monitor eine aktuelle HDMI-Implementierung und zudem integrierte Lautsprecher bietet, sodass durch die HDMI-Verbindung auch gleich eine hörbare Audioverbindung hergestellt wird.

Bei den Zero-Modellen sind aus Platzgründen eine Mini-HDMI-Buchse und für USB eine Micro-USB-Buchse (Abb. 2.12) eingebaut, wie sie auch für die Spannungsversorgung eingesetzt wird. Hier darf man sich beim Anschließen nicht vertun. Zum Lieferumfang eines Raspberry Pi Zero gehören zwei Adapter um die miniaturisierten Ausführungen mit Standardkabeln verbinden zu können. Der Raspberry Pi 4 verfügt über zwei Micro-HDMI-Buchsen für einen möglichen Dual-Monitor-Betrieb, wobei zunächst lediglich der HDMI0-Connector (siehe Abb. 1.14) angeschlossen werden sollte.

Abb. 2.12 Bei den Zero-Versionen ist die USB-Buchse (hier mit Adapter) wie diejenige für die Spannungsversorgung (schwarzes Kabel) als Micro-USB-Typ ausgeführt

Computermonitore haben oftmals zwei oder mehr unterschiedliche Anschlüsse (Abb. 2.13), sodass es praktisch erscheint, einen für den üblichen PC und den anderen für den Raspberry Pi zu nehmen. Dadurch ist es möglich zwischen den Anschlüssen per Monitormenü umzuschalten, was in der Praxis – in Abhängigkeit vom jeweiligen Monitormodell – mehr oder weniger gut funktioniert, sodass u. U. ein Nichtfunktionieren des Raspberry Pi diagnostiziert wird, weil wider Erwarten kein Bild erscheint. Die Status-Leuchtdioden (PWR, ACT) auf dem Raspberry Pi-Board können diesen Zustand kenntlich machen, wenn die LEDs leuchten bzw. blinken und der Monitor jedoch kein Bild zeigt.

Abb. 2.13 Dieser ältere Monitor verfügt über zwei Anschlüsse, wobei die DVI-Buchse mit einem Adapter (rechts) auf eine HDMI-Buchse umgesetzt werden kann

Wenn das Umschalten am Monitor nichts bewirkt, sollte allein das HDMI-Kabel angeschlossen sein und sowohl der Raspberry Pi als auch der Monitor aus- und wieder eingeschaltet werden. Dabei zuerst den Monitor und dann den Raspberry Pi einschalten. Falls dennoch kein Bild erscheinen sollte, ist die Verbindung oder der Monitor am DVI/HDMI-Anschluss nicht in Ordnung, wenn der Monitor nicht grundsätzlich defekt ist und mit einem anderen Anschluss einwandfrei funktioniert. Die automatische Signalerkennung funktioniert bei einem Monitor nicht immer optimal, sodass der gewünschte Eingang dann explizit per Monitormenü zu selektieren ist, wie es in Abb. 2.14 zu erkennen ist.

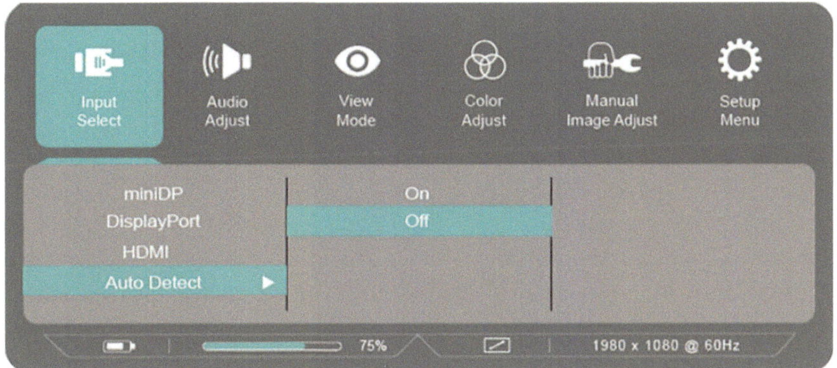

Abb. 2.14 Damit der Monitor die Eingangsquelle sicher erkennt, ist die Auto Detect-Funktion mitunter auszuschalten und der HDMI-Eingang explizit zu wählen

2.3 Einschalten und booten

Wenn die SD-Karte eingesetzt ist und die Verbindungen mit dem Netzteil, der USB-Tastatur und dem Monitor über HDMI hergestellt sind, wird zunächst der Monitor und dann die Steckdose mit dem USB-Netzteil eingeschaltet, woraufhin die PWR-LED leuchtet und kurz danach die ACT blinkt, was signalisiert, dass der Bootvorgang von der SD Card stattfindet. Dabei sollte auch das Bild auf dem Monitor erscheinen, bei aktuellen Boards zunächst die vier Himbeeren. Falls dies nicht passiert, sind die zuvor erläuterten Schritte noch einmal zu überprüfen.

Abb. 2.15 Diese Minimalkonfiguration sollte immer funktionieren

An dieser Stelle ist es wichtig, dass tatsächlich nur diese drei Verbindungen (siehe Abb. 2.15) und keine weiteren hergestellt worden sind, auch kein Audio, kein Ethernet oder sonstiges. Es scheint keine Seltenheit zu sein, dass vor lauter Euphorie gleich am Anfang alle möglichen Dinge angeschlossen werden, wie ein USB-Hub oder eine Erweiterungsplatine, was beim ersten Start nur für unübersichtliche Verhältnisse sorgt und deshalb vermieden werden sollte.

Auf dem Monitor erscheint als erstes das Logo (je nach Raspberry Pi Typ: eine oder vier Himbeeren), gefolgt von einem für Linux typischen Boot-Prozess, der die Ausführung der einzelnen Initialisierungsschritte (Abb. 2.16) ausweist. Was dies im Einzelnen bedeutet, ist im Moment nicht von Bedeutung, wichtig ist an dieser Stelle lediglich, dass der Vorgang ohne Fehler ausgeführt wird.

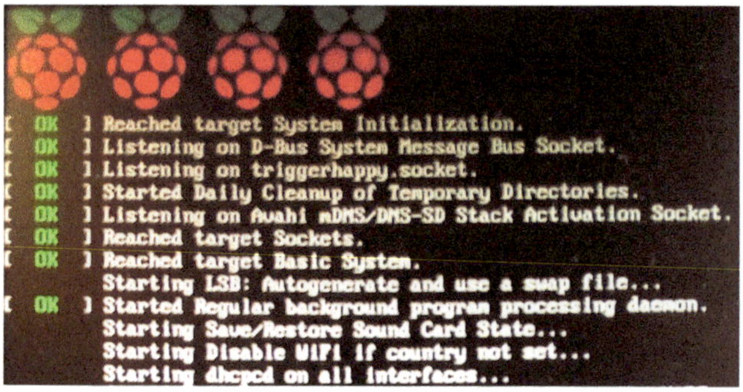

Abb. 2.16 Ein Ausschnitt aus dem Bootvorgang

Bei den älteren Raspbian-Versionen erscheint beim ersten Boot ein Dialog (raspi-config), der es ermöglicht, einige Systemeinstellungen vorzunehmen. Dazu gehören Einstellungen für die Sprache, die Zeitzone, das Tastaturlayout und einige weitere Dinge. Eine Beschreibung der einzelnen Optionen, die sich in Abhängigkeit von der jeweiligen Version durchaus voneinander unterscheiden und verschiedene Bezeichnungen tragen können, ist im Abschn. 4.1 angegeben.

Die beiden Raspbian-Versionen mit einem Desktop starten unmittelbar ohne Nachfrage bis zur Benutzeroberfläche durch. Bei der Lite-Version ist hingegen eine Anmeldung wie bei den älteren Raspbian-Versionen mit dem Login *pi* und dem Password *raspberrz* notwendig (Abb. 2.17). Das Password lautet tatsächlich *raspberrz*, weil vor der Konfigurierung noch kein deutscher Zeichensatz geladen wurde.

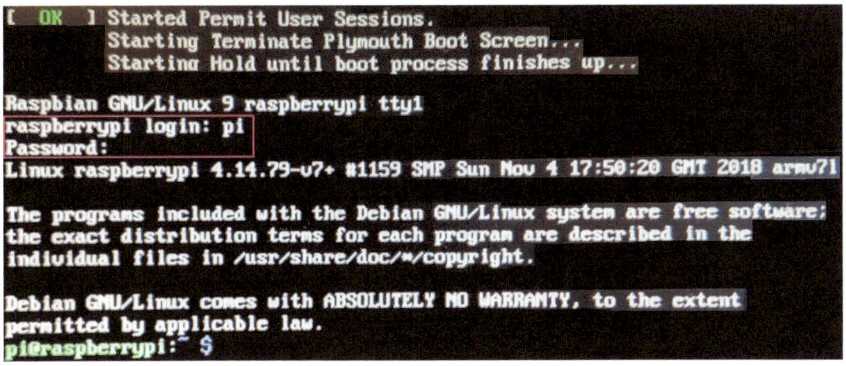

```
[  OK  ] Started Permit User Sessions.
         Starting Terminate Plymouth Boot Screen...
         Starting Hold until boot process finishes up...

Raspbian GNU/Linux 9 raspberrypi tty1
raspberrypi login: pi
Password:
Linux raspberrypi 4.14.79-v7+ #1159 SMP Sun Nov 4 17:50:20 GMT 2018 armv7l

The programs included with the Debian GNU/Linux system are free software;
the exact distribution terms for each program are described in the
individual files in /usr/share/doc/*/copyright.

Debian GNU/Linux comes with ABSOLUTELY NO WARRANTY, to the extent
permitted by applicable law.
pi@raspberrypi:~ $
```

Abb. 2.17 Der Bootvorgang ist erfolgreich abgeschlossen worden, woraufhin bei der Lite-Version eine Anmeldung erforderlich ist

Auf der Kommandozeilenebene der Lite-Version ist die Linux-übliche Bedienung und Ausführung von Kommandos und Programmen gegeben. Jede ausgegebene Kommandozeile beginnt mit `pi@raspberrypi ~ $`, was als Command Prompt zu verstehen ist. `Raspberrypi` ist der Hostname, der sich im Bedarfsfall in der Datei `/etc/hostname` ändern lässt.

Bei einigen Befehlen wird `sudo` vorangestellt, was man sich als „**s**uper **u**ser **do**" vorstellen kann, also dass der betreffende Befehl quasi von einem *Superuser* ausgeführt wird. Ein grundlegendes Prinzip von Linux ist es, dass es als Multiuser-System ausgelegt ist und demnach verschiedene Benutzer kennt, denen unterschiedliche Rechte zugewiesen werden können. Dabei existiert mindestens ein Superuser (Administrator), der als *root* fungiert und dem alle Rechte am System zustehen, d. h., er kann standardmäßig sämtliche Befehle und Konfigurationsarbeiten ausführen, was einem „gewöhnlichen" Benutzer verwehrt bleibt.

Da ein Superuser demnach auch (unabsichtlich) nicht gewollte Systemänderungen vornehmen kann, ist es bei Linux nicht üblich, dass jeder Benutzer über Root-Rechte verfügt. Statt entweder nur als User oder als Root zu arbeiten, wird es mithilfe von *sudo* ermöglicht, dass bestimmte Anwender Kommandos ausführen können, die Root-Rechte erfordern. Es ist demnach keine vollständige Root-Funktionalität für das System erforderlich. Bei der Distribution, wie sie hier beim Raspberry Pi eingesetzt wird, gehört der Anwender *pi* automatisch zur sudo-Gruppe, der durch `sudo -s` zum Benutzer „root" befördert werden kann.

Abb. 2.18 Der Raspberry Pi Desktop ist zum ersten Mal gestartet und erwartet einige Angaben

Bei der Verwendung der Stretch- oder der Stretch Full-Version startet das System komplett bis zum Desktop ohne Anmeldung durch und erwartet beim ersten Start die Konfigurierung einiger Details (Abb. 2.18), wie es gleichermaßen auf die Buster-Versionen zutrifft.

- **Set Country** (Country, Language, Timezone) durch Wahl von Germany werden automatisch auch German als Sprache und Berlin als Timezone vorgeschlagen. NEXT
- **Change Password:** Neues Password angeben und bestätigen. NEXT
- **Select WiFi Network:** Automatische Suche und Anzeige der gefundenen WLANs. Überspringen (SKIP) oder gefundenes und selektiertes verwenden (NEXT).
- **Update Software:** Software aktualisieren. Das funktioniert nur dann, wenn die Netzwerkverbindung (Ethernet, WLAN) komplett konfiguriert worden ist, was meist nicht automatisch der Fall ist, sodass nach NEXT eine – zunächst zu ignorierende – Fehlermeldung erscheint.
- **Setup Complete:** Die grundlegende Konfigurierung ist beendet. DONE

Direkt auf dem Desktop abgelegt ist lediglich der Papierkorb. Alles Weitere wie Programme: Applikations Menu, Web Browser, Dateimanager und LXTerminal ist in der Menüleiste (LXPanel) oben links zu selektieren.

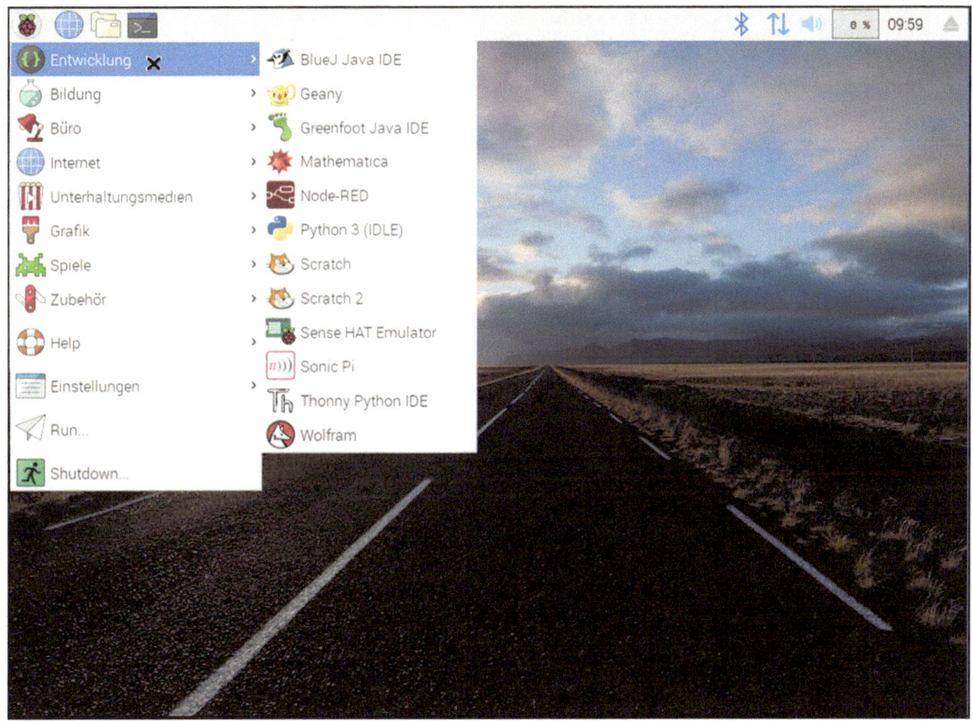

Abb. 2.19 Raspbian bietet in der Full-Version eine Vielzahl von Programmen für die Software-Entwicklung

Rechts oben (Abb. 2.19) befinden sich Angaben zu Bluetooth- und den Netzwerkverbindungen, ein Lautstärkeregler, eine Auslastungsanzeige sowie Datum und Uhrzeit.

Programme unter Application Menu in der Full-Version: (Desktop with recommended Software)

- **Entwicklung:** Blue Java IDE, Geany, Greenfoot Java IDE, Mathematica, Node-RED, Python 3 (IDLE), Scratch, Scratch 2, Sense HAT Emulator, Sonic Pi, Thonny Python IDE, Wolfram
- **Bildung:** SmartSim (Designer und Simulator für digitale Schaltungen)
- **Büro:** Libre Office (Office-Programm)
- **Internet:** Chromium Webbrowser, Claws Mail, VNC Viewer
- **Unterhaltungsmedien:** VLC Media Player
- **Grafik:** Bildbetrachter

- **Spiele:** Minecraft Pi, Python Games
- **Zubehör:** Calculator, Dateimanager, LXTerminal, PDF Viewer, SD Card Copier, Taskmanager, Text Editor, Xarchiver
- **Help:** Debian Referenz, Get Started, Help, Projects, The Mag Pi (alles nur Online)
- **Einstellungen:** Add/Remove Software, Appearance Setting, Audio Device Settings, Main Menu Editor, Raspberry Pi-Konfiguration, Recommended Software (Online), Tastatur und Maus
- **Run:** Kommandozeile eingeben
- **Shutdown:** Raspberry Pi herunterfahren, neu starten oder abmelden

In der „normalen" Raspbian-Version (z. B. Stretch with Desktop) stehen unter *Entwicklung* lediglich Geany und Python 3 zur Verfügung und es fehlen komplett die Verzeichnisse *Bildung, Büro und Spiele*. Unter *Internet* befindet sich ausschließlich der Chromium Webbrowser. Alles andere ist genauso vorhanden wie es oben für die Full-Version angegeben ist. Insbesondere die Pakete Mathematica und Wolfram beanspruchen relativ viel Speicherplatz.

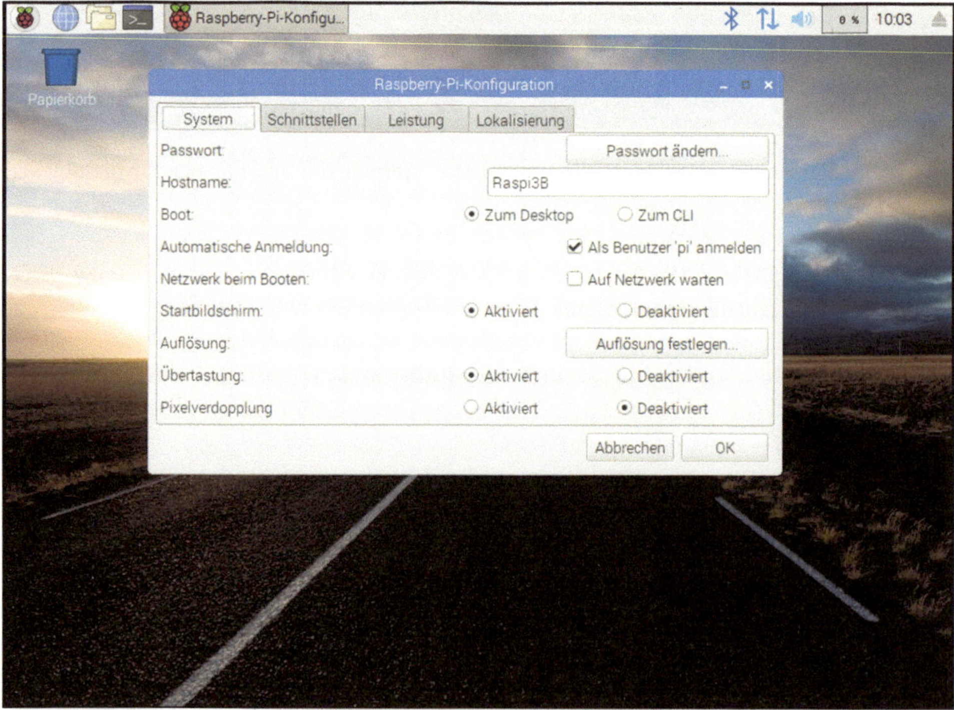

Abb. 2.20 Viele der wichtigen Betriebsparameter lassen sich bequem über die Raspberry-Pi-Konfiguration festlegen

Unter *Einstellungen* lassen sich verschiedene Optionen für den Betrieb festlegen, wobei sich *Raspberry Pi-Konfiguration* (Abb. 2.20) als erste Anlaufstelle empfiehlt, um etwa das Password oder den Hostnamen zu ändern oder Schnittstellen ein- oder auszuschalten.

Um das System ordnungsgemäß herunterzufahren, wird am einfachsten der Menüpunkt *Shutdown* gewählt. Bei der Lite-Version wird auf der Kommandozeile der Befehl *halt* oder *shutdown* angeben, woraufhin sich der Raspberry Pi abschaltet.

```
pi@raspberrypi: ~ $ sudo halt
```

Es leuchtet dann nur noch die Power-LED, sodass jetzt auch die Spannungsversorgung abgeschaltet werden kann.

Hardware

3

Die Basis jeder Raspberry Pi-Schaltung bildet ein *System On Chip* (SoC) der Firma Broadcom. Bei einem SoC werden Prozessor sowie verschiedene Peripherieeinheiten wie etwa Speicher und Grafikeinheit schaltungstechnisch zu einem Chip kombiniert.

Die ersten Raspberry Pi-Modelle basieren alle auf dem BCM2835 von Broadcom, der in Zusammenarbeit mit der *Raspberry Pi Foundation* entwickelt wurde und nicht einzeln erhältlich ist. Er kommt allein beim Raspberry Pi zum Einsatz und nimmt im Produktspektrum der Firma Broadcom eine Sonderrolle ein, was gleichermaßen für die Nachfolger (Tab. 3.1) bis hin zum BCM2711 gilt.

In einem BCM-SoC ist ein *Video Core* (siehe auch Abschn. 3.3) integriert, der neben der Grafikeinheit auch den Speichercontroller für das DDR-SDRAM sowie einen L2-Cache mit 128 kByte enthält. Das DDR-SDRAM wird beim Raspberry Pi 2 und 3 mit maximal 450 MHz, bei den älteren Modellen mit maximal 400 MHz getaktet und ist als DDR2-SDRAM aufgebaut. Beim Raspberry Pi 4 kommt erstmalig das schnellere DDR4-SDRAM mit bis zu 4 GByte bei einem Takt von 500 MHz zum Einsatz. Daneben ist ein ARM-Prozessor im SoC integriert, auf dem das eigentliche Betriebssystem läuft und der die Daten mit dem *Video Core* über eine so genannte Mailbox-Schaltungseinheit austauscht, etwa um Befehle an den 3D-Treiber des *Video Core* zu senden, der mit einem eigenen Betriebssystem (VCOS) arbeitet, was dem Anwender und auch dem Programmierer im Prinzip verborgen bleibt.

Tab. 3.1 Die speziellen SoCs von Broadcom und bei welchen Raspberry Pi-Modellen sie jeweils zum Einsatz kommen

SoC	Architektur	Familie	Kerne	max. Freq.	Modelle
BCM2835	ARMv6	ARM1176	1	700 MHz	RP 1: B, A, B+, A+Compute Module, Zero, Zero+CSI, Zero W
BCM2836	ARMv7	Cortex-A7	4	900 MHz	RP 2 B
BCM2837	ARMv8	Cortex-A53	4	1200 MHz	RP 3 B, Compute Module 3
BCM2837B0	ARMv8	Cortex-A53	4	1400 MHz	RP 3 B+, RP 3 A+
BCM2711	ARMv8	Cortex-A72	4	1500 MHz	RP 4 B

K. Dembowski, *Raspberry Pi – Das technische Handbuch*,
https://doi.org/10.1007/978-3-658-27493-1_3

Der Arbeitsspeicher mit DDR-SDRAM verfügt über eine Größe von 256 MByte beim Raspberry Pi A und A+ sowie bei der ersten Version des Raspberry Pi B aus dem Jahre 2012, ansonsten besitzt er eine Kapazität von 512 MByte. Die Modelle Raspberry 2 und Raspberry 3 bieten die mit dem *Video Core IV* maximal mögliche Größe von 1024 MByte. Der Speicherchip ist bei den Raspberry Pi-Modellen, die den BCM2835 verwenden, kombiniert, d. h. er wurde hier *On Top* auf den eigentlichen Chip (Abb. 3.1) gesetzt, was man durch eine seitliche Betrachtung des Chips auf der Platine durchaus erkennen kann.

Abb. 3.1 Der BCM2835 ist als solcher nicht zu identifizieren, denn er befindet sich unter dem Speicher der Firma Samsung. Dabei handelt es sich um einen DDR2-SDRAM-Speicher mit einer Kapazität von 512 MByte (16 MBit x 32 Bit). Beim Raspberry Pi Modell 1 A+ (rechts) ist der Speicher der Firma Micron lediglich 256 MByte groß (16 MBit x 32 Bit), was aus der Beschriftung nicht ersichtlich ist

Aufgrund dieses *Chip Package* ist auf den entsprechenden Boards (Raspberry Pi 1, Zero) keine BCM2835-Beschriftung auf dem Chip vorhanden, sondern eine des jeweiligen Speicherherstellers wie Samsung, Hynix oder Elpida Memory (jetzt Fa. Micron). Bei den Modellen Raspberry 2 und Raspberry 3 ist der 1 GByte-Speicherchip hingegen separat vorhanden und auf der Platinenrückseite (Abb. 3.2) aufgelötet.

Abb. 3.2 Beim Raspberry Pi 2 ist der Broadcom-Chip eindeutig als BCM2836 zu erkennen und der DDR2-SDRAM-Speicher von 1 GByte (Elpida B8132B4PB, 32 MBit x 32 Bit) befindet sich separat auf der Platinenrückseite

In der Abb. 3.1 ist zu sehen, dass der SoC keine erkennbaren Anschlüsse (Pins) führt, denn die einzelnen Kontakte sind auf der Chipunterseite in Form von Zinnkugeln (Balls) ausgeführt. Durch das Erhitzen der Platine während der Fertigung schmelzen die Kugeln auf, sodass hiermit feste Kontakte zu den entsprechenden Punkten auf der Platine hergestellt werden. Diese Gehäuseform wird gemeinhin als BGA (Ball Grid Array, Abb. 3.3) bezeichnet, und es gibt zahlreiche verschiedene Varianten in verschiedenen Größen mit unterschiedlicher Kontaktanzahl. Der BCM2835 wird, wie andere ARM-Chips auch, in einem so genannten **T***hin profile* **F***ine Pitch* **B***all* **G***rid* **A***rray* (TFBGA) hergestellt.

Abb. 3.3 ARM-Prozessoren werden oftmals in BGA-Gehäusen gefertigt, wovon es je nach Komplexität des Chips unterschiedliche Formen gibt wie TFBGA oder Mini BGA (rechts)

3.1 ARM-Architektur

Die eigentliche CPU (Central Processing Unit) wird bei den ersten Raspberry Pi-Modellen von einem ARM11 (siehe Tab. 3.1) gebildet, der prinzipiell aus dem Jahre 2002 stammt, was bedeutet, dass diese CPU bereits bei Vorstellung des ersten Raspberry Pi fast 10 Jahre alt war, sodass damalige aktuelle Smartphones und Tablets mit einer ARM-Cortex-Architektur demgegenüber als weitaus leistungsfähiger anzusehen sind.

Unter der Bezeichnung ARM-Architektur gibt es zahlreiche verschiedene Mikroprozessoren und Mikrocontroller, die von unterschiedlichen Firmen wie Atmel, NXP, Texas Instruments, Toshiba, STMicroelectronics oder auch Silicon Labs angeboten werden. Die Basis bildet dabei ein Prozessorkern, der ursprünglich von den Firma Acorn in England unter Federführung der Universität in Cambridge entwickelt wurde. Interessanterweise ist hier über 30 Jahre später auch der *Raspberry Pi* entstanden – teilweise waren sogar die gleichen Personen daran beteiligt –, denn die Intention ist bei beiden Projekten die gleiche: Eine kostengünstige und leicht zugängliche Plattform zu schaffen, die das Programmieren und Experimentieren ermöglicht, ohne dass hierfür besondere Kenntnisse in der Informatik oder Elektronik notwendig sind, sich also auch an Einsteiger richtet.

Die Firma Acorn war Anfang bis Mitte der Achtzigerjahre sehr erfolgreich mit dem Computer *BBC Micro*, der als Homecomputer und für den Unterricht an englischen Schulen verwendet wurde und mit einem 6502-Mikroprozessor arbeitete. Für das Nachfolgemodell wurde ein eigener 32-Bit-Prozessor in RISC-Architektur mit der Bezeichnung Acorn RISC Machine – kurz ARM – entwickelt. Der erste ARM-Prozessor kam daraufhin im Computer Acorn Archimedes zum Einsatz, er war letztendlich erfolgreicher als der damit betriebene Computer, weil andere Firmen Interesse an der Verwendung dieses Prozessors hatten.

Im Jahre 1990 gründete Acorn zusammen mit Apple und VLSI Technology, die auch die Prozessoren für Acorn fertigte, die Firma Advanced Risc Machines (ARM) mit Sitz in Cambridge. Seitdem entwickelt die Firma ARM die spezielle RISC-Architektur konsequent weiter, fertigt allerdings selbst keine Prozessoren, sondern verkauft für die ARM-Rechenkerne (IP Cores) und dazu passende Peripherie-Chips (Coprozessor, Speicher, Multimedia) entsprechende Lizenzen. Fast alle Firmen, die im Prozessorgeschäft tätig sind, sind auch ARM-Lizenznehmer. Die jeweiligen Hersteller erwerben bei ARM die benötigten Cores mit den entsprechenden Tools, die auch mit IP-Cores anderer Firmen kombiniert werden können, und erzeugen durch den Vorgang der Synthese den eigenen ARM-basierten Controller. Dabei können verschiedene Parameter und damit Einheiten wie Caches oder Busbreiten oder auch Eigenschaften wie *Performance versus Leistungsaufnahme* oder die benötigte Chipfläche vom Chiphersteller variiert werden, was letztendlich zu einer umfassenden Einchip-Lösung führt, wie es eben auch die Firma Broadcom mit den SoCs für den Raspberry Pi praktiziert.

Der ARM-Erfolg beruht in erster Linie auf einer „schlanken" 32-Bit-Architektur, dem sehr guten Preis/Leistungsverhältnis, den flexiblen Kombinationsmöglichkeiten, effizienten Befehlssätzen sowie der Tatsache, dass die Stromaufnahme gut mit der jeweiligen Taktfrequenz skaliert, was zu sehr energieeffizienten Prozessoren führt, die in zahlreichen Geräten wie Routern, Druckern, Digitalkameras oder in Smartphones (Abb. 3.4) und Tablets ihre Verwendung finden. Die neuesten ARM-Designs basieren auf einer 64-Bit-Architektur, wie sie beispielsweise beim Raspberry Pi 3 mit dem Cortex A53 zum Einsatz kommt.

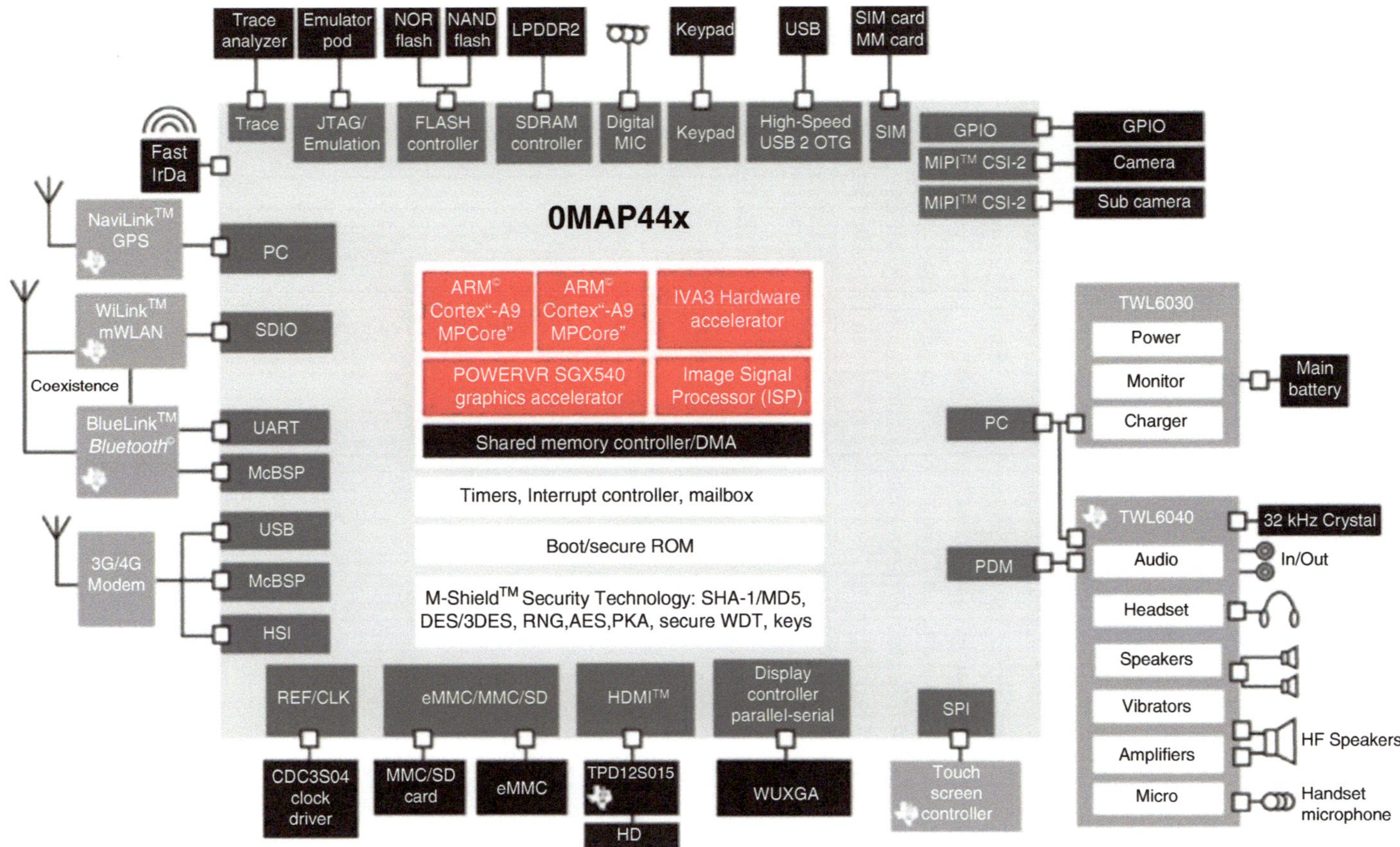

Abb. 3.4 Aufbau eines Smartphones mit Chips der Firma Texas Instruments, wobei der OMAP-SoC mit zwei Cortex ARM 9 Cores die zentrale Rolle spielt

Durch den Erweb einer ARM-Architektur-Lizenz, darf der Lizenznehmer auch Veränderungen am ARM-Kern selbst vornehmen und somit eigene ARM-kompatible Designs erstellen, wie es beispielsweise Intel mit den XScale-Prozessoren, Texas Instruments mit den OMAP-SoCs und Qualcomm mit dem Snapdragon durchgeführt hat. Andere Architektur-Lizenznehmer sind Apple (A5, A6, A7, A8), Samsung, Marvell, Freescale und NXP. Deshalb liegt es nahe, neben den ARM-Prozessoren auch spezielle Ausführungen in Form von Mikrocontrollern oder *Application Processors* herzustellen, die bei ARM unter der Bezeichnung Cortex geführt werden.

Die Orientierung ist bei den ARM-Prozessoren nicht nur aufgrund der zahlreichen Hersteller-Designs unübersichtlich, sondern auch, weil ARM zwischen der jeweiligen CPU-Familie, der dabei zugrunde gelegten Architektur sowie der Core-Implementierung unterschiedet, was mit der Tab. 3.2 entschlüsselt wird. Die verschiedenen Chips werden häufig von der Firma TSMC (Taiwan Semiconductor Manufacturing Company), herstellt, denn die meisten der genannten Hersteller besitzen keine eigene Fertigung. Neben TSMC verfügen noch Intel, Samsung und Global Foundries über die entsprechenden Herstellungsmöglichkeiten für hochintegrierte Halbleiterschaltungen. Über das genaue „Innenleben“ eines ARM-SoCs machen die verschiedenen Firmen Hersteller keine Angaben und hüten ihre Entwicklungen sehr konsequent.

Tab. 3.2 ARM-Familien und Typen im Überblick

ARM-Familie	Architektur	Cores	Merkmale/Anmerkungen
ARM1 (1985)	ARMv1	ARM1	Der erste ARM-Prozessor, 4 MHz, 26-Bit Addressing
ARM2 (1986)	ARMv2 ARMv2A	ARM2 ARM250	8 -12 MHz, 32 Bit-Multiplizierer, Unterstützung für Coprozessor
ARM3 (1989)	ARMv2A	ARM2a	25 MHz, 32-Bit Adressing, 4 kB-Cache
ARM6 (1991)	ARMv3	ARM60 ARM600 ARM610	12 - 33 MHz, MMU-Unterstützung, Virtual Memory
ARM7 (1993)	ARMv3	ARM700 ARM710 ARM710a ARM7100 ARM7500 ARM7500FE	18 - 56 MHz, 8 kB-Cache
ARM7TDMI (1995)	ARMv4T	ARM7TDMI ARM7TDMI-S ARM710T ARM720T ARM740T	18 - 60 MHz, 3-stufige Pipeline, Thumb-Befehlsatz
	ARMv5TEJ	ARM7EJ-S	5-stufige Pipeline
ARM8 (1996)	ARMv4	ARM810	70 MHz
ARM9TDMI (1997)	ARMv4T	ARM9TDMI ARM920T ARM922T ARM940T	180 MHz, 16 kB-Cache
	ARMv5TE	ARM946E-S ARM966E-S ARM968E-S	Kein Cache, DSP-Befehle
ARM9E (2002)	ARMv5TEJ	ARM926EJ-S	Jazelle-Befehlssatz
ARM10E (2002)	ARMv5TE	ARM1020E ARM1022E	6-stufige Pipeline, 32 kB-Cache, erweiterte DSP-Befehle
	ARMv5TEJ	ARM1026EJ-S	Thumb- und Jazelle-Befehlsatz
ARM11 (2002)	ARMv6	ARM1136J-S ARM1136JF-S	400 - 660 MHz, 8-stufige Pipeline
	ARMv6T2	ARM1156T2-S ARM1156T2F-S	9-stufige Pipeline, SIMD
	ARMv6K	ARM11MP Core	Multiprozessor-Core

(Fortsetzung)

Tab. 3.2 (Fortsetzung)

ARM-Familie	Architektur	Cores	Merkmale/Anmerkungen
	ARMv6K	**ARM1176JZF-S**	700 - 1000 MHz, Floating Point Unit, Trustzone-Technologie **(Raspberry Pi 1: BCM2835)**
Cortex (2004-2017)	ARMv7-A (2004)	Cortex-A5 Cortex-A8 Cortex-A9 **Cortex-A7**	600 - 1000 MHz, 1 - 4 Cores, SMP, 8-stufige Pipeline Thumb-2-, Jazelle RCT-Befehlssatz **(Raspberry Pi: BCM 2836)**
	ARMv7-R	Cortex-R4	500 MHz, Embedded Profile
	ARMv7-M (2005)	Cortex-M0	Nur Thumb-2-Befehlssatz, kein Cache, für 8/16-Bit-Applikationen
		Cortex-M3	Für 16/32-Bit-Applikationen
	ARMv6-M1	Cortex-M1	Für FPGA-Implementierung
	ARMv7-ME	Cortex-M4 Cortex-M7	Mikrocontroller Profile, für 32-Bit-Applikationen
	ARMv8 (2012)	**Cortex-A53** Cortex-A57 Cortex-A35 **Cortex-A72**	64-Bit-Architektur, max. 3 GHz **(Raspberry Pi 3: BCM 2837)** **(Raspberry Pi 4: BCM 2711)**

Während die ersten Architekturen (ARM1-, ARM2-, ARM3-Familien) lediglich in den Archimedes-Computern der Firma Acorn zum Einsatz kamen, änderte sich das Geschäftskonzept mit der Umbenennung in *Advanced Risc Machines* grundlegend. Das erste Ergebnis war ein Prozessor (ARM610) auf der Basis des ARM6-Core, der 1993 im ersten bekannten PDA von Apple – Newton – eingesetzt wurde.

Der große Erfolg stellte sich jedoch erst zwei Jahre später mit den Nachfolgern – der ARM7-Familie – ein, die aktuell das untere Ende der ARM-Architektur markieren und nicht mehr für Neuentwicklungen geeignet sind. Die neueste Architektur ist ARMv8, die erste von ARM mit 64 Bit, die zudem eine Rückwärtskompatibilität zur vorhandenen 32-Bit-Software bietet. Android 5.0 basiert auf dieser 64-Bit-Architektur, während dies bei den Geräten von Apple mit iOS bereits seit dem Jahr 2013 der Fall ist.

Der im BCM2835 eingesetzte ARM-Core (ARM1176JZF-S) entspricht einem *Classic ARM Processor*, der erst durch das Hinzufügen von verschiedenen Einheiten (Video Core, SDRAM, GPIO) zum leistungsfähigen und universell einsetzbaren Raspberry Pi-Prozessor wird. Der als *Trust Zone* spezifizierte Kern (Abb. 3.5) ist eine Ergänzung zur ARMv6-Architektur und erlaubt die separate Ausführung von „sicheren" und „unsicheren" Codes, was anhand eines *Secure Monitors* gesteuert wird und die Ausführung eines sicher zu betreibenden Betriebssystem-Kerns (privilegierter Mode) von der Ausführung von (möglicherweise) unsicherem Anwendungscode separieren kann, was als eine wichtige Funktion für ein sicheres und stabiles System zu werten ist.

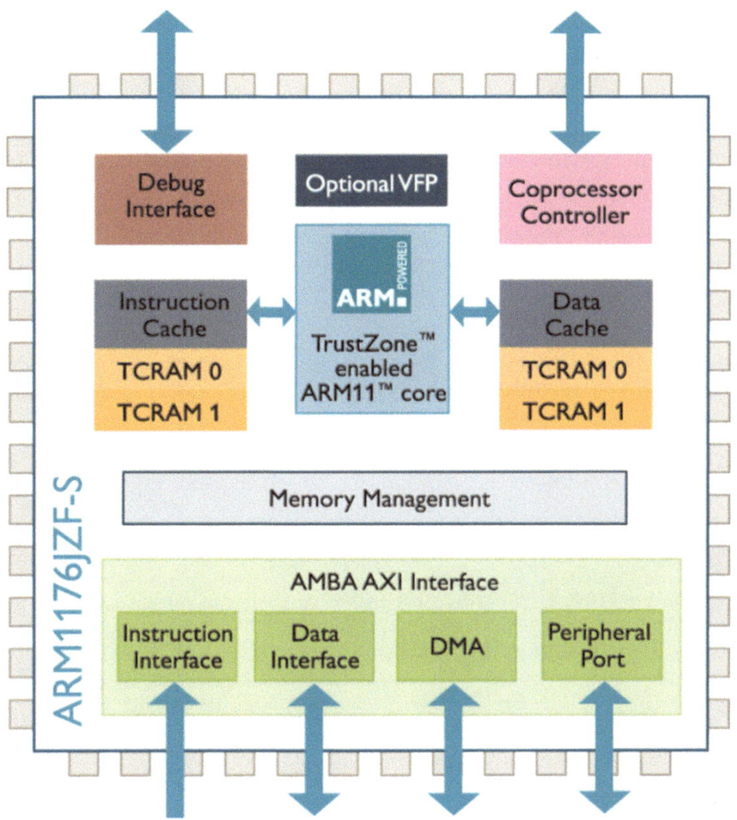

Abb. 3.5 Das Blockschaltbild des ARM1176JZF-S

Dem Kern stehen zwei separate Cache-Speicher für Befehle und Daten zur Seite (Instruction Cache, Data Cache), wie es auch aus der x86-Architektur von Intel her bekannt ist. Über die Coprozessor-Schnittstelle lassen sich andere Prozessoren wie etwa ein Grafikcontroller schaltungstechnisch anbinden, und das für ARM-Prozessoren obligatorische *Debug Interface* ist für die Programmierung und das Debuggen von Programmcode (Firmware) vorgesehen.

AMBA gibt es mittlerweile in verschiedenen Versionen, und es ist bereits vom ARM7 her bekannt. Es stellt ein Protokoll für die On-Chip-Verbindungen und das Management der einzelnen Funktionsblöcke in einem SoC dar, die über verschiedene Interfaces, wie etwa per AXI beim ARM1176, angebunden werden. Der ARM1176 verfügt insgesamt über drei AXI-Interfaces, sodass hier prinzipiell eine Vielzahl von Funktionsblöcken angeschlossen werden können. Die als optional angegebene *Floating Point Unit* (VFP: Vector Floating Point) ist beim BCM2835 vorhanden und wird standardmäßig vom Raspbian-Betriebssystem – nicht jedoch zwangsläufig auch von anderen Systemen unterstützt.

Die Cortex-A-Cores werden als *Application Processors* bezeichnet und können mit bis zu vier Cores ausgestattet sein. Sie sind explizit für Einheiten wie Notebooks, Tablets und Smartphones vorgesehen. Der Cortex A7 bildet die Basis für den BCM2836, der lediglich beim Raspberry Pi 2 eingesetzt wird und technologisch betrachtet (vgl. Tab. 3.2) bereits als älteres Design gilt, das für aktuelle Tablets und Smartphones keine Rolle mehr spielen kann.

Die leistungsfähigsten SoCs für den Raspberry Pi stellen der Cortex A53 (Abb. 3.6) und der A-72 dar, die gegenüber dem Cortex A7 als wesentliche Änderungen die 64-Bit-Texchnologie sowie den *Advanced Encryption Standard* (AES) in Hardware für die Ver- und Entschlüsselung unterstützen. Der A-72 bietet außerdem eine *Out-of-Order Excecution Pipeline*, was es ermöglicht die Befehle in einer anderen Reihenfolge auszuführen als in der, die durch den Programmcode vorgegeben ist, was eine bessere Ausnutzung der Befehlspipeline gestattet.

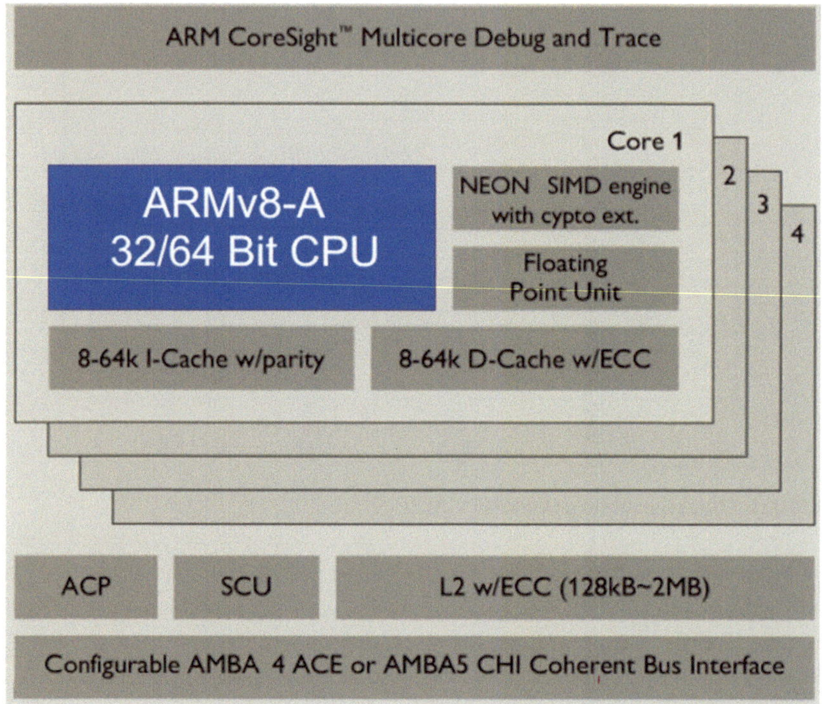

Abb. 3.6 Das Blockschaltbild des Cortex A53, der vier Kerne und die 64-Bit-Technologie bietet

Für Tablets und erst recht für Smartphones wird ein sehr hoher Integrationsgrad benötigt, sodass hier einige andere SoC-Hersteller, wie etwa Qualcomm (Snapdragon), MediaTek (MT6000), Marvel Technology (Armada PXA) oder auch Nvidea (Tegra) eine wichtige Rolle spielen und eher nicht diejenigen, die ihre SoCs für Embedded Systems, Digital-TV oder auch für Netzwerkeinheiten (Switches, Router) und Einplatinencomputer (Arduino, Raspberry Pi) vorsehen. Bei Chipsets für Smartphones ist die Firma Qualcomm seit einigen Jahren Marktführer, nicht zuletzt, weil der Mobilfunkteil (aktuell LTE) mit in den SoCs, die unter der Bezeichnung *Snapdragon* (Abb. 3.7) firmieren, integriert ist. Snapdragon entspricht einer modifizierten ARM-Architektur. Mit der aktuellen Snapdragon-Generation, die in Smartphones wie Samsung Galaxy S5, Sony Xperia Z3 und bei anderen

Herstellern (HTC, LG, Blackberry) eingesetzt wird, werden ein Quad Core ARM Cortex A57 mit einem Quad Core A53, der eine 64-Bit-Unterstützung bietet, kombiniert.

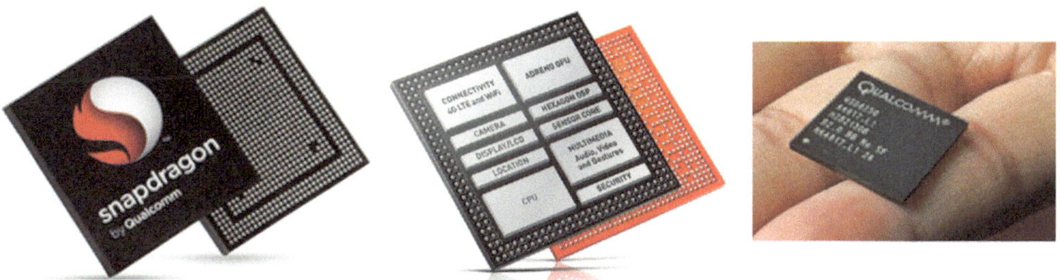

Abb. 3.7 Das Das Herzstück vieler Smartphones bildet ein SoC der Firma Qualcomm

Die Cortex-R- und Cortex M-Cores werden bei ARM als *Embedded Processors* geführt und avisieren Echtzeitanwendungen (Real Time), wie sie bei Netzwerk- und Automotive-Applikationen sowie in der Medizintechnik üblich sind. Das *Embedded Profile* (Cortex-R) unterscheidet sich jedoch maßgeblich vom *Microcontroller Profile*, welches bei den Cortex-M-Cores die Basis bildet. Cortex-M ist explizit auf niedrigere Taktraten und einen effizienten Stromverbrauch bei geringen Kosten ausgelegt.

Die am häufigsten verwendete Cortex-M-Architektur ist momentan Cortex-M3, die typischerweise mit 120 MHz getaktet wird und in Mikrocontrollern von Silicon Labs (EFM32, Gecko), NXP (LPC1700) oder auch STMicroelectronics (STM32-F2) zum Einsatz kommt. Ein Cortex-M4 bietet gegenüber einem Cortex-M3 als wesentlichen Unterschied eine DSP-Funktionalität und wird auch mit einem Cortex-M0-Kern zu einem Dual-Core kombiniert, wie beispielsweise beim LPC4300 der Firma NXP.

Abb. 3.8 Der Cortex M0-Controller ist einer der kleinsten Mikrocontroller mit ARM-Architektur

Das andere Ende der Leistungsscala markiert der Cortex-M0 (Abb. 3.8), der in Controllern von Silicon Labs (Zero Gecko), STMicroelectronics (STM32-F0) oder auch in den Vertretern der NXP-Serien LPC 1100 und LPC 1200 eingebaut ist. Der Cortex-M0 ist zum Cortex-M3 binärkompatibel und verarbeitet eine Untermenge des Thumb-Befehlssatzes. Cortex-M0-Typen sind momentan die kleinsten Cortex-Controller mit einer Fläche von gerade einmal 2 × 2 mm und enthalten einen 8 kByte RAM- sowie einen 32 kByte-Flash-Speicher. Seine Rechenleistung ist gegenüber einem Cortex-M3 zwar geringer, dafür aber auch der Stromverbrauch, der demgegenüber nur noch halb so groß ist (ca. 85 µW/MHz).

3.2 Speichereinheiten

Die Raspberry Pi-Boards bis zum Raspberry Pi 4 Modell B verfügen über DDR2-SDRAM-Speicher mit einer Kapazität – je nach Modell – von 256 MByte bis hin zu 1 GByte, der entweder OnTop auf dem ARM-Chip oder als separater Chip auf der Platinenrückseite montiert ist, wie es beim Raspberry Pi 3 der Fall ist. Der Raspberry Pi 4B wird mit drei unterschiedlich großen Speicher-Chips von 1 oder 2 oder 4 GByte DDR4-SDRAM-Speicher bestückt.

Dieser „flüchtige“ Speicher stellt den Arbeitsspeicher des Systems dar, der sowohl vom ARM-Prozessor als auch vom *Video Core* (als Graphic Memory) genutzt wird. Wie viel Speicher dem *Video Core* zugeordnet wird sowie einige SDRAM-Betriebsparameter (Takt, Versorgungsspannung) lassen sich optional im Setup (raspi-config) unter den Optionen *Memory Split* und *Overcloking Options* in einem bestimmten Rahmen festlegen.

Der zweite Speichertyp beim Raspberry Pi ist der so genannte „Festwertspeicher“ auf dem das Betriebssystem (z. B. Raspbian) läuft und der als Speicher für die Daten und Programme fungiert. Er wird als Flash-Speicher in Form einer SD Card bei den üblichen Raspberry Pi-Modellen oder als aufgelöteter eMMC-Chip (Embedded Multimedia Card) bei den *Compute Modules* realisiert.

3.2.1 SDRAM-Speicher

DRAM-Speicher (Dynamic Random Access Memory) speichern ihre Informationen in einzelnen Speicherzellen. Eine DRAM-Speicherzelle ist relativ einfach aufgebaut und besteht im Wesentlichen aus einem Transistor und einem Kondensator, der bei einem High-Pegel geladen und bei einem Low-Pegel entladen ist. Aufgrund der Selbstentladung eines Kondensators muss dieser in bestimmten Zeitabständen (µs bis ms) mit einem Impuls „aufgefrischt“ werden. Hierfür ist eine spezielle Schaltung notwendig, die im DRAM-Controller integriert ist. Dieser notwendige Impuls wird als *Refresh* bezeichnet und ist letztlich auch für die Bezeichnung DRAM (dynamisch) verantwortlich, im Gegensatz zu SRAMs (Static Random Access Memory), die für schnelle Zwischenspeicher (Cache) eingesetzt werden und vom Aufbau her komplexer und damit kostspieliger als DRAMs sind.

Ein DRAM-Baustein wird durch die Adressleitungen (A0-Ax) adressiert. Die Speicherzellen im Innern sind in Spalten und Zeilen angeordnet. Zum Adressieren einer bestimmten Zelle werden zwei Adressen – eine für die Zeile und eine für die Spalte – benötigt. Um die Anzahl der Anschlüsse am DRAM-Baustein möglichst gering zu halten, werden die Adressen über gemeinsame Anschlüsse gesendet (A0-Ax), und die Unterscheidung in Zeile und Spalte erfolgt mit den Signalen /RAS (Row Address Strobe) und /CAS (Column Address Strobe). Ist /RAS gleich Low, befindet sich die Adresse der Zeile auf dem Adressbus, ist /CAS gleich Low, befindet sich dort die Adresse der Spalte. In internen Zwischenspeichern (Buffers) werden die beiden Teiladressen gespeichert und adressieren somit das Memory-Array. Ein Refresh-Zyklus wird über einen Low/High/Low-Impuls mit Hilfe des /RAS-Signals ausgeführt.

Die Unterscheidung ob Daten geschrieben oder gelesen werden, erfolgt mit dem Write-Enable-Signal (/WE). Bei aktivem (Low) /WE-Signal wird die am Dateneingang (D) liegende Information eingelesen und in die adressierte Speicherzelle geschrieben. Ist das Signal /WE gleich High, werden die Daten über den Datenausgang (Q) ausgegeben.

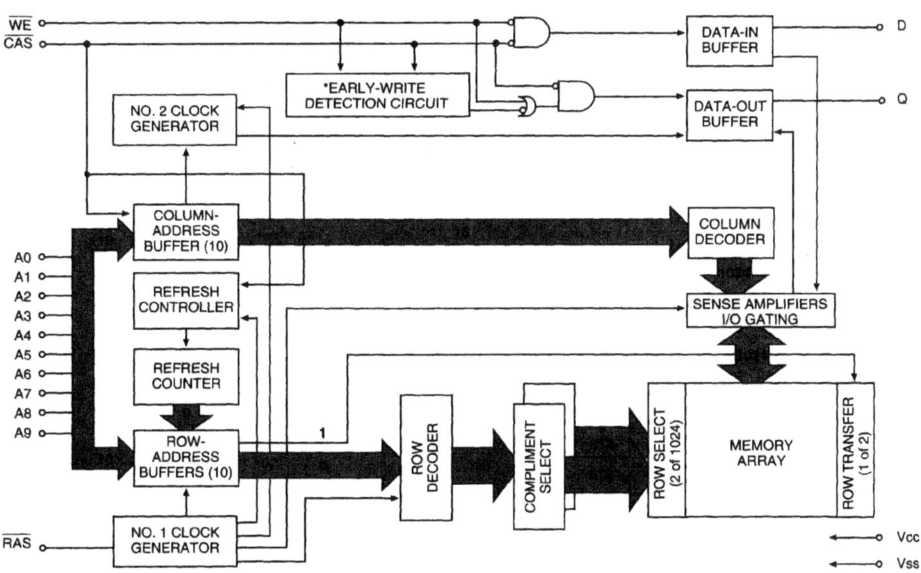

Abb. 3.9 Das Innenleben eines DRAMs vom Typ 1 MBit × 1 Bit

Als Beispiel ist in der Abb. 3.9 ein 1-MBit-Baustein gezeigt, der über 10 Adressleitungen (A0-A9) verfügt, mit denen sich 2 hoch 10 = 1024 Speicherzellen ansprechen lassen. Da sich die Adresse aus zwei Teiladressen bildet, die mit /RAS und /CAS übernommen werden, sind 1024 × 1024 = 1048576 (1 MBit) Speicherzellen adressierbar. Durch Hinzufügen einer weiteren Adressleitung (A11) vervierfacht sich die Speicherkapazität auf 4 MBit. Wird noch eine weitere Adressleitung (A12) hinzugefügt, beträgt die Speicherkapazität 16 MBit usw. Der gezeigte 1-MBit-Baustein hat eine Datenbreite von eins, demnach werden im Prinzip acht Stück davon parallel benötigt um einen 8-Bit-Datenbus zu realisieren bzw. 32 Stück davon wie es beim Raspberry Pi notwendig wäre. Dies gilt gleichermaßen für den Cortex-A53 beim Raspberry Pi 3 oder den Cortex-A72 beim Raspberry Pi 4, der nur intern über eine 64-Bit-Architektur verfügt. „Einbittige" DRAMs sind für aktuelle Implementierungen nicht mehr praktikabel, weshalb DRAM-Chips heutzutage eine Datenbusbreite von 4, 8, 16 oder 32 Bit aufweisen.

DRAMs gibt es in verschiedenen Ausführungen, die unterschiedliche Betriebsarten (Page Mode, EDO, BEDO) unterstützen. In diesem Zusammenhang sind lediglich die SDRAMs (Synchronous Dynamic RAM) von Bedeutung, die mit einem synchronen Takt arbeiten. Grundsätzlich entspricht ein SDRAM intern einem konventionellen DRAM, wobei es sich jedoch aus mehreren DRAM-Bänken (Memory Arrays) zusammensetzt. Dabei kommen intern ebenfalls /RAS- und /CAS-Signale sowie /WE und /CE (Chip Enable) nebst *Interleaving* zum Einsatz, damit beispielsweise eine Bank geladen und eine andere gleichzeitig mit Daten beschrieben werden kann. Von außen werden diese Signale mithilfe einer *Control Logic* über den *Command Address Bus* (CA) anhand von definierten Kommandos wie *Activate, Write, Read* oder auch *Refresh* gesteuert. Selektiert wird ein SDRAM über ein low-aktives Chip-Select-Signal (CS#).

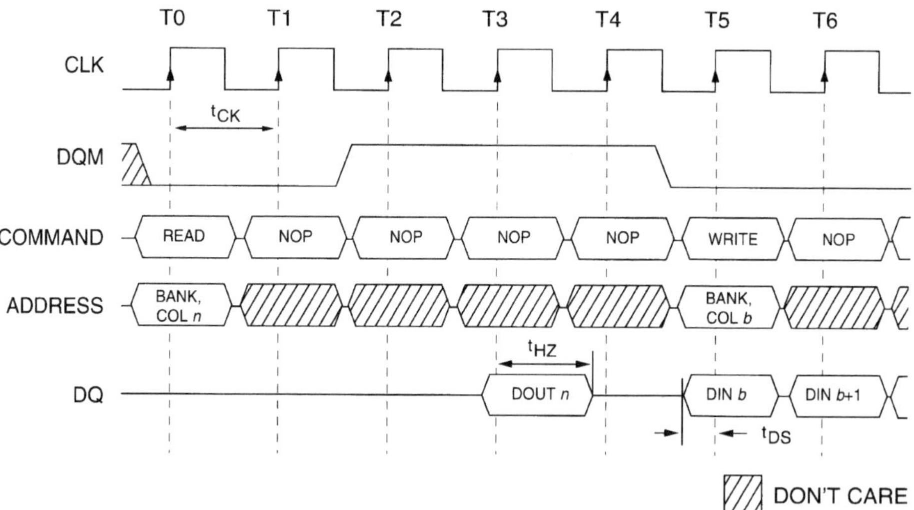

Abb. 3.10 Der Read-Zyklus eines SDRAMs gefolgt von einem Write-Zyklus. Bei aktivem DQM-Signal (Input/Output Mask) sind die Read-Daten (DOUT) gültig

Eine theoretische Verdoppelung der Datenübertragungsrate ergibt sich, wenn die Daten nicht nur auf der ansteigenden Taktflanke (CLK), sondern auch auf der abfallenden Flanke übertragen werden, was bei den *Double Data Rate SDRAMs* (DDR-SDRAMs) der Fall ist. Das eigentliche Speicher-Array besteht, je nach Kapazität, aus mehreren Bänken, die intern über BA-Signale (Bank Address) selektiert werden. Es unterscheidet sich nicht vom

SDRAM und wird ebenfalls mithilfe entsprechender Kommandos über den *Command Address Bus* gesteuert. Um doppelt so viele Daten pro Takt liefern zu können, wird stets auf zwei Speicherzellen gleichzeitig zugegriffen, deren Inhalt dann nacheinander ausgegeben wird, was intern mithilfe eines Multiplexers (MUX) und von *Input Registers* bewerkstelligt wird. In der Abb. 3.11 ist das Read-Timing eines DDR-SDRAMs angegeben. Der wesentliche Unterschied zum SDRAM-Timing (vgl. Abb. 3.10) liegt darin, dass die Ausgangsdaten (DQ) mit ansteigender und abfallender Flanke des differenziell ausgelegten Taktsignals (CK, CK#) ausgegeben oder übernommen werden.

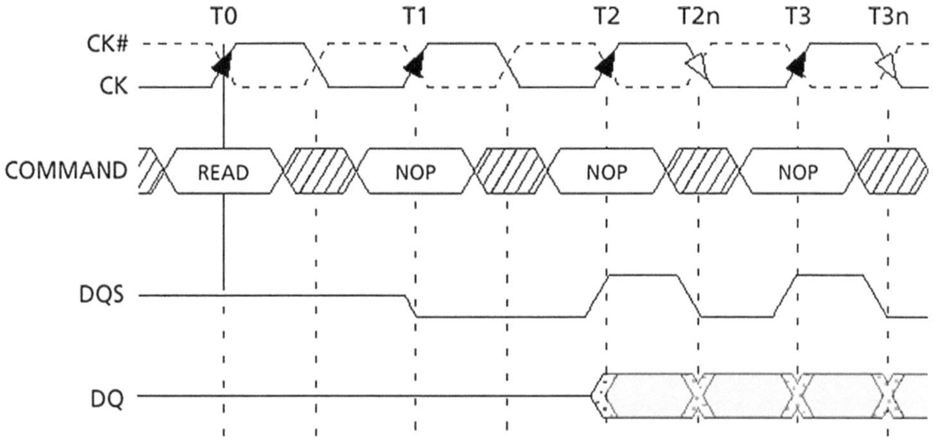

Abb. 3.11 Das Read-Timing eines DDR-SDRAMs

Beim Raspberry Pi wird bis zum Raspberry Pi 4 DDR2-SDRAM verwendet. Prinzipiell ist ein DDR2-Chip genauso wie ein konventionelles DDR-SDRAM aufgebaut, was das Speicher-Array und auch in wesentlichen Teilen die weitere Logik betrifft. Das Timing in der Abb. 3.11 ist daher ebenfalls für DDR2-SDRAMs gültig. Das eigentlich Neue ist bei DDR2-SDRAM (Abb. 3.12) die Vierfach-Prefetch-Architektur, sodass ein gleichzeitiger Zugriff auf vier Speicherzellen möglich ist. DDR2-Speicher arbeiten mit 1,8 V statt mit 2,5 V wie der Vorgänger und sie verfügen außerdem über eine Chip-interne Terminierung, die *On-Die Termination* (ODT), welche die Signalqualität verbessert und externe Terminierungswiderstände überflüssig macht.

Weiterentwicklungen der DDR-Speichertechnologie sind DDR3 und DDR4, was durch eine weitere Parallelanordnung der internen Speicherfelder und eine Verdoppelung der Prefetch-Architektur erreicht wird und höhere Taktfrequenzen – somit höhere Datenübertragungsraten – bei einer geringeren Betriebsspannung (1,5 V) ermöglicht, wie es beim Raspberry Pi 4 mit dem DDR4-SDRAM der Fall ist.

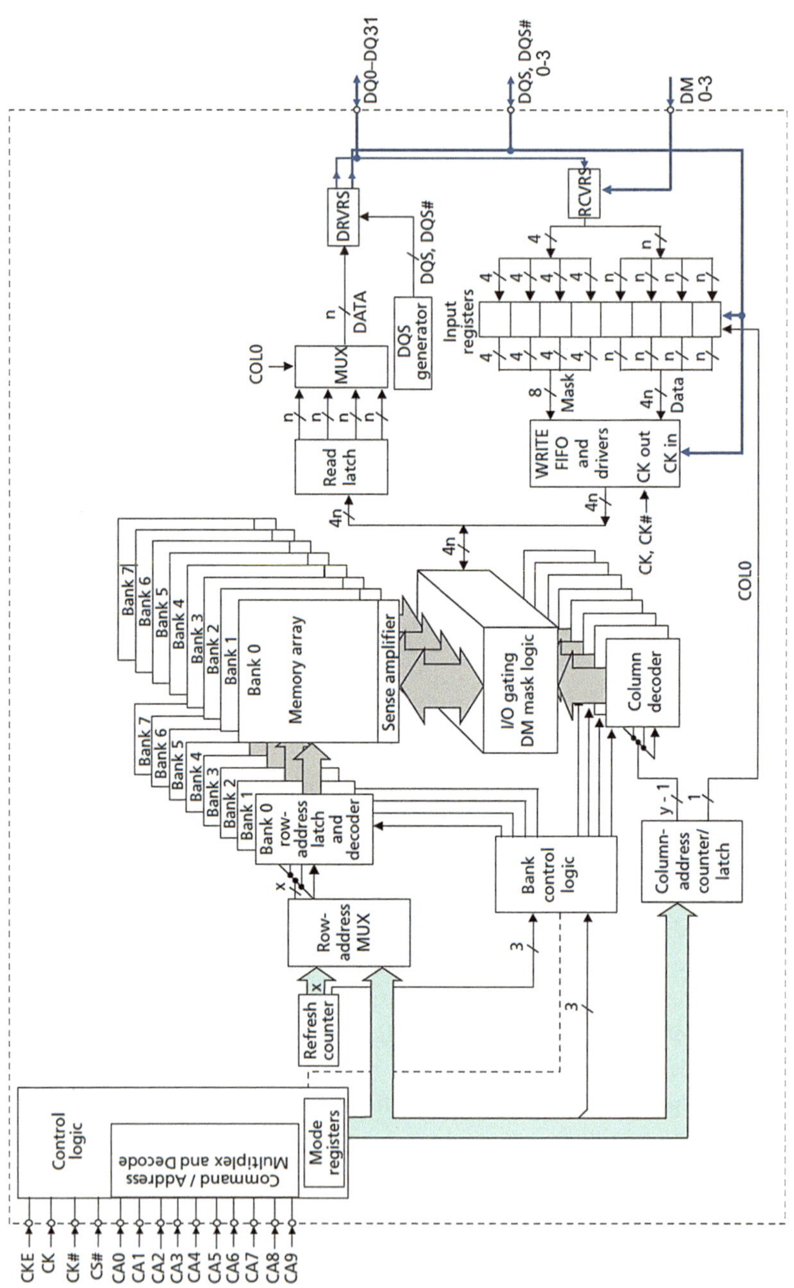

Abb. 3.12 Der interne Aufbau eines DDR2-SDRAMs wie es bei Raspberry Pi-Modellen verwendet wird

In der Abb. 3.12 ist der Aufbau eines DDR2-SDRAMs der Firma Micron (ehemals Elpida) gezeigt, welches beim Raspberry Pi eingesetzt wird. Der bidirektionale 32-Bit-Datenbus befindet sich an den Pins DQ0-DQ31 und zu jedem zu übertragenden Datenbyte gehört eine separate differenzielle Data Strobe-Leitung (DQS 0-3) sowie eine Data Input Mask-Leitung (DM 0-3) um eine entsprechende Synchronität der Daten zu gewährleisten. In der Abb. 3.13 ist die dazugehörige Pinbelegung des Speicherchips abgebildet, was verdeutlicht, dass er aufgrund der außen geführten Anschlüsse fertigungstechnisch relativ einfach *On Top* auf den ARM-Chip gesetzt werden kann, wie es bei den Raspberry Pi-Modellen mit dem BCM2835 (Pi 1, Zero) praktiziert wird.

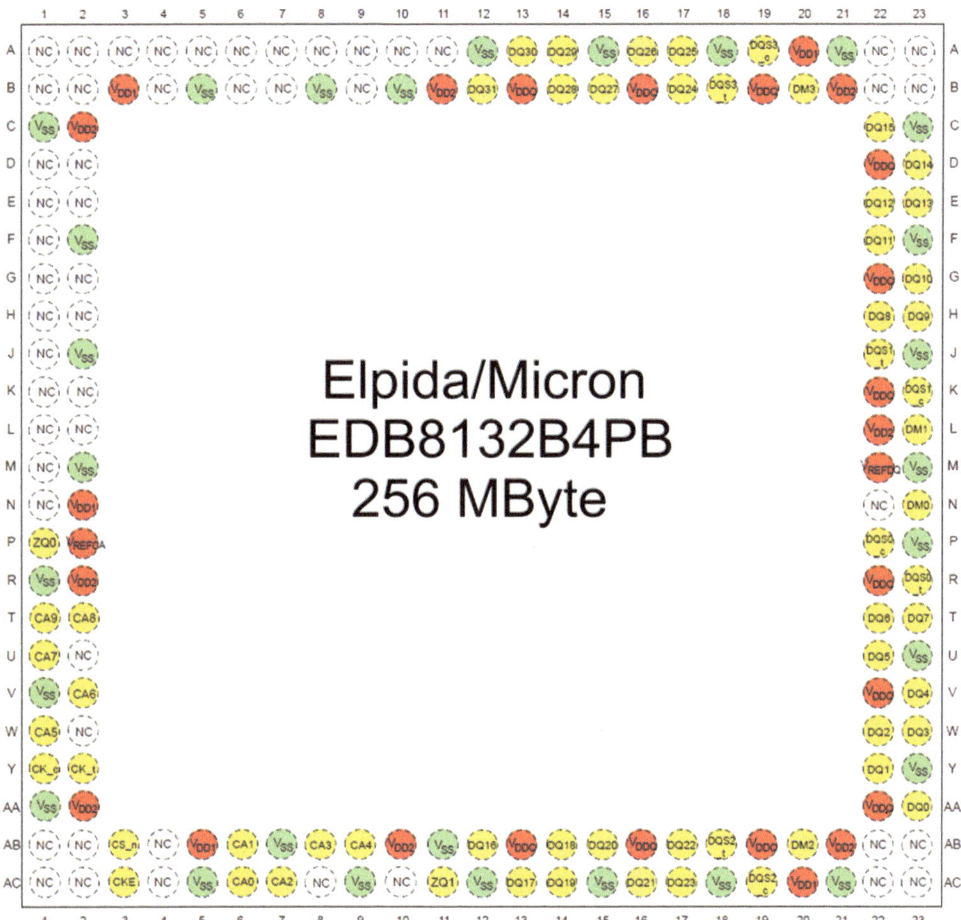

Abb. 3.13 Das Layout und die Anschlüsse beim DDR2-SDRAM für die On Top-Montage beim Raspberry Pi

3.2.2 Flash-Speicher

Flash-Speicher gehören zur Familie der Halbleiterspeicher. Die Bezeichnung *Flash* ist keine Abkürzung, sondern sie stammt ursprünglich aus dem militärischen Bereich und soll einen Halbleiterspeicher kennzeichnen, dessen geheimer Inhalt im Ernstfall in Sekundenbruchteilen (blitzschnell) zu löschen ist. Flash-Speicher sind eine Weiterentwicklung der elektrisch programmierbaren (EP)ROMs und basieren im Prinzip auf der gleichen Technologie. Sie benötigen jedoch eine zusätzliche Dekodierungselektronik, damit Löschen und Neubeschreiben der Speicherzellen in Blöcken möglich ist. Waren die ersten Flash-Chips nur komplett zu löschen und neu zu beschreiben, sind heutzutage unterschiedliche Blockgrößen üblich. Der direkte Zugriff auf einzelne Bits oder Bytes ist generell nicht möglich, sondern nur auf die vorgegebenen Blockgrößen.

Flash-Speicherbausteine gibt es in verschiedenen Ausführungen, die sich in der Größe und Organisation der Speicherzellen sowie dem Aufbau der internen Blockstruktur voneinander unterscheiden. NAND-, AND-, NOR- und DINOR-Flash-Typen (Divided Bit-Line NOR) sind hier gebräuchlich. Die beiden ersteren ermöglichen aufgrund der internen Verschaltung der Speicherzellen einen relativ schnellen seriellen Lesezugriff und werden daher vorwiegend für Flash Cards und die portablen Anwendungen eingesetzt. NOR- und DINOR-basierte Flash-Bausteine bieten hohe Speicherdichten bei großer Zuverlässigkeit und finden daher meist für die Code-Speicherung ihre Anwendung. Eine NAND-Speicherzelle weist eine kleinere Struktur als eine NOR-Speicherzelle auf, die einen höheren Strom und eine höhere Programmierspannung benötigt. Allerdings bietet NOR einen Geschwindigkeitsvorteil (ca. Faktor 10) beim Random-Access, also dem wahlfreien Zugriff auf einen bestimmten Speicherbereich. Andererseits liegen die Kosten pro MByte bei NAND-Flash wiederum niedriger als bei NOR-Flash. Die verschiedenen Hersteller verfolgen, basierend auf NAND oder NOR, unterschiedliche Flash-Weiterentwicklungen. Intel hat mit StrataFlash (NOR-basierend) erstmals die Möglichkeit geschaffen, dass pro Zelle mehr als ein Bit (2 oder 4 Bit). gespeichert werden kann. Letztendlich gilt es, einen kostengünstigen Kompromiss zwischen Speicherkapazität und Geschwindigkeit zu finden, sodass es im Grunde genommen keine Rolle mehr spielt, in welcher Art und Weise die Zellen realisiert werden. Bei den Flash Cards, von denen es eine ganze Reihe unterschiedlicher Varianten gibt, dominiert momentan eine NAND-Technologie.

Die Flash-Speichertechnologie hat sich mit den verschiedenen Speicherkarten wie *Compact Flash*, *Memory Stick* oder *SD Memory Card* zunächst bei Digitalkameras im Massenmarkt etabliert und ist heutzutage bei einer Vielzahl von unterschiedlichen Geräten wie Smartphones, Tablets, PCs, Wearables und Embedded Systems als Massenspeicher im Einsatz, etwa bei SSDs und M.2-Modulen als „Festplatte“, bei USB-Speichersticks oder bei den für den Raspberry Pi vorgesehenen *SD Cards* und *mirco SD Cards* sowie als eMMC-Chip bei den *Raspberry Compute Modules*.

3.2.3 SD Cards

Das Betriebssystem wird von einer SD-Karte (Secure Digital) geladen, die gleichermaßen als Daten- und als Programmspeicher (Festwertspeicher) fungiert. Sie muss bestimmte Voraussetzungen erfüllen, damit sie mit dem Raspberry Pi ohne Probleme eingesetzt werden kann. Deshalb werden im Internet verschiedene Kompatibilitätslisten für passende *SD Cards* geführt, was jedoch nur bedingt aussagekräftig ist, denn alle möglicherweise mit dem Raspberry Pi funktionierenden Typen können hier natürlich nicht verzeichnet sein. Außerdem sind in der Liste angeführte Typen auch keine Garantie dafür, dass sich nicht dennoch Schwierigkeiten ergeben, was durchaus an einem unterschiedlichen internen Aufbau der Cards liegen kann, den der Kartenhersteller nicht mit einer (genaueren) Typenbezeichnung dokumentiert. Wie im Kap. 2 erläutert, empfiehlt es sich – für den Einsteiger –, mit einer vorgefertigten SD Card zu beginnen, die bereits vom Hersteller mit dem Betriebssystem versehen wurde, um die Sache nicht unnötig zu verkomplizieren. Es spricht jedoch nichts dagegen, später andere SD-Karten aus dem eigenen Fundus auszuprobieren, denn ein Schaden an der Elektronik kann durch den Karten-Einsatz nicht hervorgerufen werden, solange die unbeschädigte Karte richtig und ohne Gewalt in die Fassung, die sich auf der Platinenrückseite befindet, eingesetzt werden kann.

Neben der klassischen Bauform einer *SD Card* (32 mm × 24 mm × 2,1 mm), die in den entsprechenden Sockel der ersten Raspberry Pi-Boards passt, gibt es Typen gemäß *miniSD* (21,5 × 20 × 1,4 mm) und *microSD* (15 mm × 11 mm × 1,0 mm) wofür entsprechende Adapter erhältlich sind, damit diese kleineren Typen ebenfalls mechanisch in einen üblichen SD-Slot passen.

SD Cards verfügen an der Seite über einen kleinen Schieber (Lock), der für das Einschalten eines Schreibschutzes zuständig ist. Dieser ist dann ausgeschaltet, wenn der Schieber in die Richtung der Kartenkontakte weist. Prinzipiell kann die Schieberstellung mithilfe eines zusätzlichen Schalters im Card-Slot ermittelt werden, sodass die Software darauf reagieren kann. Beim Raspberry Pi wird der Schreibschutz nicht ausgewertet, sodass auch dann auf die Karte geschrieben werden kann, wenn sich der Schieber in der Schreibschutzposition befindet. Die kleineren Varianten besitzen keinerlei mechanische Schreibschutzvorrichtung.

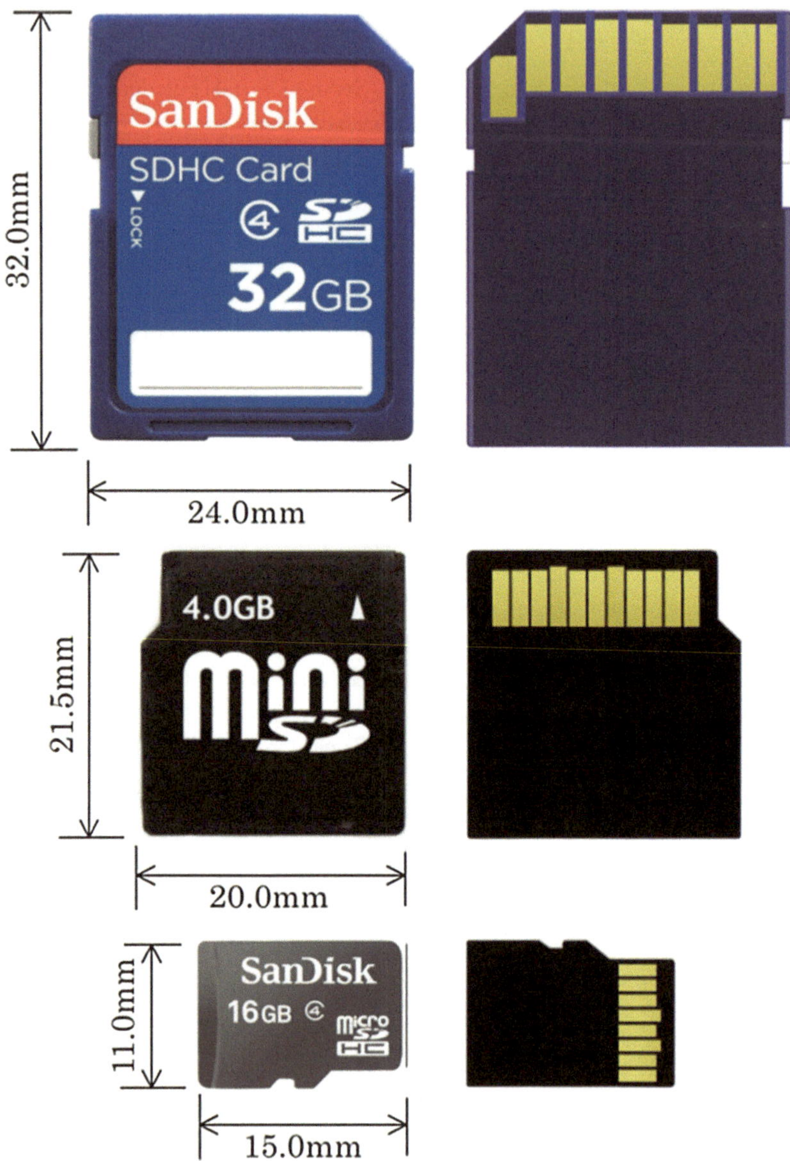

Abb. 3.14 Die verschiedenen SD-Karten

Ab dem Raspberry Pi-Model B+ ist stets ein microSD-Kartenslot eingebaut, sodass hier ausschließlich dieser miniaturisierte SD-Kartentyp einsetzbar ist. Elektrisch betrachtet gibt es – bis auf eine unterschiedliche Anzahl von Masseleitungen – keinen Unterschied zwischen SD-, miniSD- und microSD-Card (vgl. Abb. 3.14), es handelt sich somit lediglich um mechanisch verkleinerte Bauformen, weshalb im Folgenden ungeachtet der

Größe allgemein von *SD Cards* gesprochen wird. Diese entsprechen drei Standards, die sich im Wesentlichen in ihrer maximalen Kapazität voneinander unterscheiden (Abb. 3.15).

- SD Card (SD 1.0): Kapazitäten von 8 MByte bis 2 GByte
- SDHC Card (SD 2.0): **H**igh **C**apacity, Kapazitäten von 4 GByte bis 32 GByte
- SDXC Card (SD 3.0): e**X**tended **C**apacity, Kapazitäten von 64 GByte bis 2 TByte (momentan maximal 256 MByte)

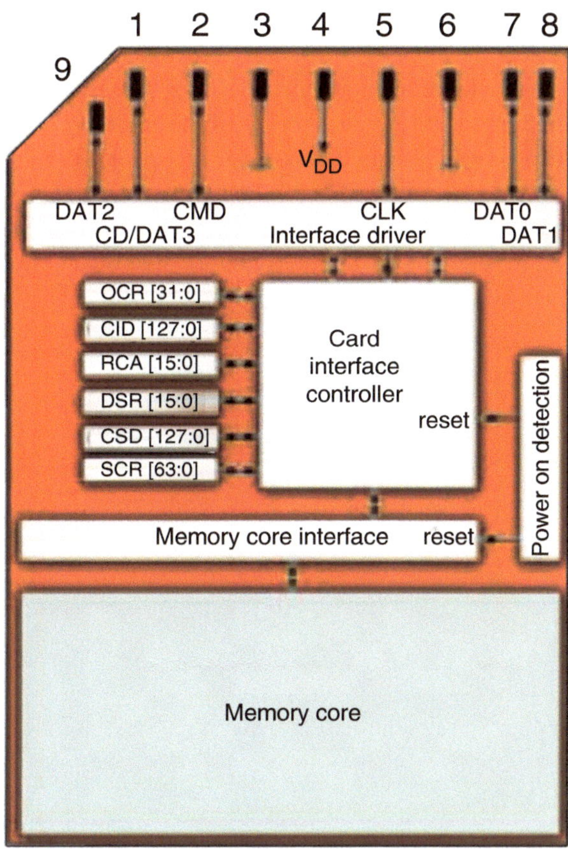

Abb. 3.15 Kontaktbelegung und interner Aufbau einer SD Card

SDHX- und SDXC-Karten funktionieren nicht in Geräten, die lediglich für *SD Cards* spezifiziert sind. Außerdem ist eine geräteabhängige Begrenzung für die maximal zu nutzende Kapazität gegeben, wobei es hier durchaus Unterschiede für das Lesen und das Schreiben geben kann. Mit der SDHC-Spezifikation sind verschiedene Leistungsklassen definiert worden, die Mindestübertragungsraten für die Aufzeichnung von MPEG-

Datenströmen – gewissermaßen eine minimale Schreibgeschwindigkeit – definieren, was insbesondere für Camcorder und Digitalkameras von Bedeutung ist. Die jeweilige *Class*, die gleichermaßen für SDXC-Karten gilt, ist üblicherweise auf der Karte mit angegeben, oder die Schreibdatenrate wird direkt ausgewiesen.

- Class 2: 2 MByte/s Mindestschreibdatenrate
- Class 4: 4 MByte/s Mindestschreibdatenrate
- Class 6: 6 MByte/s Mindestschreibdatenrate
- Class 10: 10 MByte/s Mindestschreibdatenrate

Für die aktuellen Raspberry Pi-Modelle gibt es offiziell keine Limitierung betreffs der maximalen Kapazität einer SDHC-Karte. Bis zu einer Kapazität von maximal 32 GByte und mit den Klassen 2 und 4 gibt es in der Praxis eher selten Probleme, während es mit den höherklassigen durchaus zu Kompatibilitätsproblemen kommen kann. Diese sind für den Einsatz des Raspberry Pi als Mediacenter jedoch zu bevorzugen, weil mit ihnen eine ruckelfreie Videowiedergabe möglich ist, was letztendlich auf ein Ausprobieren hinausläuft, weil die im Internet geführten Kompatibilitätslisten nicht vollständig und aktuell sein können.

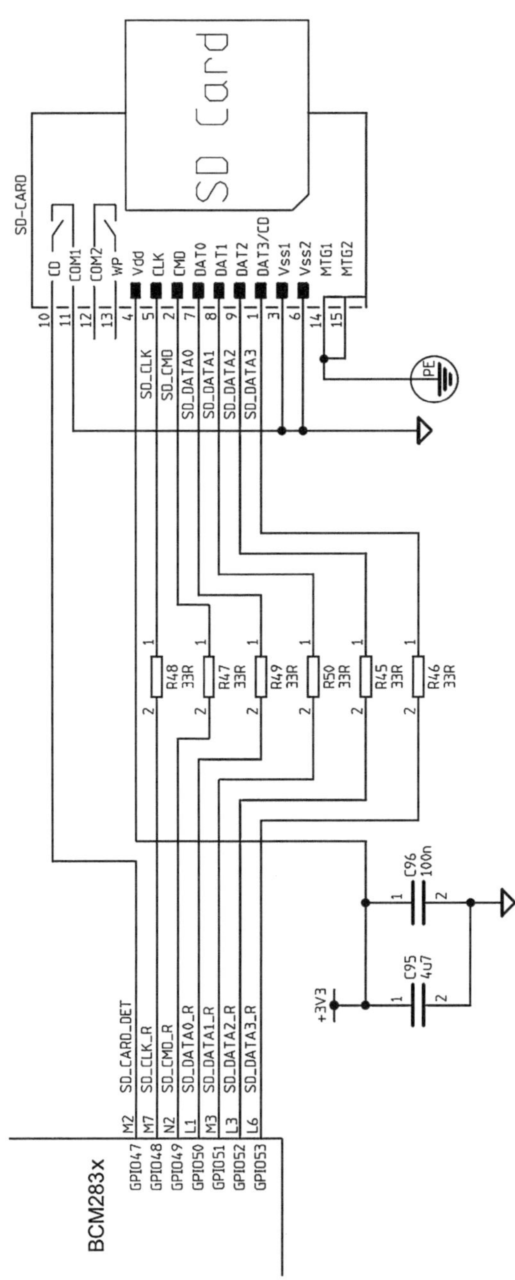

Abb. 3.16 Das SD-Karteninterface

Der eigentliche Card-Controller befindet sich in der jeweiligen SD Card selbst, sodass die hierfür notwendige Elektronik recht einfach ist, wie es der Abb. 3.16 entnommen werden kann. Die Spannungsversorgung (Vdd) beträgt 3,3 V, und es sind zwei Masseleitungen (Vss1, Vss2) sowie die Masse des Blechslots selbst (MTG1, MTG2) vorhanden.

Die Daten werden über die Signale DAT0, DAT1, DAT2 und DAT 3 transportiert, wobei das DAT3-Signal auch als Kartenerkennung (CD: Card Detect) fungieren kann. Die Datenübertragung wird vom SoC (hier BCM283x) taktgesteuert (CLK), und mithilfe des CMD-Signals wird die Transferrichtung der Daten bestimmt.

3.2.4 Embedded Multimedia Card

Der Flash-Speicher ist bei den *Compute Modules* in Form eines eMMC-Chips (Embedded Multimedia Card) mit einer Kapazität von 4 GByte im BGA-Gehäuse direkt auf dem Modul eingelötet. Beim ersten Compute Module ist dies der einzig vorhandene Flash-Speicher, was einige Besonderheiten bei der Installation des Betriebssystems zur Folge hat, was im Abschn. 7.4.2 näher erläutert ist, während das Compute Module 3 sowohl mit als auch ohne diesen Chip (Lite-Version) erhältlich ist. Das dazu passende Träger-Board verfügt über einen microSD-Kartenslot, sodass die Installation dann wie bei den üblichen Raspberry Pi-Boards vonstatten gehen kann. Der eMMC-Chip ist beim ersten Compute Module (Abb. 3.17) neben dem BCM2835 aufgelötet, während er sich beim Compute Module 3 auf der Platinenrückseite neben dem DDR2SDRAM-Chip befindet, der eine Kapazität von 1 GByte aufweist.

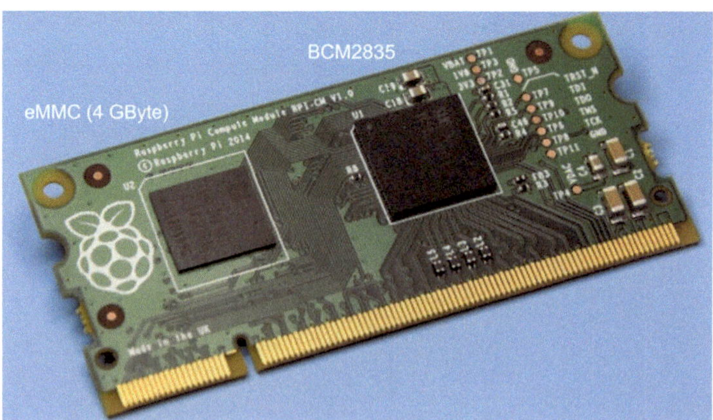

Abb. 3.17 Der Flash-Speicher ist bei einem Compute Module als eMMC-Chip ausgeführt

Ein eMMC-Chip ist nicht einfach nur ein Flash-Speicherbaustein, sondern beinhaltet neben dem Speicher-Array sämtliche Controller- und Interface-Elektronik, sodass er sehr einfach angesteuert werden kann. eMMC-Speicher ist der Standard-Flash-Speicher in Smartphones und Tablets, allerdings mit weit höheren Speicherkapazitäten als die bei den Compute Modules eingebauten 4 GByte.

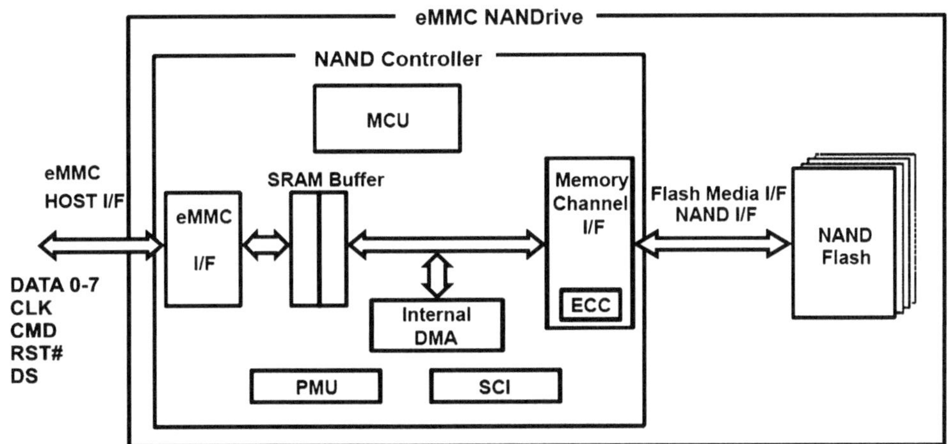

Abb. 3.18 Prinzipieller Aufbau eines eMMC-Chips

In der Abb. 3.18 ist der interne Aufbau eines eMMC-Chips gezeigt. Der Interface-Aufbau zum Controller (Host I/F) ist standardisiert und unabhängig von der jeweiligen Speicherkapazität. Der bidirektionale Datenbus (DATA 0-7) wird von einem Clock-Signal (CLK) des Hosts getaktet, wobei das hierzu synchrone DS-Signal (Data Strobe) vom eMMC-Chip generiert wird und ausgehende Daten im HS400-Mode (High Speed 400 MB/s) kennzeichnet. Grundsätzlich gibt es verschiedene Transfermodi für eMMC, was unterschiedliche Datentransferraten (52 MByte/s-400 MByte/s) zur Folge hat. Der CMD-Anschluss (Command/Response) fungiert als bidirektionales Signal für den Austausch von Kommandos des Hosts an den eMMC-Chip sowie zur Übertragung von Statusmeldungen in der umgekehrten Richtung. Der Chip wird über ein Low-Signal am RST#-Pin (Reset) zurückgesetzt. Hinzukommen verschiedene Anschlüsse (V_{DD}, V_{cc}) für die Spannungsversorgung (3,3 V) und Masse (V_{SS}). In der Abb. 3.19 sind die Anschlüsse bei einem *eMMC-Chip* im BGA-Gehäuse angegeben.

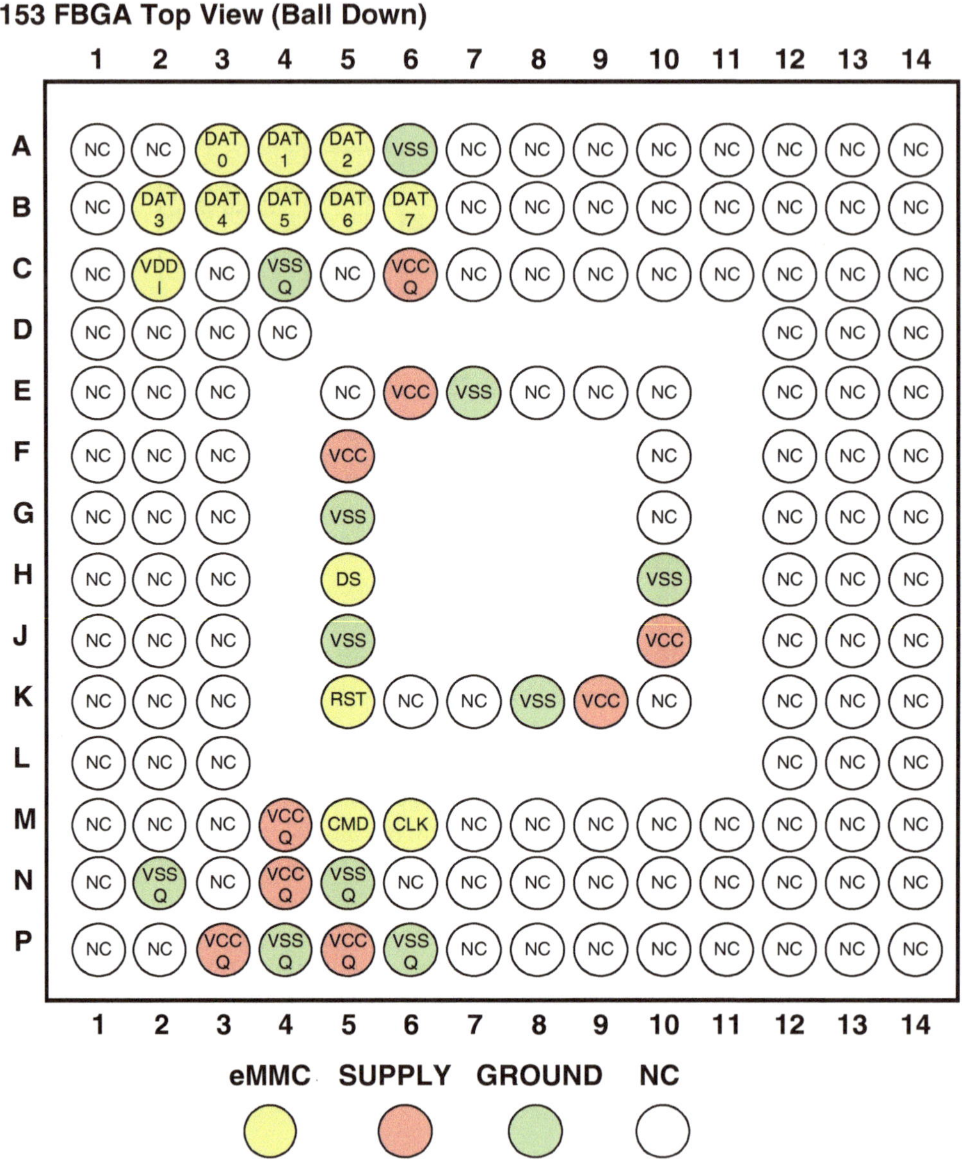

Abb. 3.19 Das Layout und die Anschlüsse bei einem eMMC-Chip, wobei die meisten (NC) Pins gar keine Signale führen

3.3 Grafikeinheit – Video Core

Die Grafikeinheit des SoC mit der Bezeichnung *VideoCore* kann sowohl Signale für HDMI (High Definition Multimedia Interface) als auch für Composite Video ausgeben, wofür beim Raspberry Pi zwei Anschlüsse (HDMI, gelbe Cinch-Buchse) vorhanden sind.

Ab den Raspberry Pi +Modellen ist das Composite Video-Signal mit den Audio-Signalen an einer vierpoligen Klinkenbuchse zusammengefasst; die Compute Moduls und die Zero-Modelle verfügen nicht über einen derartigen Anschluss.

Composite Video ist lediglich bei älteren PC-Monitoren zu finden. Es ist jedoch damit möglich, einen Fernseher oder ein anderes Gerät über einen analogen Video-Eingang anzusteuern. Bei einem Fernseher ist das Signal möglicherweise über einen Adapter auf einen SCART-Anschluss des Fernsehgerätes zu führen, falls kein direkter, passender Video-In-Eingang am Gerät vorhanden sein sollte. Die Audioverbindung ist separat herzustellen, wofür üblicherweise Cinch-Verbindungen (RCA Jack) eingesetzt werden.

Die Grafikeinheit (GPU) mit der Bezeichnung *VideoCore IV* ist in der Lage, Videos bis hin zu Blu-Ray-Qualität mit einer Datenkompression entsprechend H.264 mit 40 MBit/s über HDMI auszugeben und unterstützt die Standards *OpenGL-ES2.0* für 3D-Funktionen, *OpenVG* für die Verarbeitung von Vektorgrafiken sowie *OpenMAX* für den Zugriff auf Multimedia-CODECs, was in der Summe eine verhältnismäßig gute Grafik-Leistung und 3D-Darstellung erlaubt. Die jeweiligen Applikationen setzen auf diese drei Grafikstandards auf. Zur unteren Schicht hin (siehe Abb. 3.20) fungiert EGL als *Native Graphic Plattform Interface*.

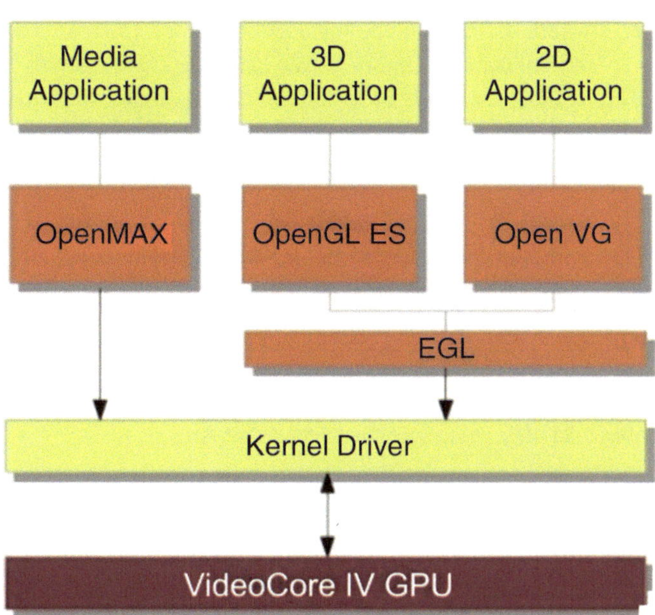

Abb. 3.20 Die Architektur der Graphics Processing Unit

Die Grafikeinheit *Video Core IV* ist nicht nur für die Monitordarstellung zuständig, sondern enthält auch den Speichercontroller für maximal 1 GByte DRAM (DDR2-SDRAM) und einen L2-Cache mit 128 kByte, der jedoch nicht von der ARM-CPU verwendet wird, sondern ausschließlich vom *Video Core IV*, der auch für den Boot-Vorgang verantwortlich ist.

Nach dem Einschalten startet der erste Bootloader aus einem im Chip festprogrammierten ROM, erst danach wird ein zweiter Bootloader von der SD-Karte (bootcode.bin) in den L2-Cache geladen und von dort aus gestartet. Dieser initialisiert den Arbeitsspeicher (SDRAM), lädt die Video-Core-Firmware und startet dann den dritten Bootloader (start.elf), der den Arbeitsspeicher zwischen ARM-CPU und VideoCore aufteilt und anschließend erst die ARM-Kerne startet, die darauf das Betriebssystem (z. B. Raspbian) ausführen.

Entsprechendes gilt für den Nachfolger *Video Core VI* der erstmalig beim Raspberry Pi eingesetzt wird und einen Speichercontroller für maximal 4 GByte DDR4-SDRAM enthält. Der *Video Core VI* wird mit 500 MHz statt mit bisher maximal 450 MHz getaktet und unterstützt zusätzlich den Standard H.265, der 4 k-Displays (Ultra HD: 3840 × 2160 Pixel) mit 60 Hz oder mit jeweils 30 Hz im Dual Monitor-Mode an den beiden HDMI-Ausgängen betreiben kann.

3.3.1 HDMI und DVI

Grundsätzlich führt eine HDMI-Verbindung sowohl Video- als auch Audiosignale und ist kompatibel zur DVI-Schnittstelle (Abb. 3.21), sodass im Bedarfsfall auch einfache Adapter, etwa für die Umsetzung von HMDI auf den DVI-Anschluss eines Monitors, eingesetzt werden können. Das *Digital Visual Interface* (DVI) gibt es in zwei unterschiedlichen Ausführungen: Einmal mit 24 Kontakten und einmal mit 29 Kontakten, wobei die letzte Ausführung auch analoge VGA-Signale führt, sodass mit einem geeigneten Kabel auch weiterhin ein Röhrenmonitor betrieben werden könnte.

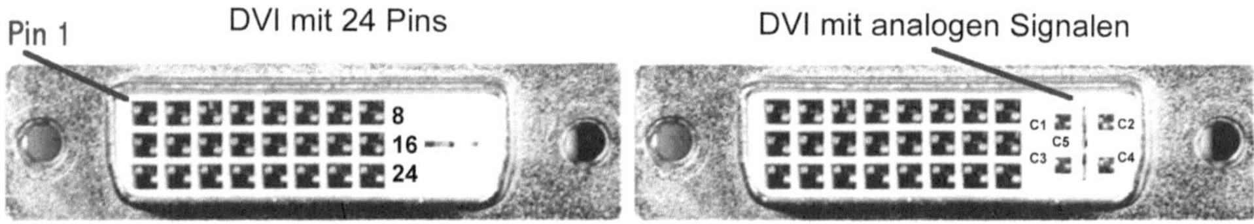

Abb. 3.21 Die beiden gebräuchlichen DVI-Anschlüsse

Die digitale HDMI-Datenübertragung beruht auf mehreren TDMS-Kanälen (Transition Minimized Differential Signaling Protocol), wozu jeweils zwei Leitungen gehören, auf denen eine *differenzielle Datenübertragung* stattfindet. Es findet also keine Datenübertragung in Bezug auf die Schaltungsmasse statt, sodass auch längere Kabelverbindungen von 10 m und mehr kein Problem darstellen.

Als Digitalverbindung zwischen dem Grafikchip und einem digitalem Monitor kommen spezielle Panel-Link-ICs (Abb. 3.22) zum Einsatz. Der Sender erzeugt aus den 24-Bit-Signalen drei serielle Signale, die differenziell (+/- 0,5 V) auf je zwei Leitungen (RGB) übertragen werden, und zwei weitere Leitungen transportieren das Taktsignal. Im Monitor befindet sich ein Panel-Link-Empfänger, der wieder die ursprünglichen Video- und Steuersignale generiert.

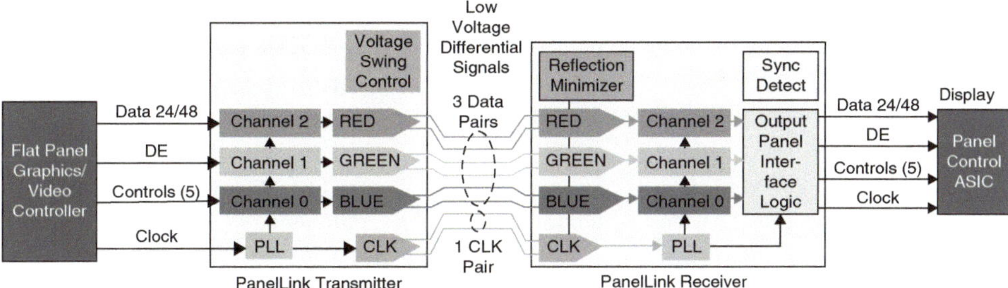

Abb. 3.22 Das Prinzip der Datenübertragung mit TDMS

Ein BCM283x-SoC beinhaltet ebenfalls eine derartige Panel-Link-Einheit. An der 19-poligen HDMI-Buchse (Abb. 3.23) eines Raspberry Pi-Boards sind die hierfür notwendigen Signale entsprechend verschaltet, wobei verschiedene Dioden als Schutzschaltung für die einzelnen Signale eingesetzt werden, wie es in der Abb. 3.24 gezeigt ist.

Abb. 3.23 Die Kontakte der HDMI-Buchse

Neben den TDMS-Signalen ist ein CEC-Signal (Consumer Electronics Control) vorhanden. Es entspricht einem einadrigen Datenbus für die Vernetzung unterschiedlicher Multimediageräte (HiFi, Video, Player etc.), deren Funktionen damit zentral gesteuert werden können (Tab. 3.3).

Tab. 3.3 Die einzelnen HDMI-Signale

Pin Nr.	Signal	Raspberry Pi-Schaltung
1	TDMS Daten 2+	HDMI_TX2_P
2	TDMS Daten 2 Abschirmung	Ground
3	TDMS Daten 2-	HDMI_TX2_N
4	TDMS Daten 1+	HDMI_TX1_P
5	TDMS Daten 1 Abschirmung	Ground
6	TDMS Daten 1-	HDMI_TX1_N
7	TDMS Daten 0+	HDMI_TX0_P
8	TDMS Daten 0 Abschirmung	Ground
9	TDMS Daten 0-	HDMI_TX0_N
10	TDMS Takt +	HDMI_CLK_P
11	TDMS Takt Abschirmung	Ground
12	TDMS Takt -	HDMI_CLK_N
13	Consumer Electronics Control	HDMI_CEC_DAT
14	Reserved	Nicht angeschlossen
15	Serial Clock Line	HDMI_SCL
16	Serial Data Line	HDMI_SDA
17	Ground (DDC, CEC)	Ground
18	+5 V Power	+ 5V0
19	Hot Plug Detect	HDMI_HPD

Außerdem wird der *Display Data Channel* (DDC) unterstützt, der einen Kommunikationsweg zwischen einem Grafikadapter und einem Monitor bildet, um somit eine automatische Konfiguration (Plug&Play) des Grafiksystems zu ermöglichen. DDC arbeitet in zwei Richtungen (bidirektional) und verwendet hierfür einen speziellen Bus, der im Prinzip dem I^2C-Bus der Firma Philips entspricht. Der I^2C-Bus (siehe auch Abschn. 6.5) ist in fast jedem CD-Player oder auch Fernseher zu finden und wird für die interne Kommunikation der einzelnen Schaltungseinheiten verwendet. Er besteht aus dem Datensignal *Serial Data Line* (SDA) und dem Taktsignal *Serial Clock Line* (SCL). Für die Detektierung eines eingesteckten HDMI-Kabels, woraufhin CEC und DCC automatisch starten können, wird eine separate Hot Plug Detect-Schaltung (HDMI_HPD) eingesetzt.

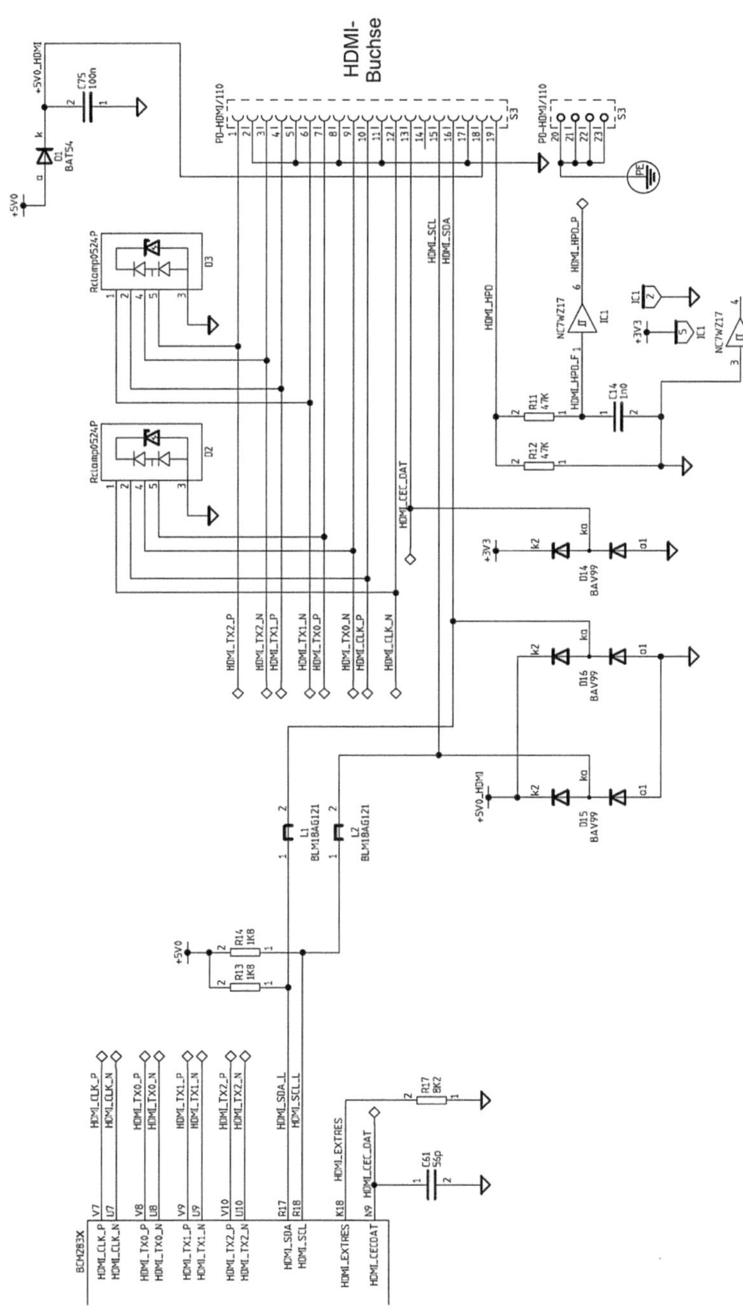

Abb. 3.24 Die HDMI-Schaltung

Bei den Raspberry Pi-Zero-Modellen ist eine Mini-HDMI-Buchse eingebaut, bei der die gleichen Signale wie bei der üblichen HDMI-Buchse (Abb. 3.25) verwendet werden. Ein entsprechendes Adapterkabel gehört üblicherweise zum Lieferumfang eines Raspberry Pi-Zero-Boards. Der Raspberry Pi 4 verfügt über zwei Micro-HDMI-Buchsen, deren Signalbelegung ebenfalls dem HDMI-Standard entspricht.

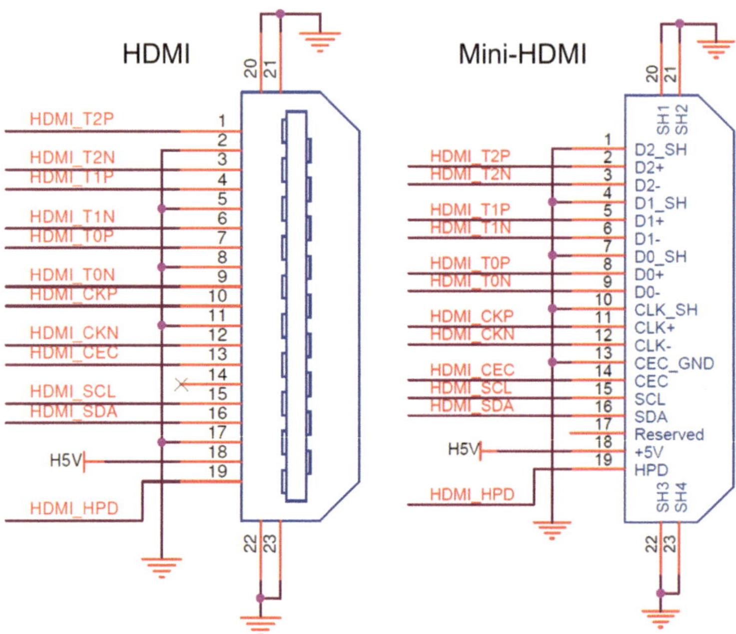

Abb. 3.25 Die Signale an der HDMI- und der Mini-HDMI-Buchse

3.3.2 Composite Video

Im Gegensatz zur HDMI-Schaltung (Abb. 3.24) stellt sich die Composite Video-Schaltung (Abb. 3.26) als vergleichsweise einfach dar, denn hierfür wird ein BCM283x-interner *Digital Anolog Converter* (DAC) verwendet, der als externe Beschaltung lediglich einen Widerstand und zwei Schutzdioden benötigt.

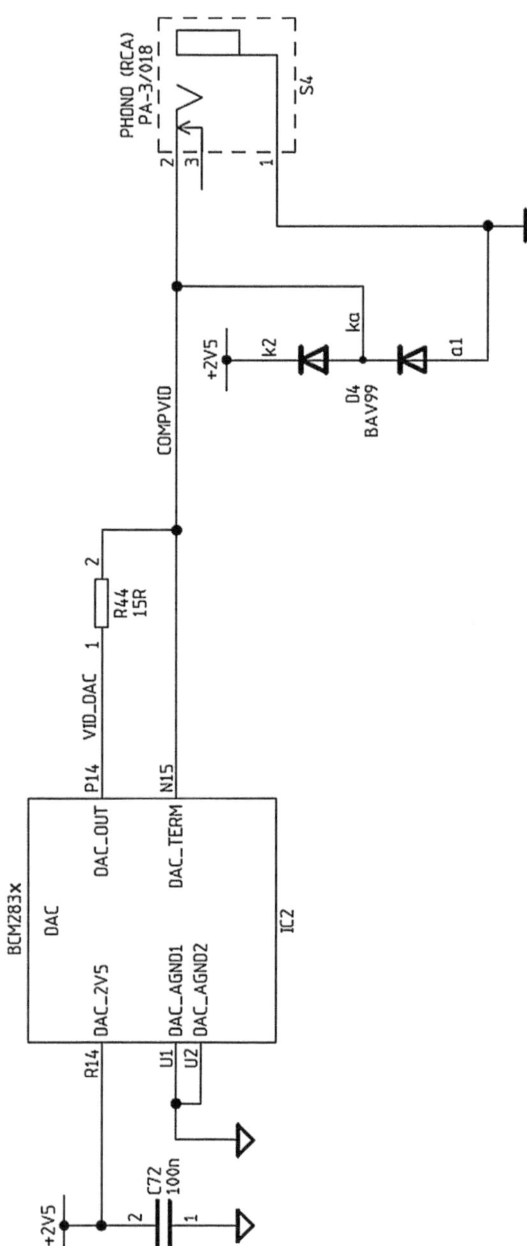

Abb. 3.26 Die Video Out-Schaltung für Composite Video

Bei den ersten Raspberry Pi-Modellen führt die auffällige gelbe Cinch-Buchse (S4, Abb. 3.28) das Composite Video-Signal, während es sich ab dem Modell B+ mit den Audiosignalen an einer schwarzen Klinkenbuchse (Abb. 3.27) befindet.

Abb. 3.27 Ab dem Modell B+ führt die Audio-Buchse auch das Composite Video-Signal

3.4 Audio

Für eine Audioverbindung (Audio Out) vom Raspberry Pi mit aktiven Lautsprechern oder Audio-Verstärkern ist auf der Platine der ersten Raspberry Pi-Modelle eine blaue Buchse (S6), vorhanden, die einen 3,5 mm Stereo-Klinkenstecker aufnehmen kann. Ab dem Modell B+ wird eine kombinierte Audio/Video-Buchse eingesetzt. Die Signalbelegung des notwendigen vierpoligen Klinkensteckers ist in der Abb. 3.29 angegeben.

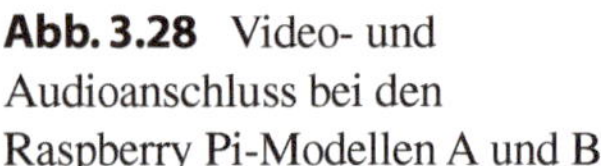

Abb. 3.28 Video- und Audioanschluss bei den Raspberry Pi-Modellen A und B

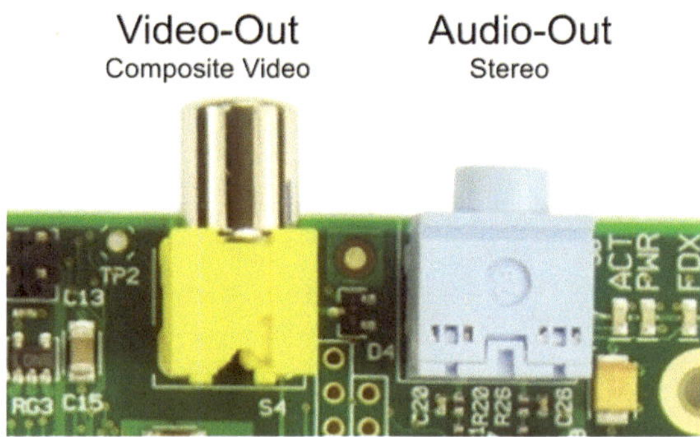

Demnach ist beim Einsatz eines einfachen Audiokabels, welches an beiden Enden mit einem Klinkenstecker versehen ist – wie es häufig zu Monitoren mit integrieren Lautsprechen mitgeliefert wird –, ein Adapter notwendig, der das Audiosignal auf die bei HiFi- und TV-Geräten üblichen Cinch-Anschlüsse umsetzt. Audioeingänge, um etwa Signale aufzunehmen (Samplen), gibt es beim Raspberry Pi standardmäßig nicht.

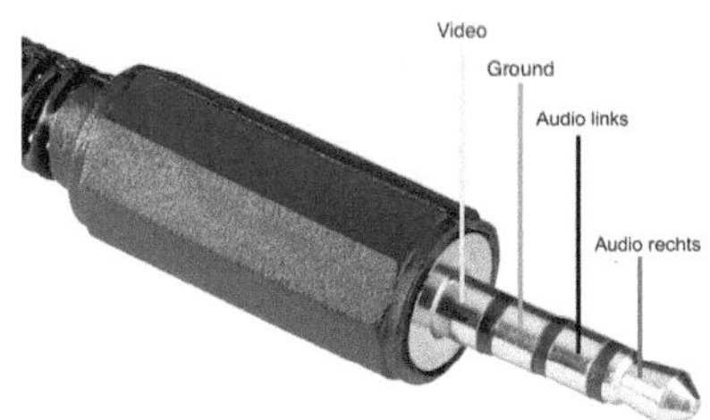

Abb. 3.29 Die Signalbelegung der kombinierten Audio/Video-Verbindung

Die Audioschaltung auf der Raspberry Pi-Platine (Abb. 3.30) wird von zwei PWM-Signalen (Pulse Width Modulation) des BCM2835 gespeist, die aus einer einfachen Filterschaltung mit vorwiegender Tiefpasscharakteristik sowie zwei Dioden als Schutzschaltung (Amplitudenbegrenzung) besteht. Die Schutzschaltung entspricht prinzipiell derjenigen, wie sie beim Composite Video-Ausgang (Abb. 3.26) vorhanden ist.

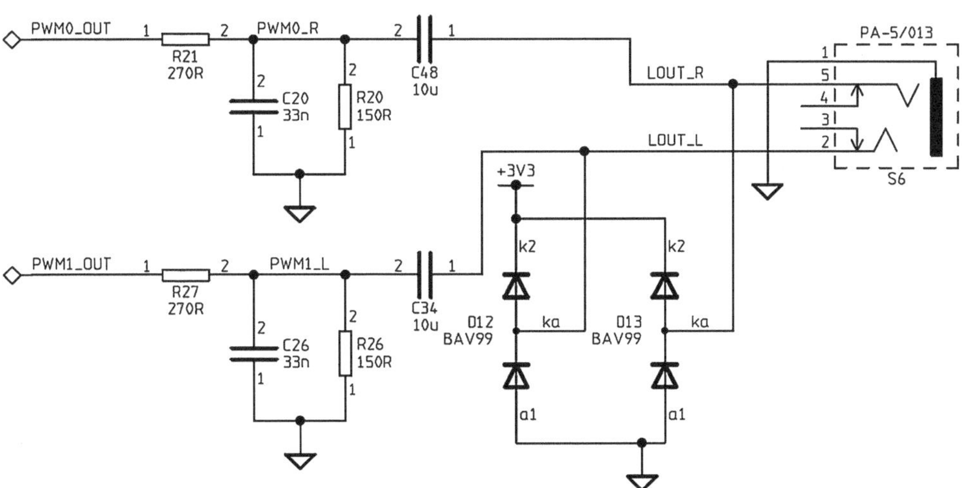

Abb. 3.30 Die Audioausgangsschaltung der ersten Raspberry Pi-Modelle

Seit dem Raspberry Modell B+ wird eine verbesserte Audioausgangschaltung (Abb. 3.31) auf den Boards mit dem Dual-Buffer NC7WZ16 der Firma On Semiconductor realisiert, der zwischen die PCM-Audiosignale des SoCs und die Audio/Video-Buchse geschaltet ist. Hiermit wird eine Signalentkopplung und zudem eine Schutzfunktion für den SoC beim fälschlichen Einspeisen von Signalen an den Audioleitungen der Buchse erreicht. Die einfache Schutzschaltung mit den Dioden, die einen negativen Einfluss auf die Signalqualität haben können, wird damit überflüssig.

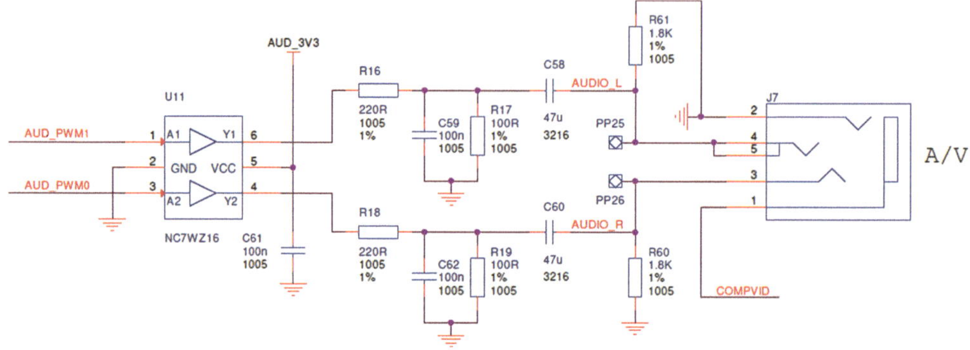

Abb. 3.31 Ab dem Raspberry Pi 2 wird eine verbesserte Audioausgangsschaltung realisiert

3.5 Ethernet und USB

Neben dem SoC von Broadcom ist als zweiter wichtiger Baustein beim ersten Raspberry Pi-Modell (Typ B) der Chip LAN9512 der Firma SMSC eingebaut. Er enthält einen USB-Hub und einen Ethernet-Controller (10/100 MBit/s). Ab dem Raspberry Pi Modell B+ wird der Typ LAN9514 (Abb. 3.32) eingesetzt, der statt zwei über vier USB-Ports verfügt, ansonsten jedoch zum LAN9512 funktionsgleich ist. Nach der Übernahme der Firma SMSC gehören diese Controller aktuell zur Firma Microchip.

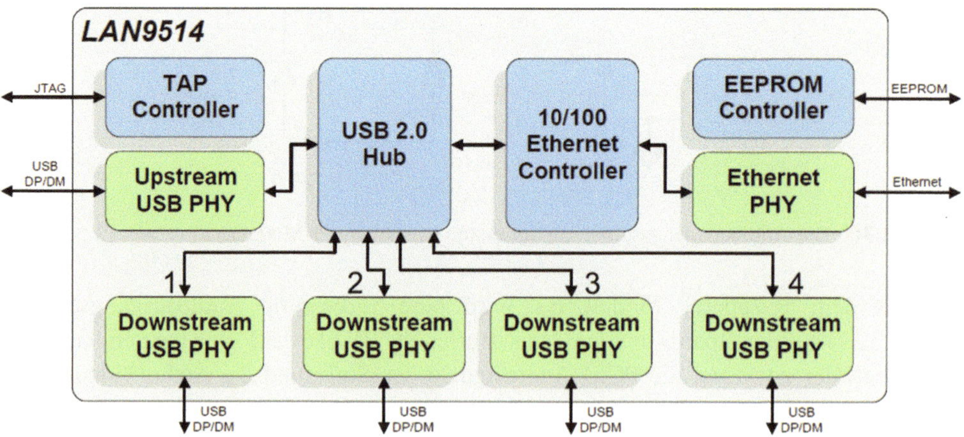

Abb. 3.32 Das Prinzipschaltbild des LAN9514, der gegenüber dem LAN9512 über zwei zusätzliche Downstream USB PHY Ports (3, 4) verfügt

Beim Raspberry Pi Modell A wird der LAN9512-Chip nicht bestückt, sodass nur noch ein einziger USB-Port, der direkt vom BCM2835 zur Verfügung gestellt wird, vorhanden ist und es gibt hier auch keinen Netzwerkanschluss. Außerdem besitzt das Model A lediglich 256 MByte an Speicher statt 512 MByte. Diese Maßnahmen schlagen sich in einem günstigeren Preis für das Model A nieder sowie in einem geringeren Stromverbrauch, der beim Modell A 2,5 W beträgt, statt der 3,5 W beim Model B.

Ein Modell A ist eher für Applikationen interessant, die aus einer Batterie gespeist werden sollen und bei denen die genannten Einschränkungen für die Anwendung keine ausschlaggebende Rolle spielen, also eine langsamere Datenverarbeitung aufgrund des kleineren Speichers zulässig und keine Ethernet-Netzwerkverbindung notwendig ist. *Embedded Systems*, die explizit für eine bestimmte Aufgabe programmiert sind und häufig in der Mess- und Steuertechnik eingesetzt werden, sind hierfür typische Beispiele. Das Gleiche gilt im Prinzip ebenfalls für das Model A+, welches der reduzierte Ableger des B+-Modells ist sowie für das Modell 3 A+.

Abb. 3.33 Beim Modell A ist der LAN9512-Chip nicht bestückt, sodass auch die Buchsen für den Ethernet-Anschluss und den zweiten USB-Port fehlen. Für das Modell A+ wird aufgrund dieser Reduzierung eine kleinere Platine verwendet

Die Veränderungen gegenüber der ersten Raspberry Pi-Serie wie der Ersatz des SD Card-Slot durch einen Micro SD-Slot, die Zusammenführung des Audio- und des Composite Video-Signals an einer Klinkenbuchse sowie die Erweiterung des GPIO-Connectors von 26 auf 40 Kontakte, gilt sowohl für das B+ als auch das A+-Modell, wobei die Platinenabmessung des Modells A+ (Abb. 3.33) quasi auf die Länge der 40-poligen Pfostenleiste plus der zwei Befestigungslöcher reduziert wurde. Dies ist nur deswegen möglich, weil hier der LAN9514-Chip nicht eingebaut wird und die Buchen für LAN und USB deshalb auch nicht notwendig sind, was den entsprechenden Platz schafft.

3.5.1 LAN9512- und LAN9514-Controller

Ein LAN951x-Chip ist eine gewisse Besonderheit, weil hier zwei recht unterschiedliche Einheiten (10/100 Ethernet Controller und USB Hub) miteinander in einem Gehäuse kombiniert sind. Als Nachteil dieser Konstruktion ist zu sehen, dass der Ethernet-Controller (vgl. Abb. 3.32) über den USB 2.0 Hub angesteuert wird. Die mit USB 2.0 theoretisch mögliche Transferrate von 480 MBit/s teilt sich demnach durch zwei (LAN9512) oder sogar vier USB-Ports (LAN9514) und Ethernet auf, was – je nach angeschlossenen und aktiven USB-Geräten – zu merklichen Verzögerungen beim Datentransfer führen kann.

Im Gegensatz zu den Broadcom-Chips gehören die LAN951x-Chips zum üblichen Programm der Firma Microchip; diese Chips können demnach über die bekannten Distributoren einzeln bezogen werden. Sie sind sehr verbreitet, sodass auch separate Treibersoftware für unterschiedliche Betriebssysteme (Windows, Linux) hierfür erhältlich ist.

In einem LAN951x ist kein USB-Controller enthalten, sondern lediglich ein USB-Hub mit zwei oder vier Ports (Downstream USB PHY). Der BCM283x fungiert demnach auch als USB-Controller gemäß der USB 2.0-Spezifikation und leitet die Signale zum USB-Hub (Upstream USB PHY).

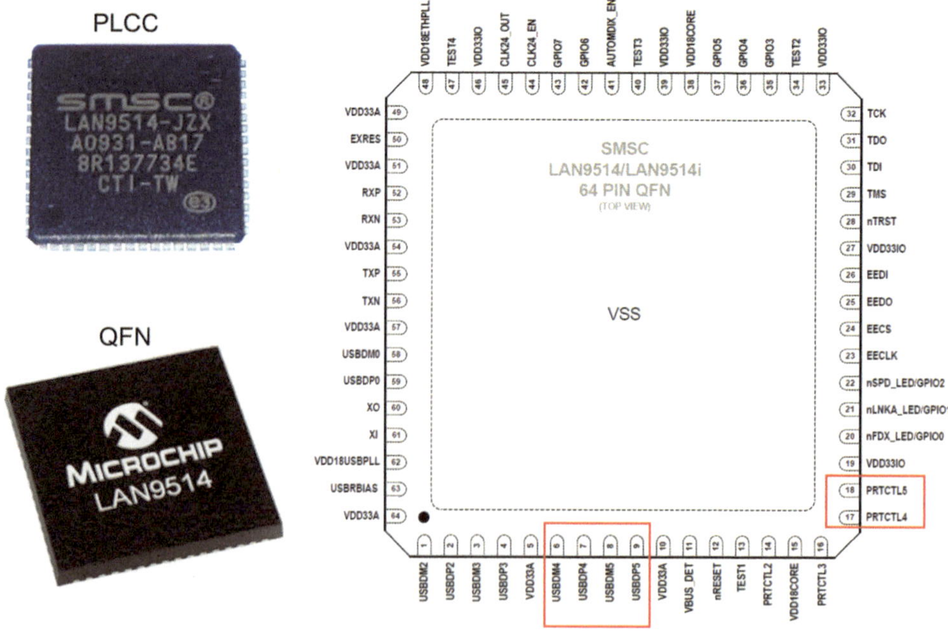

Abb. 3.34 Der LAN9514 unterscheidet sich vom LAN9512 lediglich durch sechs zusätzliche Anschlüsse

LAN9512 und LAN9514 werden beide im 64-poligen PLCC- und QFN-Gehäuse hergestellt (Abb. 3.34). Bei den Raspberry Pi-Boards wird der PLCC-Typ eingesetzt. Bei den Distributoren sind die Chips meist nur in der QFN-Version erhältlich. LAN9512 und LAN9514 sind bis auf sechs Anschlüsse, die beim LAN9514 für die beiden zusätzlichen USB-Ports notwendig sind, pinkompatibel. Beim LAN9512 sind diese sechs Anschlüsse nicht belegt (NC). Pro USB-Port werden jeweils ein Power-Signal (PRTCTLx) und zwei bidirektionale Datenleitungen (USBDMx, USBDPx) vom Chip unterstützt. Wie diese Leitungen mit den USB-Buchsen verschaltet sind, ist in der Abb. 3.37 gezeigt.

3.5.2 PHY und MAC

Mit PHY (Physical Layer) werden üblicherweise Schaltungseinheiten bezeichnet, die die Ebene der Bitübertragung (Schicht 1) repräsentieren, was seinen Ursprung im Standard des OSI-Schichtenmodells (Open Systems Interconnect) hat, welches insgesamt sieben unterschiedliche Schichten mit eindeutigen Funktionen definiert, um somit die Unabhängigkeit von Hardware- und Software-Einheiten in Kommunikationssystemen herstellen zu können.

Der *Physical Layer* kommuniziert ausschließlich mit der darüber liegenden Schicht 2 – dem *Data Link Layer* –, was beim Ethernet-PHY die Verbindung mit einer MAC-Einheit (Media Access Control) bedeutet. Diese Trennung von PHY und MAC ist traditionell von Netzwerkadaptern her bekannt, wo eine einzige MAC-Einheit für unterschiedlichste PHY-Einheiten verwendet werden kann, die dann entweder für Koaxial- oder für Twisted Pair-Kabel oder auch für Lichtwellenleiter (Glasfaser) ausgelegt ist.

In einer MAC-Einheit werden die Datenpakete und Adressen gebildet sowie eine grundlegende Fehlererkennung ausgeführt. Jede Netzwerkeinheit verfügt über eine eindeutige, weltweit einmalige MAC-Adresse und kann somit zweifelsfrei identifiziert werden. Eine IP-Adresse wird beispielsweise stets auf einer MAC-Adresse abgebildet. Die *MAC Engine* befindet sich im Ethernet-Controller des LAN951x-Chips, der mit der Ethernet-PHY-Einheit verbunden und für Twisted Pair-Kabel ausgelegt ist.

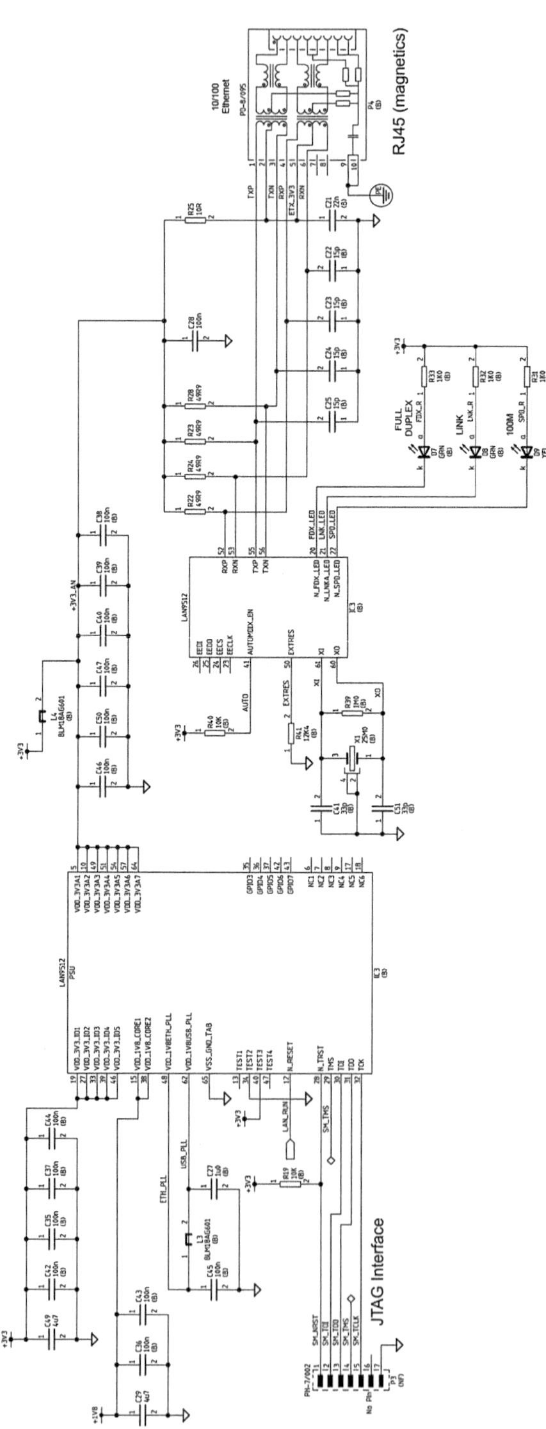

Abb. 3.35 Die Netzwerk-Interface-Schaltung

Die Netzwerkeinheit (Abb. 3.35) unterstützt den Ethernet-Standard IEEE 802.3 mit 10 (10Base-T) und mit 100 MBit/s (100Base-TX) bei automatischer Detektierung der jeweiligen Betriebsart (Auto Negotiation). Außerdem wird Full-Duplex unterstützt, was gleichzeitiges Senden und Empfangen ermöglicht, und je nach Kommunikationspartner (Switch oder PC) werden die Leitungen automatisch umgeschaltet.

3.5.3 Netzwerkverbindung

Üblicherweise ist bei der Verbindung von zwei gleichartigen Netzwerkeinheiten, etwa zweier PCs, ein Netzwerkkabel notwendig, bei dem die Sende- und Empfangsleitungen überkreuz laufen, sodass die Sendeleitung des einen PC an die Empfangsleitung des zweiten (und umgekehrt) gelangt. Diese *Cross-Kabel* sind also intern anders verschaltet als die üblichen Patch-Kabel, womit ein PC an einen Switch angeschlossen wird. Eine automatische Erkennung und Umschaltung zwischen Cross- und Patch-Modus ist laut Standard erst bei Gigabit-Ethernet (1000Base-T) vorgeschrieben, weshalb dann keine speziellen Cross-Kabel mehr benötigt werden. Obwohl ein LAN951x lediglich für maximal 100Base-TX ausgelegt ist, kennt er dennoch diese praktische Automatik, sodass sich der Anwender keine besonderen Gedanken beim Netzwerkanschluss machen muss.

Bei Netzwerkkarten mit Koaxial- oder Twisted Pair-Anschluss ist generell eine galvanische Trennung zwischen der Netzwerkleitung und der Netzwerkkartenelektronik notwendig. Beim Raspberry Pi findet man die hierfür notwendigen Übertrager (Transformatoren) jedoch nicht, denn diese befinden sich in der Netzwerkbuchse. Es wird hier also keine gewöhnliche Twisted Pair-Buchse (RJ45) eingesetzt, was zu einer sehr kompakten Elektronik führt, die mithilfe dreier Leuchtdioden auch den jeweiligen Netzwerkstatus des Boards visualisiert. LINK bedeutet, dass eine Netzwerkverbindung besteht, FULL DUPLEX weist die Funktion aus, dass gleichzeitiges Senden und Empfangen erfolgt, und 100M, dass der Modus mit 100 MBit/s aktiv ist. Es gibt auch RJ45-Netzwerkbuchsen mit integrierten Übertragern (Magnetics), die außerdem noch Leuchtdioden für die Statusanzeige (Abb. 3.36) beinhalten, was eine weitere Vereinfachung beim Aufbau von Netzwerkinterfaces mit sich bringt, wie es ab dem Modell B+ praktiziert wird, während beim Modell B einzelne Leuchtdioden auf der Platine vorhanden sind.

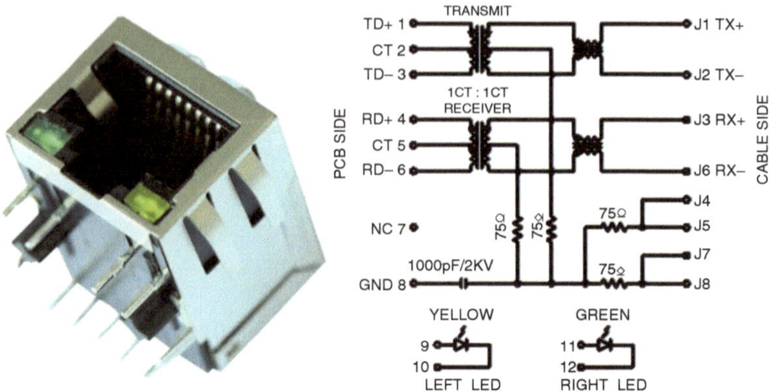

Abb. 3.36 Die RJ45-Buchse für maximal Fast-Ethernet mit integrierten Übertragern und Status-LEDs

An den integrierten EEPROM-Controller des LAN-Controllers kann ein externes EEPROM als Speicher für Konfigurationsdaten (USB Deskriptoren) und die MAC-Adresse angeschlossen werden, was bei der Raspberry Pi-Schaltung jedoch nicht genutzt wird, denn die Daten sind hier Chip-intern festgelegt.

3.5.4 TAP- und USB-Controller

Für die Programmierung und den Test des Chips ist ein *TAP Controller* (Test Access Port) im LAN951x integriert. Dieser führt vier einzelne Signale (TMS, TDI, TDO, TCK), die zusammengefasst als JTAG-Interface bezeichnet werden. Die *Joint Test Action Group* (JTAG) hat diesen Standard, der unter IEEE 1149 geführt wird, ursprünglich definiert. Mithilfe dieser genau spezifizierten Schnittstelle lassen sich – je nach Chiptyp – unterschiedliche Tests (Boundary Scan) ausführen, um bereits während der Fertigung oder auch später beim aufgelöteten Chip verschiedene Funktionsprüfungen ausführen zu können. Der BCM283x besitzt ebenfalls ein derartiges JTAG-Interface. Die hierfür notwendige 8-polige Steckerleiste wird ab der Board Revision 2 allerdings nicht mehr bestückt.

Für die USB-Schaltung (Abb. 3.37) auf dem Raspberry Pi-Board werden nur wenige zusätzliche Bauelemente benötigt. Der USB führt generell eine Spannung von 5 V, womit hier angeschlossene Geräte mit Strom versorgt werden können. Im Gegensatz zu den üblichen PC-Realisierungen, bei denen maximal 500 mA von einem USB-Port geliefert werden können, ist dies bei den ersten Raspberry Pi-USB-Anschlüssen weitaus weniger. Mit dem Modell B+ wird der maximale Strom per Software auf 600 mA begrenzt, was sich durch eine Anpassung in der Datei `config.txt (safe_mode_gpio=4)` theoretisch auf bis zu 1,2 A steigern lässt, wovon jedoch abzuraten ist, weil sich die Begrenzung in der Praxis als nützliche Schutzmaßnahme darstellt.

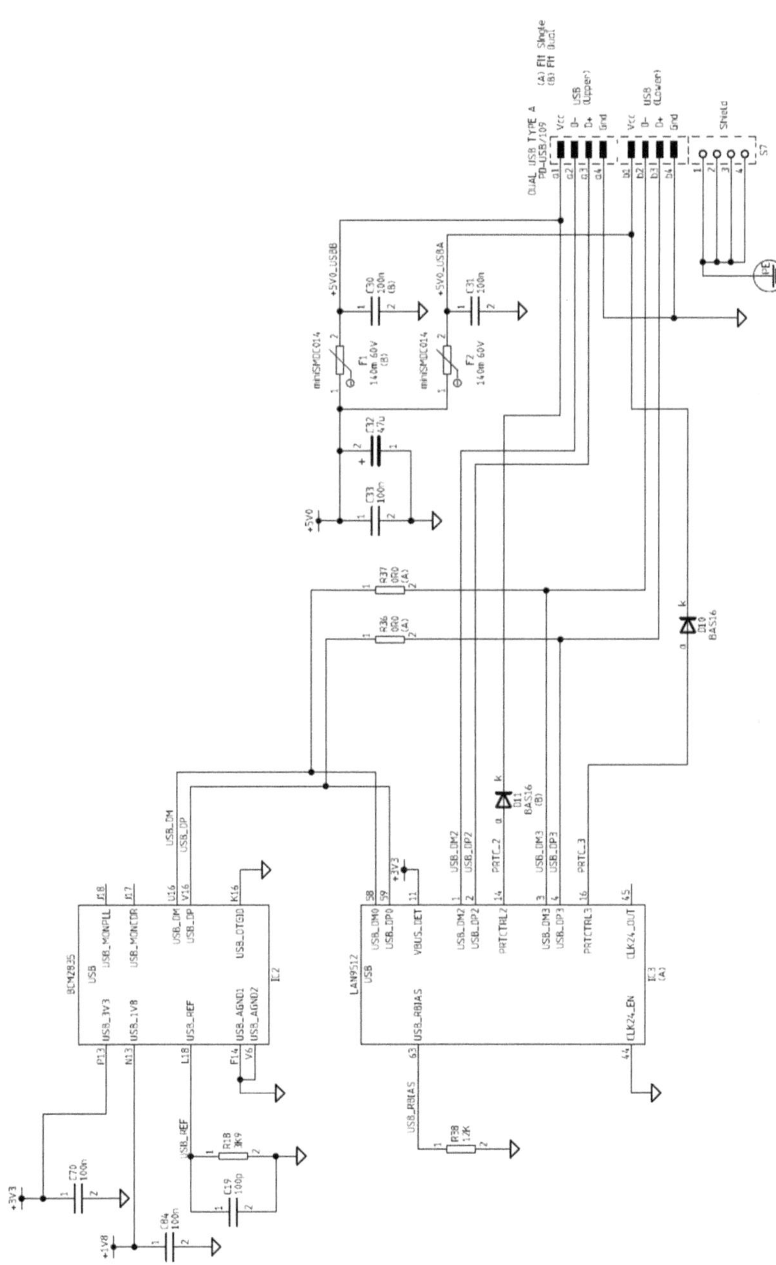

Abb. 3.37 Die USB-Schaltung mit LAN9512

3.5.4.1 Polyfuses

Damit der Strom nicht unzulässigerweise zu hoch werden kann, sind die beiden USB-Ports ursprünglich durch zwei so genannte *Polyfuses* (miniSMDC014, Abb. 3.37) geschützt, die bei einem Strom von ca. 140 mA auslösen. Falls also ein angeschlossenes USB-Gerät mehr Strom als 140 mA benötigt, wird die Verbindung und damit die Spannungsversorgung durch die Sicherung unterbrochen. Zu jeder dieser Schutzschaltungen gehören außerdem jeweils eine Diode, damit eine externe Spannung keinen Schaden anrichten kann, und mehrere Abblockkondensatoren.

Polyfuses sind selbstrückstellende Sicherungen, die nach der Auslösung – und dem Abziehen des Stromverbrauchers oder der Beseitigung eines Kurzschlusses – nach einiger Zeit wieder einschalten. Das Element entspricht einem Kaltleiter auf Polymerbasis mit einer nichtlinearen Widerstandskennlinie, welches sich durch den fließenden Strom erwärmt und hochohmig wird. Ist das Element abgekühlt, wird es niederohmig und leitet wieder. Im Gegensatz zu üblichen Feinsicherungen müssen sie nicht ersetzt werden, dafür sind sie im Schaltverhalten jedoch relativ träge.

Bei den Raspberry Pi-Boards ab dem Modell B Revision 1.0+ hat man auf die Bestückung der beiden 100 nF-Kondensatoren (C30, C31) sowie auf die Polyfuses für den USB verzichtet. Stattdessen sind bei der Übergangsserie für die Sicherungen lediglich Lötbrücken vorhanden, und bei den aktuellen Boards ist das Platinenlayout gleich entsprechend geändert worden. Deshalb ist stets besondere Vorsicht beim Anschluss von USB-Geräten, die möglicherweise zu viel Strom ziehen können, geboten. Am besten werden USB-Geräte, vielleicht mit Ausnahme der Tastatur, über einen separaten USB-Hub mit Netzteil angeschlossen, sodass für den Raspberry Pi keine Gefahr besteht.

Eine weitere Polyfuse (Abb. 3.59) befindet sich direkt in der Spannungsversorgungsleitung zwischen dem USB-Micro-Anschluss und dem Testpunkt 1, an dem die notwendige Spannung von 5 V nachgemessen werden kann.

3.5.5 LAN7515-Controller

Mit dem Model Raspberry Pi 3B+ wurde der Controller LAN7515 eingeführt. Er bietet ebenfalls vier USB-Ports, die von einem internen USB-Hub gesteuert werden und zudem erstmalig Gigabit-Ethernet (1000Base-T). Der LAN7515-Controller (Abb. 3.38) wird im Gegensatz zu den Vorgängern nicht im Elektronikfachhandel angeboten, sondern laut Aussage des Herstellers Microchip exklusiv für den Raspberry Pi gefertigt.

Die Verbindung zum SoC (Broadcom BCM2837B0) erfolgt weiterhin über die USB 2.0-Verbindung, was eine maximale Datenrate von ungefähr 300 MBit/s ermöglicht, d. h. selbst im günstigsten Fall, wenn diese USB-Verbindung exklusiv genutzt werden kann, ist die maximale Gigabit-Ethernet-Datenrate damit niemals zu erreichen. Der interne Aufbau entspricht prinzipiell dem wie er in der Abb. 3.34 für den LAN9514 angegeben ist, mit dem Unterschied, dass der integrierte Ethernet-Controller *10/100/1000 MBit/s* unterstützt. Technologisch betrachtet gehört der LAN7515 zur LAN7500-Serie von Microchip, die allerdings keinen USB-Hub mit den entsprechenden USB-Ports bietet.

Abb. 3.38 Der LAN7515-Controller mit dem PoE-Anschluss

Die Möglichkeit auch Power-over-Ethernet (PoE) nutzen zu können, hat nichts mit dem LAN-Controller selbst zu tun. Diese Spannungsversorgung (48 V) wird über die Übertrager auf die Twisted-Pair-Verbindung der RJ45-Buchse geführt.

Während für Fast-Ethernet zwei Twisted-Pair-Signale, also vier Signalleitungen notwendig sind (Abb. 3.35), sind für Gigabit-Ethernet vier Paare und demnach zwei weitere Übertrager in der hierfür vorgesehenen RJ45-Buchse mit *Magnetics* notwendig, bei der ebenfalls die beiden LAN-Status-LEDs integriert sind. Diese Verbindungen sind direkt an den LAN7515 angeschlossen (Abb. 3.39).

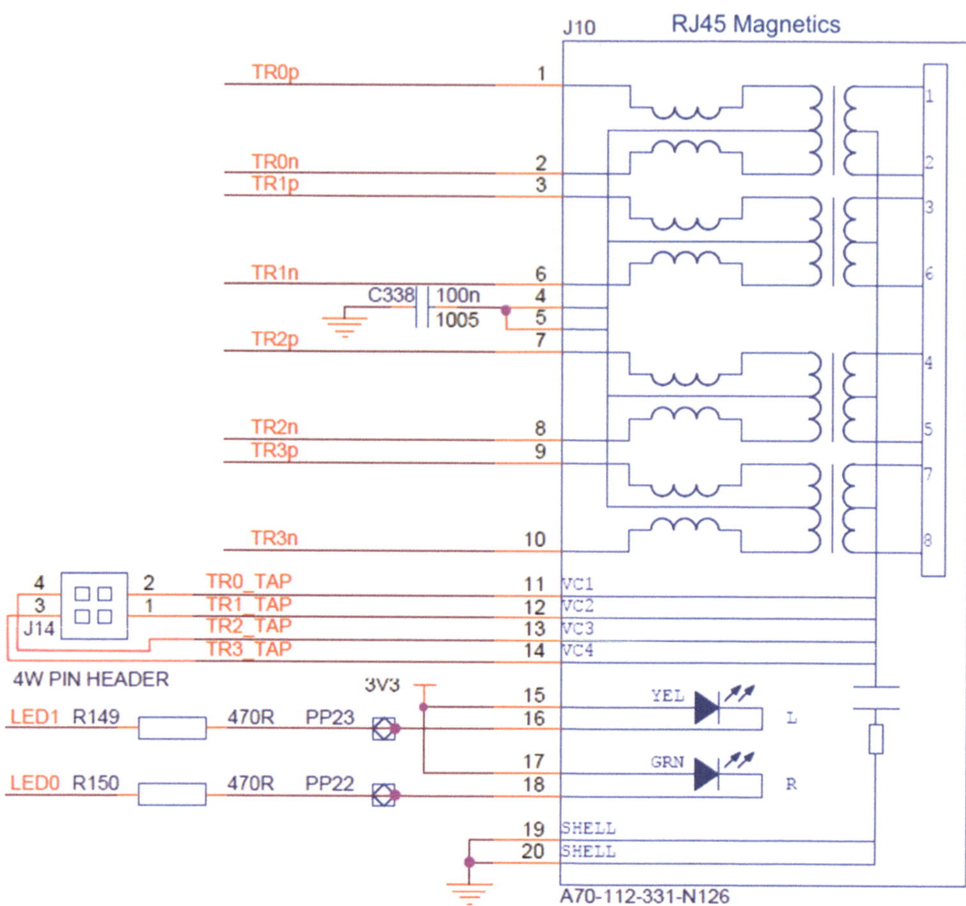

Abb. 3.39 Aufbau des Gigabit-LAN-Interface mit den in der RJ45-Buchse integrierten Übertragern und den beiden LEDs

3.5.6 USB 3.0-Controller – VL 805

Das USB-Interface entspricht bis zum Raspberry Pi 4 dem Standard USB 2.0, der eine maximale theoretische Datenrate von bis zu 480 MBit/s (High Speed) bietet, was sich für die Anbindung von externen USB-Laufwerken, etwa beim Einsatz als Media-Player oder als Netzwerkspeichersystem (NAS), als Leistungsbremse erweist. Deshalb kommt es nicht unerwartet, wenn der Raspberry Pi 4 erstmalig das abwärtskompatibel USB 3.0 mit einer theoretischen Datenrate von bis zu 5 GBit/s (Super Speed) an zwei Buchsen (Abb. 1.15) zur Verfügung stellt. Diese beiden Buchsen nehmen quasi den Platz der vorherigen USB 2.0-Buchsen ein. Daneben gibt es weiterhin noch zwei USB-Buchsen gemäß des USB-Standards 2.0 an die meist die Tastatur und die Maus angeschlossen werden.

Einen Controller wie den LAN9512 oder den LAN9514, der neben der Ethernet-Einheit auch noch einen USB-Hub für bis zu maximal vier USB 2.0-Ports bietet, gibt es beim Raspberry Pi 4 Model B nicht. Im Grunde genommen wendet man hier das Prinzip an, wie es bereits von den A-Modellen her bekannt ist, die über keinen Ethernet-Anschluss und nur zwei USB 2.0-Ports (aufgrund des fehlenden LAN951x-Controllers) verfügen, denn die USB 2.0-Ports werden direkt vom SoC gebildet.

Für die USB 3.0-Anschlüsse kommt beim Raspberry Pi 4 dementsprechend ein separater USB 3.0-Controller – ein VL 805 (Abb. 3.40) der Firma VIA Labs – zum Einsatz und für Ethernet ein abwärtskompatibler Ethernet-Transceiver (Abschn. 3.5.7). Auf dem Board nehmen diese beiden neuen Chips ungefähr den Platz des beim Vorgängermodell (RP 3B+) eingesetzten LAN7515 ein. Beide Chips kommunizieren über PCI-Express-Signale (PCIe) mit dem SoC (BCM2711).

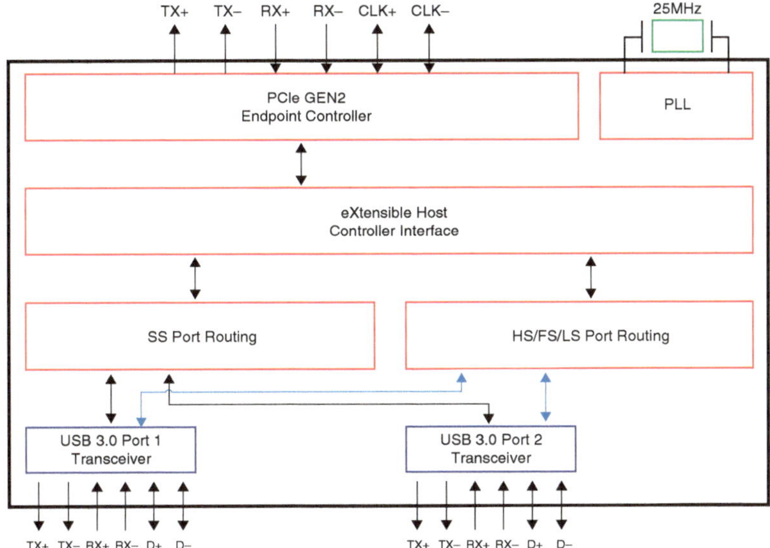

Abb. 3.40 Prinzipieller Aufbau des USB 3.0-Controllers

Von VIA Labs werden für den VL 805 Treiber für verschiedene Betriebssysteme (z. B. Windows, Linux) zur Verfügung gestellt, denn dieser Typ wird bereits seit geraumer Zeit für unterschiedliche Geräte wie etwa Hubs mit USB 3.0-Interface eingesetzt.

3.5.7 Ethernet-Transceiver – BCM5421

Mit dem Raspberry Pi 4 wird erstmalig Gigabit-Ethernet mit bis zu ca. 900 MBit/s (theoretisch 1000 MBit/s) möglich, weil die PHY-Einheit nicht mehr über den USB, sondern über ein PCIe-Interface vom SoC angesteuert wird, der wie bisher auch die MAC-Einheit bildet. Für die PHY-Einheit kommt ein Ethernet-Transceiver BCM5421 der Firma Broadcom zum Einsatz. Dieser Transceiver ist abwärtskompatibel zu den Ethernet-Standards mit 10 und 100 MBit/s, gehört zum üblichen Produktspektrum von Broadcom und ist deshalb über die bekannten Distributoren erhältlich. Aufgrund der Abwärtskompatibilität ist kein weiterer Controller, wie ein LAN9514, notwendig, d. h. der BCM5421 nimmt mit dem USB 3.0-Controller (VL 805) quasi auch dessen Platz (Abb. 3.41) auf dem Board ein. Der Analog-Teil mit der *RJ45 Magnetics* und dem *4 Pin Header* für PoE entspricht der in der Abb. 3.39 gezeigten Schaltung.

Abb. 3.41 USB 3.0-Controller (links) und Ethernet-Transceiver (rechts) auf der Raspberry Pi 4 Model B-Platine

3.6 WLAN und Bluetooth

Für WLAN und Bluetooth ist bei den älteren Raspberry Pi-Modellen zusätzliche Hardware notwendig, die meist als *Dongle* für den USB ausgeführt ist. Wie für andere Raspberry Pi-Komponenten und -Erweiterungen auch, sind im Internet verschiedene Kompatibilitätslisten zu finden, die ausweisen welche Adapter explizit vom Raspberry Pi und dem jeweiligen Betriebssystem unterstützt werden.

3.6.1 CYW43438

Mit dem Modell 3B ist auf einer Raspberry Pi-Platine erstmalig ein Chip eingebaut worden, der WLAN (WiFi) und Bluetooth unterstützt. Der CYW43438 (Abb. 3.42) der Firma Cypress ist ein eher unscheinbarer Baustein, der auf der Platinenunterseite untergebracht ist. Er ist auch einzeln erhältlich und es sind Treiber für verschiedene Betriebssysteme verfügbar. Der CYW43438 wird intern von einem Cortex M3 gesteuert und beinhaltet außerdem noch einen FM-Radioempfänger, der beim Raspberry Pi allerdings nicht genutzt wird.

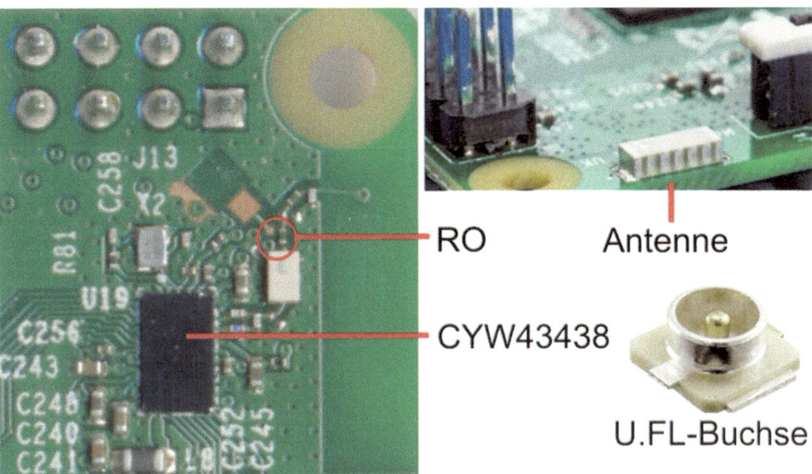

Abb. 3.42 Der WLAN/Bluetooth-Chip (CYW43438) befindet sich auf der Unterseite und die dazugehörige Antenne auf der Oberseite der Raspberry Pi 3-Platine

Die Bluetooth-Implementierung entspricht der Version 4.1 und unterstützt sowohl das klassische Bluetooth als auch *Bluetooth Low Energy;* der CYW43438 ist demnach ein *Dual Mode SoC*. BLE zielt explizit auf einen stromsparenden Betrieb ab, der mit einer Datenrate vom maximal 1 MBit/s bei einer Reichweite von 10 m arbeitet. In der Abb. 3.43 ist der prinzipielle Aufbau des Chips gezeigt.

Der integrierte WLAN-Adapter funktioniert gemäß den Standards IEEE 802.11b/g/n im 2,4 GHz-Band. Der WLAN-Standard IEEE 802.11n bietet eine theoretische maximale Datenrate von 600 MBit/s und ist abwärtskompatibel zu IEEE 802.11b (max. 11 MBit/s) und IEEE 802.11g (54 MBit/s). Die Datenrate ist von der jeweiligen Umgebung und der Entfernung abhängig, die auf maximal 300 m begrenzt ist. Die Datenrate wird mit größerem Abstand der WLAN-Einheiten voneinander geringer.

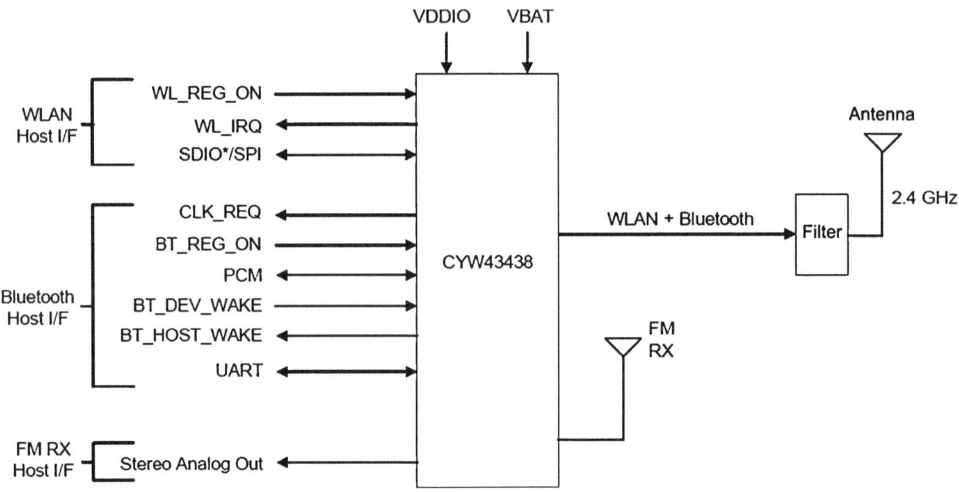

Abb. 3.43 Vereinfachtes Blockschaltbild des CYW43438

WLAN und Bluetooth des Raspberry Pi arbeiten im 2,4 GHz-Frequenzband und verwenden auch beide die auf der Oberseite der Platine befindliche SMD-Keramik-Antenne (Abb. 3.42 rechts). Mit einem Umschalter im CYW43438 wird jeweils eine dieser beiden Quellen auf die Antenne geschaltet.

Eine höhere Reichweite ergibt sich durch den Anschluss einer externen Antenne (Abb. 3.44), was sich ohnehin empfiehlt, wenn der Raspberry Pi in ein (Metall)-Gehäuse eingebaut werden soll. Von einer externen Antenne, für die man eine U.FL-Buchse oder ein dünnes Koaxial-Kabel mit entsprechender Buchse anlötet, profitiert in erster Linie die WLAN-Verbindung.

Auf der Platinenrückseite befinden sich beim CYW43438 zwei freie Lötflächen (vgl. Abb. 3.42 links), wo sich prinzipiell eine U.FL-Buchse bestücken lässt. Die SMD-Keramik-Antenne muss dann auf der Oberseite deaktiviert oder entfernt werden. Damit das HF-Ausgangssignal statt zur internen Antenne zur U.FL-Buchse gelangt, ist außerdem ein Widerstand (RO) umzulöten, was nur für geübte „SMD-Löter" durchführbar ist. Außerdem berührt später der verbundene U.FL-Stecker leicht benachbarte Kontakte, sodass noch eine Isolierung notwendig ist. Einfacher ist es, die SMD-Keramik-Antenne zu entfernen und hier direkt ein Koaxial-Kabel mit Buchse anzulöten. Das Kabel sollte anschließend mit Kleber auf der Platine fixiert werden.

Abb. 3.44 Ersetzen der SMD-Keramik-Antenne durch einen Anschluss für eine externe Antenne

Der Raspberry Pi Zero W verwendet ebenfalls den CYW43438, eine Chipantenne ist hier jedoch nicht zu erkennen. Stattdessen ist die Antenne in der Platine als *PCB Antenna* integriert, wofür die Technik der schwedischen Firma Proant lizenziert wurde.

3.6.2 CYW43455

Ab dem Raspberry Pi Model 3B+ ist links oben auf der Platine ein Chip mit einem Metalldeckel und einer eingestanzten Raspberry Pi-Himbeere zu erkennen. Darunter befindet sich der CYW43455 (Abb. 3.45), der WLAN (IEEE 802.11ac) und Bluetooth zur Verfügung stellt. Die Neuerungen gegenüber dem Vorgänger CYW43438 sind, dass Bluetooth nunmehr dem Bluetooth-Standard 4.2 bzw. 5.0 beim Raspberry Pi 4 entspricht und das das WLAN nicht nur im 2,4 GHz- sondern jetzt auch im weniger häufig verwendeten 5 GHz-Band arbeiten kann.

Abb. 3.45 Der CYW43455 und die weiteren Komponenten unter der abgenommenen Blechabdeckung

Wie es die Bezeichnung impliziert, gehört der CYW43455 zur Firma Cypress, entwickelt wurde er ursprünglich von der Firma Broadcom, weshalb er auch unter der Bezeichnung BCM43455 zu finden ist. Cypress hat diese Funksparte von Broadcom übernommen und den BCM43455 überarbeitet.

Der CYW43455 beherrscht im Gegensatz zum ursprünglichen Design mindestens den leistungsfähigeren Bluetooth Standard 4.2, der erweiterte Sicherheitsmechanismen, eine ca. 2,5-fach höhere Datenrate sowie verbesserte Stromsparfunktionen bietet. Der FM-Receiver des BCM43455 ist beim CYW43455 nicht mehr vorhanden. Cypress verkauft den Chip auch einzeln über die bekannten Elektronik-Distributoren und unterstützt ihn für die Software-Entwicklung in der WICED-Plattform (Wireless Internet Connectivity for Embedded Devices).

WLAN ist über ein SDIO-Interface (v3.0) mit dem SoC verbunden und Bluetooth über ein High Speed UART-Interface (Abb. 3.46). Wie beim CYW43438 kommt für Bluetooth und WLAN dieselbe Antenne zum Einsatz, die vom Chip umgeschaltet wird.

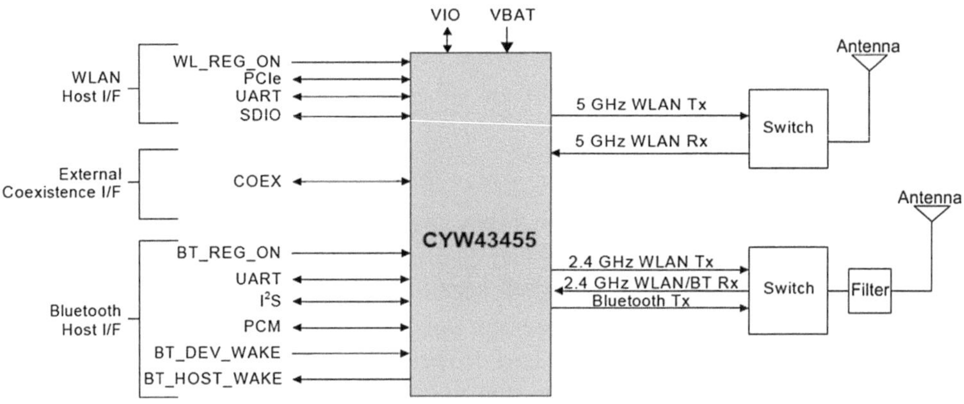

Abb. 3.46 Vereinfachtes Blockschaltbild des CYW43455

Ab dem Raspberry Pi 3B+ und damit auch für die Modelle 3A+ und 4B ist die Antenne in der Platine als *PCB Antenna* integriert, wie es erstmalig anhand der von Proant lizenzierten Technik beim Raspberry Pi Zero W durchgeführt wurde. Der Raspberry Pi 4 wird mit Bluetooth 5 spezifiziert, was prinzipiell eine höhere Datenrate sowie größere überbrückbare Distanzen verspricht, wobei natürlich beide Kommunikationspartner diesen Standard unterstützen müssen.

3.7 CSI- und DSI-Schaltung – Camera & Display

Auf den meisten Raspberry Pi-Platinen (Abb. 3.47) sind zwei 15-polige Klemmhalterungen (Flat Flex Connector) zu finden, die für die Aufnahme von Folienkabel gedacht sind. Dabei handelt es sich um zwei *Serial Interfaces* (SI), wobei das eine für den Anschluss eines Display (DSI) und das andere für den Anschluss einer Camera (CSI) gedacht ist. Bei den Raspberry Pi-Zero-Boards ist lediglich ein CSI- und kein DSI-Anschluss vorhanden.

Abb. 3.47 Die beiden speziellen Schnittstellen für Display und Camera

Beide Interfaces führen jeweils drei differenzielle Signalpaare (DSI1_xxx, CAM1_xxx) mit denen die Daten seriell übertragen werden, ähnlich wie es bei PCI-Express praktiziert wird. Für die Kommunikation und die Steuerung verfügen beide Interfaces über ein I^{2}C-Bus-Interface mit der dazugehörigen Taktleitung (SCL0) und der Datenleitung (SDA0), welches mit dem ersten I^{2}C-Controller des Raspberry Pi verbunden ist. Für zusätzliche Kamera-Funktionen sind an CSI zwei GPIO-Leitungen (GPIO0, GPIO1) vorhanden, die vom SoC nur hier angeschlossen sind und nicht auf die GPIO-Steckerleiste geführt werden.

CSI und DSI entsprechen dem Standard *Mobile Industry Processor Interface* (MIPI), der von der *MIPI Alliance* veröffentlicht und gepflegt wird. Neben dem eigentlichen Interface, definiert die MIPI Alliance verschiedene Videoformate und Kommandos. Ab der Revision 2 des ursprünglichen Raspberry Pi Modell B sind die beiden Schnittstellen bei allen Modellen elektrisch identisch ausgeführt, wie es in der Abb. 3.48 gezeigt ist.

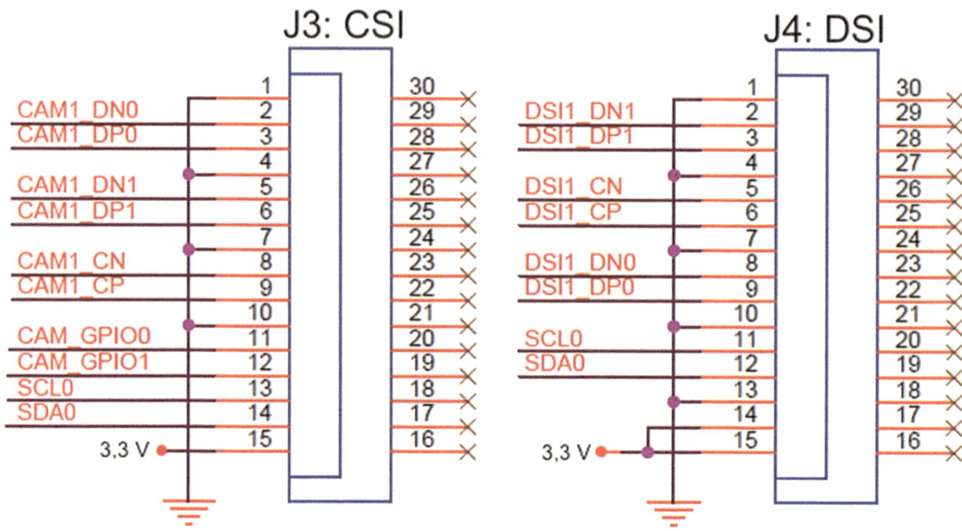

Abb. 3.48 Die beiden Interfaces für Camera und Display

Die erste offizielle Camera für den CSI-Anschluss wurde 2013 von der *Raspberry Pi Foundation* vorgestellt. Die 5 Megapixel-Camera kann Fotos in einer maximalen Auflösung von 2592 × 1944 Pixel und Videos mit 1080 × 720 Pixel aufnehmen. Bei einer Auflösung von 640 × 480 Bildpunkten sind bis zu 30 Bilder pro Sekunde (fps) möglich.

Abb. 3.49 Die angeschlossene Pi Camera

Ein fast baugleiches Modell ist die Pi Camera NoIR, die bei ansonsten gleichen Daten kein Infrarotfilter besitzt (**No** **I**nfra **R**ed), weshalb sie für Infrarotaufnahmen oder für Spezialaufnahmen bei schwachem Licht geeignet ist. Die Camera (Abb. 3.49) befindet sich auf einer kleinen Platine von ca. 2,5 × 2,5 cm mit dem hier fest angeschlossenen CSI-Kabel, welches mit dem CSI-Connector auf der Raspberry Pi-Platine zu verbinden ist. Hierfür ist der Klemmsteg oben an der Buchse hochzuziehen, das CSI-Kabel in die Fassung einzusetzen (Kabelbeschriftung und Camera oben), das Kabel einzustecken und der Steg wieder herunterzudrücken.

Die Camera lässt sich in raspi-config aktivieren und unter `/opt/vc/bin` findet sich Software für die Pi Camera. Mit `raspistill` wird ein Foto aufgenommen und mit `raspivid` ein Video, wobei den Kommandozeilenbefehlen beim Aufruf verschiedene Parameter mitgegeben werden können, die eine Vielzahl an Optionen zur Verfügung stellen. Diese lassen sich mit der jeweils dazugehörigen Hilfe (z. B. `raspistill -?`) anzeigen. Während der Aufnahme leuchtet eine rote LED zur Signalisierung der Aktivität.

Mit der folgenden Zeile wird ein Foto aufgenommen, wobei das Bild standardmäßig für fünf Sekunden angezeigt wird.

```
pi@raspberrypi: /opt/vc/bin $ raspistill -o
```

Um ein Foto zu speichern, wofür Root-Rechte notwendig sind, wird ein Dateiname mit dem gewünschten Bildformat als Extension angegeben:

```
pi@raspberrypi: /opt/vc/bin $ sudo raspistill -o bildtest1.jpg
```

Das Aufnehmen eines Videos ist ähnlich einfach und *raspivid* verfügt über fast die gleichen Optionen wie *raspistill*. Mit der folgenden Zeile wird für 20 Sekunden (Option -t 20000) ein Video aufgenommen und in der Datei video1.h264 gespeichert:

```
pi@raspberrypi: /opt/vc/bin $ sudo raspivid -t 20000 -o video1.h264
```

Ein Mikrofon beinhaltet die Camera nicht, sodass Audio separat aufzunehmen ist. Für erste Tests und Experimente reichen die Kommandozeilenbefehle, die Linux-üblich auch automatisiert werden können, sicher aus. Die Integration der Camera in eigenen Applikationen wird durch einige verfügbare Bibliotheken und Skriptlösungen, etwa für Python (picamera API) oder C++ (RaspiCam API), unterstützt.

Für die DSI-Schnittstelle ist 2015 das erste offizielle Display erschienen. Dabei handelt es sich um ein sieben Zoll großes Farbdisplay mit einer Auflösung von 800 × 600 Pixeln. Die bekannten einfachen LC-Displays werden an den GPIO-Port angeschlossen, typischerweise an den I^2C-Bus, sind monochrom und arbeiten mit einem bestimmten zeilenorientierten Zeichensatz, was mit den pixelorientierten Farb-Displays für die DSI-Schnittstelle nicht vergleichbar ist, die die Funktion des Monitors für die Darstellung des Betriebsystems übernehmen können. Üblicherweise sind dies dann Touch-Displays damit keine separate Tastatur und Maus für die Bedienung notwendig ist, wie beim offiziellen 7-Zoll-Touch-Display (Abb. 3.50) der Raspberry Pi Foundation der Fall ist. Falls das Touch-Display als alleiniges Eingabegerät fungieren soll, muss die (Anwender-)Software auch hierfür entsprechend ausgelegt sein.

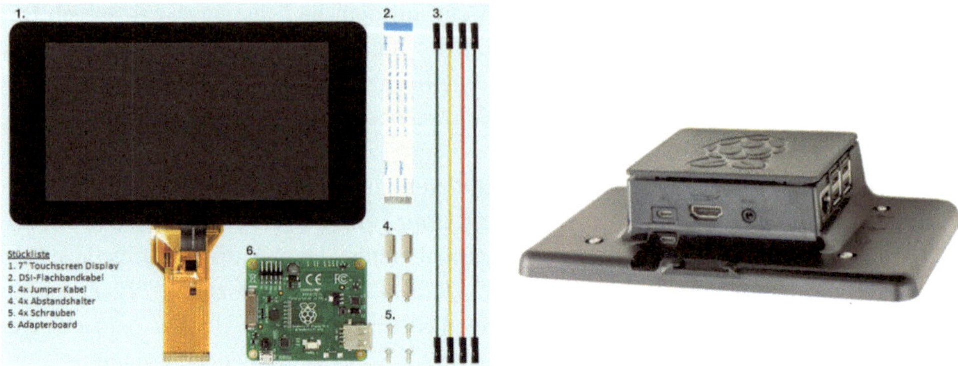

Abb. 3.50 Das Pi-Display mit Zubehör und optionalem Gehäuse (rechts)

Auf die Rückseite des Displays wird die mitgelieferte Platine, die die dazugehörige Steuerelektronik enthält, mit vier Abstandshaltern festgeschraubt. Das am Display befestigte Folienfachbandkabel ist dann mit der Platine an J4 (Panel 1) zu verbinden. Das Raspberry Pi Board wird anschließend auf die vier Abstandshalter geschraubt und die DSI-Flachbandkabelverbindung zwischen Raspberry Pi und der Steuerungsplatine hergestellt (Abb. 3.51). Für die Spannungsversorgung des Displays sind zwei Kabel dabei, über die die 5 V und GND an J1 der Steuerelektronik mit Pin 2 und Pin 6 der Raspberry Pi-GPIO-Leiste zu verbinden sind. Weitere Anschlüsse sind nicht notwendig und am besten baut man das Display mit dem daran befindlichen Raspberry Pi in das passende Gehäuse ein, wodurch sich ein kompaktes System mit Farb-Touch-Display ergibt.

Abb. 3.51 Auf die Rückseite des 7″-Displays wird das Raspberry Pi-Board geschraubt unter dem die die Platine für die Steuerelektronik (Adapter Board) befindet

3.8 General Purpose Input Output

Die Steckerleiste auf einer Raspberry Pi-Platine führt verschiedene Signale, die zusammengefasst unter *General Purpose Input Output* (GPIO) geführt werden. GPIO ist eine allgemeine Bezeichnung, die bei vielen Mikrocontrollern oder auch Schnittstellen verwendet wird und für sich allein nichts über die einzelnen Signale und deren elektrische Daten oder über die Art und Weise der Programmierung aussagt. GPIO-Schnittstellen gibt es demnach in unzähligen Ausführungen, wobei hier natürlich die des Raspberry Pi von Bedeutung ist. Dieser GPIO-Port ist für den Anschluss von (eigenen) Elektronikschaltungen vorgesehen, was im einfachsten Fall eine Leuchtdiode für ein Output-Signal und ein Taster für ein Input-Signal sein kann.

Die GPIO-Signale werden direkt vom SoC zur Verfügung gestellt, weshalb beim Anschluss äußerste Vorsicht geboten ist, damit der SoC nicht unabsichtlich zerstört wird, denn eine Schutzschaltung gibt es hier nicht. Bereits statische Aufladung, wie sie etwa mit kunststoffhaltigen Teppichen oder Kleidungsstücken auftritt, kann den SoC beim Berühren der GPIO-Kontakte mit dem (aufgeladenen) Finger zerstören, womit dann gleich das komplette Board unbrauchbar wäre.

Das Interface arbeitet mit einer Spannung von maximal 3,3 V, sodass hier keine höheren Spannungen angelegt werden dürfen. Welcher Strom an den einzelnen Pins maximal erlaubt ist, wird nicht offiziell genannt. Weder die *Raspberry Pi Foundation* noch die Firma Broadcom haben konkrete elektrische Kenndaten hierzu veröffentlicht.

Im Vergleich mit anderen ARM-Prozessoren kann man jedoch davon ausgehen, dass 5 mA (Source +5 mA, Sink -5 mA) als ein geeigneter Wert für die explizit mit *GPIO* bezeichneten Signale anzusehen ist, auch wenn bei einigen ARM11-Typen 8 mA und mehr spezifiziert werden. Offiziell wird zwar ein maximaler Strom von 16 mA (-2 mA) angegeben, allerdings bezieht sich diese Angabe nicht auf einen einzelnen Pin, sondern auf eine *Funktionsgruppe*, womit wahrscheinlich die Gruppen GPIO, SPI, I^2C sowie die seriellen Signale TXD und RXD gemeint sind, sodass demnach lediglich 2 mA (-0,3 mA) für einen GPIO-Pin zulässig sind. Eindeutig sind die Angaben zum maximal erlaubten Strom jedoch nicht.

3.8.1 Expansion Header

Mit dem ursprünglichen Raspberry Pi (Model B Revision 1) wurde eine 26-polige Steckerleiste (Expansion-Header) eingeführt, deren Signalbelegung mit der nachfolgenden Revision geringfügig geändert wurde (GPIO 0 in GPIO2, GPIO 1 in GPIO 3, GPIO 21 in GPIO 27).

Abb. 3.52 Die 26-polige GPIO-Steckerleiste

Die Kontaktleiste (Abb. 3.52) ist zweireihig und im üblichen 2,54 mm-Raster ausgeführt. Im Elektronik-Handel sind fertig konfektionierte Flachbandkabel zu erwerben, um die einzelnen Signale entsprechend herausführen und verdrahten zu können. Daneben gibt es spezielle Verbindungen (Breakout Kit, Pi Cobbler) mit Anschlussplatinen als Raspberry Pi-Zubehör. Dabei ist stets darauf zu achten, dass beim Anschluss bzw. beim Zusammenbau einer Breakout Kit-Platine nicht unabsichtlich eine Verdrehung der Signalzuordnung hergestellt wird, was sich als eine der häufigsten Fehlerquellen beim GPIO-Anschluss erweist.

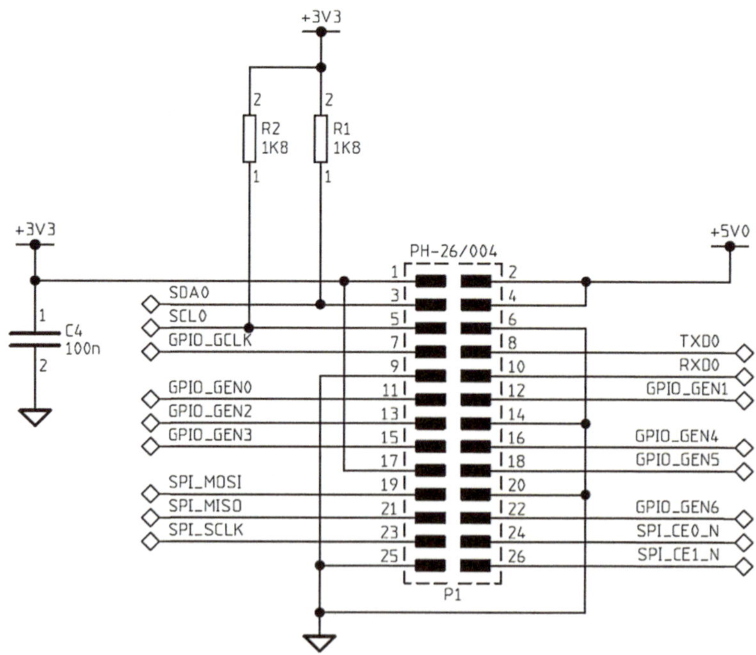

Abb. 3.53 Die ursprüngliche Schaltung für die GPIO- und Schnittstellensignale

Die GPIO-Nummerierungen und -Bezeichnungen wirken etwas unaufgeräumt, was zum einen der Doppelfunktion einiger Pins geschuldet ist und zum anderen der Anschlussbezeichnung am SoC, die gewissermaßen bis an die Steckerleiste (Abb. 3.53) weitergeführt worden ist, sodass einige GPIO-Leitungen scheinbar gar nicht existieren. Sie sind jedoch nicht mit der Steckerleiste, sondern mit anderen Peripherieeinheiten auf dem Board verbunden (Tab. 3.4).

Tab. 3.4 Die einzelnen Signale am 26-poligen GPIO-Anschluss (Revision 2)

Pin	Signal	BCM283x	Pin	Signal	BCM283x
1	3,3 V	3,3 V	2	5 V	5 V
3	GPIO2/**I²C: SDA**	SDA0	4	5 V	5 V
5	GPIO3/**I²C: SCL**	SCL0	6	Masse	Ground
7	GPIO4/**GCLK**	GPIO_GCLK	8	GPIO14/**UART TXD**	TXD0
9	Masse	Ground	10	GPIO15/**UART RXD**	RXD0
11	GPIO17	GPIO_GEN0	12	GPIO18/**PCM-CLK**	GPIO_GEN1
13	GPIO27/**PCM-DOUT**	GPIO_GEN2	14	Masse	Ground
15	GPIO22	GPIO_GEN3	16	GPIO23	GPIO_GEN4
17	3,3 V	3,3 V	18	GPIO24	GPIO_GEN5
19	GPIO10/**SPI: MOSI**	SPI_MOSI	20	Masse	Ground
21	GPIO9/**SPI: MISO**	SPI_MISO	22	GPIO25	GPIO_GEN6
23	GPIO11/**SPI: CLK**	SPI_CLK	24	GPIO8/**SPI: CSelect 0**	SPI_CE0_N
25	Masse	Ground	26	GPIO7/**SPI: CSelect 1**	SPI_CE1_N

Einige Anschlüsse haben neben der Funktion, dass sie wahlweise als Eingang oder als Ausgang geschaltet werden können (GPIO), alternative Funktionen, die durch entsprechende Treibereinträge in den Konfigurationsdateien des Betriebssystems aktiviert werden können. Es gibt lediglich fünf ausschließlich als GPIO fungierende Leitungen (Pins 11, 15, 16, 18, 22), die als universelle Ein- oder Ausgänge genutzt werden können und keine Doppelfunktion aufweisen.

Die Funktionen für den *General Purpose Clock* (Pin 7) sowie für *PCM Clock* mit dem dazugehörigen Datensignal *PCM Data Out* (Pin 13), werden vergleichsweise selten eingesetzt, sodass diese Pins vorzugsweise ebenfalls als GPIO-Anschlüsse fungieren. Die PCM-Signale entsprechen einem I²S-Interface für die Chip-zu-Chip-Audiokommunikation (siehe Abschn. 6.6). Sie kommen für Audioerweiterungen wie HiFiBerry oder die Wolfson Card zum Einsatz und stehen dann nicht als GPIO-Anschlüsse zur Verfügung.

Neben den (reinen) GPIO-Signalen führt die GPIO-Leiste die Signale für insgesamt drei digitale Schnittstellen. Es gibt hier den I²C-Bus (SDA an Pin 3, SCL an Pin 5), der entsprechend mit zwei Pull-Up-Widerständen (R1, R2 mit 1,8 kΩ) verschaltet ist (Abb. 3.53), sodass sich bei diesen beiden Pins eine Verwendung als „gewöhnlicher" GPIO-Port ausschließt.

Außerdem werden die Signale (Pins 19, 21, 23, 24, 26) für den SPI-Bus bereitgestellt. Mithilfe der zwei dazugehörigen Chip Select-Signale (Pin 24, 26) können zwei Chips, die mit einem *Serial Peripheral Interface* (SPI) ausgestattet sind, direkt angeschlossen werden. Sowohl I^2C als auch SPI eignen sich insbesondere für die Verbindung von digitalen Sensoren, die intern über eine entsprechende Signalaufbereitung verfügen und deren Messwerte direkt per Bus ausgelesen werden können.

Der Raspberry Pi kann auch über eine serielle Schnittstelle (RS232) mit geeigneter Peripherie kommunizieren. Hierfür werden lediglich die Signale TXD (Pin 8) und RXD (Pin 10) zur Verfügung gesellt, womit sich die Minimalausführung (ohne Kontrollsignale) einer RS232-Schnittstelle aufbauen lässt. Weil RS232 laut Standard mit Pegeln im Bereich von +12 V und –12 V arbeitet, muss den beiden seriellen Signalen des Raspberry Pi-Boards noch ein geeigneter Transceiver, wie beispielsweise der gebräuchliche Typ MAX232, nachgeschaltet werden.

Die Pinnummerierung entspricht der üblichen Zählweise, d. h. in der unteren Reihe (zur Platineninnenseite hin) befinden sich stets die ungeraden Kontakte (1-39) und in der oberen (zum Platinenrand hin) die geraden. Der Pin 1 ist stets dort, wo sich ein rechteckiges statt ansonsten runden Pads auf der Platinenunterseite (Abb. 3.54) befindet. Auf der Platinenoberseite kennzeichnet die abgeschrägte Ecke im Aufdruck wo sich der Pin 1 befindet.

Abb. 3.54 Die Kontakte der 26-poligen GPIO-Kontaktleiste auf der Platinenunterseite, wo sich darunter auch der P5-Anschluss erkennen lässt

Ab Model B Revision 2 ist ein zweiter GPIO-Port, der auf der Platine mit P5 (Abb. 3.54) gekennzeichnet ist, hinzugekommen. Er ist nicht mit einer Leiste herausgeführt, sondern ist für Erweiterungen durch Hardware-Hersteller reserviert. Nach Bestückung eines 8-poligen Pfostensteckers kann der zweite GPIO-Port genauso wie die anderen GPIO-Pins verwendet werden (Tab. 3.5).

Tab. 3.5 Die Kontaktbelegung des zweiten GPIO-Ports (P5)

Pin	Signal	Pin	Signal
2	3,3 V	1	5 V
4	GPIO 29/I^2C0_SCL/PCM-FS	3	GPIO 28/I^2C0_SDA/PCM-CLK
6	GPIO 31/PCM-Dout	5	GPIO 30/PCM-Din
8	Masse (GND)	7	Masse (GND)

Mit dem Raspberry Pi-Model B+ wird diese Konstruktion geändert, indem die GPIO-Leiste auf 40 Pins erweitert wird und P5 entfällt, weshalb einige ältere Erweiterungskarten, die die PCM- oder auch I²C-Bus-Signale am P5-Connector verwenden, nicht mit aktuellen Raspberry Pi-Boards funktionieren.

3.8.2 40 Pin Expansion Header

Die 26-polige Steckerleiste ist ab dem Raspberry Pi-Model B+ auf insgesamt 40 Anschlüsse erweitert. Mit den 14 zusätzlichen Kontakten werden neun weitere GPIO-Signale, drei Massekontakte sowie zwei spezielle Identifizierungssignale (ID-SD und ID-SC: I²C ID EEPROM) hinzugefügt, wobei die bisherigen 26 Kontakte elektrisch kompatibel bleiben. Die für Audioerweiterungen notwendigen PCM-Signale (I²S) sowie ein zusätzlicher SPI-Port (SPI1) können nunmehr alternativ zu den neuen GPIO-Signalen eingesetzt werden, wie es in der Abb. 3.55 angegeben ist.

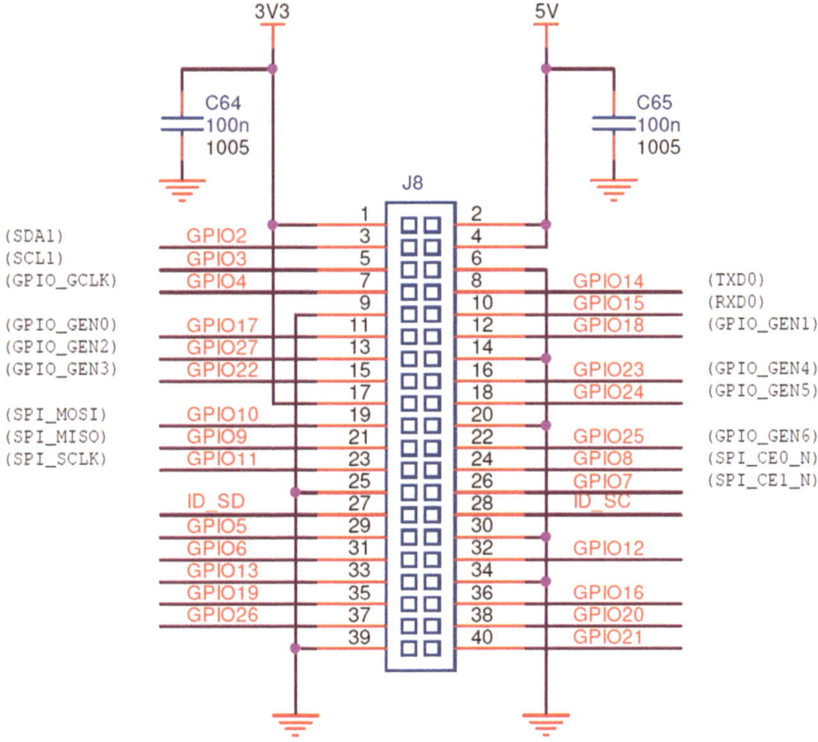

Abb. 3.55 Die Schaltung des 40-poligen GPIO-Ports

Mithilfe der I²C-Identifizierungssignale können aufgesteckte Erweiterungsmodule, die über ein EEPROM mit entsprechendem Inhalt verfügen, identifiziert werden, sodass ein automatischer Setup der GPIO-Signale ermöglicht wird. Dieser Mechanismus ist

Bestandteil der HAT-Spezifikation, die mit dem Modell B+ eingeführt wurde. HAT steht für **H***ardware* **A***ttached on* **T***op* und definiert aufsteckbare Erweiterungsmodule, die bestimmte Voraussetzungen erfüllen müssen, damit sie sich als HAT-kompatibel bezeichnen dürfen. Im Abschn. 6.8 wird hierauf näher eingegangen.

Pin	Signal (BCM)	Alternative Funktionen	Pin	Signal (BCM)	Alternative Funktionen
1	3,3 V	3,3 V	2	5 V	5 V
3	GPIO2	I^2C: SDA	4	5 V	5 V
5	GPIO3	I^2C: SCL	6	Masse	Masse
7	GPIO4	One-Wire GCLK	8	GPIO14	TXD
9	Masse	Masse	10	GPIO15	RXD
11	GPIO17	SPI1: CS1	12	GPIO18	SPI1: CS0 PCM-CLK
13	GPIO27		14	Masse	Masse
15	GPIO22		16	GPIO23	
17	3,3 V	3,3 V	18	GPIO24	
19	GPIO10	SPI0: MOSI	20	Masse	Masse
21	GPIO9	SPI0: MISO	22	GPIO25	
23	GPIO11	SPI0: CLK	24	GPIO8	SPI0: CS0
25	Masse	Masse	26	GPIO7	SPI0: CS1
27	GPIO0	ID-SD (I^2C0)	28	GPIO1	ID-SC (I^2C0)
29	GPIO5		30	Masse	Masse
31	GPIO6		31	GPIO12	PWM0
33	GPIO13	PWM1	34	Masse	Masse
35	GPIO19	SPI1: MISO PCM-FS	36	GPIO16	SPI1: CS2
37	GPIO26		38	GPIO20	SPI1: MOSI PCM-DIN
39	Masse	Masse	40	GPIO21	SPI1: CLK PCM-DOUT

■ Spannung ■ Masse ■ diverse alternative Signalfunktionen

■ SPI1-Signale ■ PCM-Signale (I^2S) ■ SPI0-Signale

Abb. 3.56 Die Signalbelegung des 40-poligen GPIO-Ports

3.8.3 Alternative Belegungen beim Raspberry Pi 4

Mit dem Raspberry Pi 4B wurde die in der Abb. 3.56 angegebene Belegung um alternative Funktionen erweitert und zwar um fünf UART- sowie um vier I^2C- und um vier SPI-Schnittstellen. Die Notwendigkeit hierfür ist eigentlich nicht zu erkennen. Außerdem erscheinen diese Belegungen nicht immer logisch und durchdacht, etwa wenn auf den gleichen Pins (8, 10) entweder die Signale der ersten oder der zweiten UART-Schnittstelle aktiviert werden können und es keine I^2C- und auch kleine SPI-Schnittstelle mit der Nummer zwei gibt, sondern in der Zählweise nach Null und Eins die Drei folgt. In der Abb. 3.57 ist die komplette Signalbelegung, wie sie mit dem Raspberry Pi Model 4 eingeführt wurde, angegeben.

Pin	Signal (BCM)	Alternative Funktionen	Raspberry Pi 4	Pin	Signal (BCM)	Alternative Funktionen	Raspberry Pi 4
1	3,3 V	3,3 V	3,3 V	2	5 V	5 V	5 V
3	GPIO2	I^{2}C: SDA1	SPI3: MOSI	4	5 V	5 V	5 V
5	GPIO3	I^{2}C: SCL1	SPI3: CLK	6	Masse	Masse	Masse
7	GPIO4	One-Wire GCLK	SPI4: CS0 I^{2}C: SDA3 TXD3	8	GPIO14	TXD0	SPI5: MOSI TXD1
9	Masse	Masse	Masse	10	GPIO15	RXD0	SPI5: CLK RXD1
11	GPIO17	SPI1: CS1		12	GPIO18	SPI1: CS0 PCM-CLK	SPI6: CS0
13	GPIO27	SPI6: CS1		14	Masse	Masse	Masse
15	GPIO22		I^{2}C: SDA6	16	GPIO23		I^{2}C: SCL6
17	3,3 V	3,3 V		18	GPIO24		SPI3: CS1
19	GPIO10	SPI0: MOSI	I^{2}C: SDA5	20	Masse	Masse	Masse
21	GPIO9	SPI0: MISO	I^{2}C: SCL4 RXD4	22	GPIO25		SPI4: CS1
23	GPIO11	SPI0: CLK	I^{2}C: SCL5	24	GPIO8	SPI0: CS0	I^{2}C: SDA4 TXD4
25	Masse	Masse	Masse	26	GPIO7	SPI0: CS1	SPI4: CLK I^{2}C: SCL4
27	GPIO0	ID-SD (SDA0)	SPI3: CS0 I^{2}C: SDA6 TXD2	28	GPIO1	ID-SC (SCL0)	SPI3: MISO I^{2}C: SCL6 RXD2
29	GPIO5		SPI4: MISO I^{2}C: SCL3 RXD3	30	Masse	Masse	Masse
31	GPIO6		SPI4: MOSI I^{2}C: SDA4	32	GPIO12	PWM0	SPI5: CS0 I^{2}C: SDA5 TXD5
33	GPIO13	PWM1	SPI5: MISO I^{2}C: SCL5 RXD5	34	Masse	Masse	SPI1: CS2
35	GPIO19	SPI1:MISO PCM-FS	SPI6:MISO	36	GPIO16	SPI1: CS2	
37	GPIO26		SPI5:CS1	38	GPIO20	SPI1: MOSI PCM-DIN	SPI6: MOSI
39	Masse	Masse	Masse	40	GPIO21	SPI1: CLK PCM-DOUT	SPI6: CLK

■ Spannung ■ Masse ■ diverse alternative Signalfunktionen (UART: TXT/RXD)

■ SPI-Signale ■ PCM-Signale (I^{2}S) ■ I^{2}C-Signale

Abb. 3.57 Die Signalbelegung des 40-poligen GPIO-Ports beim Raspberry Pi 4

3.9 Spannungsversorgung und Taktung

Die Spannungsversorgung für ein Raspberry Pi-Board wird üblicherweise von einem separaten 5 V-Steckernetzteil mit Micro-USB- oder USB-C-Anschlusskabel zur Verfügung gestellt, welches einen Strom von mindestens 700 mA liefern sollte. In Abhängigkeit vom jeweiligen Modell und den angeschlossenen Einheiten, ist ein höher dimensioniertes Netzteil (1 A, 2.5 A, 3 A) notwendig. Für das Raspberry Pi Modell B beispielsweise empfiehlt die *Raspberry Pi Foundation* ein Netzteil mit bis zu 3 A, wobei man jedoch davon ausgeht, dass einiges an Peripherie angeschlossen wird, wie etwa USB 3.0-Sticks, die verhältnismäßig viel Strom verbrauchen. Näheres zum Stromverbrauch der einzelnen Raspberry Pi-Modelle ist im Abschn. 7.1.1 angegeben.

Aus den 5 V des Netzteils werden auf der Platine verschiedene Spannungen für die einzelnen Bauelemente mithilfe von entsprechenden Spannungsreglern erzeugt. Bei der ersten Raspberry Pi-Generation (Model A, B) werden die folgenden Regler eingesetzt:

- **RG2-3,3 V:** NCP1117-3v3, 1A, TO-252/DPAK-Gehäuse, ON Semiconductor
- **RG3-2,5 V:** LP2980-2v5, 50 mA, SOT 23-Gehäuse, National Semiconductor
- **RG1-1,8 V:** NCP1117-1v8, 1 A, SOT 223-Gehäuse, ON Semiconductor

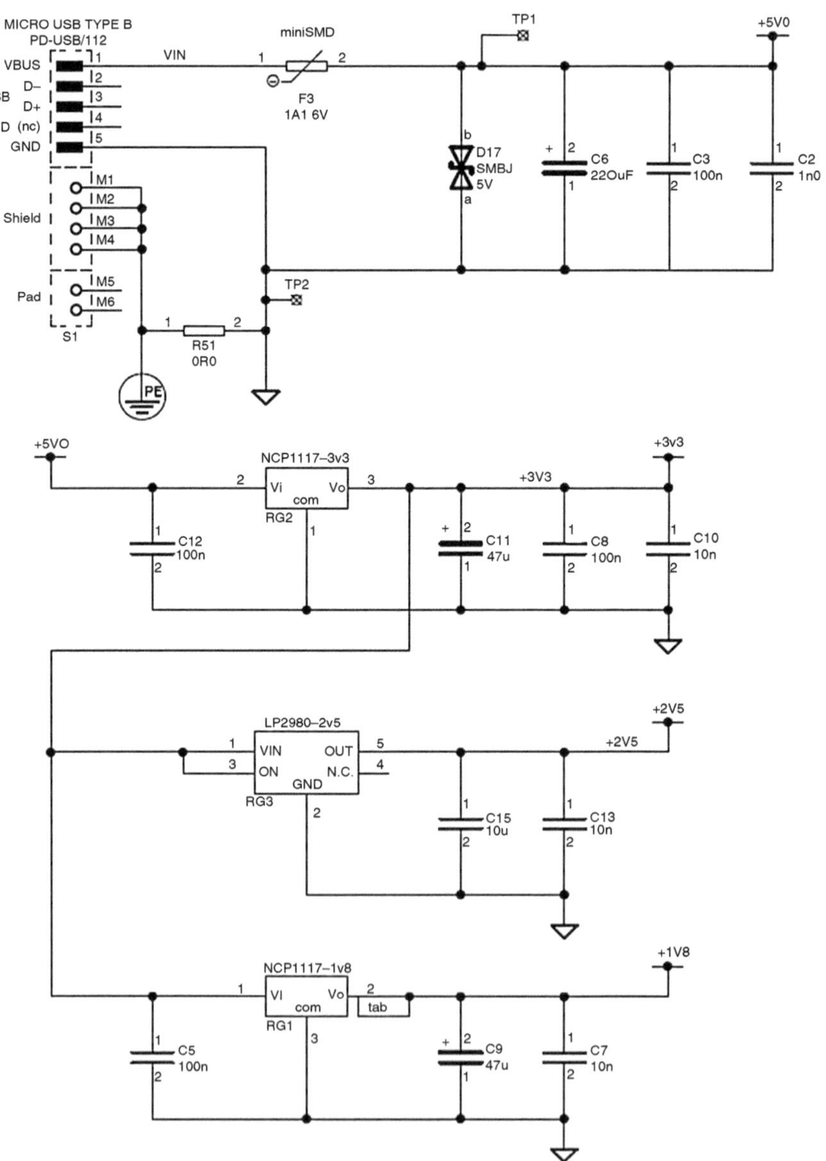

Abb. 3.58 Die Schaltung für die Spannungsversorgung bei den Modellen Raspberry Pi A und B

Durch eine Polyfuse (miniSMD in der Abb. 3.58) wird in der Rasberry Pi-Schaltung verhindert, dass ein Strom von mehr als 1 A fließen kann. Die Polyfuse (Abb. 3.59) wird in Abhängigkeit vom jeweiligen Raspberry Pi-Modell entsprechend dimensioniert und im Abschn. 3.5.4.1 ist Näheres zu den Polyfuses erläutert. Bis auf die Zero-Modelle verfügen alle Raspberry Pi-Modelle auf der Unterseite über mindestens eine derartige Sicherung. Zwei Leuchtdioden, die sich – je nach Raspberry Pi-Typ – an unterschiedlichen Stellen auf dem Board befinden, signalisieren, dass die Versorgungsspannung vorhanden (rote LED) und der Prozessor aktiv ist (grüne Status-LED).

Abb. 3.59 Diese Polyfuse befindet sich auf der Platinenrückseite unter der Micro-USB-Buchse für die Spannungsversorgung

Mit den +Modellen wurde die Spannungsversorgungsschaltung geändert, indem zwei Linear-Regler durch effizientere Schaltregler ersetzt wurden, was die Stromaufnahme des Raspberry Pi um bis zu 1 W reduziert. Grundsätzlich weisen Linearregler im Gegensatz zu Schaltreglern einen geringeren Wirkungsgrad auf und setzen die überschüssige Leistung in Wärme um, sodass sie für Low-Power- und/oder Embedded-Applikationen eher ungeeignet sind. Dieser Tatsache wurde erstmalig bei den +Modellen Rechnung getragen, denn hier wird ein Schaltregler (PAM2306) der Firma *Diodes Incorporated* für die Spannungsumsetzung verwendet.

Nachteil von Schaltreglern ist, dass im geregelten Ausgangspannungssignal Impulse der Schaltfrequenz vorhanden sind, was für Digitalschaltungen meist unerheblich ist, nicht jedoch für Analogschaltungen, wodurch sich dann unerwünschte (hörbare) Frequenzen im Audiosignal einstellen. Aus diesem Grunde wird der Schaltungsteil, wo die Audiosignale – etwa für den DAC (Digital Audio Converter) – geführt werden, eine möglichst „saubere" Spannungsversorgung benötigt, die deshalb nach wie vor (auch beim Raspberry Pi 3B+) von einem Linearregler (LDO für 2,5 V) zur Verfügung gestellt wird.

Die PAM2306-Schaltung (Abb. 3.60) basiert auf einer Applikation von *Diodes Incorporated* und kann aus einer Eingangsspannung zwei unterschiedliche Ausgangsspannungen (3,3 V, 1,8 V) generieren. Außerdem ist eine individuell einstellbare Ausgangsspannung per externer Beschaltung konfigurierbar. Beide Ausgänge können bis zu 1 A liefern. Die Eingangsspannung darf laut der *Raspberry Pi Foundation* im Bereich von 4,5 V bis zu 5,5 V liegen, was bedeutet, dass auch eine Versorgung durch Batterien und Akkus möglich ist. Der PAM2306 unterstützt einen Shutdown-Modus, der allerdings nicht eingesetzt wird.

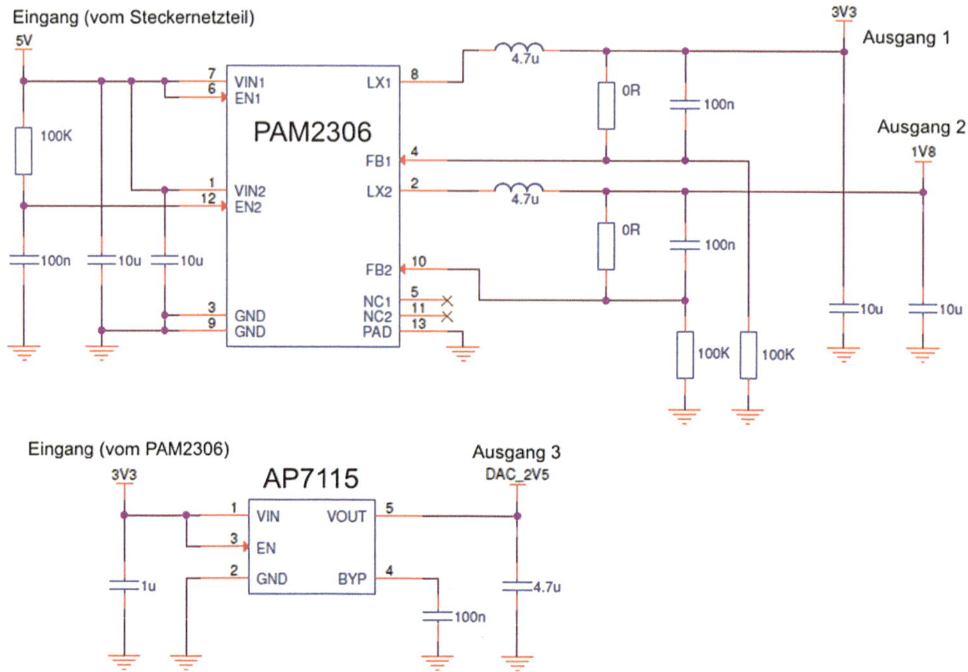

Abb. 3.60 Die Schaltung für die Spannungsversorgung mit Schaltregler wird erstmalig bei den Raspberry Pi +Modellen eingesetzt

Mit dem PAM2306-Regler werden die beiden Ausgangsspannungen von 3,3 V und 1,8 V generiert, während für die 2,5 V ein separater Linear-Regler (Low Dropout) vom Typ AP7115 (max. 150 mA), der ebenfalls von der Firma *Diodes Incorporated* stammt, eingesetzt wird. Auch der AP7115 unterstützt prinzipiell einen Shutdown-Modus, der ebenfalls nicht zum Einsatz kommt. Der hierfür zuständige Pin (3: Enable) ist in der Schaltung wie beim PAM2306 auf High-Potenzial gelegt.

Die in der Abb. 3.60 gezeigte Schaltung mit dem PAM2306 gilt für die Raspberry Pi-Modelle, die nach der ersten Generation erschienen sind, also für A+, B+, Compute Module 1 und 3, 2B, 3B und die Zero-Boards. Bei den Versionen Raspberry Pi 3B+, 3A+ und 4B wird demgegenüber eine andere Schaltung mit dem MXL7704 von MaxLinear realisiert, wie es noch gezeigt wird.

Abb. 3.61 Die wichtigsten Komponenten der Spannungsversorgung ab den +Modellen

Zusätzlich zum PAM2306 und AP7115 sind mit den +Boards ein Power Supply Monitor-Chip (APX803) sowie ein Current Limiter-Chip (AP2331) für die 5 V-Versorgung hinzugekommen (Abb. 3.61), die beide ebenfalls von der Firma *Diodes Incorporated* hergestellt werden. Der AP X803 generiert ein Power-Low-Signal und erzeugt damit einen Reset des SoC, wenn sich die 3,3 V um +/- 40 mV verändert haben. Das Ausgangsignal des APX803 steuert außerdem einen MOS-FETransistor (Q1), der die rote Power-LED ausschaltet (Abb. 3.62). Der AP2331 schaltet die Versorgungsspannung ab, wenn der fließende Strom mehr als 200 mA beträgt. Beide ICs sichern somit einen zuverlässigen Betrieb des Raspberry Pi. Bei den Zero-Boards gibt es diese beiden Funktionen nicht.

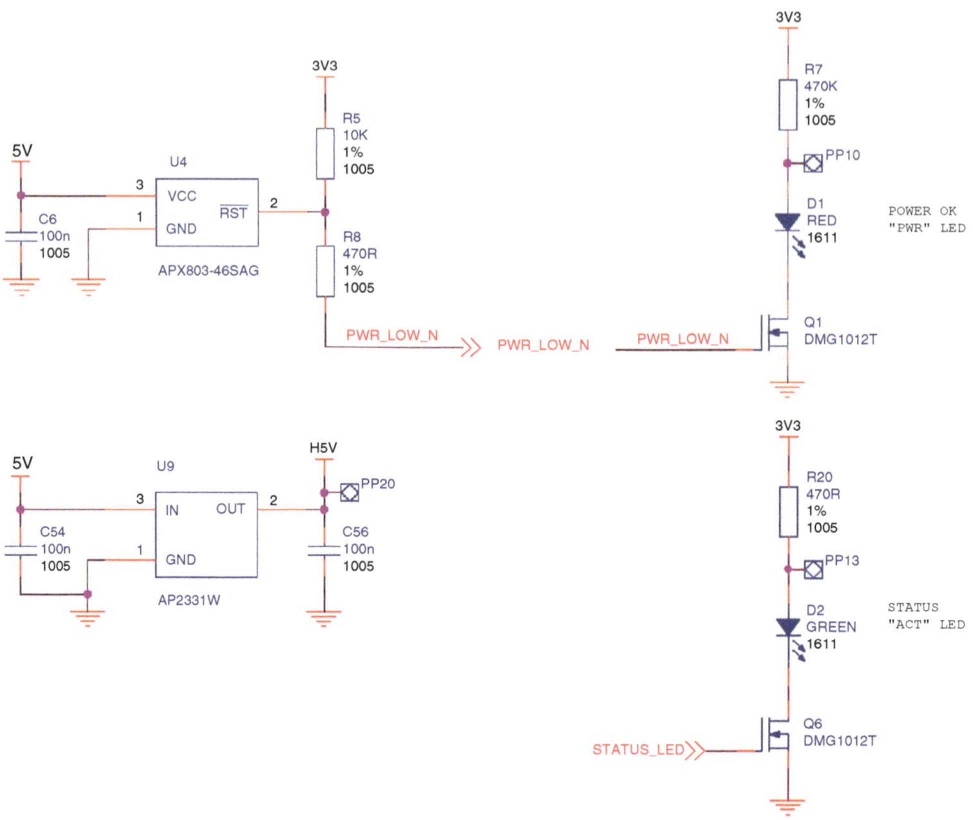

Abb. 3.62 Die beiden ICs für die Kontrolle der Spannungsversorgung und die Ansteuerung der Power- und der Status-LED

Mit dem Raspberry Pi 2B ist eine wichtige Neuerung bei der Spannungsversorgung eingeführt worden und zwar in Form des NCP6343. Dies ist ein Step Down-Converter der Firma On Semiconductor, der für VDD_Core (1,2 V) und die Versorgung des LPDDR2-Speichers eingesetzt wird. Bei dem BCM2835 wurde diese Spannung intern umgesetzt, was ab dem BCM2836 nicht mehr möglich, weshalb auch hierfür ein separater Regler erforderlich ist. Diese Spannung lässt sich mit dem NCP6343 per I²C-Verbindung dynamisch anpassen, wie es für das Höhertakten des BCM2836 oder des BCM2837 notwendig ist. In `raspi-config` findet sich hierfür die einstellbare Option *Overvoltage*.

Außerdem wurde der Over Current Switch AP2331 durch einen RT9741 der Firma Richtek ersetzt. Dieser Chip bietet zusätzlich eine Absicherung gegenüber einer zu hohen Temperatur (max. 120 °C) und einer zu geringen Spannung (< 1,3 V). Weiterhin kommen der PAM2306 und der APX803 wie bei den Vorgängern zum Einsatz.

Abb. 3.63 Die wichtigsten Komponenten der Spannungsversorgung beim Raspberry Pi 3B

Der NCP6343 wurde mit der Raspberry Pi 3B-Version (Abb. 3.63) durch einen funktionskompatiblen Chip RT8088A (Abb. 3.64) der Firma Richtek ersetzt, was nicht zuletzt darin begründet ist, weil der Vorgänger NCP6343 ein ganz besonderes Phänomen verursacht, denn er ist empfindlich gegenüber starker Lichteinstrahlung. Beim Fotografieren eines Raspberry Pi 2-Board mit einem Blitzlicht schaltet der NCP6343 die Spannungsversorgung ab, und der Raspberry Pi muss neu gestartet werden. Um diesem Problem zu begegnen, sollte man den Chip mit einer lichtundurchlässigen Masse abdecken.

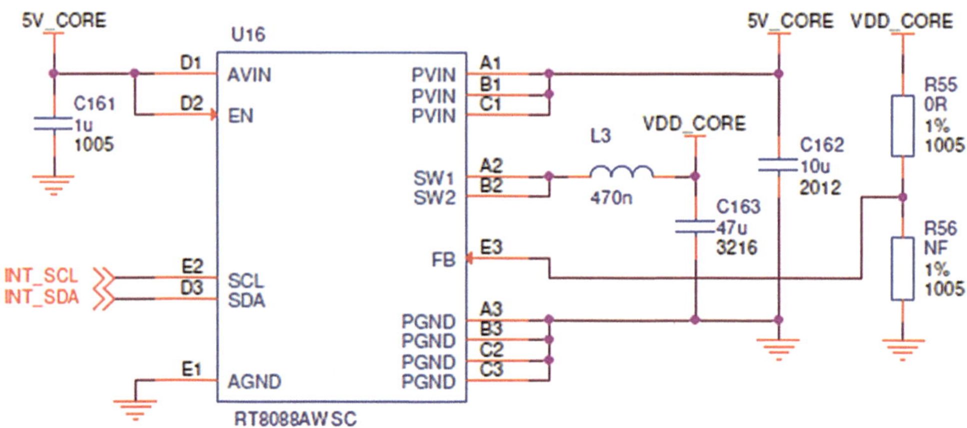

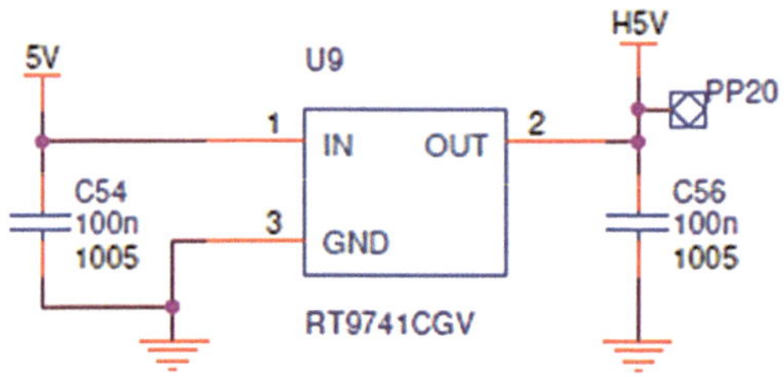

Abb. 3.64 Der RT8088 kann die VDD_Core-Spannung dynamisch per I^2C-Bus anpassen und der RT9741 ist der mit dem Raspberry Pi 2 eingeführte neue Over Current Switch

Um die IC-Anzahl für die Spannungsversorgung zu reduzieren, ist mit den Raspberry 3+Modellen (A+, B+) die Schaltung erneut geändert worden. Dabei spielt der MXL7704 (Abb. 3.65) der Firma MaxLinear die zentrale Rolle. Dies ist ein relativ neuer Universal PMIC (Power Management Integrated Circuit) aus dem Jahre 2018, der alle benötigten Spannungen für den Raspberry Pi generiert und zudem entsprechende Schutzschaltungen beinhaltet.

Außerdem sind die Spannungen per I^2C-Bus in bestimmten Stufen (20 mV, 6,25 mV) anpassbar, was eine dynamische Anpassung an die Taktfrequenz und Auslastung des SoC erlaubt. Die Entwicklung des Chips geht auf die Firma Exar zurück, weshalb auch die Bezeichnung XR77004 hierfür zu finden ist. MaxLinear hat die Firma Exar im Jahre 2017 aufgekauft.

Abb. 3.65 Der MXL7704 ist allein für die Erzeugung aller notwendigen Versorgungsspannungen zuständig. Links davon sind die Power (PWR)- und die Status-LED (ACT) zu erkennen

Der MXL7704 ist „maßgeschneidert" für den Raspberry Pi, von dem alle vier Buck Converter (Abwärtsregler) zum Einsatz kommen sowie der LDO (Pin 8) für die Versorgung der analogen Schaltungsteile (Abb. 3.66). Die Buck-Ausgänge Vout1 (3,3 V) und Vout2 (1,8 V) liefern maximal 1,5 A und lassen sich per I^{2}C-Bus (400 kHz) in 20 mV-Schritten von 3 V bis 3,6 V bzw. von 1,3 V bis 1,92 V einstellen.

Der Buck-Ausgang Vout3 (1,2 V, DDR2/DDR4) liefert bis zu 2,5 A und ist in 6,25 mV-Schritten im Bereich 0,8 V bis 1,6 V einstellbar. Der Buck-Ausgang Vout4 (VDD-Core) leistet von allen am meisten, nämlich bis zu 4 A im Bereich von 0,6 V bis 1,4 V ebenfalls in Schritten zu jeweils 6,25 mV.

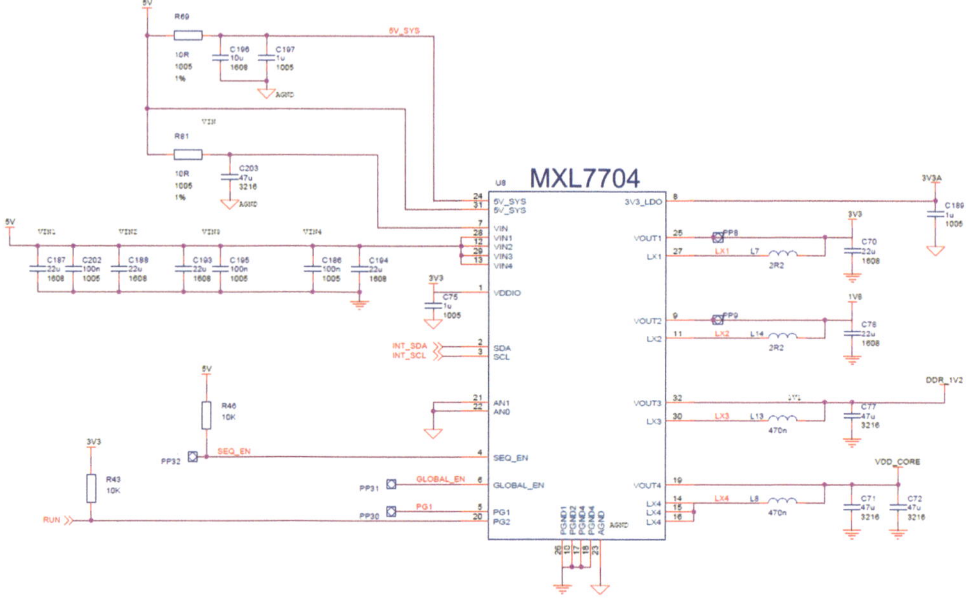

Abb. 3.66 Die Schaltung für die Spannungsversorgung beim Raspberry Pi 3+ und Raspberry Pi 4

Der LDO-Ausgang bietet 1,5 V bis 3,6 V mit maximal 100 mA in 20 mV-Schritten. Aufgrund dieser beachtlichen Leistung und Flexibilität eignet sich der MXL7704 für zahlreiche andere Applikationen, die unterschiedliche Spannungsversorgungen erfordern. Er ist von den bekannten Distributoren für ca. 5 € erhältlich und ein Evaluation Board ist hierfür ebenfalls verfügbar.

3.10 Taktschaltungen

Die zweite Voraussetzung für die grundlegende Funktion ist neben einer korrekten Spannungsversorgung der für den SoC notwendige Takt. Bei allen Raspberry Pi-Modellen ist hierfür ist ein Quarzoszillator mit 19,2 MHz zuständig. Diese Taktschaltung ist bei allen Raspberry Pi-Boards fast identisch, wie sie in der Abb. 3.67 gezeigt ist.

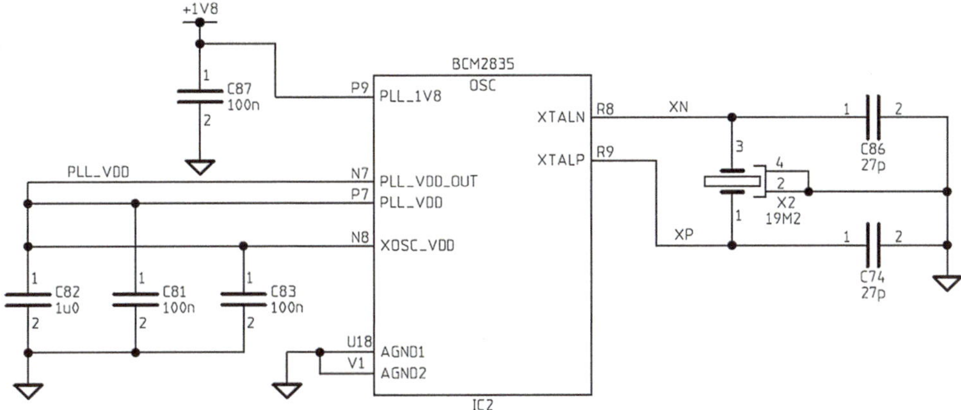

Abb. 3.67 Die Taktschaltung für den BCM2835

Eine aktuelle Taktschaltung für den SoC ist in der Abb. 3.71 gezeigt. Auf den Raspberry Pi Boards mit LAN-Controller (B-Modelle) wird ein zweiter Quarzoszillator benötigt. Alle bisher auf Raspberry Pi-Boards verwendeten LAN-Controller (LAN9512, LAN9515, LAN7515) arbeiten extern mit einem 25 MHz-Quarzoszillator. Beide Oszillatoren (Abb. 3.68) sind an ihren kleinen metallischen Gehäusen auf der Platinenunterseite in der Nähe des jeweiligen Chips (BCM283x, LANxxxx) zu erkennen.

Abb. 3.68 Die beiden Quarzoszillatoren für den LAN-Controller (links) und den BCM2837

Bei den Boards mit einem Bluetooth/WLAN-Chip (CYW43438, CYW43455) gibt es einen dritten Quarzoszillator mit 37,5 MHz, der sich direkt neben dem CYW43438 (vgl. X2 in der Abb. 3.42) bzw. unter dem Metalldeckel mit der Himbeere (Abb. 3.45) neben dem CYW43455 befindet. Weil die Zero-Boards auf der Platinenunterseite generell nicht bestückt sind, ist der Quarzoszillator für den SoC dort ebenfalls auf der Platinenoberseite zu finden.

3.11 Reset-Schaltung

Ein Reset-Impuls versetzt einem Mikroprozessor oder einen Mikrocontroller in seinen logischen Ausgangszustand, bei dem alle Registerinhalte gelöscht werden und eine nachfolgende Neuinitialisierung stattfindet. In vielen Applikationen übernimmt ein spezieller Chip diese Reset-Funktion, die durch einen bestimmten Zustand, ein bestimmtes Ereignis oder auch die Betätigung eines Tasters ausgelöst werden kann. Damit sind eine ganze Reihe von Effekten, wie eine zu geringe Versorgungsspannung oder eine zu hohe Temperatur oder ein nicht geschlossener Kontakt, detektierbar, die einen unsicheren Betriebszustand des Prozessors hervorrufen können, sodass er zurückgesetzt wird. Je nach Reset-Chip und -Schaltung kann der Prozessor erst dann wieder in Betrieb gehen, wenn das verursachende Problem beseitigt worden ist.

Im SoC ist nur eine einfache Reset-Schaltung integriert, die durch einen Low-Impuls am Eingang RUN (Abb. 3.69) ausgelöst wird. Dieser Eingang wird im Normalbetrieb durch einen Widerstand (R15: 10 kΩ) konstant auf High-Pegel gehalten, woraufhin der Reset automatisch dann einmal ausgelöst wird, wenn die Betriebsspannung „hochgefahren" ist.

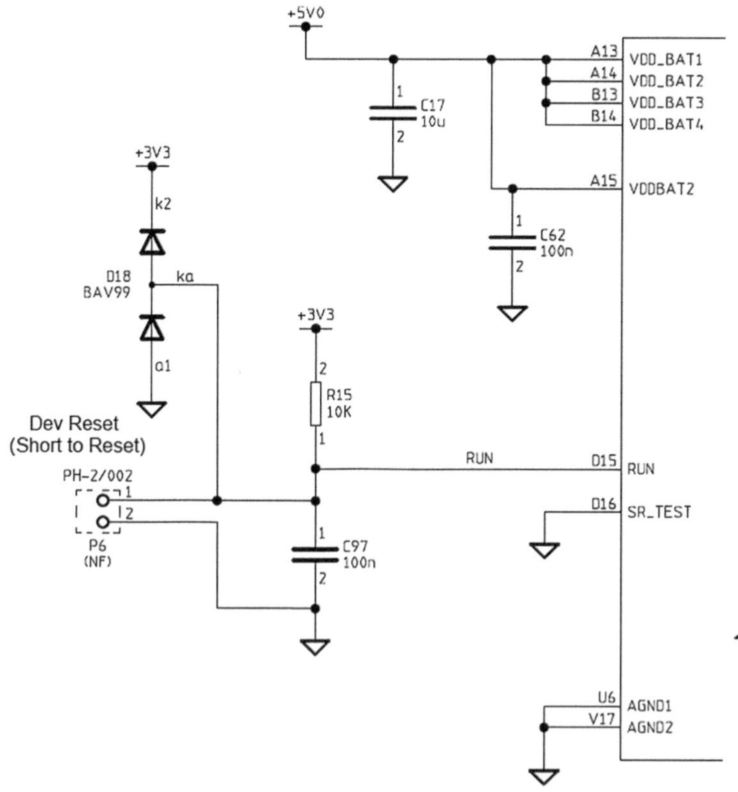

Abb. 3.69 Die Reset-Schaltung kann optional mit einem Taster (an P6) bestückt werden

Mit der zweiten Platinenversion des Raspberry Pi Modell 1 ist eine kleine Zusatzschaltung hinzugekommen, die auch eine manuelle Reset-Auslösung gestattet. Hierfür sind auf der Platine die beiden Kontakte an P6 vorgesehen, an die ein Taster angeschlossen werden kann. Bei den darauffolgenden Raspberry Pi-Boards ist dieser Connector ebenfalls vorhanden und wird dort mit RUN bezeichnet.

Abb. 3.70 Der zusätzlich angebrachte Reset-Switch, hier an P6

Insbesondere bei Hardware-nahen Applikationen kommt es durchaus vor, dass der Raspberry Pi hängt, sodass er sich mithilfe eines Tastendruckes wieder neu starten lässt. Im Gegensatz zum Ein- und Ausschalten der Spannungsversorgung, die ebenfalls für einen Reset sorgt, verläuft der Reset per Taster etwas schneller.

Mit dem Modell B+ wurde eine weitere Veränderung der Reset-Schaltung durchgeführt, indem jetzt ein spezieller Reset-Chip (APX 803) eingesetzt wird, der die 5 V-Versorgung überwacht und bei einem entsprechenden Pegel einen Reset-Impuls generiert, wie es im Abschn. 3.9 erläutert ist.

Beim Raspberry 2B ist erstmalig Platz für einen Header vorhanden, der einen Massekontakt und einem mit RUN bezeichneten Kontakt führt. Hier ist ein zweipoliger Steckpfosten montierbar an den sich ein Taster (Abb. 3.70) anschließen lässt. Durch seine Betätigung wird der RUN-Kontakt (Abb. 3.71) auf Masse gezogen, was einen manuellen Reset des Raspberry Pi auslöst. Solange sich der RUN-Pin auf Masse befindet, ist der SoC angehalten und verbraucht dann ca. 30 bis 100 mA an Strom, was vom jeweiligen Modell abhängig ist (Tab. 7.1). Dies ist das gleiche Verhalten wie nach der Ausführung des Befehls `shutdown`.

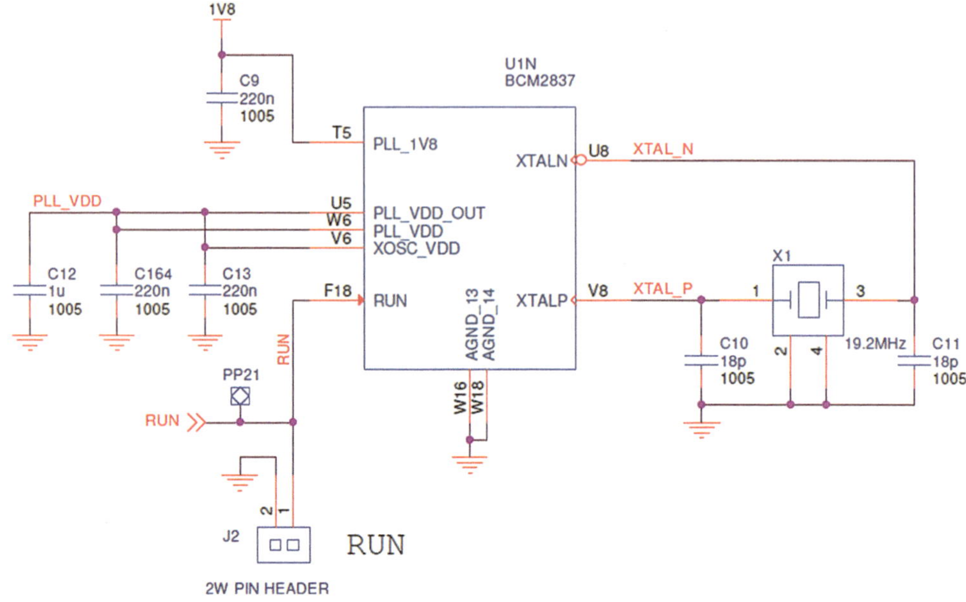

Abb. 3.71 Die Taktschaltung mit RUN-Header beim Raspberry Pi 3

Bei den Raspberry Pi 3+ ist der Kontakt neben RUN mit PEN (vgl. Abb. 3.38) beschriftet, was für *Power Enable* steht. Dieser Pin befindet sich im Normalbetrieb auf High-Potenzial. Wenn dieser Pin auf Low-Potenzial (Masse) geschaltet wird, verweilt der PMIC (MXL7704) in einen stromsparenden Modus, der nur noch ca. 10 mA beansprucht. Dabei leuchtet die Power-LED, wie bei der Auslösung von RUN, weiterhin. Diese Funktionalität kann von externen Schaltungen genutzt werden, um dem Raspberry Pi „schlafenzulegen".

Die Anschlüsse RUN und PEN dürfen aufgrund ihrer unterschiedlichen Funktion demnach nicht miteinander verbunden werden, obwohl sie direkt nebeneinander angeordnet sind, wie es beim RUN- oder auch dem Reset-Header der Fall ist. Die beiden Anschlüsse dürfen nur einzeln mit einem Massekontakt (an der GPIO-Leiste) kontaktiert bzw. auf Low-Potenzial gesetzt werden.

Abb. 3.72 Reset- (RUN) und Power Enable-Kontakte beim Raspberry Pi 4

Diese ungünstige Positionierung des RUN- und PEN-Kontaktes gibt es beim Raspberry Pi 4 nicht mehr. Beide Anschlüsse befinden sich als J2 am linken Rand der Platine neben dem DSI-Anschluss. Zwischen diesen beiden Kontakten ist jetzt ein Masse-Pin vorhanden (Abb. 3.72) und der PEN-Pin ist dabei in GLOBAL_EN umbenannt worden.

Konfigurierung und Optimierung

4

Nachdem der *Schnellstart* im Kap. 2 zu einem funktionierenden Raspberry Pi geführt hat, geht es in diesem Kapitel um typische Konfigurationsarbeiten und um die Optimierung des Raspberry Pi. Der Raspbian-Desktop bietet über das Menü *Einstellungen* (Abb. 2.20) den Zugang zu verschiedenen Einstellungsoptionen. Falls die Raspbian-Lite-Version zum Einsatz kommt, steht diese Möglichkeit nicht zur Verfügung. Stattdessen ist raspi-config die erste Anlaufstelle für notwendige Konfigurationsarbeiten. Über das LXTerminal ist dieses Tool natürlich auch für die Desktop-Versionen einsetzbar.

4.1 Raspi-Config

Das Konfigurationsprogramm raspi-config lässt sich grundsätzlich mit der folgenden Befehlszeile aufrufen, sodass im Grunde genommen jederzeit entsprechende Anpassungen an den Bootoptionen und der Systemkonfiguration durchgeführt werden können:

```
pi@raspberrypi: ~ $ sudo raspi-config
```

Falls noch keine deutsche Tastaturbelegung festgelegt wurde, ist statt des Minus-Zeichens „-“ die Taste mit dem Zeichen „ß“ (? \) einzugeben.

K. Dembowski, *Raspberry Pi – Das technische Handbuch*,
https://doi.org/10.1007/978-3-658-27493-1_4

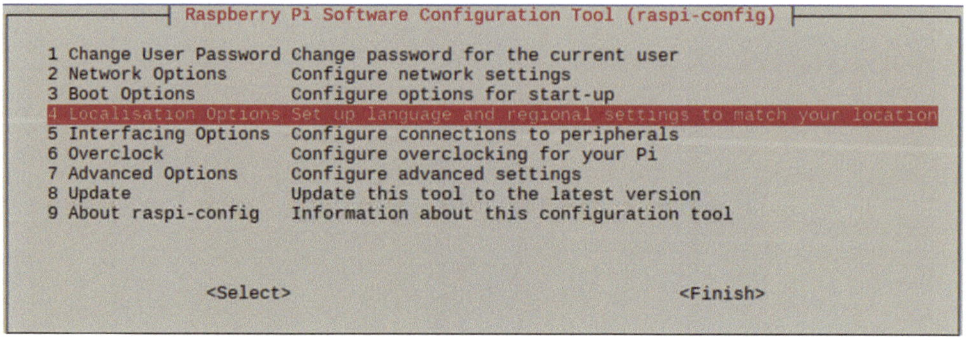

```
Raspberry Pi Software Configuration Tool (raspi-config)

1 Change User Password Change password for the current user
2 Network Options      Configure network settings
3 Boot Options         Configure options for start-up
4 Localisation Options Set up language and regional settings to match your location
5 Interfacing Options  Configure connections to peripherals
6 Overclock            Configure overclocking for your Pi
7 Advanced Options     Configure advanced settings
8 Update               Update this tool to the latest version
9 About raspi-config   Information about this configuration tool

            <Select>                     <Finish>
```

Abb. 4.1 Raspi-config ermöglicht verschiedene Einstellungen, die für den Betrieb des Raspberry Pi von ausschlaggebender Bedeutung sind

Das Konfigurationsprogramm (Abb. 4.1) lässt sich ausschließlich mit der Tastatur bedienen, weil es zu diesem Zeitpunkt (und generell im Textmodus) keine Mausunterstützung gibt. Für die Selektierung werden die Pfeiltasten und für das Ausführen der jeweiligen Option die Eingabetaste eingesetzt. Mithilfe der Leertaste lassen sich bei einigen Einstellungen Optionen (z. B. Change Locale) mehrere Optionen markieren, was durch das Zeichen „*“ kenntlich gemacht wird, und über die Tab-Taste wird zu den verschiedenen Auslöse-Buttons (OK, CANCEL, SELECT, FINISH) geschaltet.

4.1.1 Länderspezifische Einstellungen – Localisation Options

Vom Konfigurationsprogramm existieren – entsprechend der verschiedenen Raspbian-Versionen – unterschiedliche Ausgaben. Hier wird die vom 13.11.2018, Release 2.5 (Kernel 4.14) unter Berücksichtigung auch älterer Optionen behandelt. Raspi-Config bietet im Prinzip lediglich eine Bedienoberfläche und ruft je nach ausgewählter Option ein weiteres Programm auf, welches die eigentliche Funktion übernimmt, was durch eine gewisse zeitliche Verzögerung bei der Programmausführung merklich ist.

Durch das Ausprobieren verschiedener raspi-config-Einstellungen kann es durchaus passieren, dass der Raspberry Pi danach nicht mehr gewünscht arbeitet. Grundsätzlich sollte vom funktionierenden System, bei dem die wichtigsten Anpassungen bereits erfolgreich durchgeführt worden sind, eine Sicherungskopie angefertigt werden, damit man im Bedarfsfall darauf wieder zurückgreifen kann.

Eine Kopie des SD-Karteninhalts ist einfach mit dem Image-Writer-Programm (Abschn. 2.1) möglich oder im Raspbian-Desktop über *Zubehör-SD Card Copie*. Hier verwendet man am besten einen USB-Stick, dessen Kapazität mindestens so groß sein muss wie die der eingesetzten SD-Karte. Beim Kopieren des SD-Karteninhalts auf den USB-Stick werden alle dort vorhandenen Daten überschrieben.

```
Raspberry Pi Software Configuration Tool (raspi-config)

I1 Change Locale            Set up language and regional settings to match your location
I2 Change Timezone          Set up timezone to match your location
I3 Change Keyboard Layout   Set the keyboard layout to match your keyboard
I4 Change Wi-fi Country     Set the legal channels used in your country

               <Select>                                    <Back>
```

Abb. 4.2 Mit den Localisation Options werden Sprache, Tastatur und Land festgelegt

Die erste wichtige Einstellung betrifft die Länder- und Tastatureinstellung, was sich unter dem vierten Punkt *Localisation Options* (Abb. 4.2) verbirgt. In der Voreinstellung wird davon ausgegangen, dass eine englisch/amerikanische Tastatur zum Einsatz kommt, was deshalb meist einer Anpassung bedarf. Hier werden die Sprache (Change Locale), die Zeitzone (Change Timezone) und das Tastaturlayout (Change Keyboard Layout) bestimmt. Bei den älteren raspi-config-Versionen werden die drei Punkte als separate Einträge geführt, während sie bei den neueren unter den Localisation Options zusammengefasst werden, was aber nichts an ihrer Bedeutung und Funktion ändert.

4.1.1.1 Nationale Zeichensätze – Change Locale

Diese Option (change locale, set locale) ist für das Laden von nationalen Zeichensätzen zuständig, also für die Ländereinstellungen, die hier nicht für die Tastatur (siehe Configure Keyboard), sondern für Anwendungen und Menütexte mit dem LXDE- Desktop von Bedeutung sind, was auch als *Standortfestlegung* bezeichnet wird. Dabei sind mehrere Zeichensätze mit der Leertaste selektierbar, und im Bedarfsfall kann dann später zwischen ihnen umgeschaltet werden (Abb. 4.3).

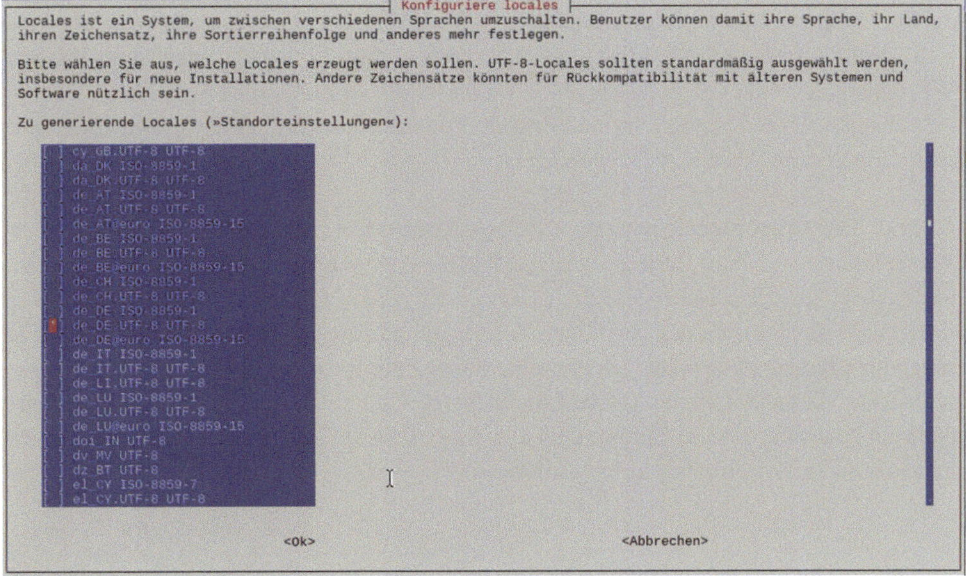

Abb. 4.3 Auswahl des deutschen Zeichensatzes

Diese Umschaltung ist sofort auf der zweiten Menüseite der Change locale-Option möglich oder unter dem LXDE-Desktop mit einem optionalen Displaymanager (Slim). Der passende Zeichensatz für Deutschland ist: *de_DE.UTF-8 UTF-8*. Nach der entsprechenden Konfigurierung und dem Start des LXDE-Desktops erscheint dieser dann automatisch mit deutschen Bezeichnungen, was dann auch für einige Punkte in `raspi-config` gilt.

4.1.1.2 Gebiet und Zeitzone – Change Timezone

Auf der ersten Seite dieser Option (Change Timezone, Set Timezone) wird das geografische Gebiet (Europa) und auf der zweiten die Zeitzone (Berlin) ausgewählt. Die Möglichkeit für das Stellen der Uhr oder des Datums ist an dieser Stelle hingegen nicht zu finden, weil der Raspberry Pi keine Echtzeituhr besitzt. Diese müsste auch im ausgeschalteten Zustand weiterlaufen, wofür standardmäßig jedoch kein Akku oder eine Batterie vorhanden ist. Datum und Uhrzeit lassen sich anzeigen mit:

```
pi@raspberrypi: ~ $ date
```

Dabei hat diese Angabe zunächst einmal nichts mit den aktuellen Zeitdaten zu tun. Gleichwohl sind Datum und Zeit wichtige Kriterien, auf die sich Installationen sowie alle möglichen Dateien (Logdaten) und Programmfunktionen beziehen. Ein manuelles Stellen ist möglich, etwa mit:

```
pi@raspberrypi:~ $ sudo date -s "11 march 2019 18:45:00"
```

Datum und Uhrzeit nach jedem Start des Raspberry Pi manuell setzen zu müssen, ist umständlich und ungenau. Wenn der Raspberry Pi mit dem Internet verbunden ist, wird die Zeit automatisch von einem Zeitserver (z. B. NTP) bezogen und eingestellt. Eine spezielle Konfigurierung ist hierfür nicht erforderlich. Für Konstellationen ohne Internet-Verbindung, die eine Urzeit benötigen, etwa wenn Sensormessungen mit einem Zeitstempel versehen werden müssen, ist eine Erweiterung mit einer Echtzeituhr notwendig, wie es beispielsweise im Abschn. 6.5.5 gezeigt ist.

4.1.1.3 Tastatureinstellungen – Change Keyboard Layout

Wie erwähnt, wird vom Betriebssystem zunächst davon ausgegangen, dass eine Tastatur mit englisch/amerikanischer Belegung verwendet wird, sodass eine Reihe von Tasten in ihrer Funktion nicht mit der jeweiligen Beschriftung übereinstimmen. Nach der Selektierung von *Configure Keyboard* vergeht eine kurze Zeit, bis eine recht lange Liste mit verschiedenen Tastaturmodellen (Abb. 4.4) erscheint. Hier stehen ca. 100 verschiedene Modelle zur Auswahl, wobei man mit dem Typ *Generische PC-Tastatur mit 105 Tasten (Intl)* meist nichts (grob) Falsches ausgewählt hat.

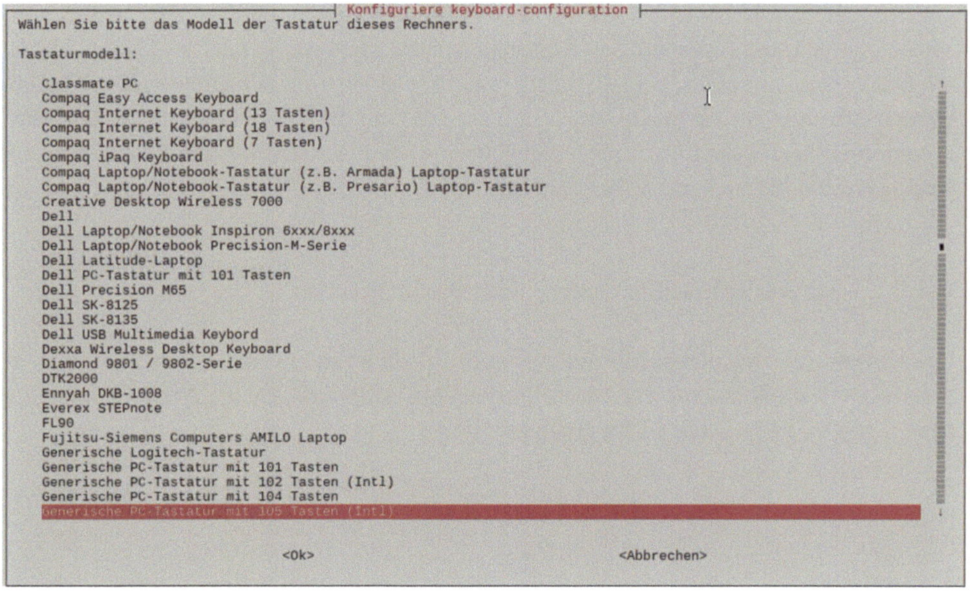

```
Konfiguriere keyboard-configuration
Wählen Sie bitte das Modell der Tastatur dieses Rechners.

Tastaturmodell:

    Classmate PC
    Compaq Easy Access Keyboard
    Compaq Internet Keyboard (13 Tasten)
    Compaq Internet Keyboard (18 Tasten)
    Compaq Internet Keyboard (7 Tasten)
    Compaq iPaq Keyboard
    Compaq Laptop/Notebook-Tastatur (z.B. Armada) Laptop-Tastatur
    Compaq Laptop/Notebook-Tastatur (z.B. Presario) Laptop-Tastatur
    Creative Desktop Wireless 7000
    Dell
    Dell Laptop/Notebook Inspiron 6xxx/8xxx
    Dell Laptop/Notebook Precision-M-Serie
    Dell Latitude-Laptop
    Dell PC-Tastatur mit 101 Tasten
    Dell Precision M65
    Dell SK-8125
    Dell SK-8135
    Dell USB Multimedia Keybord
    Dexxa Wireless Desktop Keyboard
    Diamond 9801 / 9802-Serie
    DTK2000
    Ennyah DKB-1008
    Everex STEPnote
    FL90
    Fujitsu-Siemens Computers AMILO Laptop
    Generische Logitech-Tastatur
    Generische PC-Tastatur mit 101 Tasten
    Generische PC-Tastatur mit 102 Tasten (Intl)
    Generische PC-Tastatur mit 104 Tasten
    Generische PC-Tastatur mit 105 Tasten (Intl)

              <Ok>                          <Abbrechen>
```

Abb. 4.4 Auswahl der angeschlossenen Tastatur

Danach wird nach der Tastaturbelegung gefragt, die mit *Deutsch* ausgewählt wird, woraufhin noch einige Sonderbelegungen festgelegt werden können, oder es wird einfach *Der Standard für die Tastaturbelegung* und nachfolgend *Keine Compose-Taste* gewählt. Die letzte Möglichkeit an dieser Stelle ist die Festlegung, ob die Tastenkombination Strg+Alt+Entf zum Beenden des X-Servers und damit zum Herunterfahren des LXDE-Desktops führen soll, was letztendlich Geschmackssache ist, gleichwohl eine vertraute Funktion darstellt und deshalb mit *Ja* selektiert werden kann, womit die Tastatur-Konfigurierung beendet ist.

4.1.1.4 WLAN-Ländereinstellung – Change Wi-Fi Country

Seitdem auf Raspberry Pi-Boards ein WLAN-Chip (mit Bluetooth) eingebaut wird, existiert hierfür eine Ländereinstellung in `raspi-config`, weil in den verschiedenen Ländern unterschiedliche Kanäle hierfür erlaubt und festgelegt sind. Für den Betrieb in Deutschland ist dementsprechend *DE Germany* zu selektieren und mit OK abzuspeichern.

4.1.2 Kennwort ändern – Change User Password

Unter dieser Option, die auch als *change_pass* zu finden ist, kann das Kennwort des aktuellen Benutzers (user: pi), welches von Hause aus *raspberry* lautet, geändert werden. Wer der aktuelle User ist, lässt sich durch Eingabe des Befehls *whoami* ermitteln.

Grundsätzlich ist bei Linux die Groß- und Kleinschreibung zu beachten, und Sonderzeichen sollten zumindest in der Erprobungsphase nicht verwendet werden, weil dies möglicherweise mit einer abweichenden Tastaturbelegung (englich/amerikanisch) zu Problemen führen kann. Nachdem das neue Password, an das keine besonderen Komplexitätsanforderungen gestellt werden, eingegeben worden ist, ist noch eine Bestätigung notwendig, womit dieser Vorgang beendet ist.

4.1.3 Netzwerkeinstellungen – Network Options

Die *Network Options* bieten Einstellungsmöglichkeiten für den Hostnamen unter dem der Raspberry Pi im Netzwerk erscheint, für die WiFi-SSID und für die *Network Interfaces Names,* wie es in der Abb. 4.5 zu erkennen ist.

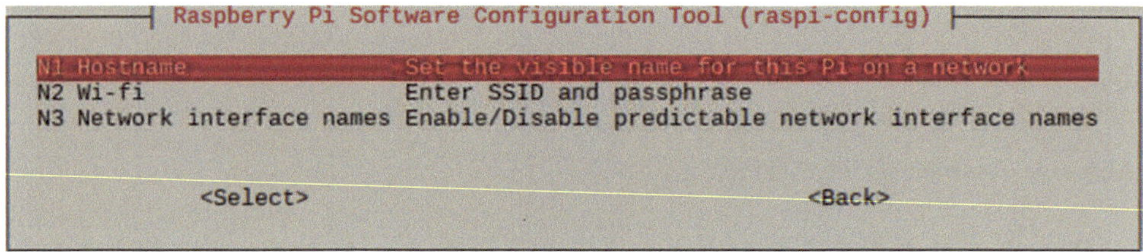

Abb. 4.5 Die Netzwerkoptionen betreffen die Namensgebung des Hosts und der Netzwerkschnittstellen

4.1.3.1 Computername im Netzwerk – Hostname

Der Name des Raspberry Pi, unter dem er in einem LAN erscheint, lässt sich unter der Option *Hostname* angeben, wofür nur die Standard ASCII-Zeichen erlaubt sind und die Groß- und Kleinschreibung relevant ist. Der Hostname ist üblicherweise in der Datei *hostname* abgelegt und kann dort auch weiterhin manuell etwa mit `sudo nano /etc/hostname` editiert werden.

4.1.3.2 WLAN-Kennung – WiFi SSID

Eine SSID (Service Set Identifier) kennzeichnet ein WLAN und ist oftmals beim heimischen DSL-Router mit Access Point-Funktionalität eingeschaltet. Aus Sicherheitsgründen wird oftmals empfohlen, diese Möglichkeit zu deaktivieren, damit die Existenz des WLANs dann nicht für jedermann erkennbar ist. Zur SSID gehört eine so genannte *Passphrase*, was man sich als komplexes Kennwort vorstellen kann. Eine Passphrase kann theoretisch aus bis zu 100 Zeichen bestehen, was dementsprechend weit schwieriger zu ermitteln ist als typische Kennwörter. Wer den Raspberry Pi nicht als Access Point betreiben will, benötigt keine SSID- und demnach auch keine Passphrase-Angabe. Standardmäßig ist hierfür auch nichts angegeben.

4.1.3.3 Netzwerkadapterbezeichnungen – Network Interface Names

Diese Möglichkeit aktiviert oder deaktiviert die so genannten *Predictable Network Interface Names*. Statt den bisher üblichen Bezeichnungen für die Netzwerk-Interfaces wie eth0 für die Ethernet- oder wlan0 für die WLAN-Schnittstelle hat ein Aktivieren zur Folge, dass die Schnittstellen automatisch umbenannt werden, was lange kryptisch wirkende Bezeichnungen zur Folge hat, weil hier die jeweilige MAC-Adresse an die Bezeichnung enx bzw. wlx drangehängt wird. Im Grunde genommen ist diese neue Bezeichnungsmethode überflüssig und verwirrend, sodass man diese Option am besten nicht aktivieren sollte.

4.1.4 Start-Funktionen – Boot Options

Hier lässt sich unter der ersten Option (Abb. 4.6) bestimmen, ob beim Boot direkt in den Desktop oder in die Kommandozeile (CLI) gestartet werden soll. Mit der zweiten Option kann hier festgelegt werden, ob und wie lange der Raspberry Pi beim Boot (Wait for Network at Boot) auf eine hergestellte Netzwerkverbindung warten soll. Die dritte Option (Splash Screen) ist die Möglichkeit statt der Bootmeldungen ein eigenes Bild anzeigen zu lassen, wofür separate Software (fbi) und ein Startscript benötigt werden. Der übliche Splash Screen ist der „farbige Bildschirm“, der kurz nach den Himbeeren erscheint.

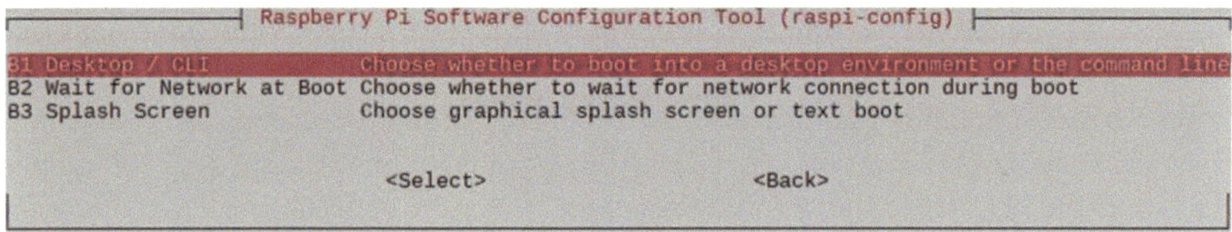

Abb. 4.6 Die Boot Options bieten drei sehr unterschiedliche Funktionen

4.1.5 Schnittstellen aktivieren – Interfacing Options

Über diese Menüpunkte (Abb. 4.7) lassen sich verschiedene Schnittstellen aktivieren, sodass auch die entsprechenden Kernel-Module automatisch beim Boot geladen werden. Die erste Option für die Aktivierung der Pi Camera (siehe Abschn. 3.7) zuständig, die an das *Camera Serial Interface* (CSI) angeschlossen ist. Wenn diese Enable Camera-Option in raspi-config vorhanden ist, steht auch die passende Software für die Kamera unter `/opt/vc/bin` zur Verfügung.

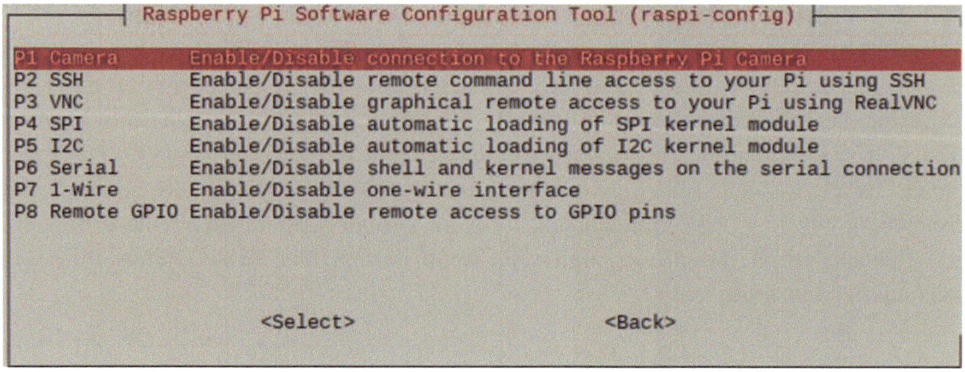

```
Raspberry Pi Software Configuration Tool (raspi-config)

P1 Camera       Enable/Disable connection to the Raspberry Pi Camera
P2 SSH          Enable/Disable remote command line access to your Pi using SSH
P3 VNC          Enable/Disable graphical remote access to your Pi using RealVNC
P4 SPI          Enable/Disable automatic loading of SPI kernel module
P5 I2C          Enable/Disable automatic loading of I2C kernel module
P6 Serial       Enable/Disable shell and kernel messages on the serial connection
P7 1-Wire       Enable/Disable one-wire interface
P8 Remote GPIO  Enable/Disable remote access to GPIO pins

                  <Select>                  <Back>
```

Abb. 4.7 Unter den Interfacing Options sind verschiedene Schnittstellen zusammengefasst

SSH steht für ***S**ecure **Sh**ell* und ist eine Standardapplikation für den sicheren Datenaustausch zwischen zwei Computern, in diesem Fall, um etwa mit einem PC auf den Raspberry Pi zugreifen zu können oder auch umgekehrt. SSH benötigt stets einen Server und als Gegenpart einen Client. Mit der hier gegebenen SSH-Option kann der SSH-Server auf dem Raspberry Pi aktiviert (Enable) oder deaktiviert (Disable) werden. Um die Funktion nutzen zu können, ist eine Netzwerkverbindung zwischen den beiden SSH-Teilnehmern notwendig, und der Ethernet- oder der WLAN-Adapter muss über eine zugeteilte IP-Adresse verfügen. Wie die Netzwerkfunktionen eingestellt werden können, ist im Abschn. 4.2 genauer erläutert.

Mithilfe von ***V**irtual **N**etwork **C**omputing* (VNC) ist es möglich, Tastatur, Maus und Desktop von einem PC oder anderen Computer aus zu steuern. Hierfür werden wieder zwei Partner benötigt, wobei der eine als VNC-Server und der andere als VNC-Client fungiert. Entgegen der Bezeichnung in der Abb. 4.7 gilt die Einschaltung der VNC-Option nicht nur für RealVNC, was für den Raspberry Pi bereits vorinstalliert ist, sondern die Aktivierung ist auch für andere VNC-Lösungen (siehe Abschn. 4.2.11) notwendig.

Für SPI und I²C sind die notwendigen Treiber generell zwar vorhanden; sie sind jedoch zunächst durch eine Blacklist gesperrt, was durch raspi-config in der vierten und fünften *Interfacing Option* entsperrt werden kann.

Die serielle Schnittstelle (Serial) unterstützt lediglich eine TXD- und eine RXD-Leitung auf TTL-Pegel, es ist also keine RS232-Implementierung, sodass hiermit keine Gerätekopplung möglich ist. Ohne zusätzliche Peripherie eignet sich diese serielle Schnittstelle lediglich für die Chip-zu-Chip-Kommunikation. Die Serial-Option der erlaubt die Aktivierung der Shell/Message-Funktion, damit sich hierüber Linux-Nachrichten austauschen lassen, sodass damit auch eine Remote-Anmeldung (z. B. per SSH-Terminal) möglich ist.

1-Wire (Abschn. 6.7) ist ebenfalls eine serielle Schnittstelle. Sie kommt prinzipiell mit einer einzigen Leitung aus. Für den Anschluss von entsprechenden 1-Wire-Sensoren (z. B. DS1820B) wird daneben nur noch eine Masseleitung benötigt, denn auch die Spannungsversorgung lässt sich mit über die Signalleitung transportieren. Als 1-Wire-Leitung fungiert der GPIO-Port 4 am Anschluss 7 und durch die Aktivierung in raspi-config, wird das hierfür passende Software-Modul aktiviert.

Die letzte Option *Remote GPIO* bedeutet, dass hiermit der (bereits installierte) Daemon (Dienst) *pigpio* aktiviert wird, was den Zugriff auf die GPIO-Leitungen von einem anderen Computer per Ethernet oder Serial aus erlaubt (Remote Access). Dies muss nicht zwangsläufig ein zweiter Raspberry Pi sein, sondern einer auf dem die *pigpio* Python-Bibliothek verfügbar und ein dementsprechendes Python-Programm lauffähig ist.

4.1.6 Übertakten – Overclock

Das Übertakten eines Prozessors (Overclocking) ist insbesondere aus dem PC-Bereich eine bekannte, wenn auch nicht ungefährliche Methode, um eine schnellere Funktionsausführung zu ermöglichen. Deshalb mag es etwas verwunderlich sein, dass sich eine derartige Tuning-Maßnahme bei den grundlegenden Einstellungen befindet. Bei den aktuellen Modellen liefert die Selektierung der Overclocking-Option lediglich die Meldung: *This Pi cannot be overclocked*, weil diese sich bereits am vertretbaren Limit des Taktes befinden.

Bei den älteren Modellen beträgt der Standardtakt 700 MHz, der sich dann per Menüeinstellung in vier Stufen bis auf 1 GHz erhöhen lässt. Ausgehend von diesem Takt werden einzelne Komponenten (Core, SDRAM) des Broadcom BCM2835 oder BCM2836 ebenfalls mit einem unterschiedlich erhöhten Takt betrieben. Die einzelnen Frequenzen werden Chip-intern durch Taktvervielfachung aus dem externen Takt (Abschn. 3.10) von 19,2 MHz gewonnen. Benchmarks haben gezeigt, dass insbesondere die SDRAM-Speicherzugriffe von einem erhöhten Takt profitieren und dass Integer- und Floating-Point-Berechnungen bei 1 GHz fast doppelt so schnell wie bei 700 MHz ausgeführt werden.

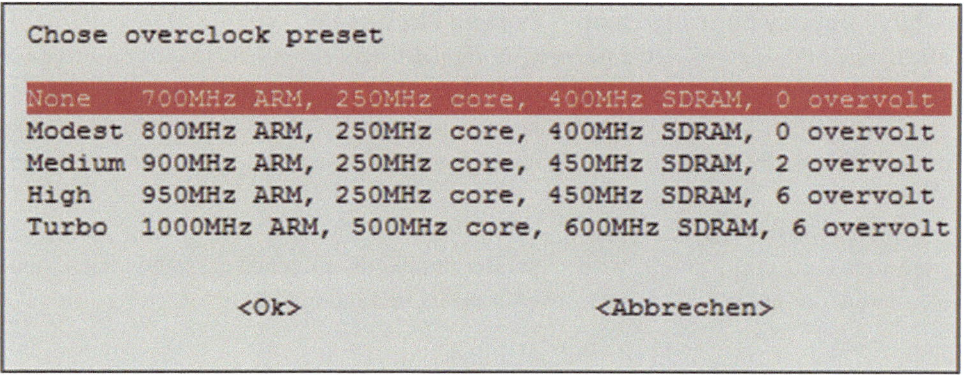

Abb. 4.8 Das Höhertakten funktioniert nur bei älteren Raspberry Pi-Modellen

Generell bedeutet ein höherer Takt einen höheren Stromverbrauch, was mit einer stärkeren Erwärmung des Chips einhergeht, der jedoch erst ab ca. 85 °C Schaden nehmen kann. Außerdem muss die interne Versorgungsspannung bei einer Takterhöhung ebenfalls angehoben werden, die vom CPU-Treiber in Abhängigkeit von der Taktfrequenz dynamisch angepasst wird.

Mit den vom Konfigurationsprogramm vorgeschlagenen Übertaktungsoptionen (Abb. 4.8) geht man demnach kein besonderes Risiko ein, und wenn sich die Taktfrequenz dennoch als zu hoch erweisen sollte, was sich durch ein instabiles Verhalten des Raspberry Pi bemerkbar macht, ist beim erneuten Boot die Shift-Taste gedrückt zu halten, wodurch die Normaleinstellung wieder aktiviert wird.

4.1.7 Erweiterte Optionen – Advanced Options

Unter den erweiterten Optionen (Abb. 4.9) findet sich ein Sammelsurium von Einstellungsmöglichkeiten, die sich an anderer Stelle scheinbar nicht (logisch) unterbringen ließen. Generell gilt für die unterschiedlichen Raspbian-Versionen, dass sich die Möglichkeiten unter den *Advanced Options* immer wieder ändern.

```
Raspberry Pi Software Configuration Tool (raspi-config)

A1 Expand Filesystem Ensures that all of the SD card storage is available to the OS
A2 Overscan          You may need to configure overscan if black bars are present on display
A3 Memory Split      Change the amount of memory made available to the GPU
A4 Audio             Force audio out through HDMI or 3.5mm jack
A5 Resolution        Set a specific screen resolution
A6 Pixel Doubling    Enable/Disable 2x2 pixel mapping
A7 GL Driver         Enable/Disable experimental desktop GL driver

                     <Select>                                  <Back>
```

Abb. 4.9 Die Möglichkeiten unter den Advanced Options sind häufig Änderungen unterworfen

4.1.7.1 Dateisystem anpassen – Expand Filesystem

Mit *Expand Filesystem* wird sichergestellt, dass der maximale Speicherplatz der verwendeten SD-Karte ausgenutzt werden kann, indem das Programm fdisk ausgeführt wird. Je nach Distribution kann das Root-Dateisystem auf maximal 2 GByte beschränkt sein, sodass die durch eine SD-Karte zur Verfügung gestellte höhere Kapazität nicht ausgenutzt werden kann.

Durch Selektierung der Option *Expand Filesystem*, die auch unter *expand_rootfs* (Expand root Partition) firmiert, wird diese Beschränkung aufgehoben, sodass nach einem Neustart der gesamte Speicherplatz der Karte zur Verfügung steht.

```
pi@raspberrypi:~ $ df -h
Dateisystem     Größe Benutzt Verf. Verw% Eingehängt auf
/dev/root        7,3G    4,4G  2,6G   64% /
devtmpfs         460M       0  460M    0% /dev
tmpfs            464M       0  464M    0% /dev/shm
tmpfs            464M     13M  452M    3% /run
tmpfs            5,0M    4,0K  5,0M    1% /run/lock
tmpfs            464M       0  464M    0% /sys/fs/cgroup
/dev/mmcblk0p1    44M     23M   22M   51% /boot
tmpfs             93M       0   93M    0% /run/user/1000
pi@raspberrypi:~ $
```

Abb. 4.10 Diese SD-Karte mit 8 GByte wird vom Dateisystem voll ausgenutzt

Beim ersten Boot mit einer neu angefertigten Raspbian-SD-Karte erscheint bei der aktuellen Raspbian-Version die Meldung *Resize root file system rebooting in 5 seconds*, was bedeutet, dass das Dateisystem bereits beim Start automatisch für die eingesetzte SD-Karte maximiert wird, was in den meistem Fällen problemlos funktioniert, sodass ein erneuter Aufruf in raspi-config ohne Auswirkungen bleibt. Wie es um die Speicherplatzverteilung auf der SD-Karte bestellt ist, lässt sich mit dem Befehl `df -h` in Erfahrung bringen, was in der Abb. 4.10 ersichtlich ist.

4.1.7.2 Monitorabstimmung – Overscan, Resolution, Pixel Doubling, GL Driver

Overscan stellt eine Abstimmungsfunktion für den Monitor dar, damit die Raspberry Pi-Darstellung auf dem jeweiligen Monitor möglichst optimal erfolgt und das Bild einerseits nicht abgeschnitten und andererseits nicht zu klein wird. Üblicherweise ist diese Option nur für die Videowiedergabe bzw. bei der Ausgabe über Composite-Video (nicht bei HDMI) von Bedeutung. Bei Overscan passt nicht das gesamte Bild auf den Monitor (es ist zu groß), während bei Underscan nicht die volle Bildschirmgröße ausgenutzt wird (es ist zu klein), sodass ein schwarzer Rahmen um das Bild entsteht.

Die automatisierte Overscan-Funktion ist direkt im Konfigurationsprogramm (Would you like to enable compensation for displays with overscan?) verfügbar, während weitere Funktionen für die Video-Anpassung in der Datei `/boot/config.txt` zugänglich sind. Bei älteren raspbian-Versionen lassen sich auch einzelne Werte eingeben, um den Bildbereich manuell anzupassen. Wenn die automatisierte Funktion nicht optimal funktionieren sollte, ist der verwendete (ältere) Monitor im Grunde genommen nicht geeignet.

Die Optionen *Resolution*, *Pixel Doubling* sowie *GL Driver* (Abb. 4.9 A5, A6, A7) haben einen eher experimentellen Charakter und sollten daher nicht aktiviert werden. Falls für bestimmte LCDisplays Anpassungen betreffs Auflösung oder Pixel-Darstellung notwendig sein sollten, ist dies ebenfalls in der erwähnten Datei `/boot/config.txt` oder in der zum Display gehörenden (Konfigurations)Software sinnvoller. Vom Einsatz nicht finalisierter Treibersoftware sollte man generell Abstand nehmen und einen *Experimental Desktop GL Diver* (A7) deshalb auch nicht verwenden.

4.1.7.3 Speicheraufteilung – Memory Split

Die Raspberry Pi-Versionen 2B, 3B und 3B+ verfügen über einen SDRAM-Speicher von 1024 MByte, während die älteren Versionen maximal 512 MByte und der Raspberry Pi 4 bis zu 4 GByte bietet. Dieser Speicher wird automatisch zwischen dem Prozessor (CPU) und der Grafikeinheit (GPU) aufgeteilt. Standardmäßig werden nur 64 MByte für die GPU reserviert. Falls der Raspberry Pi für grafikintensive Anwendungen (CAD, Video, Blu-Ray-Wiedergabe) eingesetzt wird, empfiehlt es sich, dem Video Core mehr Speicher zuzuteilen (Abb. 4.11), während der Raspberry Pi als Server nur relativ wenig Grafikspeicher benötigt und deshalb eher von zusätzlichem CPU-Speicher profitiert.

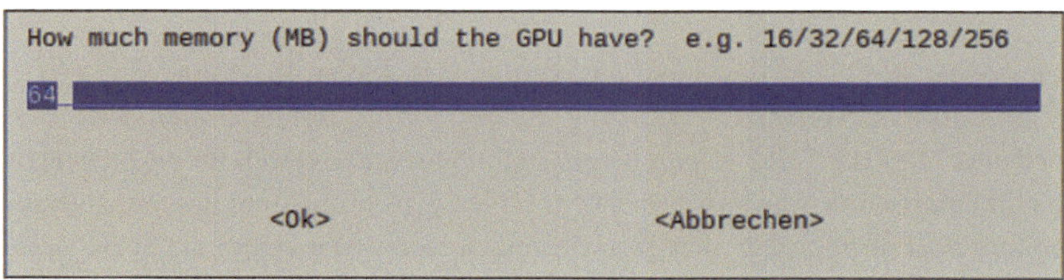

Abb. 4.11 Der Grafikeinheit kann im Bedarfsfall mehr SDRAM-Speicher zugeteilt werden

Der gewünschte Wert für den GPU-Speicher kann manuell in einer Zeile eingetragen werden, wobei auch unsinnige Angaben möglich sind, die zwar hier angezeigt, nicht jedoch aktiviert werden. In solch einem Fall werden stattdessen die Defaultwerte aktiviert.

4.1.7.4 Tonausgang bestimmen – Audio

Die Ausgabe von Audiosignalen erfolgt entweder mit einer direkten HDMI-Verbindung oder analog über die Audiobuchse (headphone, 3.5 mm). Standardmäßig wird hierfür HDMI verwendet, wie es auch im Automatikmodus erkannt und aktiviert wird (Abb. 4.12). Falls eine der beiden Ausgabequellen erzwungen werden soll, lässt sich dies über *Audio* (A4) festlegen. Wann dies notwendig ist, hängt von der jeweils verwendeten Software ab.

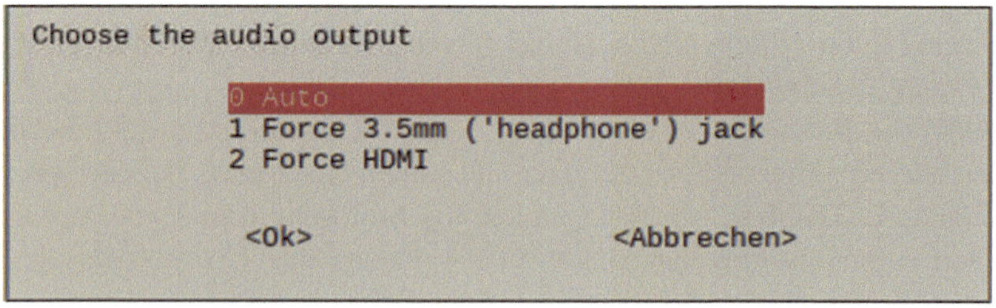

```
Choose the audio output

          0 Auto
          1 Force 3.5mm ('headphone') jack
          2 Force HDMI

     <Ok>                    <Abbrechen>
```

Abb. 4.12 Normalerweise ist Auto die passende Audio-Einstellung

4.1.8 Aktualisieren – Update

Die Update-Funktion (try to upgrade raspi-config) ist natürlich nur dann möglich, wenn eine Netzwerkverbindung zum Internet vorhanden ist. Unmittelbar und ohne eine weitere Abfrage wird dann nach Betätigung dieser Option ein Update des Konfigurationsprogramms (Abb. 4.13) ausgeführt, wobei die bisher hiermit getätigten Einstellungen weiterhin gelten. Es handelt sich hier also lediglich um ein Update von `raspi-config` und nicht das Systems oder der Firmware, was im Abschn. 5.1 erläutert ist.

```
pi@raspberrypi:~ $ raspi-config
Script must be run as root. Try 'sudo raspi-config'
pi@raspberrypi:~ $ sudo raspi-config
Holen:1 http://raspbian.raspberrypi.org/raspbian stretch InRelease [15,0 kB]
Holen:2 http://archive.raspberrypi.org/debian stretch InRelease [25,4 kB]
Holen:3 http://raspbian.raspberrypi.org/raspbian stretch/main armhf Packages [11
,7 MB]
Holen:4 http://archive.raspberrypi.org/debian stretch/main armhf Packages [212 k
B]
Holen:5 http://archive.raspberrypi.org/debian stretch/ui armhf Packages [42,0 kB
]
Holen:6 http://raspbian.raspberrypi.org/raspbian stretch/non-free armhf Packages
 [95,5 kB]
Es wurden 12,1 MB in 8 s geholt (1.462 kB/s).
Paketlisten werden gelesen... Fertig
Paketlisten werden gelesen... Fertig
Abhängigkeitsbaum wird aufgebaut.
Statusinformationen werden eingelesen.... Fertig
Die folgenden Pakete werden aktualisiert (Upgrade):
  raspi-config
1 aktualisiert, 0 neu installiert, 0 zu entfernen und 147 nicht aktualisiert.
Es müssen 20,3 kB an Archiven heruntergeladen werden.
Nach dieser Operation werden 0 B Plattenplatz zusätzlich benutzt.
Holen:1 http://archive.raspberrypi.org/debian stretch/ui armhf raspi-config all 20190219 [20,3 kB]
Es wurden 20,3 kB in 0 s geholt (166 kB/s).
Lese Changelogs... Fertig
(Lese Datenbank ... 133573 Dateien und Verzeichnisse sind derzeit installiert.)
Vorbereitung zum Entpacken von .../raspi-config_20190219_all.deb ...
Entpacken von raspi-config (20190219) über (20180518) ...
raspi-config (20190219) wird eingerichtet ...
Trigger für systemd (232-25+deb9u6) werden verarbeitet ...
Sleeping 5 seconds before reloading raspi-config
```

Abb. 4.13 Ein Update von raspi-config wird durchgeführt

4.1.9 Information – About raspi-config

Unter Info oder About raspi-config (Information about this Tool) wird lediglich ein Text ausgegeben, der kurz die Funktion des Programms beschreibt. Eine Versionsnummer oder sonstige Angaben zum Programm gibt es hier nicht.

4.2 Netzwerkverbindungen und -Einstellungen

Als eine der ersten Konfigurationsmaßnahmen empfiehlt sich die Einrichtung einer Netzwerkverbindung, um das System zu aktualisieren und benötigte Programme nachinstallieren zu können. Alle aktuellen Boards verfügen über WiFi (WLAN), weshalb dies die einfachste Verbindungsmöglichkeit ist, die sich oben im LXPanel auf dem Desktop ein- und ausschalten lässt und wo die detektierten WLANs angezeigt werden. Durch Anwahl des gewünschten WLANs und Angabe des jeweiligen Schlüssels ist die Konfigurierung oftmals bereits erledigt, wie es etwa daheim der Fall ist, wo im DSL-Router (Switch) die automatische Vergabe von IP-Adressen per DHCP eingestellt ist.

Die Raspberry Pi B-Modelle verfügen über eine Twisted Pair-Buchse für den Anschluss an ein Netzwerk gemäß des Ethernet-Standards, sodass mithilfe des bei Raspbian und den meisten anderen Linux-Versionen voreingestellten DHCP (fast) automatisch eine Netzwerkverbindung hergestellt werden kann.

Grundsätzlich sollte man sich vor dem Netzwerkeinsatz überlegen, welche der beiden möglichen Netzwerkverbindungen verwendet werden soll. Bei zwei gleichzeitig aktiven Netzwerkadaptern – WiFi und kabelgebundenes Ethernet – kommt es leicht zu unübersichtlichen Situationen, weil es nicht eindeutig ist, über welche Netzwerkverbindung welche Daten gerade fließen. Dies erschwert zudem die Konfigurierung, insbesondere wenn DHCP verwendet wird.

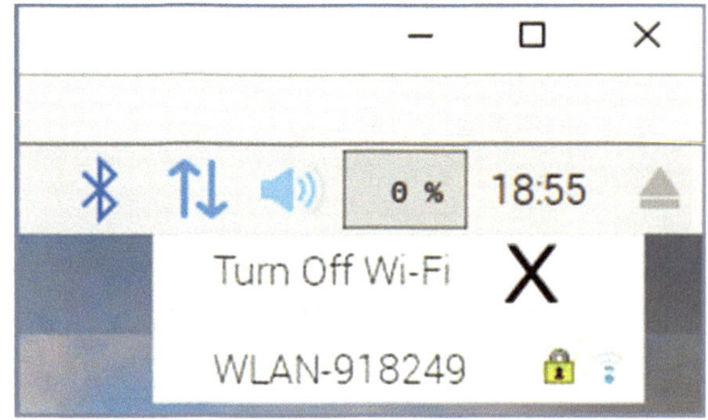

Abb. 4.14 Wenn die kabelbasierte LAN-Verbindung genutzt werden soll, empfiehlt sich die Abschaltung des WLANs um (zunächst) übersichtliche Verhältnisse herzustellen

Zunächst geht es hier um eine klassische kabelbasierte Ethernet-Verbindung, sodass WiFi zu deaktivieren ist, was am sich am einfachsten rechts oben in der Desktop-Leiste bewerkstelligen lässt, wie es in der Abb. 4.14 gezeigt ist.

4.2.1 Ethernet-Verbindung

Die in Netzwerken vorherrschende Technologie wird von einem Ethernet-Standard (z. B. IEEE 802.3z für Gigabit, IEEE 802.11g für WLAN) bestimmt, dessen Ursprung bis in die achtziger Jahre reicht und dennoch ein hohes Maß an Kompatibilität aufweist. Verschiedene Topologien, Übertragungsverfahren und Medien (Koaxialkabel, Twisted Pair-Kabel, Lichtwellenleiter) erlauben unterschiedliche Datenraten, wobei die und verbreiteten Ethernet-Implentierungen in LANs als 10BaseT (10 MBit/s), 100BaseTX (Fast Ethernet, 100 MBit/s) und 1000BaseT (1 GBit/s) bezeichnet werden. Das „T" steht dabei für das Medium **T**wisted Pair-Kabel. Innerhalb der genannten BaseT-Standards existiert Kompatibilität, die auch von den Raspberry Pi-Ethernet-Chips unterstützt wird.

Abb. 4.15 Aktuell verwendet man meist ein TP-Kabel der Kategorie 5, welches aus vier verdrillten Leitungspaaren besteht

Ein Twisted-Pair-Kabel für Netzwerkverbindungen besteht – wie es die Bezeichnung impliziert – aus verdrillten, maximal acht einzelnen Leitungen (Abb. 4.15). TP-Kabel sind in unabgeschirmter (UTP, Unshielded Twisted Pair) und abgeschirmter (STP, Shielded Twisted Pair) Ausführung erhältlich, wobei das letztere unempfindlicher gegen äußere Störungen ist. Das STP-Kabel gibt es auch noch mit einer gemeinsamen Abschirmung (S-UTP), die als Mantel (Geflecht, Metallfolie) um alle Leitungen geführt ist, und in einer anderen Auslegung, bei der jedes Aderpaar (einzeln) abgeschirmt ist. Das gebräuchlichste TP-Kabel ist das S-UTP-Kabel der Kategorie 5 (Cat5e-Kabel), welches sich für alle vier Base-Standards eignet. Die Verbindungen werden generell 1:1 von Gerät (PC) zu Gerät (Hub, Switch) verlegt, was bedeutet, dass sich eine sternförmige Verkabelung der LAN-Komponenten ergibt, wie es in der Abb. 4.16 angedeutet ist.

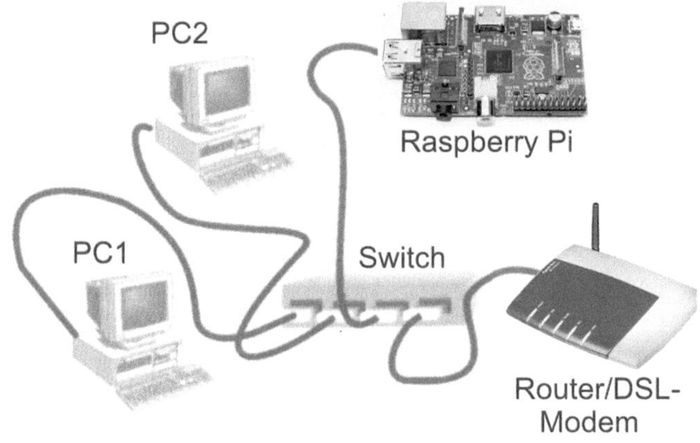

Abb. 4.16 Eine typische Ethernet-Topologie

4.2.2 Dynamic Host Configuration Protocol – DHCP

Standardmäßig wird dem Ethernet-Adapter des Raspberry Pi von einem im Netzwerk befindlichen Router oder Server automatisch eine IP-Adresse per DHCP zugeteilt. Im Privatbereich entspricht der Router typischerweise dem xDSL-Modem, welches außerdem einen Switch und eine Routerfunktion besitzt, während im professionellen Bereich DHCP (wenn überhaupt) von einem Server ausgeführt wird.

Im einfachsten Fall ist im Privatbereich deshalb nur sicherzustellen, dass die DHCP-Funktion tatsächlich im Router aktiviert ist. Der Raspberry Pi wird über ein Twisted Pair-Kabel mit dem (Switch im) Router verbunden. Daraufhin werden möglicherweise gleich die Leuchtdioden für die Netzwerkstatusanzeige (LNK, FDX, 100) auf dem Raspberry Pi Board aktiv.

In vielen Umgebungen ist eine automatisierte IP-Adressenvergabe per DHCP nicht erwünscht oder auch gar nicht möglich. Stattdessen werden den Geräten dann feste IP-Adressen zugeteilt, wodurch sie zweifelsfrei im Netzwerk zu identifizieren sind. Beim Raspberry Pi ist hierfür eine manuelle Änderung in den Netzwerkeinstellungen notwendig (siehe Abschn. 4.2.5).

4.2.3 Übersicht und Analyse

Bei vielen Linux-Distributionen (SuSE, Redhat) können die Netzwerkeinstellungen bequem über eine grafische Oberfläche (YAST, linuxconf) vorgenommen werden, was es in einer vergleichbaren Form für Debian und die darauf basierten Systeme wie Ubuntu oder eben Raspbian nicht gibt.

Stattdessen sind die Netzwerkeinstellungen über die Werkzeuge der jeweiligen grafischen Oberfläche (KDE, Gnome, LXDE) durchführbar, wobei LXDE hierfür allerdings keine Einstellungsmöglichkeiten vorsieht. Deshalb sind die Netzwerkeinstellungen mit einem Editor manuell durchzuführen, was recht einfach zu handhaben ist, sodass hierfür keine separaten Programme oder Tools notwendig sind.

Mithilfe des Befehls `ifconfig` lassen sich die Betriebsdaten der aktiven Netzwerk-Interfaces anzeigen. Mit ihm lassen sich nicht nur Daten anzeigen, sondern die Schnittstelle ein- und ausschalten sowie die Konfiguration anhand verschiedener Parameter durchführen. Eine Dokumentation ist dazu wie üblich mit *man ifconfig* verfügbar, sodass auf die weiteren Funktionen hier nicht weiter eingegangen werden muss.

Falls WiFi, wie oben empfohlen, (zunächst) abgeschaltet worden ist, tauchen die Daten des WLAN-Adapters auch nicht bei der Anzeige mit `ifconfig` auf. Ob die IP-Adressen per DHCP oder manuell vergeben worden sind, ist in der ifconfig-Anzeige nicht erkennbar. Laut Abb. 4.17 ist die für das Ethernet-Interface (eth0) des LAN/USB-Controllers (siehe Abschn. 3.5) vergebene Adresse 192.168.1.30, sodass der Raspberry Pi für das (lokale) Netzwerk damit bereits kommunikationsfähig ist.

```
pi@raspberrypi:~ $ ifconfig
eth0: flags=4163<UP,BROADCAST,RUNNING,MULTICAST>  mtu 1500
        inet 192.168.1.30  netmask 255.255.255.0  broadcast 192.168.1.255
        inet6 fe80::e366:9aef:8a08:a01e  prefixlen 64  scopeid 0x20<link>
        ether b8:27:eb:91:bf:ca  txqueuelen 1000  (Ethernet)
        RX packets 499  bytes 32157 (31.4 KiB)
        RX errors 0  dropped 0  overruns 0  frame 0
        TX packets 437  bytes 146531 (143.0 KiB)
        TX errors 0  dropped 0 overruns 0  carrier 0  collisions 0

lo: flags=73<UP,LOOPBACK,RUNNING>  mtu 65536
        inet 127.0.0.1  netmask 255.0.0.0
        inet6 ::1  prefixlen 128  scopeid 0x10<host>
        loop  txqueuelen 1000  (Lokale Schleife)
        RX packets 0  bytes 0 (0.0 B)
        RX errors 0  dropped 0  overruns 0  frame 0
        TX packets 0  bytes 0 (0.0 B)
        TX errors 0  dropped 0 overruns 0  carrier 0  collisions 0
```

Abb. 4.17 Anzeige der Daten der aktiven Netzwerkadapter

Der Adapter *lo* entspricht dem bei Linux grundsätzlich vorhandenen, so genannten *Loopback Interface* mit der IP-Adresse 127.0.0.1, welches beispielsweise die lokale Kommunikation zwischen einer Server- und einer Client-Anwendung gestattet, wie es etwa bei der CUPS-Druckerkonfigurierung über die Webseite praktiziert wird. Grundsätzlich dient das Loopback-Interface für die Netzwerkkommunikation lokaler Dienste.

Der Treiber für den Netzwerkadapter, der auf der Platine mit dem Chip LAN9512/9514 oder LAN7515 realisiert ist, wird mit Raspbian und auch mit allen anderen bekannten Distributionen automatisch installiert, sodass hierfür keine Konfigurationsarbeiten anfallen.

Wichtig sind für die manuelle Netzwerkkonfigurierung die folgenden Dateien:

- **/etc/dhcpcd** Netzwerkeinstellungen (IP, Netmask, Gateway)
- **/etc/resolv.conf** Definition des Nameservers (DNS)
- **/etc/hostname** Name des Raspberry Pi im Netz (Hostname)
- **/etc/network/interfaces** Netzwerkeinstellungen (alte Methode)

Ab der Raspbian-Version vom 05.05.15 (Raspbian 3.18) gibt es eine veränderte Methode der Netzwerkkonfigurierung, bei der nicht mehr der Inhalt der interfaces-Datei verändert werden sollte, weil die Steuerung auf einen Netzwerkmanager übergeben wird.

Wenn die Abfrage mit *sudo service dhcpcd status* einen *unrecognized service* liefert, funktioniert die alte Methode, falls *dhcpcd running* erscheint, läuft der Manager (dhcp Daemon), der für die Netzwerkkonfigurierung zuständig ist und dann ist die neuere Methode mit einer Anpassung in der Datei `etc/dhcpcd.conf` wie es im Abschn. 4.2.5 gezeigt ist.

4.2.4 Netzwerkadressen

Mit einer Hardware-Adresse ist bei *eth0* die MAC-Adresse (Media Access Control) gemeint, die jeweils weltweit für jeden Netzwerkadapter einmalig ist, und auf der die jeweils zugeteilte IP-Adresse (Internet Protocol) abgebildet wird. Eine offizielle IP-Adresse ist ebenfalls weltweit einmalig.

Diese Adressen sind ursprünglich in den USA festgelegt und zur Vergabe an länderspezifische Institutionen übertragen worden. In den Besitz von weltweit gültigen IP-Adressen gelangt man, wenn diese bei einem Provider beantragt werden. In Deutschland ist für die Registrierung unterhalb der *Top Level Domains* mit der Endung „.de" die DENIC in Frankfurt zuständig. Zahlreiche Provider bieten einen entsprechenden Service für die Domain-Registrierung an, die als reservierte Adresse bei der DENIC oder für internationale Domains (.com, .org, .edu) bei der ICANN eingetragen und verwaltet wird, was kostenpflichtig ist. Für die Benutzung in einem internen Netz (zu Hause, Firma) wird man stattdessen auf die internen oder auch privaten IP-Adressen zurückgreifen, die nichts kosten und nicht im Internet zur Anwendung kommen. Für die Umsetzung der privaten IP-Adressen (Tab. 4.1) im LAN auf eine offizielle IP-Adresse im Internet ist der Router zuständig, dem der jeweilige Provider eine (dynamische) IP-Adresse zuteilt.

Eine IPv4-Adresse besteht aus einem 32-Bit langen Feld, wobei jede Zahl kleiner als 256 ist und jeweils durch Punkte getrennt wird (**D**otted **D**ecimal **N**otation, DDN). Die IP-Adresse setzt sich aus zwei Teilen zusammen: der Netzwerk- und der Hostadresse, die mitunter auch als *Rechneradresse* bezeichnet wird. Eine IP-Adressse wird dabei stets in Dezimalzahlen zu vier Böcken, durch einen Punkt voneinander getrennt, angegeben. Ein Block wird auch als *Oktett* bezeichnet. Eine IPv4-IP-Adresse stammt aus einem Adressraum von 32 Bit, was somit zu 4,3 Milliarden (2^{32}) verschiedenen Adressen führt, was einerseits eine ganz beachtliche Anzahl ist, andererseits aber nicht mehr ausreicht, um jedem Menschen auf der Erde mindestens eine IP-Adresse zuteilen zu können, zumal alle möglichen Geräte per Internet erreichbar sein sollen.

Der bereits seit 1994 vorgesehene Nachfolger IPv6 verwendet einen Adressraum von 128 Bit, was somit zu einer geradezu unvorstellbaren Anzahl (340,28 Sextillionen) von möglichen IP-Adressen führt. IPv6 oder IPnG (IP Next Generation), wie dieser Standard auch bezeichnet wird, muss zu IPv4 kompatibel sein, was dadurch erreicht wird, dass die bisherigen IPv4-Adressen mit in den unteren Bereich von IPv6 aufgenommen werden. Für lokale Netze (mit einem Raspberry Pi) reicht eine IPv4-Adresse aus und um die Sache nicht unnötig zu verkomplizieren, wird IPv6 hier auch nicht weiter betrachtet, obwohl Raspbian mittlerweile auch IPv6 unterstützt.

Die IPv4-Netzwerkadresse bildet den vorderen (linken) Teil, während der hintere Teil (rechts) von der Hostadresse gebildet wird. Anhand der Netzwerkadresse wird das gesamte Netz bzw. ein Teilnetz (Subnet) angesprochen, nicht aber ein einzelner Host. Der zweite Teil ist die Hostadresse, die innerhalb der jeweiligen Institution (lokal) etwa für einen PC vergeben wird.

Durch diese Aufteilung ist es möglich, beispielsweise einer Firma eine Netzwerkadresse zuweisen zu können, die dann – je nach Klasse – eine bestimmte Anzahl von Host-Adressen zur Verfügung hat. Ein Beispiel:

Netz- Host-Adresse
134.28. 12.10

Der Computer mit dieser IP-Adresse (134.28.12.10) befindet sich demnach im gleichen Netzwerk wie einer mit der Adresse 134.28.12.56. Ein PC mit der Adresse 134.29.60.10 befindet sich hingegen in einem anderen Netz, was einen Routing-Vorgang – eine Wegfindung – zur Folge hat, der per Router bzw. Gateway erfolgt. Wie es der Tab. 4.1 zu entnehmen ist, erhält man in Abhängigkeit von einer Subnet-Mask den jeweiligen Klassen entsprechend eine unterschiedliche Anzahl von Netz- und Hostadressen.

Für ein LAN in einer Firma oder auch daheim macht es sicher keinen Sinn – und fördert auch nicht gerade die Übersichtlichkeit –, wenn mehr als eine einzige Netzadresse verwendet wird. Demnach sollte man sich eine aussuchen und dann eine Unterteilung (z. B. 192.168.0.x) auf einzelne Hosts mit der Subnet-Mask vornehmen, etwa durch 255.255.255.0, was zu einem Netz mit 254 möglichen Hosts führt.

Tab. 4.1 Die privaten Internetadressen

Adressbereiche	Klasse	Subnet Mask
10.0.0.0 bis 10.255.255.255	A	255.0.0.0
	B	255.255.0.0
	C	255.255.255.0
172.16.0.0 bis 172.31.255.255	B	255.255.0.0
	C	255.255.255.0
192.168.0.0 bis 192.168.255.255	C	255.255.255.0

Bei Adressen der Klasse A wird das erste Oktett (die ersten 8 Bit) für die Netzwerk-ID verwendet, bei Adressen der Klasse B das erste und das zweite Oktett (16 Bit) und bei Adressen der Klasse C die ersten drei (24 Bit), woran sich dementsprechend die Host-IDs anschließen, wie es auch in der Tab. 4.2 gezeigt ist.

Tab. 4.2 Die Internet-Adressklassen und die sich daraus ergebende maximale Anzahl von Netz- und Hostadressen

Klasse	Bereich	Netzadressen	Hostadressen in einem Netz
A	0-127	126	16.777.214
B	128-191	16.384	65.534
C	192-223	2.097.152	254
D	224-249	–	–
E	240-255	–	–

Die Adressen der Klasse A lassen einen großen Freiraum für die Adressenvergabe innerhalb eines Unternehmens oder Verbundes zu, da hiermit relativ große Netze aufgebaut werden können (Tab. 4.2). Üblich sind heute Adressen der Klasse B und C, wobei einige für spezielle Aufgaben (Broadcast, Loopback) reserviert sind.

Es existieren einige spezielle IP-Adressen, die für bestimmte Funktionen reserviert sind und nicht für Hosts vergeben werden dürfen:

- **0.0.0.0**: Bezeichnet den eigenen Host im betreffenden Netzwerk. Eine Adresse von 134.28.0.0 bezieht sich auf den Host selbst im Netzwerk 134.28.
- **127.0.0.1**: Loopback-Adresse
  Diese IP-Adresse entspricht grundsätzlich der eigenen Host-Adresse. Hiermit lässt sich die TCP/IP-Funktion eines Netzwerkadapters z. B. mit Ping testen. Durch die der Eingabe von *ping 127.0.0.1* wird ein Testpaket initiiert, welches die Netzwerk-schichten in beiden Richtungen durchläuft.
- **224.0.0.1**: Entspricht einer Multicast-Funktion für alle Hosts innerhalb eines Subnetzes.
- **224.0.0.2**: Entspricht einer Multicast-Funktion für alle Router innerhalb eines Subnetzes.
- **224.0.0.5**: Sendet Daten an alle OSPF-Router (Open Shortest Path First Protocol).
- **224.0.0.6**: Sendet Routing-Informationen an alle OSPF-Router.
- **224.0.0.9**: Wird von RIP für das Senden von Routing-Informationen verwendet.
- **224.0.1.24:** Wird für die Suche nach WINS-Servern verwendet.
- **255.255.255.255**: Entspricht einem Broadcast an alle Hosts im Netzwerk. In einem LAN mit der Adresse 134.28 können alle Hosts mit 134.28.255.255 angesprochen werden.

4.2.5 Konfigurationsdatei anpassen

Die wichtigste Datei für die Netzwerkkonfiguration ist `dhcpcd.conf` unter `etc/` und nicht mehr `interfaces` unter `etc/network` (vgl. Abschn. 4.2.3), wie es vor Jahren bis zur Version Raspbian 3.18 der Fall war. Für die Anpassung ist im (LXTerminal) die folgende Zeile einzugeben, die den Editor Nano hierfür aufruft:

```
pi@raspberrypi: ~ $ sudo nano/etc/dhcpcd.conf
```

Falls die Datei nicht gefunden und stattdessen angeboten wird eine neue anzulegen, hat man sich wahrscheinlich vertippt oder man muss zunächst in das Hauptverzeichnis wechseln. Es ist eine statische IP-Adresse für den Raspberry Pi, die Netzmaske sowie IP-Adressen für den Router (xDSL-Modem) und einen DNS-Server festzulegen. Hierfür ist zum interface eth0-Abschnitt in dhcpcd.conf zu navigieren, die Kommentarzeichen # vor den jeweiligen Zeilen zu entfernen und die gewünschten Adressen einzutragen, was mit privaten IP-Adressen beispielsweise wie in der Abb. 4.18 aussehen kann. Weil IPv6 nicht verwendet wird, ist die entsprechende Zeile nicht auskommentiert.

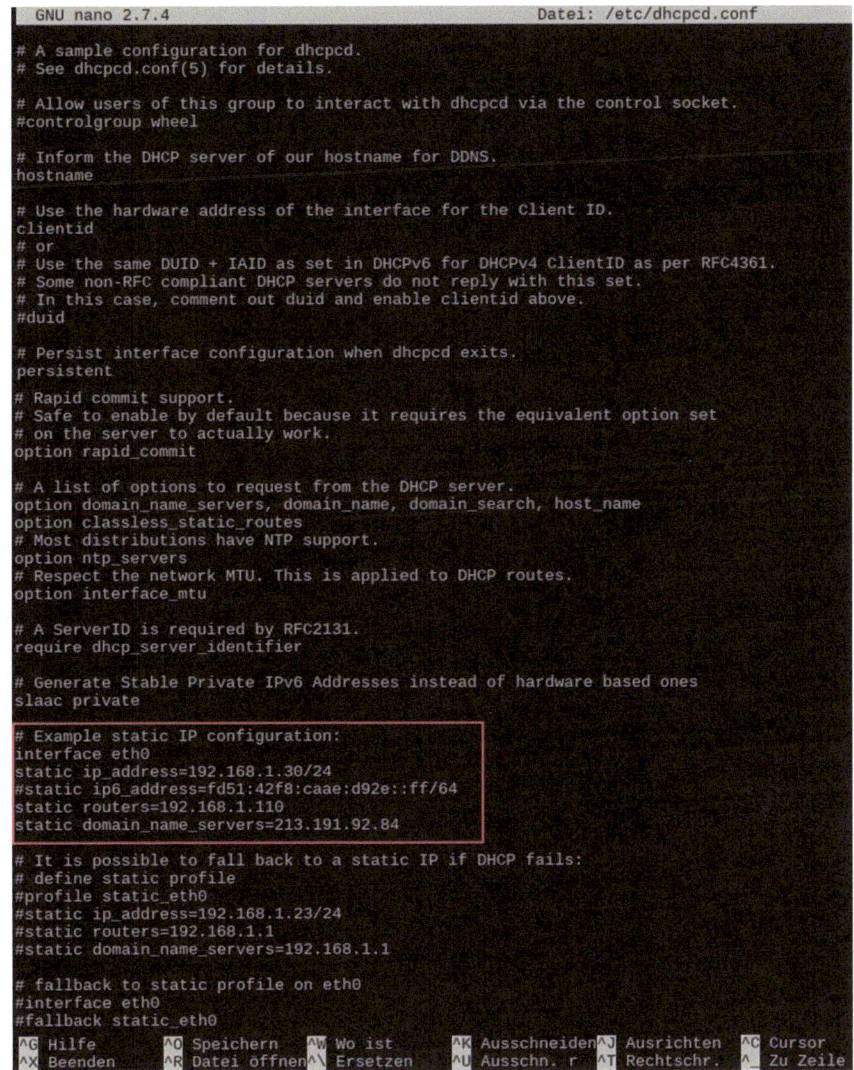

Abb. 4.18 Festlegung manueller IP-Adressen für den Ethernet-Adapter

Die im Editor nano angegebenen Tastenkürzel sind als Strg plus dem jeweiligen Zeichen anzugeben (^O = Speichern, ^ X = Beenden).

Nach dem Abspeichern der dhcpcd-Datei treten die Änderungen automatisch nach dem nächsten Boot in Kraft, oder es wird ein Restart des Netzwerkservices ausgeführt oder auch ein Abschalten (ifdown) und Wiederanschalten (ifup) des Interface:

```
pi@raspberrypi: ~ $ sudo service networking restart
pi@raspberrypi: ~ $ sudo ifconfig eth0 down
pi@raspberrypi: ~ $ sudo ifconfig eth0 up
```

Der Router im privaten Netz ist üblicherweise das xDSL-Modem, deren IP-Adresse demnach unter *static routers* anzugeben ist. Zum Test des Weges – der Route – und optional für die Konfigurierung der IP-Routing-Tabelle kann der Befehl `route` angewendet werden, der den verwendeten Router und weitere Optionen ausweist, wobei mit `man route` hierzu wieder eine Anleitung angezeigt werden kann.

4.2.6 Netzmaske und CIDR-Notation

Für die Netzmaske (vgl. Subnet Mask, Tab. 4.1) ist nicht, wie etwa bei Windows eine extra Zeile vorgesehen, sondern sie wird direkt hinter der IP-Adresse in der CIDR-Notation angegeben. Die CIDR-Notation (**C**lassless **I**nter **D**omain **R**outing) ist nicht auf bestimmte Klassen oder Netzwerknummern beschränkt, sondern kann allgemein für IP-Adressen und die dazugehörigen Masken eingesetzt werden. Voraussetzung für die Anwendung der CIDR-Notation ist lediglich, dass die Größe eines Adressblocks als Zweierpotenz darstellbar ist. Dabei wird die Maske in Form einer Längenangabe ausgewiesen – abgetrennt durch einen Slash „/" –, die die Anzahl der Bits angibt, welche den binären Wert 1 aufweisen. Mitunter wird der CIDR-Wert auch als *Bitcount* bezeichnet. In der Tab. 4.3 sind die CIDR-Werte mit den dazugehörigen Dezimalwerten angegeben.

Tab. 4.3 Die Darstellung der Masken in der CIDR-Notation

CIDR	Dezimal	CIDR	Dezimal
/1	128.0.0.0	/17	255.255.128.0
/2	192.0.0.0	/18	255.255.192.0
/3	224.0.0.0	/19	255.255.224.0
/4	240.0.0.0	/20	255.255.240.0
/5	248.0.0.0	/21	255.255.248.0
/6	252.0.0.0	/22	255.255.252.0
/7	254.0.0.0	/23	255.255.254.0
/8	255.0.0.0	/24	255.255.255.0
/9	255.128.0.0	/25	255.255.255.128
/10	255.192.0.0	/26	255.255.255.192
/11	255.224.0.0	/27	255.255.255.224
/12	255.240.0.0	/28	255.255.255.240
/13	255.248.0.0	/29	255.255.255.248
/14	255.252.0.0	/30	255.255.255.252
/15	255.254.0.0	/31	255.255.255.254
/16	255.255.0.0	/32	255.255.255.255

4.2.7 Adressenumsetzung – Domain Name Service

Die Router-Adresse wird häufig auch als Adresse für den *Domain Name Service* (DNS) verwendet und ist in der Datei `/etc/resolv.conf` zu finden. DNS wird für die Umsetzung von IP-Adressen in Internet-Adressen benötigt, und der Router findet meist automatisch einen entsprechenden DNS-Server im Internet bzw. im Router ist explizit eine DNS-Adresse angegeben, die dem Benutzer vom jeweiligen Anbieter des Internetzugangs her bekannt ist. Falls diese Adressenumsetzung nicht funktionieren sollte, kann eine Internetseite zwar direkt über eine IP-Adresse (173.194.113.142), nicht jedoch über den Namen (google.com) aufgerufen werden. Für Verbindungstests eignet sind generell der ping-Befehl. Im Gegensatz zum ping-Pendant bei Windows wird der ping-Befehl bei Linux ohne optionale Angaben fortlaufend ausgeführt, bis er mit der Tastenkombination Strg+C abgebrochen wird.

In der Abb. 4.19 ist zu erkennen, dass mit dem ersten ping-Kommando das Vorhandensein eines anderen Computers im LAN (192.168.0.2) überprüft wird und mit dem zweiten der Zugriff auf google. Demnach funktioniert hier auch die Adressenumsetzung mit dem DNS-Server, der die Bezeichnung ham02s11-in-f6.1e100.net trägt und in Hamburg von O_2 betrieben wird. Falls die Adressenumsetzung mit DNS nicht funktionieren sollte, ist die zum DNS-Server dazugehörige IP-Adresse in `/etc/resolv.conf` einzutragen.

```
pi@raspberrypi ~ $ ping 192.168.0.2
PING 192.168.0.2 (192.168.0.2) 56(84) bytes of data.
64 bytes from 192.168.0.2: icmp_req=1 ttl=128 time=0.542 ms
64 bytes from 192.168.0.2: icmp_req=2 ttl=128 time=0.577 ms
64 bytes from 192.168.0.2: icmp_req=3 ttl=128 time=0.506 ms
^C
--- 192.168.0.2 ping statistics ---
3 packets transmitted, 3 received, 0% packet loss, time 2003ms
rtt min/avg/max/mdev = 0.506/0.541/0.577/0.039 ms
pi@raspberrypi ~ $ ping google.com
PING google.com (173.194.113.134) 56(84) bytes of data.
64 bytes from ham02s11-in-f6.1e100.net (173.194.113.134): icmp_req=1 ttl=58 time=33.1 ms
64 bytes from ham02s11-in-f6.1e100.net (173.194.113.134): icmp_req=2 ttl=58 time=32.8 ms
64 bytes from ham02s11-in-f6.1e100.net (173.194.113.134): icmp_req=3 ttl=58 time=33.6 ms
64 bytes from ham02s11-in-f6.1e100.net (173.194.113.134): icmp_req=4 ttl=58 time=32.7 ms
^C
--- google.com ping statistics ---
4 packets transmitted, 4 received, 0% packet loss, time 3005ms
rtt min/avg/max/mdev = 32.769/33.105/33.648/0.361 ms
pi@raspberrypi ~ $
```

Abb. 4.19 Verbindungstests mit dem ping-Befehl

Wie erwähnt wird dem Teilnehmer – dem Router – bei der Einwahl vom jeweiligen Provider eine (dynamische) IP-Adresse zuteilt, wenn keine statische erworben worden ist. Bei längerer Verbindungsdauer schaltet der Provider die Teilnehmerleitung mitunter kurzzeitig ab, damit ein erneuter Verbindungsaufbau durchgeführt wird. Bei jeder Einwahl erhält der Teilnehmer eine andere weltweit gültige IP-Adresse, was für im Internet zu erreichende Applikationen (eigener Webserver) ein Problem darstellt, weil der Name eben über eine IP-Adresse abgebildet wird. Damit ein bestimmtes Gerät trotz wechselnder IP-Adresse im Internet stets über einen eigenen Hostnamen erreicht werden kann, gibt es den DynDNS-Dienst, der von verschiedenen Firmen – auch kostenlos – angeboten wird.

4.2.8 Verbindungsverfahren

Um einen Kontakt zwischen dem Raspberry Pi und einem Computer mit Windows, Linux, MacOS oder auch Android oder iOS aufzunehmen, gibt es – je nach Einsatzzweck – zahlreiche verschiedene Möglichkeiten. In der folgenden Tab. 4.4. sind gebräuchliche Verfahren hierfür angegeben, die mithilfe eines LAN oder WLAN funktionieren.

Tab. 4.4 Kommunikationsmöglichkeiten zwischen Raspberry Pi und anderen Computern

Anwendung/Einsatz	Raspberry Pi	Computer
Windows-Freigaben	Server Message Block (SMB) mit Samba	Windows-Dateimanager als Client
Windows-Desktop	Client mit Remote Desktop Protocol (RDP)	Remote Desktop Service über Remoteverbindung
Webserver	Hyper Text Markup Language (http) mit Apache als Server	Internet Browser als Client
Dateizugriff mit (Secure) File Transfer Protocol	(S)FTP-Server oder -Client	(S)FTP- Client oder -Server
Remote-Zugriff mit Secure Shell	SSH-Server oder -Client	SSH-Client oder -Server
Virtual Network Computing	VNC-Server oder -Client	VNC-Client oder -Server

Prinzipiell ist es unerheblich, von welchem Typ der Computer ist, sei es ein gewöhnlicher PC ein Notebook, ein Tablet oder auch ein Smartphone. Wenn es eine entsprechende Client- oder Serversoftware für das jeweils auf dem Gerät befindliche Betriebssystem gibt, ist es auch möglich, das jeweilige Protokoll mit der passenden Kommunikationsanwendung auszuführen.

Für den Raspberry Pi, der weniger leistungsfähig ist als ein PC oder selbst als ein aktuelles Smartphone, es ist stets zu bedenken, ob es wirklich sinnvoll ist, umfangreiche Pakete wie für Samba oder Apache zu installieren, die später beim Zugriff durch (mehrere) Clients nicht schnell genug ausgeführt werden können. Deshalb wird im Folgenden lediglich auf drei verhältnismäßig einfache Verbindungsmechanismen eingegangen (SFTP, SSH, VNC), die problemlos und Ressourcen-schonend auf dem Raspberry Pi aktiviert und ausgeführt werden können. Für die PC-Seite sind dann zwei Programme empfehlenswert:

WinSCP für den Zugriff über (S)FTP und SSH und damit für den Datenaustausch und die Fernbedienung eines Raspberry Pi im Terminalmodus und sowie ein VNC Viewer, damit der Raspberry Pi vom PC aus auch per LXDE-Desktop bedient werden kann.

Allgemeine Voraussetzung ist auf der Rasberry Pi-Seite, dass dies explizit erlaubt wird. Hierfür sind SSH und VNC mithilfe von raspi-config (5. Interfacing Options) oder über den

Desktop mit Applications – Einstellungen – Raspberry-Pi-Konfiguration – Schnittstellen zu aktivieren. Wichtig ist dabei, dass man die Einstellungen an einer Stelle vornimmt: Entweder über raspi-config oder über den Desktop, weil man andernfalls den Überblick verlieren kann, was zuletzt wo eingestellt wurde und man schaltet letztendlich immer hin- und her.

4.2.9 File Transfer Protocol – FTP

Das *File Transfer Protocol* (FTP) bildet die Basis für den Datenaustausch zwischen Computern in einem Netzwerk. Ist FTP, bzw. die sichere Implementierung davon, SFTP, auf dem Raspberry Pi (als Server) installiert, kann hierauf mit den verschiedensten FTP-Clients unterschiedlicher Betriebssysteme zugegriffen werden. FTP-Programme für Linux und damit auch für den Raspberry Pi gibt es eine ganze Reihe, wie etwa den *Very Secure FTP Daemon* (vsftpd), den man bei Bedarf wie üblich mit `sudo apt-get install vsftpd` installieren kann.

Sicherheitsstechnisch betrachtet ist selbst das SFTP als veraltet anzusehen. Stattdessen sollte SSH verwendet werden, das das SFTProtocol praktischerweise gleich mit beinhaltet. Der SSH-Client ist bei Raspbian automatisch aktiv und falls der Raspberry Pi als SSH-Server eingesetzt werden soll, muss dies nur entsprechend aktiviert werden, wie es im Abschn. 4.1.5 erläutert ist. Demnach muss für (S)FTP und SSH auf dem Raspberry Pi nichts Zusätzliches installiert werden.

4.2.10 Secure Shell – SSH

Ein universelles Netzwerkprotokoll für den Datenaustausch und den Remote-Zugriff ist Secure **Sh**ell (SSH), welches das mittlerweile als veraltet geltende – weil abhörbar – betrachtete Telnet-Verfahren mit FTP ablöst. Das SSH-Protokoll setzt einen Server- und einen Client-Dienst zwischen den beiden zu verbindenden Computersystemen voraus. Dementsprechend muss auf dem PC, mit dem auf den Raspberry Pi zugegriffen werden soll, ein SSH-Client arbeiten, der von verschiedenen Programmen wie PuTTY oder WinSCP zur Verfügung gestellt wird, die im Internet kostenlos bezogen werden können. Im Folgenden wird beispielhaft WinSCP für den Datenaustausch (Abb. 4.21) eingesetzt.

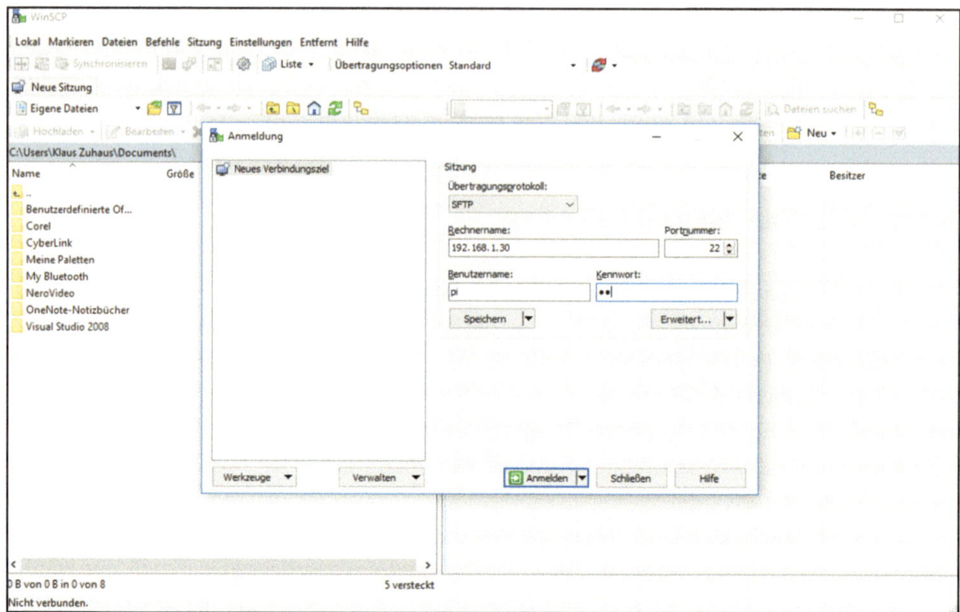

Abb. 4.20 Kontaktaufnahme vom Windows-PC zum Raspberry Pi mit WinSCP

Als *Rechnername* (Abb. 4.20) sollte zunächst die gültige IP-Adresse des Raspberry Pi verwendet werden und für die Anmeldung der Benutzername mit dem auf dem Raspberry Pi geltenden Kennwort. Der Zugriff über einen Rechnernamen funktioniert prinzipiell ebenfalls, wenn dieser beim Raspberry Pi als Hostname festgelegt worden ist, beispielsweise über Applications – Einstellungen – Raspberry-Pi-Konfiguration – System. Der Zugriff über den Rechnernamen ist generell praktischer, weil er im Gegensatz zur IP-Adresse stets derselbe ist und sich nicht ändern kann, wie bei der IP-Adressenzuteilung per DHCP der Fall ist. Möglicherweise wird der Hostname aber nicht erkannt, weil der angegebene DNS-Server den Namen (Standard ist *raspberry*) nicht auflösen kann, sodass dieser Eintrag dann (möglicherweise im DSL-Router) entsprechend zu ändern ist.

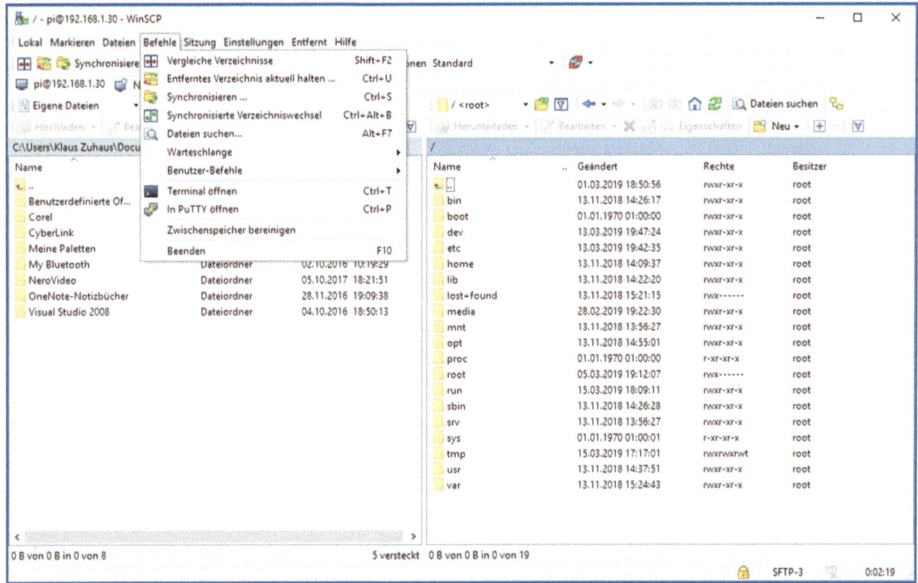

Abb. 4.21 Die Verbindung ist etabliert, sodass Daten zwischen PC und Raspberry Pi mit dem Dateimanager ausgetauscht werden können

4.2.11 Virtual Network Computing – VNC

Mit PuTTY oder WinSCP (vgl. Abb. 4.21, Terminal öffnen) lässt sich eine Terminalverbindung zwischen PC und Raspberry Pi realisieren, um den Raspberry Pi aus der Ferne bedienen zu können. (S)FTP erlaubt jedoch nicht die Nutzung einer grafischen Oberfläche, sondern funktioniert nur im Textmodus. Mithilfe von *Virtual Network Computing* (VNC) ist es jedoch möglich, Tastatur, Maus und Desktop von einem PC oder anderen Computer aus zu steuern. Hierfür werden wieder zwei Partner benötigt, wobei der eine als VNC-Server und der andere als VNC-Client fungiert. Um wieder die gebräuchlichste Konstellation zu wählen, wird auf dem Raspberry Pi demnach ein VNC-Server und auf dem PC ein VNC-Client eingesetzt. Wie für SSH- gibt es auch für VNC-Verbindungen verschiedene Software-Lösungen, etwa Tight VNC oder Ultra VNC. Server und Client (Viewer) sind meist explizit aufeinander abgestimmt und unterscheiden sich insbesondere bei den jeweiligen Authentifizierungsmethoden.

Bei Raspbian ist VNC Connect als VNC Server und mit einem VNC Viewer der Firma Real VNC standardmäßig installiert. Einen passenden VNC Viewer gibt es zum kostenlosen Download für Windows, macOS, Linux, Android, iOS und weitere Systeme und zudem als Erweiterung für den Browser Chrome. Unter Raspbian ist einfach `vncserver` einzugeben. Aus Sicherheitsgründen sollten VNC-Verbindungen nur im lokalen Netzwerk und nicht über das Internet verwendet werden.

Eine praktischere Lösung ist das Programm *Tight VNC*, das ebenfalls beide VNC-Funktionen ausführen kann. Es ist ebenfalls kostenlos und für verschiedene Plattformen verfügbar und wird hier beispielhaft für den Aufbau einer VNC-Verbindung eingesetzt. Für den Raspberry Pi ist der VNC-Server wie folgt zu installieren (dabei wird automatisch ein vorhandener VNC Connect deaktiviert):

```
pi@raspberrypi:~ $ sudo apt-get install tightvncserver
```

Danach erfolgt der Aufruf mit:

```
pi@raspberrypi: ~ $ tightvncserver
```

Falls dies das erste Mal passiert, wird beim Raspberry Pi die Vergabe eines Passwords verlangt, welches mindestens eine Länge von acht Zeichen aufweisen muss und fürderhin jedes Mal beim VNC-Verbindungsaufbau am PC anzugeben ist.

Als Client wird die Tight VNC-Windows-Software benötigt, die beispielsweise auf http://www.tightvnc.com/download.php zum Download zur Verfügung steht. Wie beim Verbindungsaufbau mit WinSCP ist die IP-Adresse des Raspberry Pi anzugeben und außerdem noch ein spezieller Port. Der standardisierte Basisport lautet für Tight-VNC 5900 und es können mehrere gleichzeitige „Bildschirme" (Sessions) aktiviert werden, sodass der erste mit Port 5901 (Abb. 4.22), der zweite mit 5902 usw. selektiert wird.

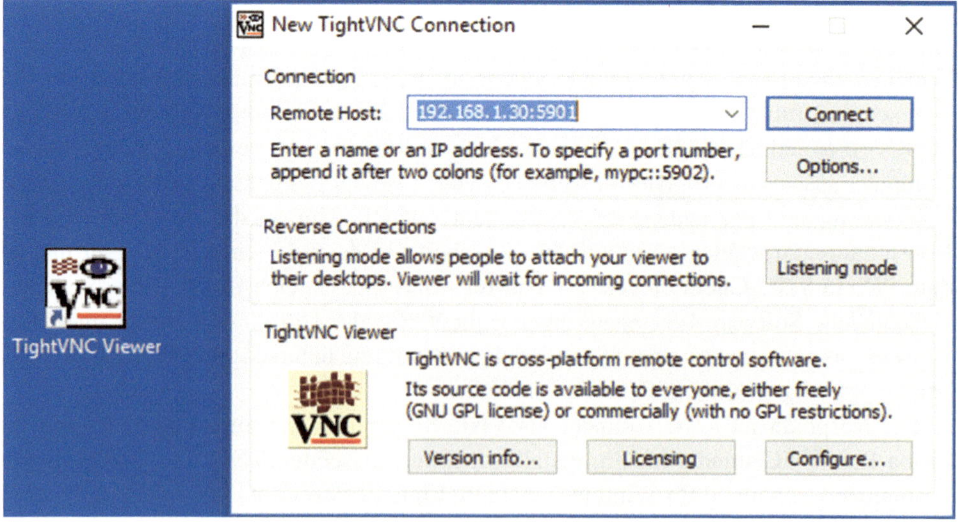

Abb. 4.22 Verbindung mit Raspberry Pi über TightVNC herstellen

Nach der Betätigung des CONNECT-Buttons erfolgt zunächst die Abfrage des Passwords, woraufhin der LXDE-Desktop (Abb. 4.23), der sich mit PC-Tastatur und PC-Maus bedienen lässt, auf dem PC-Monitor dargestellt wird. Damit Tightvncserver nicht nach jedem Neustart des Raspberry Pi manuell aufgerufen werden muss, sondern gleich automatisch startet, kann dieser Aufruf in eine Datei aufgenommen werden, die stets beim Systemstart verarbeitet wird, wie `/etc/rc.local` wo tightvncserver in einer Zeile vor `exit 0` eingetragen werden kann.

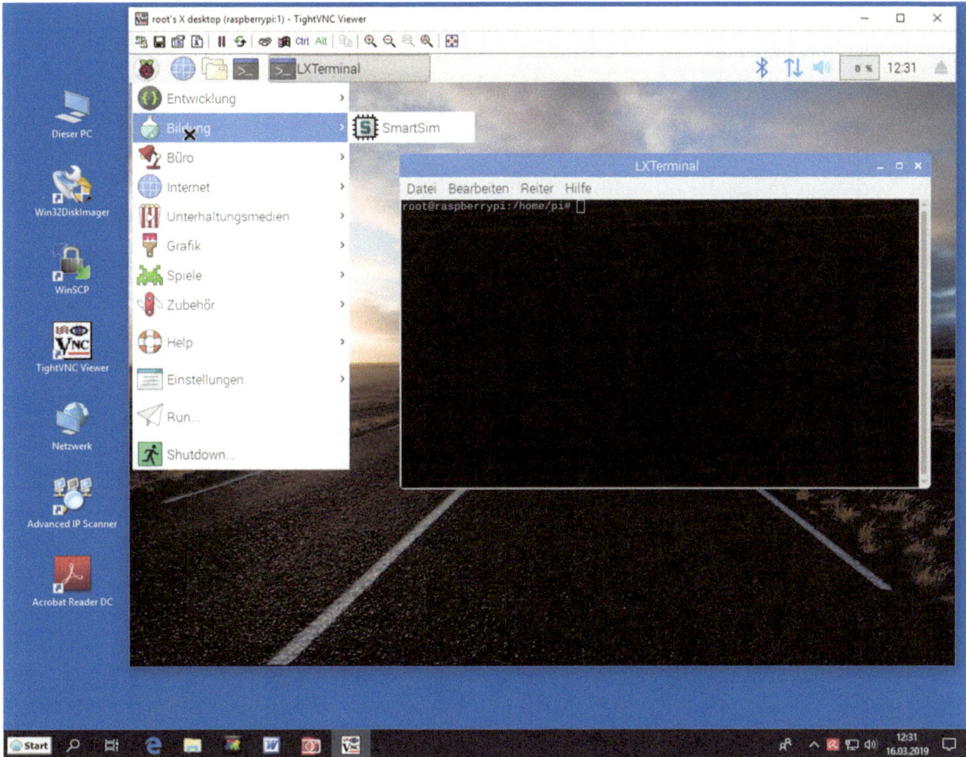

Abb. 4.23 Der Raspberry Pi lässt sich vom PC aus bedienen

4.3 WLAN – Wi-Fi

Unter *Wireless Local Area Networks* (WLANs) wird meist eine Implementierung laut IEEE 802.11 verstanden, die auch unter der Bezeichnung Wi-Fi geführt wird. Gegenüber den Kabel-basierten Netzwerklösungen weisen WLANs von der Stabilität und von der Leistung her einige Nachteile auf, doch sie sind auch nicht dazu gedacht, die üblichen LANs zu ersetzen. Vielmehr stellen sie eine Ergänzung oder auch Erweiterung von lokalen Netzen dar. Ein typisches WLAN-Einsatzgebiet ist deshalb überall dort, wo keine Kabel verlegt werden können oder sollen. WLANs sind insbesondere für die Verwendung daheim beliebt, wo man nicht die Wände durchbohren will, um Computer netzwerktechnisch miteinander zu koppeln.

WLANs bieten einen lokalen Funk, typischerweise mit einer Überdeckung von maximal 300 m. Dabei gibt es generell mehrere Unwägbarkeiten, welche die Nutzdatenrate gegenüber kabelbasierten Lösungen weniger vorhersagbar machen. Dazu gehört in erster Linie die Frage, wie sich die zu überbrückende Luftstrecke darstellt, denn Dinge wie Möbel oder Wände stellen sich als Hindernisse dar. Außerdem ist die Datenrate auch von der Entfernung abhängig; sie wird mit größerem Abstand geringer. Die Geräte schalten dann automatisch auf eine niedrigere Datenrate um.

Allgemein gilt, dass die angegebenen Datenübertragungsraten für WLANs stets als Brutto-Datenraten auf der MAC-Ebene zu verstehen sind, und was davon als Nutzdatenrate – quasi auf IP-Ebene – übrigbleibt, ist von so vielen Faktoren abhängig, dass verlässliche Vorhersagen für die erreichbare Datenrate nicht möglich sind.

Prinzipiell können alle möglichen Geräte, die über einen (integrierten) WLAN-Adapter verfügen, wie PCs, Notebooks, Tablets oder auch Smartphones in einem WLAN miteinander kommunizieren, Voraussetzung ist hierfür, dass sie alle „die gleiche Sprache beherrschen", d. h., mindestens einen gemeinsamen WLAN-Modus unterstützen. Eine Orientierung hierfür bietet das Wi-Fi-Symbol, mit dem entsprechende kompatible Einheiten gekennzeichnet werden können. Auch wenn ein Gerät nicht explizit mit Wi-Fi gekennzeichnet ist, kann es möglicherweise dennoch mit anderen (Wi-Fi)-Netzwerkeinheiten kommunizieren, was letztendlich im jeweils implementieren WLAN-Standard (siehe Tab. 4.5) begründet ist.

4.3.1 Standards und Kompatibilität im Überblick

Der Standard IEEE 802.11 stellt im Grunde genommen die drahtlose Ethernet-Realisierung dar. Für die ersten IEEE-WLANs kommt entweder ein Modulationsverfahren mit der Bezeichnung *Frequency Hopping Spread Spectrum* (FHSS) oder *Direct Sequence Spread Spectrum* (DSSS) zum Einsatz. Letzteres ist ab IEEE 802.11b als Standard anzusehen. Die darauffolgenden IEEE-WLAN-Standards sehen maximal 54 MBit/s (802.11a/g/h) vor, was im Wesentlichen durch ein verbessertes Modulationsverfahren (OFDM) erreicht wird. Das *Orthogonal Frequency-Division Multiplex-Verfahren*, welches auch unter Multiträger-Modulations-Verfahren (MCM, Multi Modulation Carrier) firmiert, wird quasi von allen neueren Entwicklungen (ADSL, DVB-T, LTE) eingesetzt und benötigt eine verhältnismäßig komplizierte Logik für die Umsetzung vom Frequenz- in den Zeitbereich.

Tab. 4.5 Die wichtigsten Daten der IEEE 802.11-Standards

Standard	Einführung	Frequenzband	Max. Datenrate	Funktechnik
IEEE 802.11	1997	2,4 GHz	2 MBit/s	FHSS, DSSS
IEEE 802.11a	1999	5 GHz	54 MBit/s	OFDM
IEEE 802.11b	1999	2,4 GHz	11 MBit/s	DSSS
IEEE 802.11g	2003	2,4 GHz	54 MBit/s	OFDM
IEEE 802.11h	2003	5 GHz	54 MBit/s	OFDM
IEEE 802.11n	2009	2,4 GHz	600 MBit/s	OFDM-MIMO
IEEE 802.11ac	2013	2,4 GHz, 5 GHz	860 MBit/s	OFDM, 8-fach MIMO

Systeme nach IEEE 802.11a arbeiten statt im 2,4 GHz- im 5 GHz-Bereich. Weil dieses Band in Europa von Ortungs- und Satellitenfunk sowie Radarsystemen verwendet wird, erfordert IEEE 802.11a eine europäische Anpassung, was im Standard IEEE 802.11h resultiert. Geräte nach dem aktuellen Standard IEEE 802.11ac sind für eine maximale Datenrate von bis zu 860 MBit/s vorgesehen. Dieser Standard verwendet ebenfalls OFDM und löst die Versionen IEEE 802.11a, IEEE 802.11g und IEEE 802.11n ab. Als wesentliche Neuerung wird ab IEEE 802.11n eine (Antennen-)Schaltungstechnik mit der Bezeichnung *Multiple Input Multiple Output* (MIMO) eingesetzt. MIMO kennzeichnet, dass das Signal auf unterschiedlichen „Wegen" empfangen und auch gesendet werden kann, wofür mehrere Antennen zum Einsatz kommen. Wenn mehrere Antennen zusammengefasst arbeiten, ist ein stärkeres Empfangssignal möglich als mit nur einer Antenne, sodass sich damit eine Funkverbindung verbessern lässt. Im Standard IEEE 802.11ac ist ein bis zu achtfaches MIMO definiert, was die derzeit höchste Datenrate im WLAN (Wi-Fi 5) verspricht.

4.3.2 Konfigurierung

Wie eingangs erwähnt sollten (zumindest bei der Konfigurierung) nicht beide Netzwerkadapter aktiv sein, andernfalls können sich unübersichtliche Konstellationen ergeben, was bis hin zum Nichtfunktionieren des Netzwerkes führt. Deshalb empfiehlt es sich für die WLAN-Konfigurierung zumindest das Ethernet-Kabel abzuziehen, wenn es sich um ein Raspberry Pi-B-Modell handelt. Die grundlegenden Netzwerkzusammenhänge (IP-Adressen, SSH etc.) sind bereits im Abschn. 4.2 erläutert, sodass es an dieser Stelle lediglich um die Besonderheiten der WLAN-Konfigurierung geht.

Weil alle aktuellen Raspberry Pi-Boards standardmäßig über einen WLAN-Adapter verfügen, der zudem standardmäßig von Raspbian unterstützt wird, ist die ganze Angelegenheit relativ einfach durchzuführen, weshalb es auch keinen Sinn mehr macht auf die komplizierte Konfigurierung eines WLAN-Dongles (z. B. Wi-Pi), der an den USB anzuschließen ist, einzugehen.

Der integrierte WLAN-Adapter muss nur rechts oben in der Taskleiste (vgl. auch Abb. 4.14) aktiviert sein. Nach dem Klicken auf die Bezeichnung des entsprechenden WLANs wird die Angabe eines *Pre Shared Key* (Abb. 4.24) verlangt, was dem Kennwort für das WLAN entspricht. Nach der Eingabe wird die Verbindung sofort hergestellt, wobei am Access Point (xDSL-Modem) des WLANs DHCP aktiviert sein sollte, was somit einen schnellen Test ermöglicht. Wie es im Abschn. 4.2.5 erläutert ist, ist auch eine manuelle IP-Adressenzuteilung durch die Anpassung in der Datei `dhcpcd.conf` unter `etc/` leicht möglich.

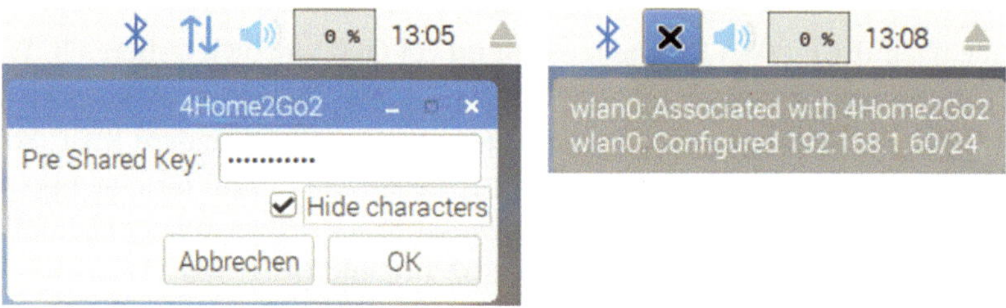

Abb. 4.24 Nach der Eingabe des Passwords für das WLAN wird die Verbindung hergestellt (rechts) und das WLAN ist einsatzbereit

Der Rasberry Pi kann nunmehr auch per WLAN in das Internet gelangen und mit dem ab Abschn. 4.2.8 erläuterten Tools Daten mit anderen Computern austauschen. Ob die WLAN-Verbindung tatsächlich funktioniert, lässt sich am einfachsten durch den Aufruf des Internet-Browsers auf dem LXDE-Desktop überprüfen und für eine Fehlersuche lässt sich wieder der Befehl *ping* (vgl. Abb. 4.19) einsetzen. Eine Kontrolle der vorhandenen Netzwerkadapter ist ebenfalls durch die Eingabe von `ifconfig` möglich. Wie bereits erwähnt, ist der Raspberry Pi in einem Windows-Netz nur dann (direkt) sichtbar, wenn er das Samba-Paket verwendet. Genauere Daten zum WLAN, wie der Name (ESSID), die unterstützten Datenraten (Bit Rates) oder auch zur Verschlüsslung (Encrytion) und Authentifizierung (Authentication) des Adapters, sind schnell mit der Eingabe von `iwlist wlan0 scan` (Abb. 4.25) zu ermitteln.

```
pi@raspberrypi:~ $ iwlist wlan0 scan
wlan0     Scan completed :
          Cell 01 - Address: CC:CE:1E:64:A2:03
                    Channel:1
                    Frequency:2.412 GHz (Channel 1)
                    Quality=70/70  Signal level=-32 dBm
                    Encryption key:on
                    ESSID:"4Home2Go2"
                    Bit Rates:1 Mb/s; 2 Mb/s; 5.5 Mb/s; 11 Mb/s; 6 Mb/s
                              9 Mb/s; 12 Mb/s; 18 Mb/s
                    Bit Rates:24 Mb/s; 36 Mb/s; 48 Mb/s; 54 Mb/s
                    Mode:Master
                    Extra:tsf=0000000000000000
                    Extra: Last beacon: 4447200ms ago
                    IE: Unknown: 000934486F6D6532476F32
                    IE: IEEE 802.11i/WPA2 Version 1
                        Group Cipher : CCMP
                        Pairwise Ciphers (1) : CCMP
                        Authentication Suites (1) : PSK
                    IE: Unknown: DD088CFDF00101020100
          Cell 02 - Address: CC:CE:1E:64:A2:04
                    Channel:52
                    Frequency:5.26 GHz (Channel 52)
                    Quality=70/70  Signal level=-34 dBm
                    Encryption key:on
                    ESSID:"4Home2Go5"
                    Bit Rates:6 Mb/s; 9 Mb/s; 12 Mb/s; 18 Mb/s; 24 Mb/s

                    IE: Unknown: DD168CFDF00400000490000003020972010000000003900000000
                    IE: Unknown: DD6F0050F204104A000110104400010210 3B000103104700
          Cell 03 - Address: 94:4A:0C:A6:71:9B
                    Channel:11
                    Frequency:2.462 GHz (Channel 11)
                    Quality=29/70  Signal level=-81 dBm
                    Encryption key:on
                    ESSID:"WLAN-918249"
                    Bit Rates:1 Mb/s; 2 Mb/s; 5.5 Mb/s; 11 Mb/s; 18 Mb/s
                              24 Mb/s; 36 Mb/s; 54 Mb/s
                    Bit Rates:6 Mb/s; 9 Mb/s; 12 Mb/s; 48 Mb/s
                    Mode:Master
                    Extra:tsf=0000000000000000
                    Extra: Last beacon: 7200ms ago
                    IE: Unknown: 000B574C414E2D393138323439
                    IE: Unknown: 010882848B962430486C
```

Abb. 4.25 Genauere Daten aller mit dem wlan0-Adapter detektierten WLANs liefert `iwlist wlan0 scan`

Wie es im Abschn. 3.6.2 erläutert ist, erlaubt der WLAN/Bluetooth-Chip (CYW43455), der erstmalig bei den Modellen 3B+ und 3A+ zum Einsatz kommt, auch einen Betrieb im 5 GHz-Band, welches meist nicht so stark frequentiert ist, wie das 2,4 GHz-Band. In der Anwendung gibt es dabei keinen Unterschied. Wenn ein 5 GHz-WLAN vorhanden ist, wird es genauso vom Raspberry Pi detektiert und behandelt, wie ein 2,4 GHz-WLAN. Der Abb. 4.25 ist zu entnehmen, dass es hier zwei WLANs gibt: 4Home2Go (2,4 GHz) und 4Home2Go5 (5 GHz) mit denen sich der Raspberry Pi verbinden könnte.

4.4 Bluetooth

Bluetooth ist eine Funktechnologie für die Verbindung und Kommunikation zwischen völlig unterschiedlichen Einheiten wie etwa Tablet-PCs, Smartphones, Kameras, Notebooks und diverser Peripherie-Geräte, die über ein entsprechendes Bluetooth-Interface verfügen. Ein integraler Bestandteil von Bluetooth ist die Sprach- bzw. Audiofunktionalität, wie sie etwa in Headsets oder Soundbars zur Anwendung kommt. Die technischen Gemeinsamkeiten zwischen den IEEE-WLANs und Bluetooth sind nur auf den ersten Blick frappierend. Beide arbeiten im 2,4 GHz-ISM-Band und verwenden *Frequency Hopping* (FH), wobei in den WLANs ab dem Standard IEEE 802.11b ausschließlich *Direct Sequence Spread Spectrum* (DSSS) zu Einsatz kommt, sodass aus diesem Grunde weniger mit einer gegenseitigen Beeinflussung zu rechnen ist. Selbst der parallele Betrieb von Bluetooth und einem WLAN mit Frequency Hopping ist möglich, da hier ein anderes Hopping-Schema und auch eine andere Modulation (GFKS) verwendet werden. Dennoch ist eine gegenseitige Beeinflussung, auch mit anderen im 2,4 GHz-Band arbeitenden Geräten, nie ganz auszuschließen, wie es sich in der Praxis immer wieder zeigt.

Jeder der bei Bluetooth per FH zur Verwendung kommenden 79 Kanäle wird bis zu 1600mal in der Sekunde durchlaufen. Ein Wechsel der (Träger-)Frequenz erfolgt alle 20 ms, und als gestört detektierte Frequenzen im 2,4 GHz-Band werden ausgeblendet und dann nicht (mehr) für die Datenübertragung genutzt. Gleichzeitig sind maximal sieben Verbindungen mit einer Bandbreite von 1 MHz möglich, und für die Sprachübertragung stehen drei Kanäle mit 64 kBit/s zur Verfügung, die sich gleichzeitig mit den Datenkanälen verwenden lassen.

4.4.1 Standards im Überblick

Bluetooth firmiert in verschiedenen Versionen unter dem Standard IEEE 802.15.1 mit einer ursprünglichen maximalen Datenrate von 0,7 MBit/s in unterschiedlichen Leistungsklassen von 1, 2,5 und 100 mW. Maximal ist eine Entfernung von bis zu 100 m vorgesehen, was – wie bei den WLANs – jedoch lediglich als theoretisches Maximum anzusehen ist (Tab. 4.6).

Tab. 4.6 Die Bluetooth-Leistungsklassen

Klasse	Ausgangsleistung	Reichweite (ca.)
1	100 mW, 20 dBm	100 - 130 m
2	2,5 mW, 4 dBm	25 - 35 m
3	1 mW, 0 dBm	10 - 18 m

Die Bluetooth-Version mit der Versionsnummer 1.2 aus dem Jahre 2003 ist abwärtskompatibel zum noch älteren Standard 1.0 und verwendet erstmalig das *Adaptive Frequency Hopping* (AFH), welches Interferenz-Störungen im Zusammenhang mit anderen Geräten, die ebenfalls im 2,4 GHz-Band senden, mindert. Dies geschieht als Reaktion auf die Tatsache, dass Bluetooth-Einheiten sich zwar kaum von WLAN-Einheiten stören lassen, umgekehrt allerdings den WLAN-Datenverkehr ganz erheblich negativ beinträchtigen können. Bluetooth 1.2 definiert außerdem einen *Enhanced Quality of Service*, was insbesondere für Anwendungen, bei denen ein Master gleichzeitig mit mehreren Clients kommuniziert, gedacht ist, denn diese Funktion ermöglicht eine bessere Steuerung der Prioritäten in einem Piconet. Alle Bluetooth-Geräte, die zu einer Funkzelle gehören, bilden ein Piconet. Typische Szenarien sind hierfür ein Notebook, welches auf Tastatur- und Mauseingaben von Bluetooth-Geräten reagieren und gleichzeitig eine Internetverbindung über ein Bluetooth-Modem aufrecht erhalten kann, oder auch die Möglichkeit, dass Bluetooth-Kopfhörer unterbrechungsfrei Musik wiedergeben können, wenn gleichzeitig andere Bluetooth-Einheiten aktiv sind. Grundsätzlich müssen sich die beteiligten Bluetooth-Geräte die zur Verfügung stehende Bandbreite teilen (Shared Medium).

Die Bluetooth-Version 2.0 bietet als wesentliche Neuerung eine höhere Datenrate von 2,1 MBit/s (Enhanced Data Rate). Die Vorgaben von Bluetooth 3.0 sind nie umgesetzt worden, wozu in erster Linie ein zusätzlicher High Speed-Kanal zählt, der mit *Ultra Wide Band* (UWB) arbeiten soll(te). Von Bedeutung ist deshalb erst die abwärtskompatible Version Bluetooth 4.0 aus dem Jahre 2010 mit einer verbesserten Fehlerkorrektur und Datenverschlüsselung (128 Bit AES). Außerdem ist die stromsparende Implementierung *Bluetooth Low Energy* (BLE) Bestandteil von Bluetooth 4.0. BLE – auch als *Bluetooth Smart* bezeichnet – nutzt den gleichen physischen Übertragungskanal wie das klassische Bluetooth der vorherigen Versionen, unterstützt aber lediglich eine Datenrate von maximal 1 MBit/s und eine maximale Reichweite von 10 m. Auch hier organisieren sich die Einheiten zu einem Piconet und synchronisieren sich mit einem Master auf einen Takt und auf ein Muster für das Frequenzsprungverfahren. Das Gerät, das die Verbindung initialisiert, wird automatisch zum Master. Ein Wechsel vom Master zum Slave und umgekehrt ist nicht möglich. Die Kommunikation verläuft dabei wie üblich mit vom Master vorgegebenen Timeslots.

Weil BLE explizit auf einen möglicht geringen Leistungsverbrauch abzielt, hat dies zahlreiche Änderungen gegenüber dem vorherigen Bluetooth-Standard zur Folge. Der *Bluetooth Protocol Stack* wurde hierfür um den *Bluetooth Low Energy Protokoll Stack* erweitert, der im Grunde genommen als eine eigne Entwicklung zu betrachten ist und quasi parallel zum bisherigen *Protocol Stack* arbeitet (Abb. 4.26). Die Bezeichnung für BLE lautete zunächst *Wibree*, wurde dann in *Ultra-Low Power Bluetooth* umbenannt bevor es mit unter Bluetooth 4.0 integriert wurde.

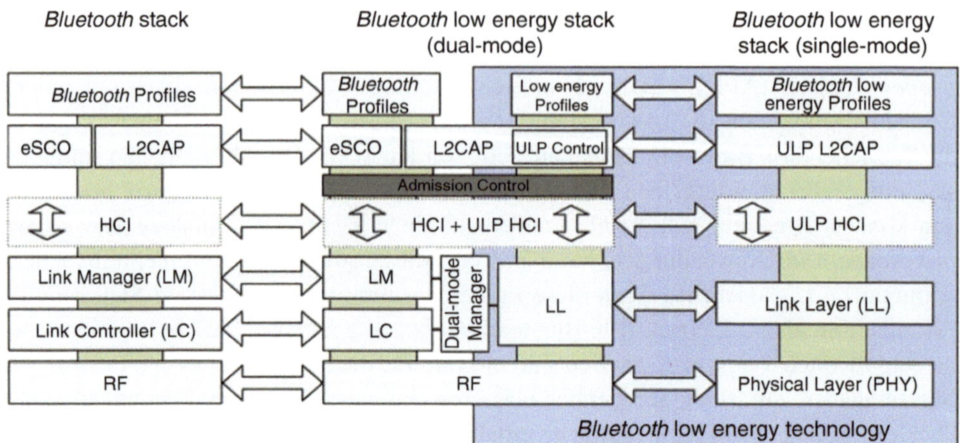

Abb. 4.26 Der Bluetooth Low Energy Protocol Stack unterscheidet sich vom klassischen Bluetooth Stack, sodass eine Kompatibilität nur mit Dual-Mode-Chips hergestellt werden kann

Außerdem sind Veränderungen in der physikalischen Schicht, die nur noch 40 statt 79 Kanäle (Bandbreite jeweils 1 MHz) für das Frequenzsprungverfahren unterstützt, und im Paketformat notwendig geworden. Entgegen der ursprünglichen Intention ist damit keine Kompatibilität zwischen dem klassischen Bluetooth und *Bluetooth Low Energy* gegeben. Ein älteres BT-Gerät, kann demnach keine Verbindung mit einer BLE-Einheit aufnehmen, d. h. die Geräte „sehen" sich gegenseitig nicht. Kompatibilität kann nur mithilfe von so genannten Dual-Mode-Chips erreicht werden, die sowohl das klassische Bluetooth als auch BLE unterstützen. Gekennzeichnet werden derartige Geräte mit *Smart Ready*.

Für den Benutzer spielt die Dual-Mode-Problematik im Gegensatz zum Programmierer oder Systementwickler eher eine untergeordnete Rolle, solange die beteiligten Geräte tatsächlich Bluetooth 4.0 unterstützen. Weiterentwicklungen sind die Standards 4.1 und 4.2, die einen noch energiesparsameren Betrieb mit verbesserten Sicherheitsfunktionen und bis zu 2,5-fach höhere Datenraten versprechen. Der CYW43455 des Raspberry Pi 3B+ beherrscht den Bluetooth Standard 4.2 und beim Raspberry Pi 4 sogar Bluetooth 5.0, der Vorgänger Raspberry Pi 3B mit dem CYW43438 den Bluetooth Standard 4.1.

Inwieweit sich Neuerungen und Verbesserungen bei den verschiedenen Bluetooth-Versionen aus Anwendersicht bemerkbar machen, ist meist nicht unmittelbar zu erkennen. Es reicht natürlich nicht aus, wenn nur das eine Gerät über neuere Funktionen verfügt und das andere mit dem kommuniziert werden soll, eben nicht, dann wird das leistungsfähigere automatisch beschränkt, was letztlich für die Kompatibilität, die sich durch die Standards ergibt, notwendig ist. Entsprechendes gilt genauso für die verschiedenen Ethernet- und WLAN-Standards.

4.4.2 Profiles

Profiles bilden die Hersteller-unabhängige Grundlage aller Bluetooth-Anwendungen. Sie definieren, wie sich Geräte gegenseitig erkennen, ihre Funktionen bekannt geben und wie diese dann zu nutzen sind. Ursprünglich sind 13 unterschiedliche Profiles definiert worden, mittlerweile sind es über 100. Alle Bluetooth-Einheiten müssen mindestens das *Generic Access Profile* (GAP) unterstützen, welches für die grundlegenden Funktionen der Gerätedetektierung, des Verbindungsaufbaus und der Sicherheitsmechanismen zuständig ist.

Von besonderer Bedeutung ist das *Attribute Protocol*, das generell für den Austausch von Daten zwischen zwei miteinander verbundenen Geräten (Client, Server) Verwendung findet. Der Server verwaltet eine hierarchisch aufgebaute Datenstruktur mit so genannten Attributen, auf die die Clients zugreifen können. Darauf setzt das wichtige ***Generic Attribute Profile***, (GATT) auf, welches ein Berechtigungsmodell hinzufügt und den Zugriff auf die Attribute regelt. Das *GATT Profile* definiert Services und Characteristics mit den dazugehörigen Funktionen für das Detektieren, Lesen und Schreiben der Informationen.

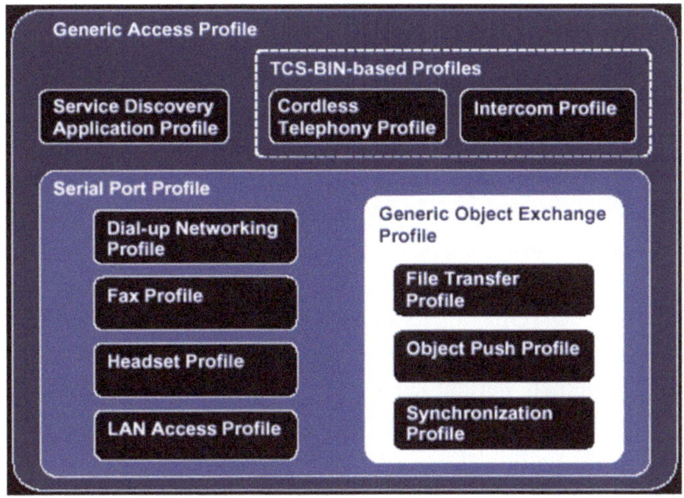

Abb. 4.27 Die grundlegenden Bluetooth Profiles

Das *Serial Port Profile* SPP ist das einfachste Profile und definiert einen virtuellen, seriellen Port, der quasi zusätzlich zu den üblichen COM-Schnittstellen im Betriebssystem implementiert werden kann, was vorwiegend bei PCs praktiziert wird, sodass die üblichen Anwendungen hierauf aufsetzen können, was die Applikationserstellung auf der Host-Seite sehr vereinfacht. Weitere Profiles, die das SPP verwenden, sind für *Dial-Up Networking* (Modem, DSL), Fax, Headsets (Kopfhörer) und LAN vorgesehen, die wiederum die File Transfer-, Object Push- und Synchronisation-Profiles benutzen können. Die Profiles weisen demnach auch gewisse Abhängigkeiten untereinander auf, wie es in der Abb. 4.27 für die *Cordless Telephony* (Mobilfunk) zu erkennen ist, mit der sich die Verbindung zu einem Smartphone herstellen lässt.

Generell ist Bluetooth – aufgrund der existierenden Standards und Profiles – die bevorzugte Technologie im medizinischen Bereich (Healthcare) und im stärker wachsenden Wellness- und Fitnessbereich, wo oftmals mit dem *Health Device Profile* (HDP) gearbeitet wird.

Die offizielle Bluetooth-Unterstützung für Linux – und damit Raspbian – bietet das *Open Source Project* BlueZ, welches eine Reihe der erwähnten Profile wie HDP, SPP oder auch das *Advanced Audio Profile* (A2DP) zur Verfügung stellt. Unter *OBjekt Exchange* (OBEX) werden verschiedene Profile für den Datenaustausch wie beispielsweise OPP (Object Push Profile), FTP (File Transport Protocol) oder auch MAP (Message Acces Profile) zusammengefasst.

Auf der Basis des GATT ist es *relativ* einfach ein eigenes Profile für ein bestimmtes Bluetooth-Gerät eigener Entwicklung zu erstellen. BlueZ bietet mit der BLE-Version 4.2 verschiedene GATT-basierte Profile die sich für die Programmierung von elektronischen Geräten – etwa für Smart Home, Fitness oder Healthcare – eignen wie TIP (Time Profile) für Zeitfunktionen, PXP (Proximity Profile) für die Abstandsmessung oder HTP (Health Thermometer) für die Temperaturmessung.

Selbst wenn man nicht gedenkt eigene Bluetooth-Anwendungen zu programmieren, sondern vielleicht nur die Bluetooth-Tastatur oder den Bluetooth-Lautsprecher mit dem Raspberry Pi verwenden möchte, kommt man nicht umhin sich etwas näher damit beschäftigen zu müssen.

4.4.3 Verbindungsaufbau

Die typische Bluetooth-Verbindungsart ist Peer-To-Peer, womit die Verbindung von zwei Geräten, die miteinander kommunizieren können, bezeichnet wird, was auch als Adhoc-Modus bekannt ist. Jeder Teilnehmer kann dabei sowohl Client- als auch Server-Aufgaben wahrnehmen, deshalb existiert hier keine eindeutige Client-Server-Aufteilung. Bevor eine Verbindung aufgenommen werden kann, wird ein Suchvorgang (Abb. 4.28) ausgeführt, woraufhin ein Abruf von bestimmten Daten (Name, Klasse, MAC-Adresse) des gefundenen Bluetooth-Gerätes stattfindet.

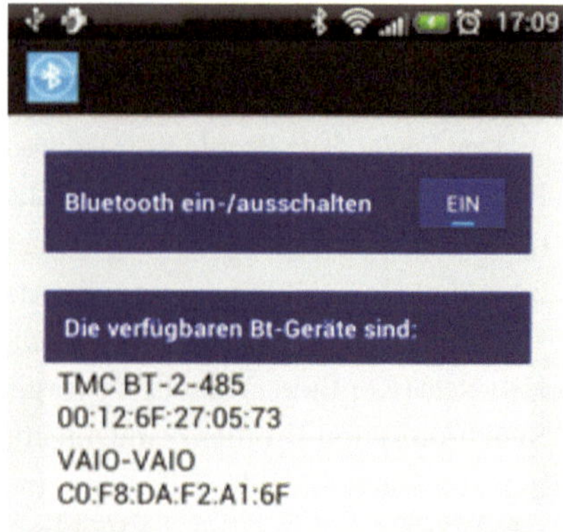

Abb. 4.28 Die Suche hat zwei Bluetooth Geräte zutage gefördert

Danach müssen die beiden Geräte einen Pairing-Prozess durchlaufen, der grundsätzlich bei der ersten Verbindungsaufnahme zwischen zwei Bluetooth-Geräten stattzufinden hat. Erst nach erfolgreichem Pairing-Prozess kann der Client (z. B. Smartphone) mit einem anderen Gerät (z. B. Raspberry Pi), welches als Server fungiert, eine Verbindung aufbauen. In der Praxis spielt es weder für die Kommunikation noch für die Programmierung eine besondere Rolle, welches Gerät welchen Status einnimmt.

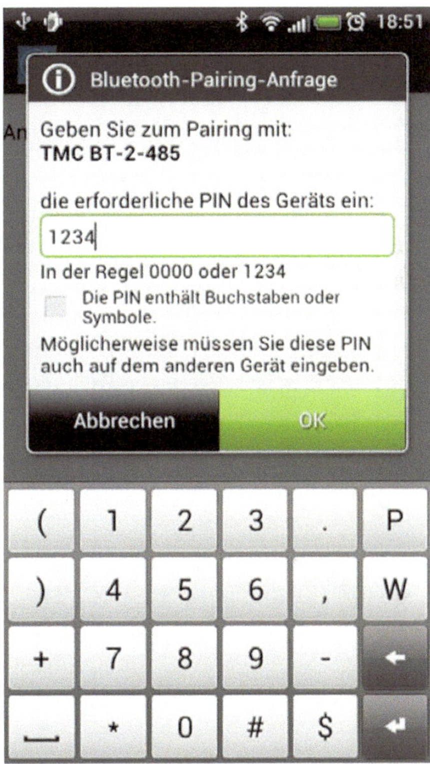

Abb. 4.29 Die Schlüsselabfrage beim Pairing-Prozess

Beim Pairing (Abb. 4.29) tauschen die Geräte für die Authentifizierung und Datenverschlüsselung einen so genannten *Schlüssel* (Initiation Key) aus. Von allen *Bluetooth Devices*, die diesen Vorgang absolviert haben, werden die Daten automatisch im Gerät gespeichert. Nach dem Pairing ist prinzipiell ein Datenzugriff möglich. Zuvor erscheint jedoch meist noch ein Dialog zur Bluetooth-Aktivierung, sodass die Bluetooth-Berechtigungsanfrage zu bestätigen bzw. Bluetooth einzuschalten ist, bevor die Suche nach Geräten in der Umgebung stattfinden kann. Die detektierten Bluetooth-Geräte werden daraufhin angezeigt und in Abhängigkeit von der jeweiligen Bluetooth-Funktionalität können die beiden Devices daraufhin mithilfe der dazugehörigen App(likation) kommunizieren, wofür die Profiles (Abschn. 4.4.2) eine ausschlaggebende Rolle spielen.

Ob die Bluetooth-Unterstützung im (Raspbian)System vorhanden ist, lässt sich durch die Eingabe von `sudo systemctl status bluetooth` ermitteln, wie es in der Abb. 4.30 zu erkennen ist.

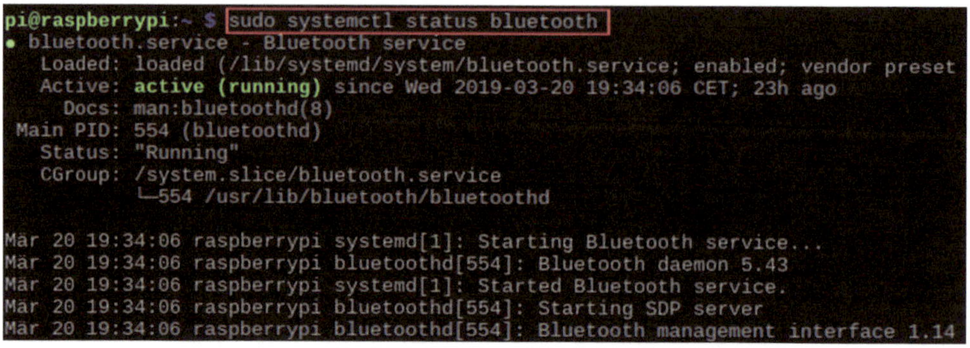

```
pi@raspberrypi:~ $ sudo systemctl status bluetooth
● bluetooth.service - Bluetooth service
   Loaded: loaded (/lib/systemd/system/bluetooth.service; enabled; vendor preset
   Active: active (running) since Wed 2019-03-20 19:34:06 CET; 23h ago
     Docs: man:bluetoothd(8)
 Main PID: 554 (bluetoothd)
   Status: "Running"
   CGroup: /system.slice/bluetooth.service
           └─554 /usr/lib/bluetooth/bluetoothd

Mär 20 19:34:06 raspberrypi systemd[1]: Starting Bluetooth service...
Mär 20 19:34:06 raspberrypi bluetoothd[554]: Bluetooth daemon 5.43
Mär 20 19:34:06 raspberrypi systemd[1]: Started Bluetooth service.
Mär 20 19:34:06 raspberrypi bluetoothd[554]: Starting SDP server
Mär 20 19:34:06 raspberrypi bluetoothd[554]: Bluetooth management interface 1.14
```

Abb. 4.30 Die aktuelle Raspbian-Version bietet die Bluetooth-Unterstützung standardmäßig

Die Bluetooth-Konfigurierung im Terminal – ohne grafische Oberfläche – wird durch die Eingabe von `bluetoothctl` eingeleitet, was einen Kommandomodus startet, der zunächst die dem Raspberry Pi bereits bekannten *Bluetooth Devices* auflistet (Abb. 4.31). Mit dem Befehl `scan on` wird der Suchmodus gestartet, mit `pairable` die Gerätekopplung eingeleitet und für die Autorisierung wird mit `agent on` ein Bluetooth-Agent gestartet. Der Verbindungsaufbau wird daraufhin mit `pair xx.xx.xx` und der Eingabe eines sechsstelligen Codes gestartet. `Trust xx.xx.xx` bestätigt die Vertrauungsstellung und `connect xx.xx.xx` stellt letztlich die Verbindung her, sodass der Verbindungsstatus daraufhin mit `info xx.xx.xx` ausgewiesen werden kann.

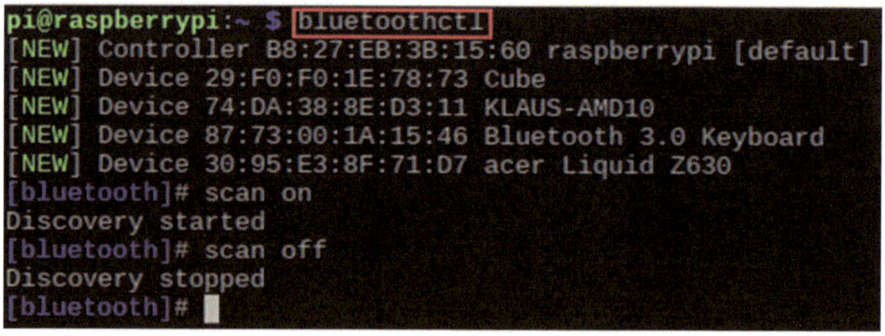

```
pi@raspberrypi:~ $ bluetoothctl
[NEW] Controller B8:27:EB:3B:15:60 raspberrypi [default]
[NEW] Device 29:F0:F0:1E:78:73 Cube
[NEW] Device 74:DA:38:8E:D3:11 KLAUS-AMD10
[NEW] Device 87:73:00:1A:15:46 Bluetooth 3.0 Keyboard
[NEW] Device 30:95:E3:8F:71:D7 acer Liquid Z630
[bluetooth]# scan on
Discovery started
[bluetooth]# scan off
Discovery stopped
[bluetooth]#
```

Abb. 4.31 Dem Raspberry Pi sind bereits vier unterschiedliche Bluetooth Devices bekannt und die Suche findet keine weiteren Geräte

Wie bei der Konfigurierung des WLANs funktioniert auch die Bluetooth-Konfigurierung am einfachsten über den LXDE-Desktop, wofür zunächst das Bluetooth-Symbol rechts oben in der Taskleiste anzuklicken ist, woraufhin der Punkt MAKE DISCOVERABLE (Abb. 4.32) dafür sorgt, dass andere Bluetooth-Geräte, etwa ein Smartphone, in der Umgebung den Raspberry Pi finden können, was auch umgekehrt gilt, d. h. der Raspberry Pi kann Bluetooth-Geräte detektieren.

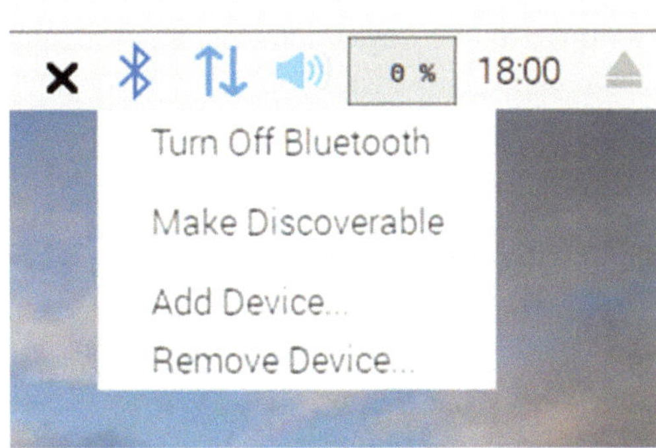

Abb. 4.32 Zunächst ist Make Discoverable zu selektieren

Damit sich andere Geräte zu erkennen geben können, ist diese Funktion möglicherweise erst separat zu aktivieren, was – je nach Gerätetyp – unterschiedlich zu handhaben ist und meist als *Activate Bluetooth* oder *Pairing Modus aktivieren* bezeichnet wird. Bei einem Bluetooth-Keyboard ist hierfür beispielsweise eine bestimmte Tastenkombination wie etwa Fn + C auszuführen. Bei einem Bluetooth-Lautsprecher (Cube in der Abb. 4.33) startet der Versuch einer Verbindungsaufnahme hingegen automatisch unmittelbar nach dem Einschalten und ein PC oder ein Smartphone sind quasi stets vermittlungsbereit.

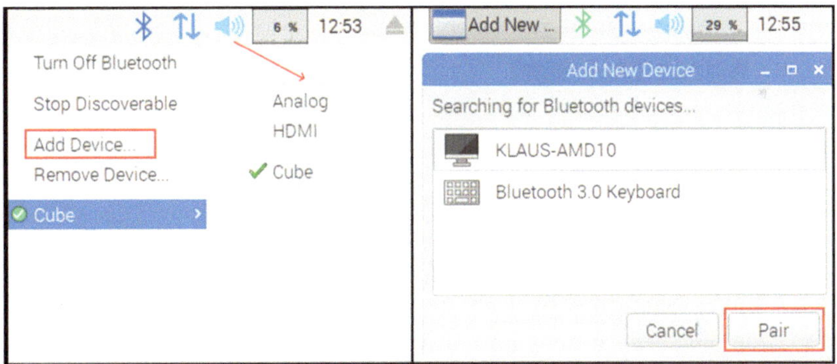

Abb. 4.33 Der Bluetooth-Lautsprecher Cube wurde korrekt detektiert und kann im Audiomenü als Ausgabegerät festgelegt werden (links). Falls weitere Geräte hinzugefügt werden sollen (rechts), erfolgt dies über Add Device woraufhin die betreffenden Geräte über Pair zu koppeln sind

Die *Bluetooth Devices* haben ihre jeweils gerätespezifische Aufgabe, die durch die standardisierten Profiles unterstützt werden, wie es hier beispielhaft für eine Tastatur und einen Lautsprecher gezeigt ist. PCs und Smartphones sind demgegenüber quasi universell für alle möglichen Dinge einzusetzen. Für ihre vorgesehene Kommunikationsaufgabe über Bluetooth muss ihnen demnach ein bestimmtes Protokoll oder Profile zugeordnet werden. Wird beispielsweise auf dem Smartphone unter den Pairing-Geräten *raspberrypi* selektiert, erscheint beim Raspberry Pi ein *Pairing Request* vom Smartphone, d. h. die Anfrage für die Aufnahme einer Kommunikation, die unterschiedlicher Art sein kann, was davon abhängt welche Dienste bzw. Profiles die Geräte unterstützen. Zunächst ist nichts vereinbart, weshalb der Raspberry Pi die Anfrage mit einer Ablehnung *Connection failed - No usable services on this device* ausweist. Für den Datentransfer wäre beispielsweise das OBEX Profile (OBject Exchange) mit entsprechenden Diensten (obexftp, obexpushd) auf dem Raspberry Pi notwendig

Grundsätzlich sollte man bei den Verbindungsversuchen daran denken, die Geräte (zumindest für den ersten Test) möglichst dicht beieinander zu legen, weil die Reichweite in der Regel schlechter ist als bei WLAN-Kopplungen. Wenn sich die Geräte nicht gegenseitig „sehen“, machen nachfolgende Kopplungsversuche keinen Sinn.

Die Pairing-Funktion an den Geräten muss für die Erkennung natürlich aktiv sein, wobei es meist nicht ersichtlich ist, wie lange dies der Fall ist, sodass diese Funktion (z. B. per Taste, s.o.) möglicherweise mehrmals hintereinander auszuführen ist, wenn sich der Raspberry Pi im Make Discoverable-Modus befindet. Die erkannten Geräte erscheinen daraufhin unter ADD DEVICE … und können dem Raspberry Pi hinzugefügt werden, wofür bei einigen Geräten – etwa bei einem Bluetooth Keyboard oder einem PC – noch eine Bestätigung als Autorisierung in Form einer vom Raspberry Pi vorgegebenen Nummer einzugeben ist. Falls eine Gerätekopplung mit dem Raspberry Pi oder das Gerät nicht funktionieren will, sollte man die betreffenden Peripherie-Geräte am besten an einem PC (mit integriertem Bluetooth-Interface unter Windows 10) ausprobieren, um Details über die Funktion des betreffenden Gerätes zu erhalten, denn möglicherweise ist noch ein spezieller Treiber oder Software notwendig, den der Gerätehersteller zur Verfügung stellt.

4.5 Mobilfunkverbindung herstellen

Die drahtlose Datenübertragung ist spätestens seit dem Raspberry Pi Modell 3, der sowohl BLE als auch WLAN OnBoard hat, als Standarddisziplin zu betrachten, was zusammen genommen den einfachen Aufbau eines Funksensorknotens oder eines ähnlichen „smarten“ Gerätes ermöglicht. Für den Datentransport über große Entfernungen gibt es die Mobilfunknetze, die momentan theoretische Datenraten von bis zu 1 GBit/s ermöglichen. Die Realisierung einer Mobilfunkverbindung mit einem Raspberry Pi erscheint hingegen etwas komplizierter und auch undurchsichtiger.

Hierfür empfiehlt sich ein handelsüblicher LTE-Stick, der auf eine der USB-Buchsen des Raspberry Pi zu stecken ist. Alle möglichen Mobilfunkanbieter bieten LTE-Sticks mit passenden Gerätetreibern an, die typischerweise für Notebooks und Tablets vorgesehen sind. Ein speziell für den Raspberry Pi entwickeltes LTE-Interface ist nicht notwendig.

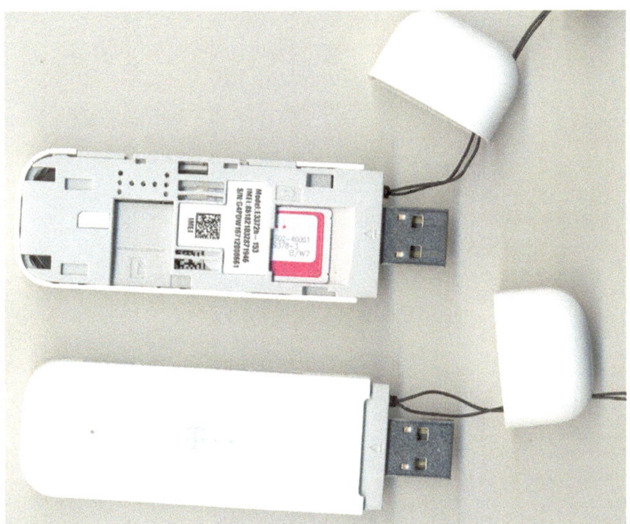

Abb. 4.34 Der Speedstick mit eingesetzter SIM-Karte (oben)

Als Beispiel wird hier ein *Speedstick LTE V* der Telekom (Abb. 4.34) verwendet, der einen Funkchip von Huawei verwendet, was sich als praktikabler Standard (unter Linux) erwiesen hat. Bei Modellen anderer Hersteller kann die Konfigurierung prinzipiell auf die hier beschriebene Art und Weise erfolgen, gleichwohl treten dabei immer wieder unterschiedliche und überraschende Probleme auf, was sowohl die Konfigurierung als auch den Betrieb betrifft und hier nicht weiterverfolgt wird.

In den Speedstick gehört eine SIM-Card, wofür es mehrere Tarif-Möglichkeiten gibt. Zum Ausprobieren eignet sich am besten eine Prepaid-Card wie DataStart mit einem Startguthaben von mindestens 10 €. Die erste Inbetriebnahme des Sticks sollte an einem PC oder Notebook mit einem (Windows-)Standardbetriebssystem und dem Telekom-Programm *Internet Manager* (Abb. 4.35) erfolgen. Es befindet sich auf dem Stick, der für die Installation im System als CD-ROM-Laufwerk erscheint.

Das Manager-Programm stellt eine Verbindung mit der Seite http://pass.telekom.de her und ist für die Auswahl des gewünschten Tarifes und damit des Datenvolumens zuständig. Es bietet darüber hinaus verschiedene Funktionstests sowie Einstellungsoptionen und zeigt auch Daten zur bisherigen Verwendung an. Dabei empfiehlt es sich, die anderen möglichen Wege des Computers (LAN, WLAN) in das Internet zu deaktivieren, damit tatsächlich auf die Mobilfunkverbindung zugegriffen wird.

Abb. 4.35 Der Verbindungsaufbau und Test mit dem Programm Internet Manager

Ein LTE-Stick wird unter Linux als Modem und als Netzwerkkarte betrachtet, was somit auch auf den Raspberry Pi (mit Raspbian) zutrifft. Zunächst ist der Stick als *USB Device* einzubinden, was nicht immer automatisch funktioniert und gegebenenfalls manuell durchzuführen ist. Falls nach dem Einstecken des Sticks eine Anzeige wie in der Abb. 4.36 vorhanden ist, ist er bereits als Modem erkannt worden, fehlt hingegen die zweite Zeile, ist etwas manuelle Nachhilfe notwendig.

```
pi@raspberrypi:~ $ lsusb
Bus 001 Device 005: ID 12d1:1506 Huawei Technologies Co., Ltd.
↪ E398 LTE/UMTS/GSM Modem/Networkcard
```

Abb. 4.36 Der LTE Stick wurde korrekt erkannt und eingebunden

Wichtig ist die Product ID, die unterschiedlich ist, je nach dem, ob der Stick (zunächst) als Speichermedium (14fe) erkannt worden ist oder automatisch als Modem Device (1506, Abb. 4.36). Die Vendor ID ist hier 12d1, was für Huawei steht. Mitunter hilft ein Neustart oder auch mehrmaliges Abziehen und Einstecken des Sticks, damit er erkannt wird, was mit der aktuellen Raspbian-Version der Fall sein sollte. Falls es nicht funktionieren sollte, wird das Paket *usb_modeswitch* benötigt, und der Mode-Switch-Befehl ist daraufhin mit Root-Rechten auszuführen.

4.5.1 SMS versenden

Von der intendierten Anwendung hängt es ab, in welcher Form die Daten, wie etwa von Sensoren, per LTE übertragen werden sollen. In der einfachsten Form mag eine SMS ausreichen. Für das Versenden von SMS kann beispielsweise das Tool *gammu-smsd* verwendet werden, welches sowohl das manuelle als auch ein automatisiertes Versenden von SMS-Nachrichten ermöglicht.

Beim automatischen Versand wird die SMS in eine Warteschlange der ausgehenden Nachrichten eingefügt, die von einem Daemon regelmäßig kontrolliert und bearbeitet wird. Falls das Senden fehlschlagen sollte, wird es nach kurzer Zeit wiederholt, und zwar so lange, bis es funktioniert hat und die Message dann in einen Ordner mit erfolgreich gesendeten SMS kopiert wird. Nach einer bestimmten (konfigurierbaren) Anzahl von Fehlversuchen wird die SMS andernfalls aus der Postausgangswarteschlange in einen Ordner verschoben, in dem die fehlgeschlagenen Sendeversuche protokolliert werden.

Der manuelle Versand endet mit einer Statusmeldung über den Erfolg des Sendevorgangs, während ein Versand durch den Daemon im Hintergrund läuft und keine Ausgaben auf der Kommandozeile hervorruft. Tipps zur Installation und zum Einsatz des Gammu-SMS-Daemon finden sich beispielsweise unter https://wammu.eu/docs/manual/quick/index.html#installing-gammu. In der Abb. 4.37 sind die beiden Möglichkeiten gezeigt, wie eine SMS versendet werden kann. In der ersten Zeile wird ein manueller Sendevorgang gestartet, während der Befehl in der zweiten eine SMS in den Postausgang des Daemons „injiziert". Dabei muss die Telefonnummer mit einem Pluszeichen und mit 49 statt der bei Inlandsnummern führenden Null beginnen und darf nicht in Anführungszeichen gesetzt werden, wie es in der Abb. 4.37 zu erkennen ist.

```
pi@raspberrypi:~ $ echo "YOUR TEXT HERE" | sudo gammu -c
↪  ~/.gammurc sendsms TEXT +49123456789
pi@raspberrypi:~ $ echo "YOUR TEXT HERE" | sudo
↪  gammu-smsd-inject TEXT +49123456789
```

Abb. 4.37 Manuelles und automatisches Senden einer SMS

Der Empfang von SMS ist meist ohne Probleme möglich, mitunter hapert es jedoch mit dem Senden. Ein Blick in die Log-Datei des Daemons, die etwaige Fehlercodes anzeigt, kann hier weiterhelfen.

Die SMS wird an das *SMS Service Center* (SMSC) des jeweiligen Anbieters übertragen, welches das Versenden aus verschiedenen Gründen verweigern kann, was zunächst eine Kontrolle der SIM-Karte im LTE-Stick empfiehlt, die zum Test für den Versand einer SMS in ein Handy eingelegt werden sollte. Sollte der Versand auch nicht mit einem üblichen Smartphone funktionieren, liegt das Problem nicht am Raspberry Pi begründet, sondern am Stick bzw. an der SIM-Karte und/oder dem Mobilfunkzugang.

Bei Prepaid-SIM-Karten muss man sich bei der ersten Benutzung dafür entscheiden, wie mit dem Guthaben umgegangen werden soll. Wenn etwa das 10 €-Startguthaben der angebotenen Daten-Flatrate, die mit 9,95 € zu Buche schlägt, zugeordnet wird, bleiben noch nicht einmal die ca. 20 Cent für den Versand einer SMS übrig, was dann in einem Fehlercode *CMS-Error 10* in der Logdatei resultiert. Die Selbstverständlichkeit, dass für den Versand der SMS genügend Guthaben vorhanden sein muss, gerät bei der Inbetriebnahme und den Konfigurationsarbeiten nicht selten aus dem Blickfeld, zumal sich dieser Umstand lediglich in einem unscheinbaren Error Code in einer Logdatei niederschlägt.

4.5.2 Einwahl in das Internet

Die Einwahl ins Internet erfolgt über das Point-to-Point Protokoll, wofür in Raspbian das Paket *ppp* zur Verfügung steht. Um dieses komfortabler bedienen zu können, ist das Skript `sakis3g` empfehlenswert, wofür eine ausführliche Installationsanleitung, Dokumentation und Hilfe unter https://linuxconfig.org/mobile-broadband-connection-and-sakis3g zur Verfügung steht. Alternativ dazu bietet sich `wvdial` an, das die Verbindung deutlich schneller aufbaut als sakis3g. Nach der Installation von `wvdial` durch den Paketmanager, ist zunächst eine Konfigurationsdatei anzulegen, was mit dem Befehl `sudo wvdialconf` erfolgt. Die dadurch erzeugte Datei `/etc/wvdial.conf` ist wie folgt zu bearbeiten.

```
[Dialer Defaults]
Init1 = ATZ
Init2 = ATQ0 V1 E1 S0=0
Init3 = AT+CGDCONT=1, "IP", "internet.t-mobile"
Stupid Mode = 1
ISDN = 0
Modem Type = Analog Modem
New PPPD = yes
ISDN = 0
Phone = *99#
Modem = /dev/ttyUSB1
Username = { }
Password = { }
Baud = 9600
```

Danach ist ein Test der Internetverbindung empfehlenswert:

```
pi@raspberrypi:~ $ sudo wvdial >/dev/null 2>&1 &
pi@raspberrypi:~ $ sudo route add default gw 10.64.64.64 ppp0
```

Die erste Zeile ist für jeden Verbindungsaufbau notwendig, die zweite hingegen nur beim ersten Aufruf von wvdial. Für eine komfortablere Bedienung empfiehlt es sich, diese Befehle automatisch – etwa mit einem Skript beim Start – ausführbar zu machen.

Der Verbindungsabbau erfolgt, indem der Prozess, unter dem die Instanz von wvdial läuft, beendet wird. Um sicherzustellen, dass ausgehende Verbindungen tatsächlich über den LTE-Stick geleitet werden, ist es sinnvoll die beiden folgenden Zeilen in der Datei /etc/peers/ppp/wvdial einzufügen.

```
defaultroute
resetdefaultroute
```

Damit steht die Internetverbindung über den LTE-Stick, sodass hiermit alle üblichen Dienste ausführbar sind. Meist empfiehlt es sich, die Sendedaten zu sammeln und zu bestimmten Zeitpunkten per FTP auf einen (eigenen) FTP-Server zu übertragen, etwa mit dem Tool ncftp, welches sich wie üblich mit dem Paketmanager installieren lässt.

Das Tool bietet neben einem interaktiven Kommandozeilenmodus die beiden Befehle ncftpput und ncftpget, mit denen Dateien einfach auf einen FTP-Server hoch- bzw. von dort heruntergeladen werden können. Somit ist es leicht möglich, aus einem Bashscript heraus einen Dateitransfer durchzuführen. Das Hochladen einer lokalen Datei mit Messwerten auf einen FTP-Server erfolgt mit:

```
pi@raspberrypi:~ $ ncftpput -u <USERNAME> -p <PASSWORD>
<REMOTE-HOST> <REMOTE-DIR> <LOCAL-FILE>
```

<USERNAME> und <PASSWORD> sind dabei durch den Benutzernamen und das dazugehörige Passwort des zugangsberechtigten Nutzers zu ersetzen. Für einen anonymen Zugriff auf den FTP-Server ist der Teil -u <USERNAME> und -p <PASSWORD> im Aufruf wegzulassen.

Die Parameter <REMOTE-HOST> und <REMOTE-DIR> beziehen sich auf den FTP-Server und geben die Internetadresse, unter der er erreicht werden kann, sowie das Server-Verzeichnis, in welchem die Datei gespeichert werden soll, an. <LOCAL-FILE> spezifiziert, welche Datei des lokalen Rechners hochzuladen ist.

Der Downloadbefehl ist vergleichbar aufgebaut. Es sind lediglich drei Anpassungen vorzunehmen. ncftpput wird durch ncftpget ersetzt, und anstelle des Zielverzeichnisses auf dem Server wird jetzt das lokale Zielverzeichnis und danach der Pfad zur gewünschten Datei auf dem Server angegeben:

```
pi@raspberrypi:~ $ ncftpget -u <USERNAME> -p <PASSWORD>
,! <REMOTE-HOST> <LOCAL-DIR> <REMOTE-FILE>
```

4.6 Audio aktivieren und einsetzen

Der Raspberry Pi kann ein übliches Audiosignal in Stereo ausgeben, wie etwa eine MP3- oder eine WAV-Datei und prinzipiell jeden Typ, für den es einen entsprechenden Linux-Codec gibt. Der Audioausgang ist mit einer 3,5 mm Klinkenbuchse aufgebaut, in die ein dreipoliger Klinkenstecker passt. Typische Ohr- oder Kopfhörer können damit für die Audioausgabe verwendet werden. Falls das Signal an eine Stereoanlage oder ein anderes HiFi-Gerät geführt werden soll, ist ein Cinch-Adapter notwendig, der das Signal vom Klinkenstecker auf zwei Cinch-Stecker (linker und rechter Kanal) umsetzt. Ab dem Modell B+ ist eine vierpolige Buchse auf der Platine vorhanden, die auch das Video-Signal führt (Abb. 3.29), sodass hierfür ein anderer Adapter notwendig ist.

Das Audiosignal ist außerdem im HDMI-Signal enthalten. Die Audioübertragung funktioniert über HDMI aber nur dann, wenn hier kein Adapter wie etwa auf DVI eingesetzt wird. Demnach muss eine direkte HDMI-Verbindung zwischen dem Raspberry Pi und dem Monitor mit integrierten Lautsprechern oder der Stereoanlage mit HDMI-Audio-Eingang bestehen.

Das für Audio verantwortliche Kernel-Modul ist bei den aktuellen Raspbian-Versionen standardmäßig installiert. Falls dies nicht der Fall sein sollte, kann dies mit der folgenden Zeile durchgeführt werden:

```
pi@raspberrypi:~ $sudo modprobe snd_bcm2835
```

Auf dem Raspbian-Desktop befindet sich oben rechts in der Taskleiste das Lautsprechersymbol für die Auswahl der Audioausgabe, worüber sich mindestens Analog oder HDMI auswählen lässt, wenn kein weiteres Audiogerät angeschlossen ist. Im Abschn. 4.4.3 mit dem Bluetooth-Lautsprecher ist gezeigt (vgl. Abb. 4.33), wie ein weiteres Audiogerät aktiviert und verwendet wird. Nach der Selektierung des gewünschten Ausgabegerätes ist an dieser Stelle auch ein Lautstärkeregler mit Stummschaltung (Mute) zu finden. Unter EINSTELLUNGEN – AUDIO DEVICE SETTINGS ist der verwendete Audiotreiber angegeben, der üblicherweise *bcm2835 ALSA (Alsa mixer)* heißt.

4.6.1 Advanced Linux Sound Architecture

Die ***A**dvanced **L**inux **S**ound **A**rchitecture* (ALSA), die mit der aktuellen Raspbian-Version automatisch installiert wird, bildet die Grundlage für die Audiosignalverarbeitung unter Linux und ist auch von der Kommandozeile aus nutzbar. Die verschiedenen Audio-Anwendungen setzen in der Regel auf diese Architektur auf. Falls etwa kein Lautstärkeregler erscheint, ist der ALSA-Treiber möglicherweise nicht installiert, was mit `sudo apt-get install alsa-utils` nachzuholen wäre.

```
pi@raspberrypi ~ $ amixer
Simple mixer control 'PCM',0
  Capabilities: pvolume pvolume-joined pswitch pswitch-joined penum
  Playback channels: Mono
  Limits: Playback -10239 - 400
  Mono: Playback 400 [100%] [4.00dB] [on]
pi@raspberrypi ~ $ amixer controls
numid=3,iface=MIXER,name='PCM Playback Route'
numid=2,iface=MIXER,name='PCM Playback Switch'
numid=1,iface=MIXER,name='PCM Playback Volume'
pi@raspberrypi ~ $ amixer contents
numid=3,iface=MIXER,name='PCM Playback Route'
  ; type=INTEGER,access=rw------,values=1,min=0,max=2,step=0
  : values=1
numid=2,iface=MIXER,name='PCM Playback Switch'
  ; type=BOOLEAN,access=rw------,values=1
  : values=on
numid=1,iface=MIXER,name='PCM Playback Volume'
  ; type=INTEGER,access=rw---R--,values=1,min=-10239,max=400,step=0
  : values=400
  | dBscale-min=-102.39dB,step=0.01dB,mute=1
pi@raspberrypi ~ $ amixer cset numid=3 0
numid=3,iface=MIXER,name='PCM Playback Route'
  ; type=INTEGER,access=rw------,values=1,min=0,max=2,step=0
  : values=0
pi@raspberrypi ~ $ amixer cset numid=1 400
numid=1,iface=MIXER,name='PCM Playback Volume'
  ; type=INTEGER,access=rw---R--,values=1,min=-10239,max=400,step=0
  : values=400
  | dBscale-min=-102.39dB,step=0.01dB,mute=1
pi@raspberrypi ~ $
```

Abb. 4.38 Anzeige und konfigurieren (amixer cset) der Audiooptionen

Der *amixer* ist das Kommandozeilen-Tool für den ALSA-Soundkarten-Treiber, wofür es auch wieder eine Erläuterung (man amixer) gibt. Der Aufruf von `amixer` hat eine Anzeige der aktuellen Einstellungen zur Folge (Abb. 4.38), `amixer contents` zeigt die möglichen Optionen, `amixer controls` weist die drei möglichen Einstellungsmöglichkeiten aus, die per `numid` selektiert werden können, wie etwa in den folgenden Zeilen, mit der der Wiedergabekanal (Route) anhand von numid=3 mit dem Wert „0" auf automatisch und die Wiedergabelautstärke per numid=1 (Volume) auf Maximum mit „400" geschaltet wird.

```
pi@raspberrypi: ~ $ amixer cset numid=3 0
pi@raspberrypi: ~ $ amixer cset numid=1 400
```

Die getätigten Audioeinstellungen sind nach dem nächsten Boot wieder auf ihren vorgegebenen Werten. Die Eingaben (laut Abb. 4.38) werden nicht automatisch gespeichert. Dies kann jedoch manuell festgelegt werden, und zwar in der Datei `rc.local` unter /

`etc`, wenn hier vor der letzten Zeile (exit 0) beispielsweise die beiden Einträge (wie oben) mit

```
amixer cset numid=3 0
amixer cset numid=1 400
```

vorgenommen werden, was direkt mit einem üblichen Editor (z. B. nano) oder auch mit dem Midnight Commander per F4 durchgeführt werden kann, der sich des Standardeditors bedient.

Der LXDE-Desktop bietet keine zentrale Audiosignalsteuerung. Immerhin bietet der AlsaMixer, der von der Kommandozeile aufzurufen ist, eine bequemere tastengesteuerte Bedienung (siehe Hilfe in der Abb. 4.39), wozu auch eine Aufnahmeregelung gehört, wenn das Audiogerät über einen entsprechenden ADC (Analog Digital Converter) verfügt.

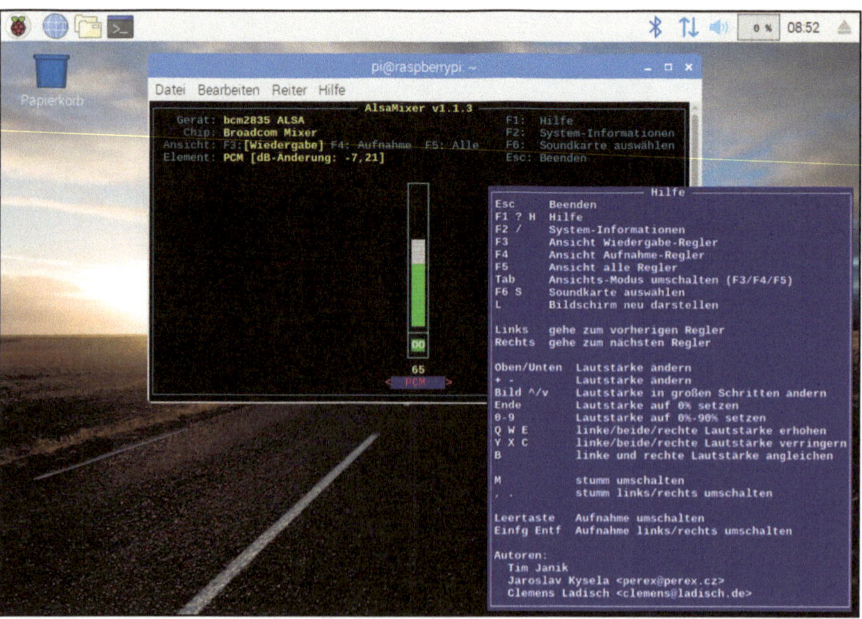

Abb. 4.39 Der Alsamixer bietet standardmäßig nur einen Lautstärkeregler

4.6.2 Audio Card und Audio Dongle einsetzen

Der Raspberry Pi selbst verfügt nicht über eine Aufnahmemöglichkeit (Line-In, Mic-In) von Audiosignalen, wie es etwa bei üblichen Soundkarten der Fall ist. Durch das Hinzufügen einer entsprechenden Schaltung als HAT-Karte oder USB-Dongle lässt sich diese

Funktionalität jedoch nachrüsten, wofür der AlsaMixer dann ebenfalls die Steuerung übernehmen kann. Bekannte Boards, die speziell für den Raspberry Pi als GPIO-Aufsteckboards (HAT-Karte) konzipiert sind, sind *HiFi Berry* sowie die *Wolfson Audio Card*, die mittlerweile unter *Cirrus Logic Audio Card* (Abb. 4.40) firmiert. Die einfachste HiFi Berry-Version (DAC+ light) bietet lediglich einen Stereoausgang mit Cinch-Anschlüssen. Die *Audio Card* von Cirrus Logic verfügt auch über einen analogen Line-In-Eingang, über digitale SPDIF-Schnittstellen (In, Out) sowie über einen Verstärker (2 × 1,4 W), sodass sich hier (kleine) Lautsprecher direkt anschließen lassen. Außerdem befinden sich zwei Mikrofone *Onboard* und es gibt einen kombinierten Mikrofon/Kopfhörer-Anschluss wie er für Headsets einsetzbar ist.

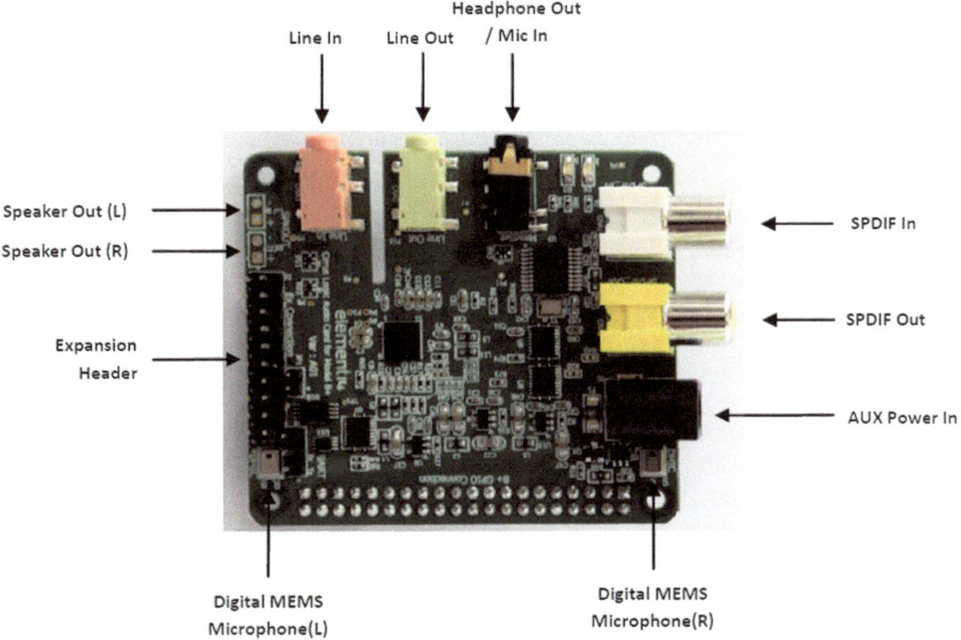

Abb. 4.40 Die Cirrus Logic Audio Card tritt die technologische Nachfolge der Wolfson Audio Card an und verfügt über verschiedene analoge und digitale Ein- und Ausgänge

Als Software werden ein eigenes Image, ein Kernel Patch und einige Demo-Audio-Dateien zur Verfügung gestellt. Das gelieferte Image enthält Raspbian in einer speziellen Version mit den Anpassungen für die Audio Card. Ein Kernel Patch ist ein schwerwiegender Systemeingriff, zumal aus der Dokumentation nicht eindeutig hervorgeht, was dabei genau geändert wird. Wenn danach ein offizieller Raspbian Kernel Patch eingespielt wird, ist die Audio Card zudem wieder ohne Funktion. Notwendig ist vielmehr die Integration per Treiber in einem bereits installierten Raspbian.

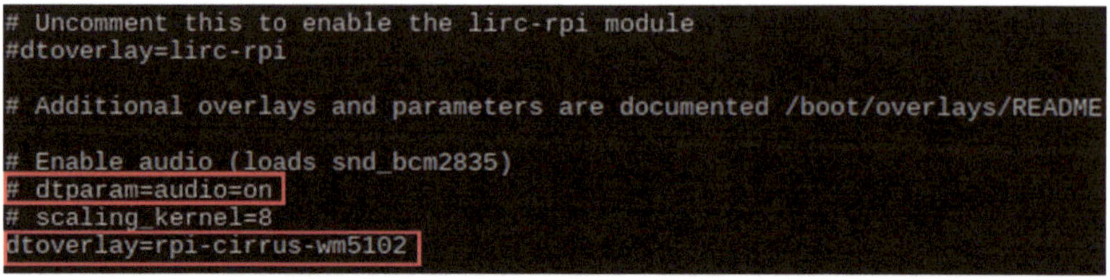

```
# Uncomment this to enable the lirc-rpi module
#dtoverlay=lirc-rpi

# Additional overlays and parameters are documented /boot/overlays/README

# Enable audio (loads snd_bcm2835)
# dtparam=audio=on
# scaling_kernel=8
dtoverlay=rpi-cirrus-wm5102
```

Abb. 4.41 Anpassungen für die Audio Card in /boot/config.txt

Hierfür ist in der Datei `/boot/config.txt` die Zeile `dtparam=audio=on` zu deaktivieren und dafür die Zeile `dtoverlay=rpi-cirrus-wm5102` einzufügen, was wieder mit dem Editor nano (`sudo nano /boot/config.txt`) durchgeführt werden kann (Abb. 4.41). Auch wenn es prinzipiell möglich ist zwischen verschiedenen Soundchips (per AlsaMixer, Abb. 4.42) umzuschalten, sollte der OnBoard-Sound deaktiviert werden, damit dann nur noch die *Cirrus Logic Audio Card* aktiv ist, was eindeutige Zuordnungen ergibt.

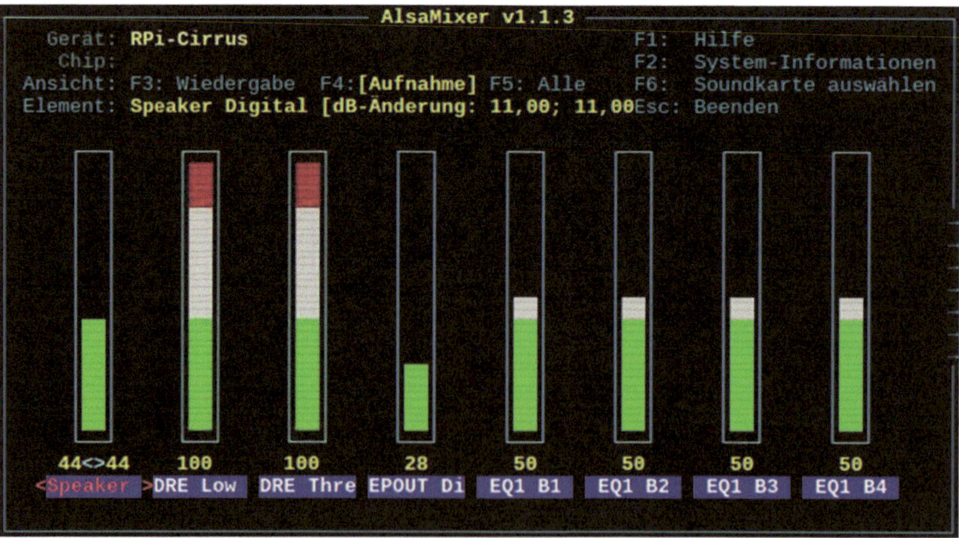

Abb. 4.42 Der AlsaMixer bietet bei der Audio Card eine Vielzahl von Einstellungsmöglichkeiten, auch für die Signalaufnahme

Standardmäßig werden von Raspbian verschiedene USB-Audio-Dongle unterstützt, die ohne aufwendige Konfigurationsarbeiten am Raspbery Pi einsetzbar sind, wie der *USB 2.0 Audio Adapter von Logilink* (UA0053). Er verfügt über einen analogen Ausgang, über einen analogen Eingang, ist ursprünglich für den Anschluss von Headsets gedacht und ist zudem sehr preiswert (< 5 €).

Abb. 4.43 Der Audio-Dongle bietet eine bessere Audioqualität als der OnBoard-Sound und kann auch Signale aufnehmen

Der Audio-Dongle (Abb. 4.43) enthält einen DAC und ein ADC, sodass er nicht nur für die Audiosignalverarbeitung, sondern prinzipiell auch für die Messdatenerfassung (Abschn. 6.5.5) einsetzbar ist. In der Handhabung ist der Audio-Dongle völlig unproblematisch. Nachdem er auf einen USB-Anschluss des Raspbery Pi gesteckt wurde, ist er sofort ohne jegliche Konfigurationsarbeiten einsatzbereit (Abb. 4.44) und kann beispielsweise mit der Stereoanlage verbunden werden. Der Klang ist damit besser und störungsfreier als der Raspberry Pi OnBoard-Sound, er erreicht aber nicht die Qualität der *Cirrus Logic Audio Card.*

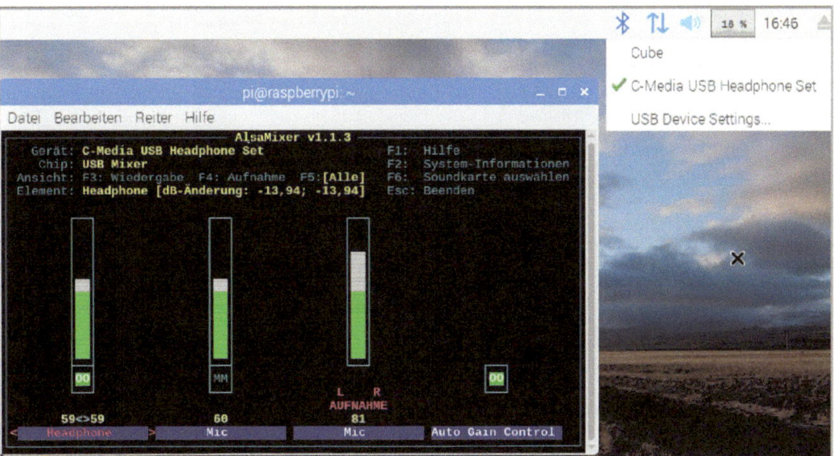

Abb. 4.44 Der Audio-Dongle ist einfach einzusetzen

4.7 Videoplayer und Lizenzen

Ein bekannter Audio- und Videoplayer, der automatisch zahlreiche Formate unterstützt, ist der *VLC Media Player*, der für unterschiedliche Plattformen zur Verfügung steht. Er wird bei Raspbian mittlerweile automatisch mit installiert und steht unter UNTERHALTUNGSMEDIEN zur Verfügung (Abb. 4.45).

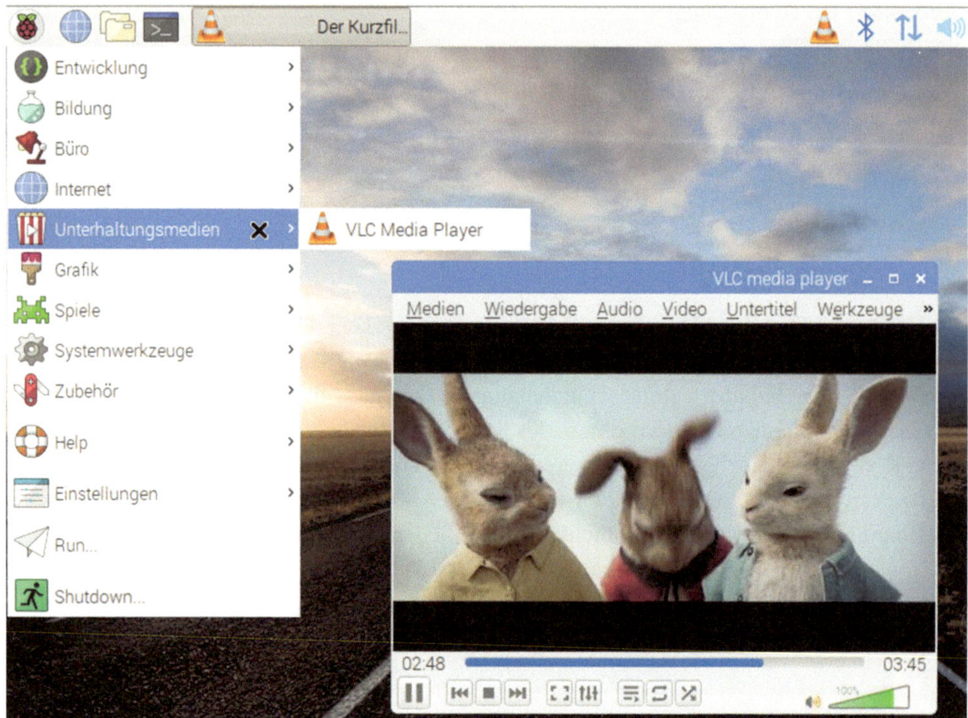

Abb. 4.45 Der VLC Media Player kann Audio und Video in einer Vielzahl von Formaten wiedergeben

Während verschiedene Audioformate dem Player bzw. dem Raspberry Pi keinerlei Probleme bereiten, wird das Abspielen von Videos in den üblichen Formaten vielfach nicht flüssig funktionieren. Lediglich der Video-Codec H.264 (MPEG-4/AVC) erfährt vom Video-Core des BCM 283x auch eine Hardware-Beschleunigung. Mit dem Raspberry Pi 4 und dem *Video Core VI* wird zusätzlich der Standard H.265, der 4 k-Displays (Ultra HD: 3840 × 2160 Pixel) mit 60 Hz bietet, unterstützt. Für andere Video-Formate (VC1, MPEG2), die die Grundlage für alle möglichen CODECs bilden, ist eine kostenpflichtige Lizenz erforderlich. Die Raspberry Pi Foundation will diese Kosten nicht übernehmen, weil dies den Preis für einen Raspberry Pi erhöhen würde. Zudem ist es fraglich, ob überhaupt eine Lizenz benötigt wird, was letztlich vom genauen Einsatzzweck des Raspberry Pi abhängt. Benötigt werden diese Lizenzen meist, wenn der Raspberry Pi als Mediacenter (Abschn. 4.8) eingesetzt werden soll.

Die Lizenzen können gegen eine vergleichsweise geringe Gebühr, die per PayPal zu entrichten ist, im *Raspberry Pi Store* direkt bei der *Raspberry Pi Foundation* (http://www.raspberrypi.com/license-keys/) erworben werden. Jede Lizenz ist jeweils an einen bestimmten Raspberry Pi gebunden, weshalb die jeweilige Produkt/Seriennummer (Serial) an die Foundation zu übermitteln ist. Diese Nummer steht in *cpuinfo* und beispielsweise mit `cat /proc/cpuinfo` angezeigt (Abb. 4.46) werden kann.

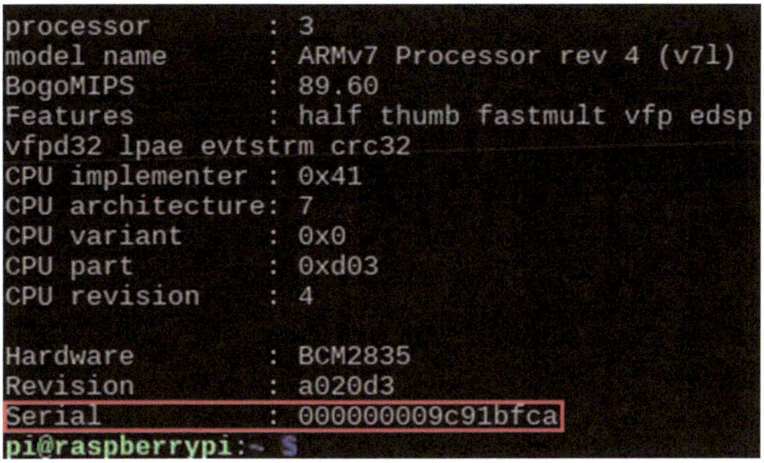

```
processor       : 3
model name      : ARMv7 Processor rev 4 (v7l)
BogoMIPS        : 89.60
Features        : half thumb fastmult vfp edsp
vfpd32 lpae evtstrm crc32
CPU implementer : 0x41
CPU architecture: 7
CPU variant     : 0x0
CPU part        : 0xd03
CPU revision    : 4

Hardware        : BCM2835
Revision        : a020d3
Serial          : 000000009c91bfca
pi@raspberrypi:~ $
```

Abb. 4.46 Anzeige der genauen Daten der jeweils eingesetzten CPU, wobei sich die für die Lizenzierung notwendige Nummer (Serial) in der letzten Zeile befindet

Nachdem die Lizenznummer per Email eingetroffen ist, ist diese Nummer in der Datei *config.txt* in der entsprechenden Decode-Zeile (# decode_MPG2=0×00000000) einzutragen und das Kommentarzeichen zu entfernen, was direkt mit einem PC erledigt werden kann, weil sich diese Datei in der FAT32-Partition der SD Card befindet. Je nach verwendetem Betriebssystem und Konfiguration ist der Aufbau der Datei config.txt unterschiedlich, sodass die jeweilige Beschreibung für die Eintragung der Lizenznummer zu beachten ist.

4.8 Mediacenter

Im vorherigen Kapitel sind die Audio- und Video-Optionen, die mit Raspbian und dem LXDE-Desktop verfügbar sind, erläutert. Falls nur gelegentlich Audio- und Video-Dateien auf der Basis eines universell einzusetzenden Betriebssystems wiedergegeben werden sollen, wird diese Lösung ausreichen.

Ein Raspberry Pi ist auch speziell als Mediacenter für Audio, Video, Bilder, TV und Internet-Dienste einsetzbar und kann diese Daten im Netzwerk zur Verfügung stellen. Hierfür gibt es verschiedene Lösungen, wovon sich einige vom Download-Bereich der Raspberry Pi Foundation (https://www.raspberrypi.org/downloads/) beziehen lassen.

Einen Standard, unter dem eine ganze Reihe von Open Source-Programmen für Multimedia-Anwendungen zusammengefasst werden, bildet *Kodi*, das schon eine längere Geschichte hat und zuvor auch als XBMC bekannt war, was ursprünglich für **XB***ox* **M***edia* **C***enter* steht. Bei XBMC bzw. Kodi handelt es sich nicht um ein eigenständiges

Betriebssystem, sondern um eine Tool-Sammlung, die prinzipiell auch separat unter Raspbian installiert werden könnte. Üblicher ist jedoch die Installation einer speziellen Distribution, die die notwendigen Kodi-Funktionen zur Verfügung stellt, sodass der Raspberry Pi damit ausschließlich als Mediacenter fungiert. Distributionen mit Kodi-Funktionalität sind beispielsweise XBian und Raspbmc, welches mittlerweile unter OSMC (Open Source Media Center) firmiert sowie LibreELEC, das auf OpenELEC basiert.

4.8.1 Libre Embedded Linux Entertainment Center

LibreELEC (Libre Embedded Linux Entertainment Center) ist momentan die vielseitigste Kodi-Distribution, die es nicht nur in speziellen Versionen für unterschiedliche Raspberry Pi-Modelle gibt, sondern auch für Linux 32 und 64 Bit, Windows und macOS (https://libreelec.tv/downloads_new/.

Die Version LibreELEC 9.0 (Kodi 18.1) für den Raspberry Pi 3 hat eine gepackte Dateigröße von ca. 130 MByte und ist als Image ca. 560 MByte groß. Das Image wird wie üblich auf eine Micro SD Card geschrieben, wie es im Abschn. 2.1 erläutert ist. Nach dem Einlegen der Karte in den SD Card Slot bootet der Raspberry Pi hiermit, passt dabei das Filesystem (vgl. Abschn. 4.1.7) an und bezieht eine IP-Adresse per DHCP.

Nach einer Anpassung der Sprache erfolgt eine Abfrage ob SSH und/oder Samba genutzt werden sollen, damit über das LAN auf den Raspberry Pi zugegriffen werden kann und er auch unter Windows sichtbar ist, was dementsprechend zu aktivieren ist. Für SSH ist der Benutzer *root* mit dem Password *libreelec* vorgegeben. Der Zugriff mit http im Webbrowser eines PCs ist über die jeweilige IP-Adresse des Raspberry Pi über den Port 8080 (Abb. 4.47) möglich.

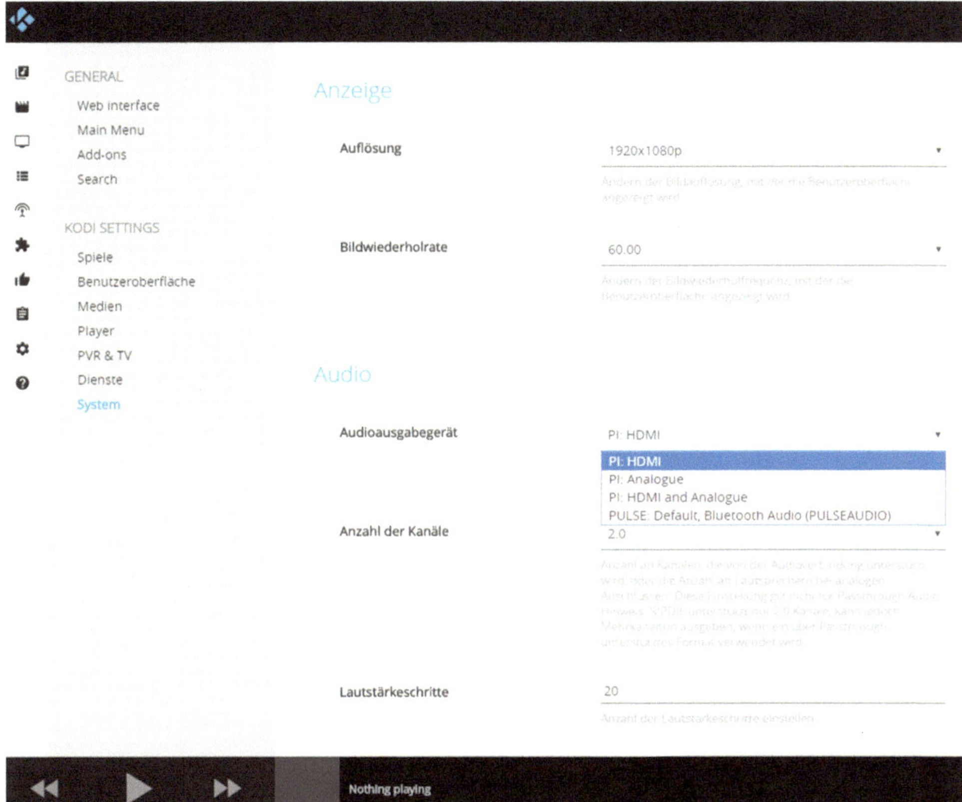

Abb. 4.47 Der Zugriff über einen Webbrowser führt zu einem Player und erlaubt auch einige Systemeinstellungen

Sowohl das verwendete Dateisystem als auch die Befehlsstruktur sind nicht in allen Punkten Linux-konform. Die Bedienung, d. h. die grundlegende Konfigurierung des Systems, erfolgt zunächst lokal über die Oberfläche von LibreELEC, was zunächst etwas gewöhnungsbedürftig ist. Oftmals ist die ESC-Taste die Rettung, weil es damit möglich ist durch die einzelnen Seiten zurückzugehen.

Der erste Weg in der Kodi-Oberfläche führt über das Zahnradsymbol zu System, wo unter Systeminformationen ausführliche Daten zum Speicherplatz, dem Netzwerk, zur Grafik und zum SoC dargestellt werden. Verschiedenste Optionen lassen sich über Einstellungen – System (Anzeige, Audio, Eingabe, Internetzugriff) und Einstellungen – LibreELEC (Netzwerk, Verbindungen, Bluetooth, Dienste) einsehen und festlegen (Abb. 4.48).

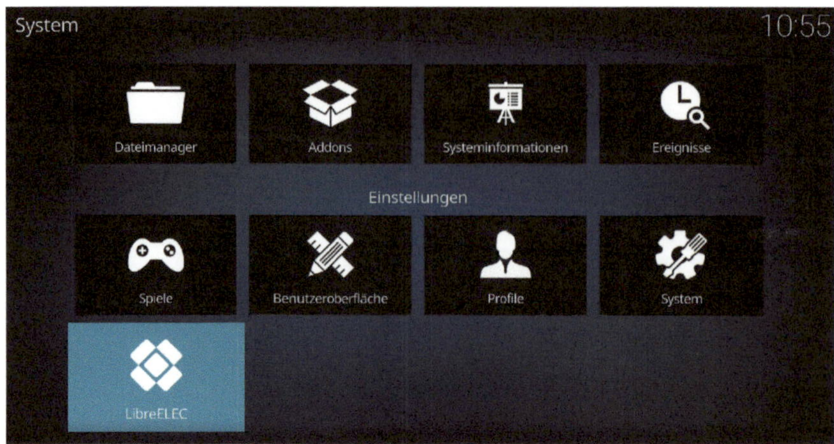

Abb. 4.48 Unter System stehen die Konfigurationswerkzeuge zur Verfügung

Unter den einzelnen Sparten wie TV, Radio, Spiele, Bilder und Videos ist zunächst nichts zu finden. *Bilder* und *Videos* können mit vorhandenen Medien gefüllt werden, die sich auf einem Gerät im eigenen LAN (und freigegeben sind) oder auch auf einem angeschlossenen Datenträger befinden. Am einfachsten ist das Kopieren von Daten mithilfe einer SSH-Verbindung, etwa mit WinSCP. Das wichtigste Element für die Ausgestaltung des Mediacenters sind die so genannten *Addons* ohne die LibreELEC im Grunde genommen nur ein Gerüst darstellt.

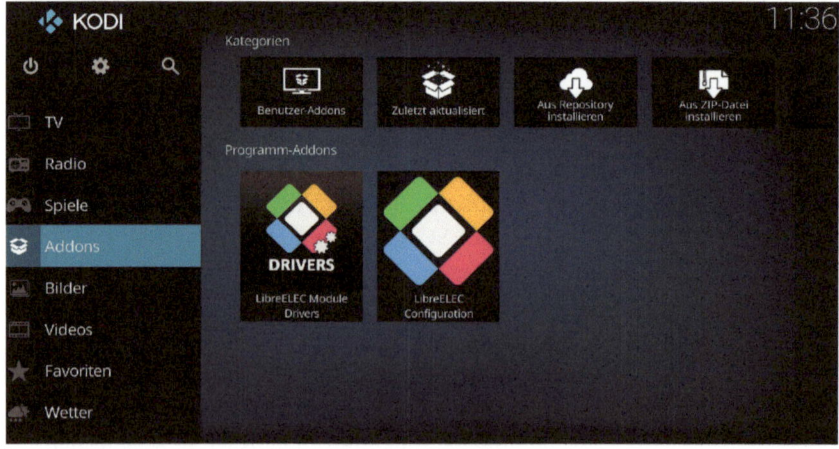

Abb. 4.49 Für die Installation von Addons sind verschiedene Quellen verfügbar

Die Addons lassen sich von verschiedenen Quellen aus installieren (Abb. 4.49) und sind nach verschiedenen Sparten wie *Audio Encoder*, *Musik Addons*, *Programm Addons* oder *PVR Clients* sortiert. Es gibt für fast jede Aufgabe eines Mediacenters auch ein Addon, sodass einer individuellen Ausgestaltung nichts im Wege steht. USB-Sticks werden nach dem Anstecken erkannt und können unmittelbar verwendet werden. Bei anderer Peripherie ist dies hingegen nicht so einfach, etwa bei Audio- oder auch TV-Erweiterungen, die explizit von LibreELEC bzw. Kodi unterstützt werden müssen, wofür das LibreELEC-Wiki eine erste Orientierung bietet. Der *USB 2.0 Audio Adapter* von Logilink wurde sofort erkannt, die *Cirrus Logic Audio Card* (Abschn. 4.6.2) im Übrigen nicht.

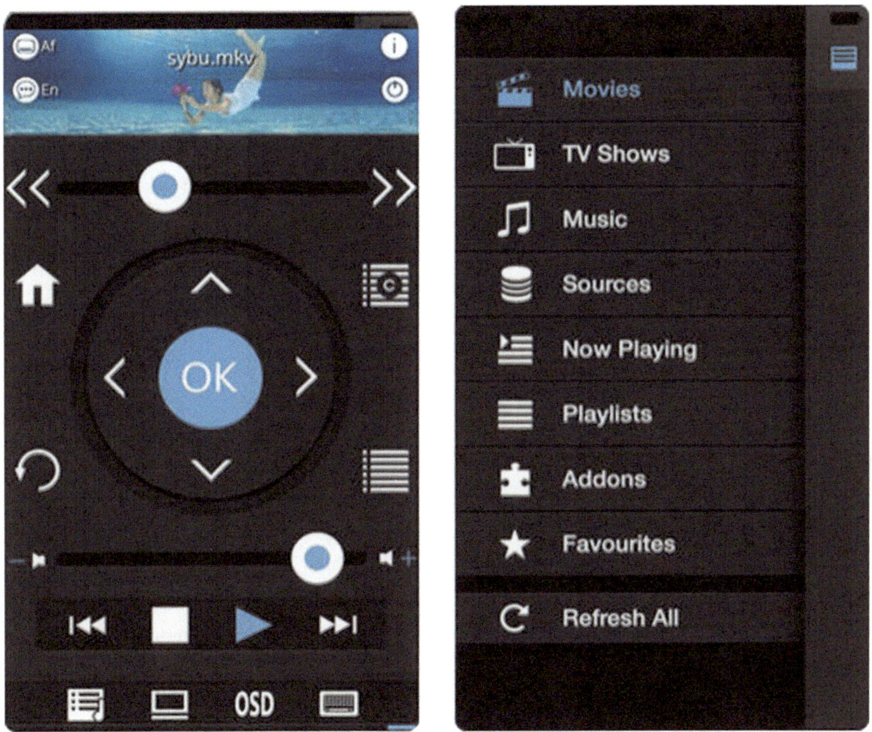

Abb. 4.50 Android-Smartphone mit Sybu als Mediacenter-Fernbedienung

Als Fernbedienung empfiehlt sich ein Smartphone, das per Bluetooth mit dem Mediacenter kommuniziert. Standardmäßig ist Bluetooth beim Mediacenter zunächst abgeschaltet. Für Android und iOS sind zahlreiche *Kodi Remote Apps* wie *Yatse*, *Sybu* (Abb. 4.50) oder *Official Kodi Remote* verfügbar.

4.9 Peripherie anschließen und konfigurieren

Für die Erweiterung des Raspbery Pi sind der standardisierte USB sowie die GPIO-Steckerleiste vorhanden, wo sich die speziellen Raspberry Pi-Platinen (HAT) aufstecken lassen. Näheres zum HAT-Standard ist im Abschn. 6.8 zu finden, während es hier um den Anschluss von USB-Geräten wie von Wechseldatenträger und Druckern an einen Raspberry Pi geht, wodurch sich eigenständige NAS-Lösungen (Networked Attached Systems) oder auch Druckerserver aufbauen lassen.

4.9.1 USB-Test und externe Laufwerke

Unter Linux müssen Laufwerke stets „gemounted" werden, was demnach auch auf Datenträger zutrifft, die beim Raspberry Pi zusätzlich hinzugefügt werden. Hierfür kommen ausschließlich Laufwerke mit USB-Anschluss in Frage, wie USB-Sticks und Festplatten sowie und CDROM- und DVD-Laufwerke mit einem USB-Interface. Möglicherweise ist hierfür ein USB-Hub mit eigener Spannungsversorgung notwendig, weil das Raspberry Pi-Model nur über einen einigen USB-Anschluss (A, Zero) verfügt oder auch, weil der Strombedarf des angeschlossenen USB-Gerätes höher ist als das was der Raspberry Pi an Strom am USB zur Verfügung stellen kann. Dies sind bei den aktuellen Modellen theoretisch bis zu 600 mA, was selbstverständlich auch vom Netzteil des Raspberry Pi geleistet werden muss.

Für die Versorgung von externen optischen Laufwerken (CD/DVD) und einigen Festplatten reicht die elektrische Leistung des Hubs – je nach Typ – oftmals nicht aus, auch wenn diesen Laufwerken möglicherweise Adapterkabel beiliegen, damit der Strom aus zwei USB-Ports bezogen werden kann. Deshalb sollten diese externen USB-Laufwerke ebenfalls aus eigenen Netzteilen versorgt werden.

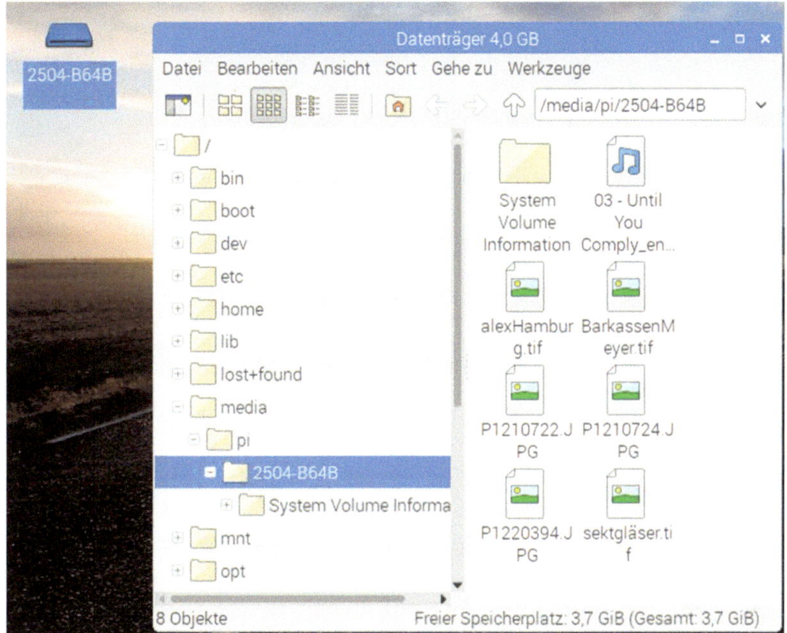

Abb. 4.51 Der USB-Stick wird automatisch erkannt und kann sofort verwendet werden

Nach dem Anschluss eines dieser USB-Laufwerkstypen ist man es von Windows her gewohnt, dass sie nach kurzer Erkennungsphase unter ARBEITSPLATZ oder COMPUTER zur Verfügung stehen, was bei Linux traditionell nicht der Fall ist. Gleichwohl hängt es von der jeweiligen Linux-Distribution ab, ob diese Funktionalität nicht doch gegeben ist, wie beispielsweise bei einer Mediacenter-Lösung (Abschn 4.8.1) oder auch beim aktuellen Raspbian mit LXDE-Oberfläche (Abb. 4.51), wo ein angeschlossener USB-Stick nach dem Anschluss automatisch erkannt wird und die darauf enthaltenen Daten verarbeitet werden können.

Bei einem Linux (Raspbian Stretch/Buster Lite), das ohne einen derartigen Desktop arbeitet, gibt es diese Funktionalität nicht. Zur Kontrolle, ob das Laufwerk oder ein anderes USB-Gerät beim Anschließen erkannt wird, wird die Log-Datei *Messages* mit `tail` und der Option `-f` für die kontinuierliche Ausgabe zur Anzeige gebracht, was mit Strg+C beendet werden kann. Die laufende Anzeige sollte sich beim Anschließen bewegen, indem vermeldet wird, dass ein neues USB-Gerät gefunden und als Laufwerk (beispielsweise als sda: sda1) identifiziert wurde.

```
pi@raspberrypi: ~ $ tail -f /var/log/messages
```

```
pi@raspberrypi ~ $ tail -f /var/log/messages
Apr 19 19:21:04 raspberrypi kernel: [   16.794909] mmc0: missed completion of cmd 18 DMA (512/512 [1]/[1]) - ignoring it
Apr 19 19:21:04 raspberrypi kernel: [   16.808795] mmc0: DMA IRQ 6 ignored - results were reset
Apr 19 19:21:04 raspberrypi kernel: [   16.824158] mmc0: missed completion of cmd 18 DMA (512/512 [1]/[1]) - ignoring it
Apr 19 19:21:04 raspberrypi kernel: [   16.838083] mmc0: DMA IRQ 6 ignored - results were reset
Apr 19 19:21:04 raspberrypi kernel: [   16.861074] mmc0: missed completion of cmd 18 DMA (512/512 [1]/[1]) - ignoring it
Apr 19 19:21:04 raspberrypi kernel: [   16.875150] mmc0: DMA IRQ 6 ignored - results were reset
Apr 19 19:21:04 raspberrypi kernel: [   20.921582] smsc95xx 1-1.1:1.0: eth0: link up, 100Mbps, full-duplex, lpa 0x45E1
Apr 19 19:21:04 raspberrypi kernel: [   21.989085] bcm2835-cpufreq: switching to governor ondemand
Apr 19 19:21:04 raspberrypi kernel: [   21.989115] bcm2835-cpufreq: switching to governor ondemand
Apr 19 19:21:06 raspberrypi kernel: [   25.023894] Adding 102396k swap on /var/swap.  Priority:-1 extents:1 across:102396k SS
Apr 19 19:25:29 raspberrypi kernel: [  272.501732] usb 1-1.2.2: new high-speed USB device number 7 using dwc_otg
Apr 19 19:25:29 raspberrypi kernel: [  272.603367] usb 1-1.2.2: New USB device found, idVendor=1058, idProduct=1001
Apr 19 19:25:29 raspberrypi kernel: [  272.603398] usb 1-1.2.2: New USB device strings: Mfr=1, Product=2, SerialNumber=3
Apr 19 19:25:29 raspberrypi kernel: [  272.603414] usb 1-1.2.2: Product: External HDD
Apr 19 19:25:29 raspberrypi kernel: [  272.603428] usb 1-1.2.2: Manufacturer: Western Digital
Apr 19 19:25:29 raspberrypi kernel: [  272.603441] usb 1-1.2.2: SerialNumber: 574341535932353438373737
Apr 19 19:25:29 raspberrypi kernel: [  272.615075] scsi0 : usb-storage 1-1.2.2:1.0
Apr 19 19:25:29 raspberrypi mtp-probe: checking bus 1, device 7: "/sys/devices/platform/bcm2708_usb/usb1/1-1/1-1.2/1-1.2.2"
Apr 19 19:25:29 raspberrypi mtp-probe: bus: 1, device: 7 was not an MTP device
Apr 19 19:25:30 raspberrypi kernel: [  273.612898] scsi 0:0:0:0: Direct-Access     WD       6400AAK External 1.05 PQ: 0 ANSI: 4
Apr 19 19:25:30 raspberrypi kernel: [  273.614573] sd 0:0:0:0: [sda] 1250263728 512-byte logical blocks: (640 GB/596 GiB)
Apr 19 19:25:30 raspberrypi kernel: [  273.615674] sd 0:0:0:0: [sda] Write Protect is off
Apr 19 19:25:30 raspberrypi kernel: [  273.633289]  sda: sda1
Apr 19 19:25:30 raspberrypi kernel: [  273.639096] sd 0:0:0:0: [sda] Attached SCSI disk
```

Abb. 4.52 Der rot umrandete Teil ist nach der Verbindung der USB-Festplatte mit dem Raspberry Pi in der Log-Datei erschienen

In der Abb. 4.52 ist der Erkennungsvorgang einer angeschlossenen USB-Festplatte der Firma Western Digital (wd) gezeigt, die als „sda1" ausgewiesen wird. Der Inhalt der Festplatte oder eines anderen Laufwerks wird üblicherweise in einem separaten Verzeichnis „gemounted".

Bei Raspbian Stretch Desktop ist in der Abb. 4.51 erkennbar, dass der USB-Stick unter `media\pi\2504-B64B` automatisch gemounted wurde. Falls stattdessen eine wiedererkennbare Bezeichnung verwendet werden soll, lässt sich für die Festplatte mit der folgenden Zeile ein neues Unterverzeichnis (wdplatte) in `/media` anlegen:

```
pi@raspberrypi: ~ $ sudo mkdir /media/wdplatte
```

Der Name „wdpatte" – das soeben angelegte Verzeichnis – muss jetzt der Festplatte (sda1) zugeordnet werden, wobei das jeweils auf der Festplatte verwendete Dateisystem bekannt sein muss. Hier wird als Typ (`mount -t`) das übliche Windows-Format für größere Festplatten ntfs bestimmt.

```
pi@raspberrypi: ~ $ sudo mount -t ntfs /dev/sda1 /media/wdplatte
```

Beim Mounten einer NTFS-Partition (Abb. 4.53) wird möglicherweise die Warnung *seems to be mounted read-only* ausgegeben, sodass zwar von der Partition gelesen, aber keine Daten geschrieben werden können. In diesem Fall fehlt der Linux-Installation ein Teil der NTFS-Unterstützung (ntfs-3g), was mit `sudo apt-get install ntfs-config` nachinstalliert werden kann.

```
pi@raspberrypi ~ $ sudo mount -t ntfs /dev/sda1 /media/wdplatte
pi@raspberrypi ~ $ cd ~
pi@raspberrypi ~ $ cd /media/wdplatte
pi@raspberrypi /media/wdplatte $ ls -l
insgesamt 52428860
drwxrwxrwx 1 pi pi       16384 Feb  4  2019
drwxrwxrwx 1 pi pi        4096 Apr 18  2019
drwxrwxrwx 1 pi pi       16384 Nov 15  2018
drwxrwxrwx 1 pi pi        4096 Nov 15  2018
drwxrwxrwx 1 pi pi        4096 Nov 15  2018
drwxrwxrwx 1 pi pi        4096 Mär 23  2018
drwxrwxrwx 1 pi pi           0 Mär 23  2019
drwxrwxrwx 1 pi pi           0 Mär 16  2019
drwxrwxrwx 1 pi pi           0 Jan 30  2019
-rwxrwxrwx 1 pi pi 53687091200 Mär 23  2019
drwxrwxrwx 1 pi pi        4096 Jan 26  2018
drwxrwxrwx 1 pi pi        4096 Nov 15  2018
drwxrwxrwx 1 pi pi        4096 Mär 16  2018
pi@raspberrypi /media/wdplatte $ cd ..
pi@raspberrypi /media $ sudo umount /media/wdplatte
pi@raspberrypi /media $
```

Abb. 4.53 Mounten der Festplatte, Anzeige der Verzeichnisse und wieder Unmounten der Festplatte

Damit das externe Laufwerk jedes Mal beim Booten automatisch im System eingebunden wird, kann es in die Datei `fstab` mit eingebunden werden. Vielfach ist dies jedoch gar nicht gewünscht, weil der Datenträger nicht permanent mit dem Raspberry Pi verbunden wird, sodass der entsprechende Mount-Aufruf im Bedarfsfall einfach wieder aus der History-Liste (Pfeil-Auf-Taste „↑") selektieren werden kann.

Für die Überprüfung, welche USB-Geräte angeschlossen – und erkannt – worden sind, gibt es noch den nützlichen Befehl *lsusb* (vgl. Abb. 4.54), der durch die Angabe der Option -t eine Baumstruktur mit den jeweiligen USB-Ports zur Anzeige bringt.

```
pi@raspberrypi:~ $ lsusb
Bus 001 Device 007: ID 058f:6387 Alcor Micro Corp. Flash Drive
Bus 001 Device 009: ID 0d8c:000c C-Media Electronics, Inc. Audio Adapter
Bus 001 Device 008: ID 0409:005a NEC Corp. HighSpeed Hub
Bus 001 Device 005: ID 0603:00f2 Novatek Microelectronics Corp. Keyboard (Labtec Ultra Flat Keyboard)
Bus 001 Device 004: ID 093a:2510 Pixart Imaging, Inc. Optical Mouse
Bus 001 Device 006: ID 0424:7800 Standard Microsystems Corp.
Bus 001 Device 003: ID 0424:2514 Standard Microsystems Corp. USB 2.0 Hub
Bus 001 Device 002: ID 0424:2514 Standard Microsystems Corp. USB 2.0 Hub
Bus 001 Device 001: ID 1d6b:0002 Linux Foundation 2.0 root hub
pi@raspberrypi:~ $ lsusb -t
/:  Bus 01.Port 1: Dev 1, Class=root_hub, Driver=dwc_otg/1p, 480M
    |__ Port 1: Dev 2, If 0, Class=Hub, Driver=hub/4p, 480M
        |__ Port 1: Dev 3, If 0, Class=Hub, Driver=hub/3p, 480M
            |__ Port 2: Dev 4, If 0, Class=Human Interface Device, Driver=usbhid, 1.5M
            |__ Port 3: Dev 5, If 0, Class=Human Interface Device, Driver=usbhid, 1.5M
            |__ Port 3: Dev 5, If 1, Class=Human Interface Device, Driver=usbhid, 1.5M
            |__ Port 1: Dev 6, If 0, Class=Vendor Specific Class, Driver=lan78xx, 480M
        |__ Port 2: Dev 8, If 0, Class=Hub, Driver=hub/4p, 480M
            |__ Port 4: Dev 9, If 1, Class=Audio, Driver=snd-usb-audio, 12M
            |__ Port 4: Dev 9, If 2, Class=Audio, Driver=snd-usb-audio, 12M
            |__ Port 4: Dev 9, If 0, Class=Audio, Driver=snd-usb-audio, 12M
            |__ Port 4: Dev 9, If 3, Class=Human Interface Device, Driver=usbhid, 12M
        |__ Port 3: Dev 7, If 0, Class=Mass Storage, Driver=usb-storage, 480M
pi@raspberrypi:~ $
```

Abb. 4.54 Informationen über die angeschlossenen und erkannten USB-Geräte und USB-Ports

Bei anderen USB-Laufwerken ist die Vorgehensweise prinzipiell die gleiche, wie es zuvor für die Festplatte beschrieben wurde. Falls das Mounten bei einem gewöhnlichen USB-Stick nicht funktionieren will, ist für das Fileformat *vfat* anzugeben und für ein CD/DVD-ROM-Laufwerk *iso9660*. Falls es sich um einen Brenner handelt, ist auf der Kommandozeile keine Schreibfunktionalität gegeben, die dann am besten mit einem separaten Programm unter einen grafischen Desktop zur Verfügung gestellt wird.

4.9.2 Drucker

Vielfach wird mit dem Raspberry Pi mithilfe von WinSCP oder TightVNC über eine Netzwerkverbindung kommuniziert, wobei der Host typischerweise von einem PC gebildet wird, der auch eine Druckfunktionalität zur Verfügung stellt, sodass der Raspberry Pi dann selbst keine bieten muss. Falls der Raspberry Pi als eigenständiges System fungieren soll, sei es als Office-Computer oder Messcomputer, kann eine direkte Druckerunterstützung sinnvoll sein. Außerdem lässt sich somit auf einfache Art und Weise ein gewöhnlicher Drucker mit USB-Anschluss zu einem Netzwerkdrucker erweitern, was auch für ältere Drucker interessant sein kann, für die es beispielsweise keine aktuellen Windows-Treiber mehr gibt.

Unter Linux ist das ***C****ommon* ***U****nix* ***P****rint* ***S****ystem* (CUPS) als Standard zu betrachten, welches die Drucker mit den entsprechenden Diensten steuert und von der Firma Apple entwickelt wurde. CUPS liefert neben den für das Drucken notwendigen Programmen standardmäßig eine Vielzahl von Druckertreibern. CUPS wird installiert mit:

```
pi@raspberrypi: ~ $ sudo apt-get install cups
```

Neben den damit automatisch mitgelieferten Standardtreibern gibt es einige (herstellerspezifische) Treiberbibliotheken, die die Nutzung speziellerer Optionen und Funktionen der einzelnen Drucker gestatten. Falls der Druckerhersteller einen spezifizierten Linux-Treiber für das jeweilige Modell zur Verfügung stellt, sollte dieser sämtliche Eigenschaften des Druckers abdecken, d. h., er ist die beste Wahl und sollte funktionstechnisch über die mitunter eher rudimentäre CUPS-Unterstützung hinausgehen.

Die CUPS-Druckerkonfigurierung ist am einfachsten über einen Web-Browser möglich, denn CUPS verfügt über einen integrierten Webserver, der über den Port 631 aufgerufen wird: http://localhost:631

Daraufhin erscheint die CUPS-Konfigurationsseite. Einstellungen sind jedoch ausschließlich Mitgliedern der Gruppe *lpadmin* (Line Printer Administrator) gestattet, sodass der User Pi (mit dem man sich angemeldet hat) dieser Gruppe hinzuzufügen ist, was wie folgt durchgeführt wird.

```
pi@raspberrypi:~ $ sudo usermod -a -G lpadmin pi
```

Diese Zeile sollte vom Linux-System kommentarlos übernommen werden, sodass nunmehr auch die Konfiguration mit CUPS durchgeführt werden kann. Hierfür ist zunächst die Seite unter VERWALTUNG aufzurufen (Abb. 4.55).

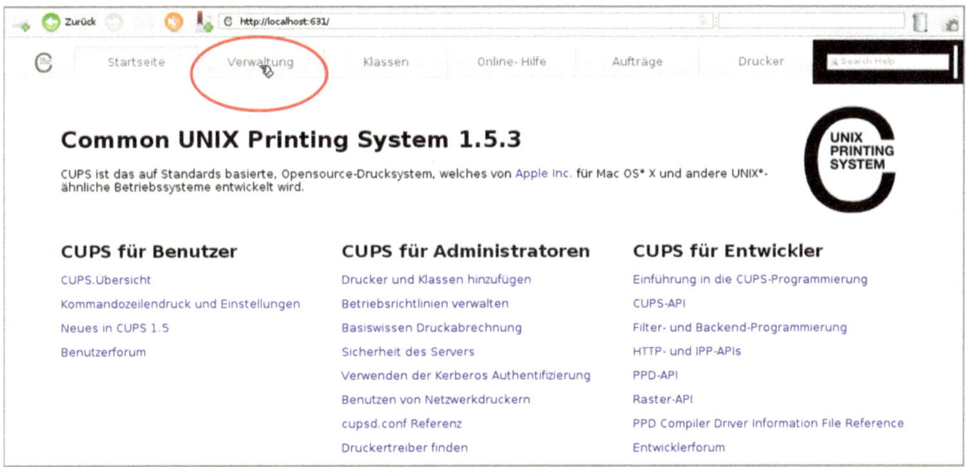

Abb. 4.55 Die Druckerkonfigurierung wird über VERWALTUNG ausgelöst

Daraufhin ist DRUCKER HINZUFÜGEN zu wählen, woraufhin die erforderliche Authentifizierung zu erfolgen hat, indem hier der übliche Benutzername (pi) mit dem dazugehörigen Password anzugeben ist. Ein angeschlossener USB-Drucker sollte in der nun folgenden Liste auftauchen und ist dementsprechend zu selektieren. Optional ist es an dieser Stelle auch möglich nach Netzwerkdruckern zu suchen und den „neuen" Drucker über FREIGABE als solchen zu bestimmen.

Unter MODELL werden typischerweise gleich mehrere (ähnliche) Druckertypen auftauchen, wobei dann die Betätigung des Buttons DRUCKER HINZUFÜGEN verschiedene konfigurierbare Optionen für den zuvor selektierten Drucker erscheinen lässt. Im einfachsten Fall wird an dieser Stelle lediglich STANDARDEINSTELLUNGEN FESTLEGEN (Abb. 4.56) ausgewählt, womit die Konfigurierung bereits beendet ist und eine Testseite ausgedruckt (Abb. 4.57) werden kann.

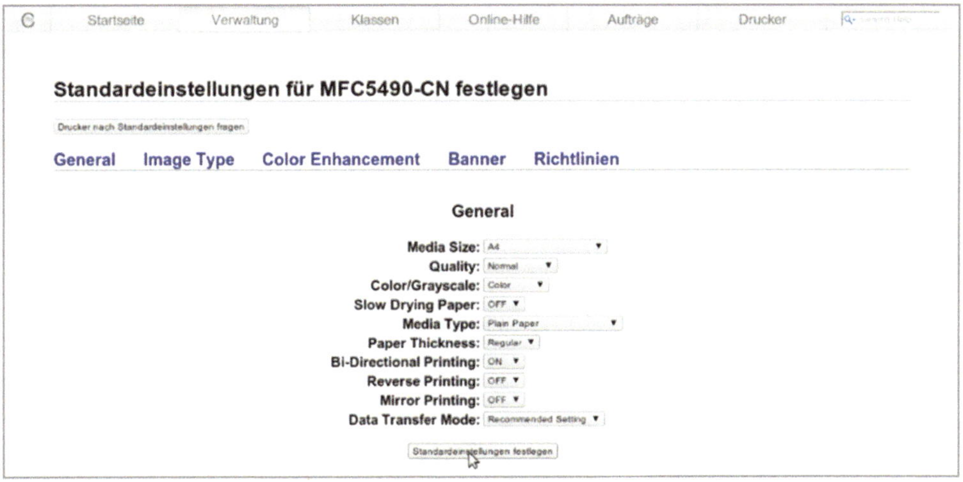

Startseite Verwaltung Klassen Online-Hilfe Aufträge Drucker

Standardeinstellungen für MFC5490-CN festlegen

Drucker nach Standardeinstellungen fragen

General Image Type Color Enhancement Banner Richtlinien

General

Media Size: A4
Quality: Normal
Color/Grayscale: Color
Slow Drying Paper: OFF
Media Type: Plain Paper
Paper Thickness: Regular
Bi-Directional Printing: ON
Reverse Printing: OFF
Mirror Printing: OFF
Data Transfer Mode: Recommended Setting

Standardeinstellungen festlegen

Abb. 4.56 Festlegen der Druckerstandardeinstellungen

Abb. 4.57 Drucken einer Testseite

Falls sich während der Druckerkonfigurierung mit CUPS herausstellen sollte, dass eine spezielle Treiberbibliothek für einen bestimmten Drucker notwendig ist, wird diese entsprechend angezeigt (z. B. gutenprint) und sollte daraufhin installiert (`sudo apt-get install cups-driver-gutenprint`) werden. Von vornherein diese oder jene Treiberbibliothek auf „Verdacht hin" zu installieren, macht keinen Sinn, denn diese können recht umfangreich sein, was den zur Verfügung stehenden Speicherplatz auf der SD-Karte reduziert. Es ist auch nicht unmittelbar ersichtlich, ob der gewünschte Drucker tatsächlich unterstützt wird. Deshalb ist es zu empfehlen, CUPS und die generell die Package List (`sudo apt-get update`) aktuell zu halten, damit CUPS die aktuell notwendigen Treiber im Bedarfsfall ausweisen kann.

Nach der Installation von CUPS sind die wichtigen Konfigurationsdaten unter `/etc/cups` zu finden. Für die grundlegende Konfiguration ist dabei der Inhalt der Datei cupsd.conf von Bedeutung, die auch mit einem üblichen Editor (z. B. mit nano) angepasst werden kann. Oftmals ist diese manuelle Konfigurierung jedoch gar nicht notwendig, denn die CUPS-Konfigurationsseite (Abb. 4.55) bietet eine Fülle von Einstellungsmöglichkeiten mit ausführlichen Erläuterungen für alle möglichen Drucker-Einsatzszenarien.

Software und Programmiergrundlagen 5

In diesem Kapitel werden einige grundlegende Dinge für den Umgang mit Software für den Raspberry Pi erläutert. Als Festspeicher für die Software wird die eingesetzte Micro SD Card (2–32 GByte) verwendet. Darauf befinden sich verschiedenen Partitionen, die während der Installation des Betriebssystems angelegt worden sind. Das Standardbetriebssystem für den Raspberry Pi ist das auf Debian-Linux basierende Raspbian (Abschn. 2.3), welches auf allen Raspberry Pi-Modelle läuffähig und deshalb auch als bevorzugtes System anzusehen ist. Raspbian gibt es mittlerweile in verschiedenen abwärtskompatiblen Versionen (Wheezy, Jessie, Stretch, Buster), wobei die erste noch nicht die vier Kerne eines ARM-SoCs unterstützt. Es ist speziell an den Raspberry Pi angepasst und lässt sich verhältnismäßig einfach konfigurieren und einsetzen. Standardmäßig unterstützt es auch die *Floating Point Unit* des SoC, was bei anderen Systemen nicht automatisch der Fall ist.

5.1 Firmware

Zur Software ist auch die so genannte *Firmware* zu rechnen, die üblicherweise in einem Chip der Elektronik abgelegt ist, wie es etwa bei einem PC der Fall ist, wo sich die Firmware (BIOS) in einem speziellen Speicherbaustein befindet. Von der ursprünglichen Definition handelt es sich dabei um eine „feste Software", die vom Hersteller programmiert und unveränderlich in einem Speicherchip abgelegt worden ist, was in früheren PC-Zeiten standardmäßig der Fall war, denn die Software befand sich in einem ROM (Read Only Memory). Seitdem stattdessen elektrisch löschbarer Speicher (EEPROM, Flash) für das PC-BIOS eingesetzt wird, ist es üblich geworden, dass hin und wieder ein BIOS-Update notwendig wird, um auf diese Art und Weise Herstellerfehler zu beseitigen oder auch neuere Funktionen hinzuzufügen.

Aus Leistungs- und Kostengründen gibt es beim Raspberry Pi weder ein BIOS, welches beim PC neben den grundlegenden Routinen für die Ansteuerung der Hardware auch

K. Dembowski, *Raspberry Pi – Das technische Handbuch*,
https://doi.org/10.1007/978-3-658-27493-1_5

über eine Setup-Funktion (BIOS Setup) für die Hardware-Konfigurierung verfügt, noch eine Firmware im klassischen Sinne. Vielmehr befinden sich diese grundlegenden Hardware-Routinen in einer Datei auf dem einzigen Festwertspeicher, den es beim Raspberry Pi gibt, also auf der SD-Karte.

5.1.1 Bootvorgang – Firmware und Kernel

Der Broadcom SoC ist derart entwickelt worden, dass er die Firmware direkt von der SD-Karte lesen kann, was in mehreren Stufen erfolgt. Nach dem Einschalten des Raspberry Pi sind die eigentliche ARM-CPU sowie das SDRAM zunächst inaktiv, und die GPU lädt die erste Stufe des Bootloaders vom ROM des SoC. Genau betrachtet, wäre dieser ROM-Code die eigentliche Firmware. Die Software im ROM kann nichts anderes, als auf die SD-Karte zugreifen, wo die zweite Stufe des Bootloaders in Form der Datei bootcode.bin (siehe Abb. 5.1) von der FAT-Partition der SD-Karte in das SDRAM geladen wird. Bei älteren Raspbian-Versionen (2012) existiert eine dritte Stufe (loader.bin) um die Daten zu laden und dann von der GPU ausführen zu lassen. Bei den aktuellen Versionen entfällt diese Stufe und die GPU lädt direkt die Firmware (start.elf) in das SRAM, woraufhin die CPU aktiviert und die SDRAM-Aufteilung mithilfe der Datei fixup.dat bestimmt wird.

overlays	13.11.2018 13:08	Dateiordner	
System Volume Information	05.03.2019 10:11	Dateiordner	
bcm2708-rpi-0-w.dtb	19.09.2018 19:06	DTB-Datei	23 KB
bcm2708-rpi-b.dtb	19.09.2018 19:06	DTB-Datei	23 KB
bcm2708-rpi-b-plus.dtb	19.09.2018 19:06	DTB-Datei	23 KB
bcm2708-rpi-cm.dtb	19.09.2018 19:06	DTB-Datei	23 KB
bcm2709-rpi-2-b.dtb	19.09.2018 19:06	DTB-Datei	24 KB
bcm2710-rpi-3-b.dtb	19.09.2018 19:06	DTB-Datei	25 KB
bcm2710-rpi-3-b-plus.dtb	19.09.2018 19:06	DTB-Datei	25 KB
bcm2710-rpi-cm3.dtb	19.09.2018 19:06	DTB-Datei	24 KB
bootcode.bin	12.11.2018 17:25	BIN-Datei	51 KB
cmdline		Textdokument	1 KB
config	13.11.2018 13:19	Textdokument	2 KB
COPYING.linux	09.03.2018 18:28	LINUX-Datei	19 KB
fixup.dat	12.11.2018 17:25	DAT-Datei	7 KB
fixup_cd.dat	12.11.2018 17:25	DAT-Datei	3 KB
fixup_db.dat	12.11.2018 17:25	DAT-Datei	10 KB
fixup_x.dat	12.11.2018 17:25	DAT-Datei	10 KB
issue	13.11.2018 14:24	Textdokument	1 KB
kernel	12.11.2018 17:25	Image-Dateien	4.579 KB
kernel7	12.11.2018 17:25	Image-Dateien	4.820 KB
LICENCE.broadcom	09.03.2018 18:28	BROADCOM-Datei	2 KB
LICENSE.oracle	13.11.2018 14:24	ORACLE-Datei	19 KB
start.elf	12.11.2018 17:25	ELF-Datei	2.791 KB
start_cd.elf	12.11.2018 17:25	ELF-Datei	663 KB
start_db.elf	12.11.2018 17:25	ELF-Datei	5.001 KB
start_x.elf	12.11.2018 17:25	ELF-Datei	3.963 KB

Abb. 5.1 Unter Windows kann lediglich die Bootpartition der für Linux vorgesehenen SD-Karte angezeigt werden

Danach folgen das Laden des Kernel Images (kernel.img). Die Konfigurationsdateien *config.txt* (GPU-Parameter, HDMI, Takt) sowie *cmdline.txt* (Kernel-Parameter, root, console) und die zum jeweiligen ARM-Kern passenden bcm-Dateien werden verarbeitet, woraufhin die GPU den ARM-Prozessor im SoC mit einem Offset-Sprung auf die Adresse 0x8000 startet. Dort befindet sich der Linux-Kernel, der nunmehr die weitere Ausführung übernimmt und das System vollständig bootet.

5.1.1.1 Der Boot-Vorgang

1. Bootloader-Schritt: GPU lädt den SoC-ROM-Code
2. Bootloader-Schritt: GPU-Zugriff auf die SD-Karte und **bootcode.bin** in das SDRAM laden.
3. CPU wird aktiviert (**start.elf**) und die SDRAM-Aufteilung mithilfe von **fixup.dat** festgelegt.
4. GPU lädt Kernel-Images (**kernel.img**). Ausführung der Konfigurationsdateien **config.txt** und **cmdline.txt**.
5. CPU führt den Linux-Kernel aus und übernimmt die weitere Ausführung bis das System vollständig hochgefahren ist.

Anhand der grünen LED auf dem Raspberry Pi Board kann man grob erkennen, in welchem Status sich der Bootvorgang gerade befindet, bevor die Meldungen auf dem Bildschirm erscheinen, was insbesondere im Fehlerfall nützlich sein kann.

- 3 Mal blinken: Datei start.elf nicht gefunden
- 4 Mal blinken: Datei start.elf nicht gestartet, Datei evtl. beschädigt
- 7 Mal blinken: Datei kernel.img nicht gefunden
- 8 Mal blinken: SDRAM nicht erkannt

5.2 Aktualisierungen – Updates

Eine Aktualisierung des Konfigurationsprogrammes raspi-config (Abschn. 4.1) lässt sich direkt durch Anwahl des entsprechen Update-Menüpunktes (Abschn. 4.1.8) auslösen. Die eigentliche Software wie das Betriebssystem und die installierten Pakete sind damit jedoch nicht aktualisiert worden, wofür weitere Schritte mit apt-get notwendig sind. Sicherheitshalber empfiehlt es sich vor Aktualisierungen das Datum zu kontrollieren bzw. zu setzen (`sudo date MMDDhhmm`), damit tatsächlich die neuesten Versionen übertragen werden.

Mit `sudo apt-get update` wird die Paketliste aktualisiert und nachfolgend wird die Aktualisierung der notwendigen Software mit `sudo apt-get upgrade` ausgelöst (Abb. 5.2). Dabei kann der optionale Parameter -y mit angegeben werden, der dafür sorgt, dass Nachfragen während des Aktualisierungsvorgangs automatisch mit Ja beantwortet werden.

Systemaktualisierungen

- **raspi-config:** Direkt in raspi-config über Menüpunkt *8 Update*
- **Paketliste:** Eingabe des Kommandos *sudo apt-get update*
- **Software:** Eingabe des Kommandos *sudo apt-get upgrade*
- **Raspbian:** Eingabe des Kommandos *sudo apt-get dist-update*
- **Firmware und Kernel:** Eingabe von *sudo rpi-update* nach vorheriger Konfigurierung

```
pi@raspberrypi:~ $ sudo apt-get update
Holen:1 http://archive.raspberrypi.org/debian stretch InRelease [25,4 kB]
Holen:2 http://raspbian.raspberrypi.org/raspbian stretch InRelease [15,0 kB]
Holen:3 http://raspbian.raspberrypi.org/raspbian stretch/main armhf Packages [11,7 MB]
Holen:4 http://archive.raspberrypi.org/debian stretch/main armhf Packages [214 kB]
Holen:5 http://archive.raspberrypi.org/debian stretch/ui armhf Packages [44,4 kB]
Holen:6 http://raspbian.raspberrypi.org/raspbian stretch/non-free armhf Packages [95,5 kB]
Es wurden 12,1 MB in 8 s geholt (1.397 kB/s).
Paketlisten werden gelesen... Fertig
pi@raspberrypi:~ $ sudo apt-get upgrade
Paketlisten werden gelesen... Fertig
Abhangigkeitsbaum wird aufgebaut.
Statusinformationen werden eingelesen.... Fertig
Paketaktualisierung (Upgrade) wird berechnet... Fertig
Die folgenden Pakete wurden automatisch installiert und werden nicht mehr benötigt:
  realpath vlc-plugin-notify vlc-plugin-samba vlc-plugin-video-splitter vlc-plugin-visualization
Verwenden Sie »sudo apt autoremove«, um sie zu entfernen.
Die folgenden Pakete sind zurückgehalten worden:
  libvlc-bin libvlc5 python-gpiozero python3-gpiozero python3-thonny vlc vlc-bin vlc-data vlc-l10n vlc-plugin-base
  vlc-plugin-qt vlc-plugin-skins2 vlc-plugin-video-output
Die folgenden Pakete werden aktualisiert (Upgrade):
  ant ant-optional apt apt-transport-https apt-utils base-files bluez-firmware curl erlang-base erlang-crypto
  erlang-syntax-tools ffmpeg geany geany-common gnupg gnupg-agent gpgv gtk2-engines-clearlookspix libapt-inst2.0
  libapt-pkg5.0 libarchive13 libav-tools libavcodec57 libavdevice57 libavfilter6 libavformat57 libavresample3 libavutil55
  libbasicusageenvironment1 libc-bin libc-dev-bin libc-l10n libc6 libc6-dbg libc6-dev libcurl3 libcurl3-gnutls libgd3
  libgroupsock8 libgs9 libgs9-common libldb1 liblivemedia57 libobrender32v5 libobt2v5 libpam-systemd libperl5.24
  libpixman-1-0 libpolkit-agent-1-0 libpolkit-backend-1-0 libpolkit-gobject-1-0 libpostproc54 libpq5 libqt5concurrent5
  libqt5core5a libqt5dbus5 libqt5gui5 libqt5network5 libqt5opengl5 libqt5printsupport5 libqt5sql5 libqt5sql5-sqlite
  libqt5widgets5 libqt5xml5 libraspberrypi-bin libraspberrypi-dev libraspberrypi-doc libraspberrypi0 libscsynth1
  libsdl1.2debian libsdl2-2.0-0 libsmbclient libssh-gcrypt-4 libssl1.0.2 libssl1.1 libswresample2 libswscale4 libsystemd0
  libtiff5 libudev1 libusageenvironment3 libvlccore9 libwayland-client0 libwayland-cursor0 libwayland-server0 libwbclient0
  libxapian30 libzmq5 locales lxappearance-obconf lxplug-network multiarch-support obconf openbox openssh-client
  openssh-server openssh-sftp-server openssl perl perl-base perl-modules-5.24 pi-greeter piclone pimixer pipanel piwiz
  policykit-1 python-rpi.gpio python3-isort python3-rpi.gpio python3-six python3-thonny-pi qt5-gtk-platformtheme
  raspberrypi-bootloader raspberrypi-kernel raspberrypi-sys-mods raspberrypi-ui-mods raspi-config rc-gui realvnc-vnc-viewer
  rp-prefapps rpi-chromium-mods samba-common samba-libs scratch2 ssh supercollider-server systemd systemd-sysv tzdata udev
  vlc-plugin-notify vlc-plugin-samba vlc-plugin-video-splitter vlc-plugin-visualization wireless-regdb wpasupplicant zenity
  zenity-common
139 aktualisiert, 0 neu installiert, 0 zu entfernen und 13 nicht aktualisiert.
Es mussen 241 MB an Archiven heruntergeladen werden.
Nach dieser Operation werden 2.062 kB Plattenplatz zusatzlich benutzt.
Möchten Sie fortfahren? [J/n]
```

Abb. 5.2 Die Paketlisten wurden erfolgreich aktualisiert, woraufhin die Installation der Software erfolgt, wobei möglicherweise einige Nachfragen auftauchen

Wie das Betriebssystem und die Software unterliegen sowohl die Kernel-Software als auch die Firmware laufenden Änderungen, sodass es sinnvoll sein kann, auch hier eine Aktualisierung vorzunehmen, was etwas mehr Aufwand als die drei anderen Systemaktualisierungen erfordert.

Dabei gilt auch hier, wie generell für Software-Aktualisierungen, dass mit einem Update nicht zwangsläufig merkliche Verbesserungen erzielt werden, sondern es kann auch vorkommen, dass zuvor einwandfrei funktionierende Applikationen nicht mehr wie gewohnt agieren, weil sich gewissermaßen das „Fundament“ des betreffenden Programms mit dem Update geändert hat. Beim Upgrade wird möglicherweise auch explizit darauf hingewiesen beispielsweise mit einer Meldung wie *Changes that could break older environments*.

Zur Anzeige der momentanen **Kernel-Version** ist die folgende Zeile einzugeben:

```
pi@raspberrypi:~ $ uname -a
```

Und die **Firmware-Version** wird angezeigt mit:

```
pi@raspberrypi:~ $ vcgencmd version
```

Mithilfe des Programms *vcgencmd* (in `/opt/vc/bin/`) lassen sich eine Reihe von weiteren nützlichen Daten (Abb. 5.3) anzeigen wie etwa die Taktfrequenz, die Speicheraufteilung zwischen CPU und GPU oder auch die Chiptemperatur (`vcgencmd measure_temp`). Alle möglichen Befehle werden mit `vcgencmd commands` dargestellt.

```
pi@raspberrypi:~ $ vcgencmd version
Nov  4 2018 16:31:07
Copyright (c) 2012 Broadcom
version ed5baf9520a3c4ca82ba38594b898f0c0446da66 (clean) (release)
pi@raspberrypi:~ $ vcgencmd commands
commands="vcos, ap_output_control, ap_output_post_processing, vchi_test_init,
est_stop, vctest_set, vctest_get, pm_set_policy, pm_get_status, pm_show_stats
mands, set_vll_dir, set_backlight, set_logging, get_lcd_info, arbiter, cache_
camera, get_mem, measure_clock, measure_volts, scaling_kernel, scaling_sharpn
, get_config, hdmi_ntsc_freqs, hdmi_adjust_clock, hdmi_status_show, hvs_updat
hannels, hdmi_channel_map, display_power, read_ring_osc, memtest, dispmanx_li
use_notify, sus_suspend, sus_status, sus_is_enabled, sus_stop_test_thread, eg
oc_stats, hdmi_cvt, hdmi_timings, file"
pi@raspberrypi:~ $ vcgencmd measure_temp
temp=46.2'C
```

Abb. 5.3 Mit vcgencmd lässt sich die genaue Firmware-Version ermitteln sowie andere nützliche Daten wie die aktuelle Chiptemperatur

Die aktuellen Kernel- und Firmware-Versionen sind im Internet wie vieles andere auch (Dokumentationen, NOOBs) bei GitHub zu finden. Dieser Hosting-Dienst wird für unterschiedlichste Entwicklungsprojekte eingesetzt wie etwa für Bundestagsgesetze, Mac- und Windows-Entwicklungen und eben auch für den Raspberry Pi. Das Versionsverwaltungssystem Git (engl. Schwachkopf, Blödmann) kontrolliert dabei nicht Codes, sondern die Repositories (Aufbewahrungsort) für die Codes.

Eine Möglichkeit der Aktualisierung ist das Kopieren der Dateien (start.elf, kernel.img) direkt mit einem PC auf die SD Card. Dabei ist die separate Beschaffung der Software jedoch etwas unübersichtlich und damit fehleranfällig. Es gibt jedoch eine automatisierte Methode, die jederzeit komfortabel direkt mit dem Raspberry Pi ausgeführt werden kann.

Bei den früheren Raspbian-Versionen waren für den Kernel- und Firmware-Update verschiedene Pakete (git-core, rpi-update) und etwas Konfigurationsarbeit notwendig, Mittlerweile ist dies einfacher zu handhaben, indem lediglich `rpi-update` aufzurufen ist. Falls das Programm noch nicht vorhanden sein sollte, lässt es sich einfach mit `apt-get install rpi-update` nachinstallieren.

```
pi@raspberrypi:~ $ sudo rpi-update
 *** Raspberry Pi firmware updater by Hexxeh, enhanced by AndrewS and Dom
 *** Performing self-update
 *** Relaunching after update
 *** Raspberry Pi firmware updater by Hexxeh, enhanced by AndrewS and Dom
 *** We're running for the first time
 *** Backing up files (this will take a few minutes)
 *** Remove old firmware backup
 *** Backing up firmware
 *** Remove old modules backup
 *** Backing up modules 4.14.98-v7+
 *** Downloading specific firmware revision (this will take a few minutes)
  % Total    % Received % Xferd  Average Speed   Time    Time     Time  Current
                                 Dload  Upload   Total   Spent    Left  Speed
100   168    0   168    0     0    217      0 --:--:-- --:--:-- --:--:--   217
100 58.2M  100 58.2M    0     0  3250k      0  0:00:18  0:00:18 --:--:-- 1196k
 *** Updating firmware
 *** Updating kernel modules
 *** depmod 4.19.25+
 *** depmod 4.19.25-v7+
 *** Updating VideoCore libraries
 *** Using HardFP libraries
 *** Updating SDK
 *** Running ldconfig
 *** Storing current firmware revision
 *** Deleting downloaded files
 *** Syncing changes to disk
 *** If no errors appeared, your firmware was successfully updated to 82f49d8dfd
 *** A reboot is needed to activate the new firmware
pi@raspberrypi:~ $
```

Abb. 5.4 Durchführung der Updates für Firmware und Kernel

Die Aktualisierung der Software für Firmware und Kernel (Abb. 5.4) kann – je nach vorhandenem Versionsstand – eine gewisse Zeit in Anspruch nehmen. Die geladenen Daten werden in den Verzeichnissen `/boot` und `lib/modules` gespeichert. Dabei wird automatisch ein Backup der vorhandenen Dateien in `/boot.bak` angelegt, sodass das Update im Bedarfsfall auch wieder rückgängig gemacht werden kann, indem die hier vorhandenen Daten nach `/boot` kopiert und dadurch die neuen Daten mit den vorherigen wieder überschieben werden. Damit die (neuen) Daten in Kraft treten ist stets ein Neuboot von Raspbian notwendig.

5.3 New Out Of Box Software – NOOBS

Seit Mitte des Jahres 2013 stellt die *Raspberry Pi Foundation* ein Paket mit verschiedenen Betriebssystemen zur Verfügung, welches einen Installer (NOOBs, Abb. 5.5) bietet, um wahlweise und ohne großen Aufwand eines dieser Systeme installieren zu können. Der Inhalt des Paketes ist laufenden Änderungen unterworfen und enthielt zunächst die Linux-Betriebssysteme Arch Linux, Pidora Linux und Raspbian sowie RISC OS und die beiden Mediacenterlösungen OpenELEC und RaspBMC. Mittlerweile gehören standardmäßig nur noch Raspbian und LibreELEC dazu. Weitere Systeme lassen sich über den Installer auswählen, der hierfür entsprechende Internetverbindungen herstellt und das selektierte System dann installiert. Eine weitere Version mit der Bezeichnung *NOOBS Lite* enthält keine vorbereiteten Systeme, ist also nur Online zu verwenden und ansonsten mit der üblichen NOOBs-Version identisch.

NOOBs wird nicht wie Raspbian als Image geliefert, sondern als ZIP-Datei, was nach dem Auspacken zu einzelnen Dateien führt, die auf eine leere und mit FAT32-formatierte SD-Karte zu kopieren sind. Falls es sich um eine neue, bereits formatierte SD Card mit mindestens 8 GByte Kapazität handelt, sollte sie nach dem Kopieren sofort zu einem Boot des Raspberry Pi führen. Falls die SD Card jedoch bereits zuvor mit Linux oder einen anderen „Windows-fremden" Format verwendet worden ist, kann es passieren, dass die *Datenträgerverwaltung* von Windows nicht in der Lage ist die maximale Kapazität der SD Card mit einem Volume zu versehen und anschließend mit FAT32 zu formatieren. In solch einen Fall, oder auch wenn sich die SD Card beim späteren Einsatz als fehlerhaft erweisen sollte, ist ein separates Tool wie der *SD Memory Card Formatter* meist die Lösung, damit sich die SD Card gemäß der SD/SDHS/SDXC-Spezifikation (Abschn. 3.2.2) korrekt formatieren lässt.

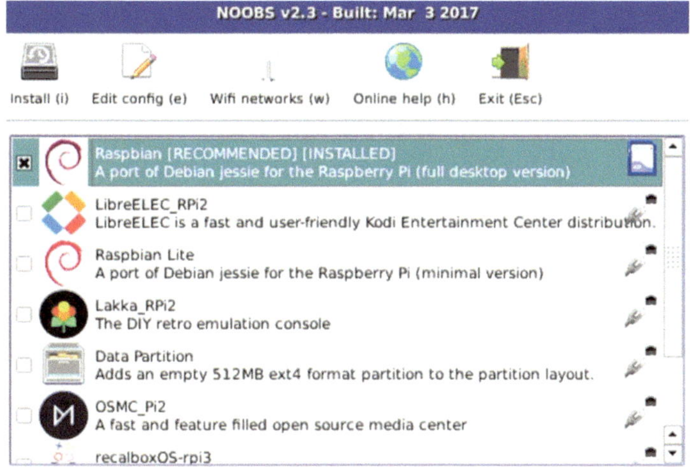

Abb. 5.5 NOOBS erlaubt die Auswahl verschiedener Systeme, wofür eine WLAN-Verbindung notwendig ist

Um Raspbian oder LibreELEC zu installieren, ist es im Prinzip einfacher den direkten Weg ohne NOOBs, also über das Schreiben der jeweiligen Image-Datei, zu gehen. Für die Auswahl eines Systems über NOOBs wird zudem eine funktionierende WLAN-Verbindung benötigt, was sich letztlich als unpraktisch erweist und dem ursprünglichen Sinn und Zweck von NOOBs, d. h. die lokale vereinfachte Installation verschiedener Systeme zuwiderläuft.

5.4 Linux

Das beim Raspberry Pi standardmäßig verwendete Betriebssystem ist Raspbian, welches einer angepassten Debian-Linux-Version entspricht. Die verschiedenen Linux-Distributionen, wie beispielsweise Ubuntu, welches ebenfalls auf Debian basiert, oder Red-Hat oder auch SuSE haben alle einen gemeinsamen Linux-Kern, der in Abhängigkeit von der jeweiligen Distribution über unterschiedliche Programme, Werkzeuge und besondere Ausstattungsmerkmale verfügt. Deshalb sind die meisten der grundlegenden Befehle auf der Kommandozeile (Terminalmodus) bei allen Linux-Versionen gleich und gehorchen dem gleichen Partitions- und Verzeichnisgefüge, wodurch der Raspberry Pi für Linux-Kenner eine vertraute Umgebung bietet. Für alle anderen Benutzer werden in diesem Kapitel einige nützliche Linux-spezifische Dinge zusammengefasst dargestellt.

5.4.1 Dateisystem und Verzeichnisstruktur

Um sich einen ersten (groben) Überblick über das Dateisystem und die Daten auf der SD-Karte zu verschaffen, empfiehlt sich die Anwendung des Befehls `df`, was für *Disk Free* steht und mehrere Optionen kennt. Welche dies im Einzelnen sind, lässt sich durch das Voranstellen des Kürzels `man` (Abb. 5.6), was für Manual, also Anleitung steht, herausfinden, was ganz allgemein für die üblichen Linux-Befehle gilt.

```
pi@raspberrypi ~ $ man df
DF(1)                         User Commands                         DF(1)

NAME
       df - report file system disk space usage

SYNOPSIS
       df [OPTION]... [FILE]...

DESCRIPTION
       This  manual  page  documents  the  GNU version of df.  df displays the
       amount of disk space available on the file system containing each  file
       name  argument.   If  no file name is given, the space available on all
       currently mounted file systems is shown.  Disk space  is  shown  in  1K
       blocks  by  default, unless the environment variable POSIXLY_CORRECT is
       set, in which case 512-byte blocks are used.

       If an argument is the absolute file name of a disk device node contain‐
       ing  a  mounted  file system, df shows the space available on that file
       system rather than on the file system containing the device node (which
       is  always  the  root file system).  This version of df cannot show the
       space available on unmounted file systems, because  on  most  kinds  of
       systems  doing  so requires very nonportable intimate knowledge of file
       system structures.

OPTIONS
       Show information about the file system on which each FILE  resides,  or
       all file systems by default.

       Mandatory  arguments  to  long  options are mandatory for short options
       too.

       -a, --all
              include dummy file systems

       -B, --block-size=SIZE
              scale sizes by SIZE before printing them.   E.g.,  '-BM'  prints
              sizes in units of 1,048,576 bytes.  See SIZE format below.

       --total
              produce a grand total

       -h, --human-readable
              print sizes in human readable format (e.g., 1K 234M 2G)

       -H, --si
              likewise, but use powers of 1000 not 1024

       -i, --inodes
              list inode information instead of block usage
```

Abb. 5.6 Zu jedem gewöhnlichen Linux-Befehl gibt es eine Erläuterung oder Hilfedatei, indem dem jeweiligen Befehl „man" vorangestellt wird

Mit der Option `-h` wird beim df-Befehl eine einfache Ausgabe (human readable) erreicht, wie es in der Abb. 5.7 zu erkennen ist. Die Überschrift der ausgegebenen Tabelle kennzeichnet die gesamte Größe einer Partition (in Gigabyte), BENUTZT gibt an, wie viel davon in Gebrauch sind. VERF. zeigt wie viel Speicher noch zur Verfügung steht, gefolgt von einer Prozentangabe für die aktuelle Verwendung (VERW%) und an welcher Stelle die Partitionen oder Verzeichnisse *eingehängt* sind. Der Begriff „eingehängt" soll besagen, an welcher Stelle des Dateisystems die Verzeichnisse oder Partitionen lokalisiert sind, es handelt sich dabei gewissermaßen um eine Pfadangabe, auch wenn es sich dabei nicht um Pfade oder Verzeichnisse handelt wie sie von DOS oder Windows her bekannt sind. Die Laufwerke werden unter Linux stets „gemountet", d. h., sie werden in den Dateibaum unter Linux eingehängt (`mount /dev/sdd1`) und können dementsprechend auch wieder aus dem Dateibaum herausgenommen werden (`umount /dev/sdd1`).

```
pi@raspberrypi:/ $ df -h
Dateisystem     Größe Benutzt Verf. Verw% Eingehängt auf
/dev/root        7,1G    4,9G  1,9G   73% /
devtmpfs         459M       0  459M    0% /dev
tmpfs            464M       0  464M    0% /dev/shm
tmpfs            464M     13M  452M    3% /run
tmpfs            5,0M    4,0K  5,0M    1% /run/lock
tmpfs            464M       0  464M    0% /sys/fs/cgroup
/dev/mmcblk0p1    44M     23M   22M   52% /boot
tmpfs             93M       0   93M    0% /run/user/1000
pi@raspberrypi:/ $
```

Abb. 5.7 Die Belegung einer eingesetzten 8 GByte-SD Card

Unter Linux werden alle Geräte wie Festplatten oder Schnittstellen als Dateien bzw. Verzeichnisse geführt, und die hierfür geltenden Bezeichnungen sind mehr oder weniger standardisiert. Es gibt hier generell kein Laufwerk A: (Diskettenlaufwerk) oder ein Laufwerk C: (Festplatte), sondern spezielle Bezeichnungen, wie beispielsweise `/dev/fd0` für ein Diskettenlaufwerk oder `/dev/hda` für eine Festplatte. Beides ist beim Raspberry Pi nicht vorhanden, sondern nur die SD Card, die als `/dev/root` und `/dev/mmcblk0p1` auftaucht, wobei letzteres der Boot-Partition entspricht. Die Bezeichnung „mmcblk0p1" ist während der Installation des Betriebssystems angelegt worden und könnte auch eine einfachere Bezeichnung wie eben sdd1 oder sda tragen. Falls (später) weitere Laufwerke hinzugefügt werden, was beispielsweise ein USB-Stick sein kann, wird das zugrunde gelegte Bezeichnungsschema weitergeführt, und das Laufwerk erhält eine Bezeichnung wie *sdd2*, *sdb* oder eben *mmcblk0p2* und kann über das Mounten (`mount /dev/sdd2`) in den Linux-Dateibaum eingehängt werden.

Nur der Boot-Teil lässt sich auch unter einem anderen Betriebssystem wie Windows anzeigen (vgl. Abb. 5.1), und einige Dateien (z. B. config.txt) können dann auch mit einem Editor gelesen und angepasst werden. Die Boot-Partition ist im üblichen FAT32-Format (File Allocation Table) angelegt, während der Rest das – für Windows nicht lesbare – Linux-Format (ext4) verwendet.

Neben der Boot-Partition gibt es demnach die Linux-Partition `/dev/root` (Abb. 5.7), und dort sind mehrere tmp-Pfade „eingehängt", wobei die mit „run" bezeichneten während der Laufzeit erzeugt werden; dies sind also keine physikalisch vorhandenen, sondern sie werden automatisch im SDRAM-Speicher erzeugt und verwaltet und entsprechend in den Linux-Dateibaum eingehängt. Alle weiteren Partitionen werden grundsätzlich unterhalb des Root-Verzeichnisses eingehängt, wodurch sich die Baumstruktur ergibt, die mit dem Befehl `tree` angezeigt werden kann. Der Inhalt des aktuellen Verzeichnisses wird mit `ls` angezeigt, sinnvoller ist meist die erweiterte Angabe `ls -l`. bei der auch die Zugriffsrechte (Abschn. 5.4.3) mit abgebildet (Abb. 5.8) werden.

```
pi@raspberrypi:/ $ ls -l
insgesamt 75
drwxr-xr-x   2 root root  4096 Mär  7 10:40 bin
drwxr-xr-x   4 root root  2560 Jan  1  1970 boot
drwxr-xr-x   4 root root  4096 Jan  1  1970 boot.bak
drwxr-xr-x  16 root root  3660 Mär  7 13:33 dev
drwxr-xr-x 112 root root  4096 Mär  7 10:55 etc
drwxr-xr-x   3 root root  4096 Nov 13 14:09 home
drwxr-xr-x  17 root root  4096 Mär  7 10:53 lib
drwx------   2 root root 16384 Nov 13 15:21 lost+found
drwxr-xr-x   2 root root  4096 Nov 13 13:56 media
drwxr-xr-x   2 root root  4096 Nov 13 13:56 mnt
drwxr-xr-x   7 root root  4096 Nov 13 14:55 opt
dr-xr-xr-x 150 root root     0 Jan  1  1970 proc
drwx------   7 root root  4096 Mär  7 10:55 root
drwxr-xr-x  27 root root   800 Mär  7 13:34 run
drwxr-xr-x   2 root root  4096 Mär  7 10:44 sbin
drwxr-xr-x   2 root root  4096 Nov 13 13:56 srv
dr-xr-xr-x  12 root root     0 Mär 13 09:26 sys
drwxrwxrwt  12 root root  4096 Mär 13 10:57 tmp
drwxr-xr-x  11 root root  4096 Nov 13 14:37 usr
drwxr-xr-x  11 root root  4096 Nov 13 15:24 var
pi@raspberrypi:/ $ tree /boot |more
/boot
├── bcm2708-rpi-0-w.dtb
├── bcm2708-rpi-b.dtb
├── bcm2708-rpi-b-plus.dtb
├── bcm2708-rpi-cm.dtb
├── bcm2709-rpi-2-b.dtb
├── bcm2710-rpi-3-b.dtb
├── bcm2710-rpi-3-b-plus.dtb
├── bcm2710-rpi-cm3.dtb
├── bootcode.bin
├── cmdline.txt
├── config.txt
├── COPYING.linux
├── fixup_cd.dat
├── fixup.dat
├── fixup_db.dat
├── fixup_x.dat
```

Abb. 5.8 Zur Orientierung erfolgt die Anzeige des aktuellen Inhaltverzeichnisses mit ls -l und die des boot-Verzeichnisbaumes mit tree /boot |more

Bei älteren Raspbian-Versionen musste `tree` nachinstalliert werden, es ist mittlerweile standardmäßig mit dabei. Wenn `tree` aus dem Hauptverzeichnis aufgerufen wird, ist die Baumausgabe recht lang und unübersichtlich, sodass man explizit ein spezielles Verzeichnis anwählen, und ggfs. bestimmte Parameter (`man tree`) mit angeben sollte, um einen Überblick zu erhalten. Beispielsweise werden durch die Option `-d` nur die Verzeichnisse, nicht jedoch die darin befindlichen Daten angezeigt.

Die Textausgabe ist bei vielen Befehlen oftmals länger als eine Bildschirmseite, sodass der Text möglicherweise seitenweise „vorbeirauscht". Für eine Bildschirmausgabe, wie beispielsweise bei `tree`, sorgt die zusätzliche Angabe von `|more` für eine Anzeige einzelner Bildschirmseiten, die weitergeblättert werden können. Grundsätzlich kann das Zeichen „|" (alt gr + <) gefolgt von `more` bei längeren Bildschirmausgaben nachgestellt werden, woraufhin die Anzeige nach jeder Seite anhält und erst durch eine Tastenbetätigung die nächste erscheint.

Wie jedes Betriebssystem kennt auch Linux Dateien und Verzeichnisse, wobei hier Ähnlichkeiten zu DOS nicht von ungefähr kommen, denn DOS stellt gewissermaßen ein stark reduziertes UNIX dar – und Linux ist eine UNIX-Variante. DOS kennt allerdings weder Multitasking noch einen Multiuser-Betrieb und bringt standardmäßig auch keinerlei Netzwerkunterstützung mit. Außerdem unterliegt Linux nicht der 8.3-Bezeichnungskonvention (d. h. die Bezeichnung einer Datei darf hier nur aus maximal 8 Buchstaben plus einer dreistelligen Endung wie etwa *.doc* oder *.com* bestehen), und es wird generell zwischen der Groß- und Kleinschreibung unterschieden, was DOS- und auch Windows-Anwender als Linux-Einsteiger immer wieder zu fehlerhaften Angaben verleitet.

Spezielle Endungen (Extensions) für ausführbare Dateien gibt es bei Linux nicht, diese werden hier durch einen Stern (∗) gekennzeichnet. Ein weiterer wichtiger Unterschied zu DOS ist die Angabe von Pfaden bzw. Unterverzeichnissen. Um unter DOS zu einem Unterverzeichnis *Briefe* im Verzeichnis Texte zu wechseln, wäre *cd \texte\briefe* einzugeben, während dies unter Linux mit *cd /texte/briefe* zu erledigen ist. Statt des Backslash „\" wird also der Schrägstrich „/" verwendet, und dies sollte man keineswegs verwechseln, da es schwerwiegende Konsequenzen haben kann, etwa bei der verzeichnisweisen Umbenennung von Dateien oder der Veränderung von Dateiattributen. Die folgende Tab. 5.1 zeigt die bei Linux vorhandenen Verzeichnisse (vgl. Abb. 5.8), wie sie auch bei Raspbian vorhanden sind, mit einer kurzen Erläuterung zu den wesentlichen Inhalten. In Abhängigkeit von der jeweiligen Distribution kann es noch weitere Verzeichnisse geben, oder es sind möglicherweise auch einige nicht vorhanden, oder einige sind auch leer, was für das grundlegende Verständnis aber keine Rolle spielt.

Tab. 5.1 Verzeichnisse unter Linux und was sie im Wesentlichen beinhalten

Verzeichnis	Bedeutung	Funktion/Inhalt
/..	Verzeichnis	Das Hauptverzeichnis, welches alle anderen als Unterverzeichnisse enthält.
/bin	Binary	Enthält die für alle Benutzer zugänglichen Befehle sowie Binärfiles für den Desktop.
/boot	Boot	Bootsektorinformationen und die Kernel-Dateien. Im Grunde genommen sind hier alle Daten zu finden, die für den Systemstart benötigt werden.
/boot.bak	Backup	Sicherheitskopien für vorherige Firmware- und Kernel-Dateien.
/dev	Devices	Hier sind die Gerätedateien (Treiber) der Linux-Distribution abgelegt. Sie erlauben den direkten Zugriff auf bestimmte Hard- und Software-Funktionen (z. B. Sound, HDMI).
/etc	Ecetera	Enthält Informations- und Konfigurationsdateien, wie z. B. für die Hardware- und Benutzerverwaltung und die verschlüsselten Passwörter.
/home	Home Directories	Dieses Verzeichnis enthält für jeden im System eingerichteten Benutzer ein eigenes Unterverzeichnis. Standardmäßig existiert hier zunächst nur der User pi.
/lib	Library	Hier sind die verschiedenen Bibliotheken zu finden, die erst dann (zur Laufzeit) geladen werden, wenn sie von einer Anwendung benötigt werden.
/lost+found	Lost and Found	Dient als „Papierkorb“ für Dateien, die noch im System vorhanden sind, aber deren Verzeichniseinträge gelöscht worden sind. Der direkte Zugriff ist automatisch nur dem User *root* gestattet.
/media	Media	Ein spezielles Verzeichnis für das Mounten von Wechseldatenträgern wie USB-Sticks oder CD/DVD-Laufwerken.
/mnt	Mount	Dies ist das allgemeine Verzeichnis für die Aufnahme von Dateisystemen, die im System „gemountet“ werden.
/opt	Optional	Hier wird zusätzliche Software gespeichert, die nicht direkter Bestandteil des Betriebssystems ist.
/proc	Processes	Enthält Informationen über die Konfiguration (z. B. CPU-Typ, USB-Devices) und laufende Prozesse, die von Programmen ausgewertet werden können.
/root	Root	Das Verzeichnis des Benutzers *root*.
/run	Run	In diesem Verzeichnis werden zur Laufzeit benötigte Daten abgelegt, die in */tmp* nicht sicher genug sind, weil sie dort versehentlich gelöscht werden könnten.
/sbin	System Binary	Programme für die System- und Benutzerverwaltung sowie diverse Systemdienste, die für die Administration (root) vorgesehen sind.
/selinux	Security Enhanced	Optionale spezielle Sicherheitsprogramme. Typischerweise ist dieses Verzeichnis leer.
/srv	Services	Hier befinden sich Daten, die von Diensten des Systems stammen. Falls keine Server-Dienste wie ein Web- oder FTP-Server genutzt werden, ist das Verzeichnis leer.

(Fortsetzung)

Tab. 5.1 (Fortsetzung)

Verzeichnis	Bedeutung	Funktion/Inhalt
/tmp	Temporary	Ein temporäres Verzeichnis für die vorübergehende Ablage von Daten.
/usr	User	In diesem Verzeichnis ist der größte Anteil der installierten Software zu finden. Die hier lokalisierten Unterverzeichnisse wie */usr/bin* oder */usr/lib* entsprechen in ihren Funktionen in großen Teilen denjenigen Verzeichnissen, die auch direkt zugänglich sind, und ergänzen sich gewissermaßen.
/var	Variables	Dieses Verzeichnis enthält Konfigurationsdateien und auch veränderbare Anteile des Betriebssystems.

5.4.2 Kommandos und Befehlsausführung

Der Umgang mit Linux ist für Windows- und Android-Benutzer zunächst etwas ungewohnt, insbesondere, weil viele Dinge schnell und effektiv über die Kommandozeile zu erledigen sind, was die Kenntnis der (wichtigsten) Kommandos und Bedienungsmethoden erfordert und hier (vgl. Tab. 5.2) in komprimierter Form kurz dargestellt ist.

- **Kommandozeilen-Historie:** Die eingegebenen Kommandozeilen werden in einer Command History-Liste geführt, sodass sie ganz einfach über die Betätigung der Pfeil-Auf-Taste „↑" erneut zur Verfügung stehen. Die Liste reicht mit ca. 100 Einträgen über verschiedene Sessions hinweg und ist als Datei *bash_history* unter */home/pi* zu finden. Mit der Pfeil-Ab-Taste „↓" bewegt man sich in der Liste wieder in Vorwärtsrichtung.
- **Kommandozeilen-Komplettierung:** Kommandos sowie auch Pfade und Dateinamen müssen nicht stets ausgeschrieben werden, sondern es reicht die Eingabe der Anfangsbuchstaben und die Betätigung der TAB-Taste, woraufhin eine automatische Vervollständigung vorgeschlagen wird.
- **Hilfe:** Zu fast jedem Linux-Befehl existiert eine Hilfedatei, die dadurch aufgerufen wird, indem dem Kommando das Kürzel „man" vorangestellt wird (z. B. man df).
- **Programme oder Ausführung beenden:** Je nach Befehl bzw. Programm gibt es hierfür verschiedene Tastenkombinationen, fast immer funktioniert die Kombination Strg+C.
- **Terminal/Konsole wechseln:** Linux unterstützt gleichzeitig mehrere Terminalsitzungen, zwischen denen mithilfe Strg+Alt+F1 (erstes Terminal) bis Strg+Alt+F6 (sechstes Terminal) umgeschaltet werden kann. Das Ausloggen aus dem jeweiligen Terminal kann über Strg+d erfolgen.
- **Starten und Beenden des Desktops:** Mit *startx* wird der Desktop (LXDE) gestartet und beendet durch die Selektierung von Logout. Falls es während der Konfiguration mit raspi-config festgelegt wurde, kann der Desktop außerdem über die Tastenkombination Strg+Alt+Entf beendet werden.
- **Ausführungsrechte:** Einige Befehle lassen sich nur mit Root-Rechten ausführen, die der gewöhnliche Benutzer nicht ausführen kann. Um nur für die Ausführung bestimmter Befehle Superuser-Rechte zu erlangen, wird dem jeweiligen Befehl *sudo* vorangestellt, was als „**s**uper **u**ser **do**" zu versehen ist.

- **Beenden mit Reboot:** Um Linux zu beenden und unmittelbar danach einen Neuboot auszuführen, ist *sudo reboot* einzugeben oder die Tastenkombination Strg+Alt+Entf auszuführen.
- **Herunterfahren:** Eingabe von *sudo halt.*

Tab. 5.2 Wichtige Befehle und Tastenkombinationen für die Bedienung von Linux auf Konsolenebene

Befehl/Tasten	Funktion	Einige Optionen und Beispiele

cat	Dateiinhalte anzeigen	`cat /proc/cpuinfo`
		Informationen über den Prozessor anzeigen
		`cat /etc/hosts`
		Anzeige der Netzwerk-Hosts

cd /verzeichnis	Wechseln in das Verzeichnis	`cd ..` geht ein Verzeichnis zurück (hoch) `cd ~` geht in das Hauptverzeichnis zu beachten ist der Abstand zwischen cd und dem folgenden Zeichen!
chgrp	Ändern der Gruppenzugehörigkeit von Dateien oder Verzeichnissen	`chgrp donald /home/kd/*` alle Dateien im Verzeichnis /home/kd werden der Gruppe *donald* zugeordnet.
chmod	Zugriffsrechte für Dateien und Verzeichnisse ändern	`chmod g+x test` Ausführungsrecht (x) der Datei *test* der Gruppe (g) zuweisen (+)
chown	Eigentümer von Dateien ändern	`chown gruppe1 *.doc` alle doc-Dateien werden der *gruppe1* als zugehörig deklariert
clear	Bildschirm löschen	`clear`
cp	Kopieren von Dateien	`cp datei1 datei2` die Datei1 wird in die Datei2 kopiert -b, falls die Zieldatei bereits besteht, wird eine Sicherheitskopie erstellt.
df	Zeigt den freien Speicherplatz an.	-h, einfach lesbar in k-, M- oder GByte -k, Anzeige in kByte -T, zeigt auch den Typ (Filesystem) an
free	Zeigt die RAM-Größe der CPU an.	-h, einfach lesbar in k-, M- oder GByte -m, Anzeige in MByte
ls	Inhalt des aktuellen Verzeichnisses anzeigen	-a, versteckte Dateien mit anzeigen -l, erweiterte Anzeige, mit Zugriffsrechten
kill	Beenden von hängenden Prozessen	`kill 1222` den Prozess mit der PID (Prozess-ID) 1222 beenden.
mkdir *verzeichnis*	Anlegen eines Verzeichnisses	`mkdir Texte` Anlegen des Verzeichnisses *Texte*

(Fortsetzung)

Tab. 5.2 (Fortsetzung)

Befehl/Tasten	Funktion	Einige Optionen und Beispiele
mount	Einhängen (mounten) von Dateisystemen, die Voreinstellungen sind in der Datei */etc/fstab* zu finden	`mount /mnt/cdrom` mounten einer CD im Verzeichnis */mnt/cd*
rm *datei*	Löschen von Dateien	Das Löschen erfolgt ohne vorherige Sicherheitsabfrage, und es gibt keine Undelete-Funktion !
rmdir *verzeichnis*	Löschen eines Verzeichnisses	`rmdir Texte` Löschen des Verzeichnisses *Texte*, es muss aber leer sein
pwd	Anzeige des aktuellen Pfads	(falls der Überblick über das aktuelle Verzeichnis verloren gegangen sein sollte)
tail	Anzeige der letzten Zeilen einer Datei	`-f` Kontinuierliche Anzeige, bis die Ausgabe `über` Strg+C beendet wird. Hilfreich zur Analyse von Log-Dateien.
top	Zeigt die aktuellen CPU-Prozesse an	`-n zahl` Zahl = Anzahl der Wiederholungen
tree	Anzeige des Verzeichnisbaumes	`-d` Es werden nur die Verzeichnisse und nicht die Dateien angezeigt.
umount	Unmounten (abhängen) von Dateisystemen, die Voreinstellungen sind in der Datei */etc/fstab* zu finden.	`umount /mnt/CD-ROM` Unmounten der CD im Verzeichnis */mnt/cdrom* (Das „n" ist im Befehl tatsächlich nicht vorhanden)

5.4.3 Zugriffsrechte

Zur Anzeige eines Verzeichnisinhaltes kann wie erwähnt der Befehl `ls` verwendet werden, der auch einige Optionen kennt. Nach der Eingabe von `ls -l` erhält man eine erweiterte Anzeige, beispielsweise in der folgenden Form:

```
drwxr-xr-x   2 pi   pi     4096  Sep  18  14:34  Desktop
drwxr-xr-x   3 pi   root   4096  Sep  18  14:45  Documents
drwxrw-xr-x  2 pi   pi     4096  Jul  20  20:12  python_games
drwxr-xr-x   2 pi   root   4096  Sep  18  14:44  Scratch
```

Anhand dieser Darstellung können kann eine ganze Reihe von Eigenschaften abgelesen werden.

Typ (erstes Zeichen):
d = Verzeichnis (directory)
- = Datei (data)
l = Verknüpfung (link)

Der Beispielanzeige nach handelt es sich jeweils um Verzeichnisse. Nach der Typangabe folgt unmittelbar die sogenannte *Rechtemaske*, die jeweils drei Stellen umfasst und die Rechte des Eigentümers, der Gruppe und aller weiteren Anwender (Andere) kennzeichnet:

Rechtemaske (zweites bis viertes Zeichen = Eigentümer, fünftes bis siebtes Zeichen = Gruppe, achtes bis zehntes Zeichen = andere):
r = Leseerlaubnis
w = Schreiberlaubnis
x = Ausführungsrechte bei einer Datei bzw. das Recht zum Verzeichniswechsel bei einem Verzeichnis.

Eine Maske der Form -rwx -r-- --- bedeutet demnach, dass der Eigentümer die Datei (-) lesen, beschreiben und ausführen (rwx) kann, die Gruppe diese Datei nur lesen kann (r--) und alle anderen Benutzer mit dieser Datei gar nichts anfangen (---) können.

Beispiel für eine Rechtemaske bei einer Datei:

Typ	Eigentümer			Gruppe			Andere		
-	r	w	x	r	-	-	-	-	-

Mit Verzeichnissen und Links funktioniert dies analog zu einer Datei, lediglich der Typ ist dann ein anderer (d oder l). Ein „x" kennzeichnet in diesem Fall, dass die jeweiligen Benutzer (Eigentümer, Gruppe, Andere) in dieses Verzeichnis wechseln können.

Beispiel für eine Rechtemaske bei einem Verzeichnis:

Typ	Eigentümer			Gruppe			Andere		
d	r	w	x	r	-	x	r	-	-

Die auf die Rechtmaske folgende Zahl gibt die Anzahl der Verzeichniseinträge an, unter denen die Datei ansprechbar ist, d. h., falls die Zahl größer Eins ist, existieren Verknüpfungen, die auf diese Datei verweisen.

Danach folgen der Eigentümer- und der Gruppenname sowie die Größe der Datei in Byte. Die letzten Einträge kennzeichnen das Datum und die Uhrzeit der letzten Änderung und die Bezeichnung des Datei- oder eben auch des Verzeichnisnamens.

Jede Datei gehört demnach einem bestimmten Benutzer, und was andere mit dieser Datei anfangen können, wird eindeutig durch die Zugriffsrechte definiert. Für die Veränderung der Zugriffsrechte (oder auch der Attribute im DOS/Windows-Sinne) einer Datei gibt es den Befehl `chmod` (change mode), für die Veränderung des Besitzers den Befehl `chown` (change owner) und die der Gruppenzugehörigkeit `chgrp` (change group). Die

Rechtezuordnung lässt sich auch komfortabler mit dem Midnight Commander oder einem anderen Tool vornehmen, über die Zusammenhänge und möglichen Auswirkungen muss man sich jedoch im Klaren sein.

Die Veränderungen können nur vom Eigentümer oder vom Benutzer root durchgeführt werden. Sie sollten stets mit Bedacht bei definitiv bekannten Dateien durchgeführt werden, denn die Rechteveränderung kann im Nachhinein durchaus zu Systemfehlern führen (keine Datenaktualisierung mehr möglich o. ä.), wenn etwa aus Versehen alle Daten in einem Verzeichnis dem Zugriff des alleinigen Benutzers root entzogen werden oder schreibgeschützte Dateien danach nicht mehr geschützt sind.

Bei dieser Rechtezuordung bleibt der so genannte Superuser (sudo) unberücksichtigt, denn er ist gewissermaßen nachträglich in Linux eingeführt worden, was keinen direkten Einfluss auf die Rechtezuordnung im Dateisystem zur Folge hat. Mit *sudo* können lediglich ganz bestimmte Befehle für ausgewählte Benutzer (z. B. pi), mit Root-Rechten ausgeführt werden.

5.4.4 Installation und Paketmanager

Für das Betriebssystem Linux gibt es Programme und Tools für alle erdenklichen Aufgaben und Anwendungen. Einiges an Software wird bereits automatisch während der Installation mit installiert, wobei einige Programme möglicherweise nicht benötigt werden und stattdessen andere Programme wünschenswert sind. Dabei sind – je nach betreffender Software – einige Abhängigkeiten zu berücksichtigen, d. h., ein bestimmtes Programm setzt das Vorhandensein eines anderen Programms, einer Bibliothek oder eines bestimmten Projektes voraus, was das Software-Management in früheren Linux-Zeiten doch recht beschwerlich machte, zumal sich der Anwender im Fehlerfall auch noch mit dem Compiler und dem Linker beschäftigen musste.

Diese Zeiten sind erfreulicherweise vorbei, denn alle aktuellen Linux-Distributionen verfügen über einen so genannten *Paketmanager*, der das Herunterladen von Programmen aus dem Internet und deren Installation, nebst Beachtung der jeweiligen Abhängigkeiten, automatisiert, sodass sich das Software-Management als recht einfach und schnell darstellt.

Der Paketmanager der Debian-Distributionen wird als *Advanced Packaging Tool* (apt) bezeichnet und für die Installation von Software mit `apt-get` gestartet. Der Paketmanager bedient sich dabei eines vordefinierten Pools oder *Repository*. Der Link dorthin, wobei es mehrere davon – auch lokale – geben kann, wird in einer Liste (sources.list) geführt, die unter *etc/apt* (Abb. 5.9) zu finden ist. Neben der Installation von Paketen können mit dem apt-get-Manager auch Pakete gelöscht und aktualisiert werden.

```
pi@raspberrypi:~ $ cat /etc/apt/sources.list
deb http://raspbian.raspberrypi.org/raspbian/ stretch main contrib non-free rpi
# Uncomment line below then 'apt-get update' to enable 'apt-get source'
#deb-src http://raspbian.raspberrypi.org/raspbian/ stretch main contrib non-free rpi
pi@raspberrypi:~ $
```

Abb. 5.9 Anzeige der Sources-Liste, die einen aktiven Eintrag enthält

Die Suche nach bestimmten Paketen ist zwar ebenfalls möglich, allerdings muss der jeweilige Name hierfür bekannt sein, was oftmals nicht der Fall ist. Für die Suche wird nicht `apt-get`, sondern `apt-file` eingesetzt, welches ebenfalls auf einer Datenbank basiert und zunächst zu installieren ist:

```
pi@raspberrypi:~ $ sudo apt-get install apt-file
```

Nachfolgend ist möglicherweise noch die Software-Datenbank mit **sudo apt-get update** zu aktualisieren. In der folgenden Tab. 5.3 sind die apt-get- und apt-file-Funktionen mit Beispielen als Überblick angegeben.

Tab. 5.3 Umgang mit Software-(Paketen) mithilfe von apt-get und apt-file

Pakete/Software	Erläuterung/Beispiel
Installieren: **sudo apt-get install mc**	Der Midnight Commander mc wird installiert.
Deinstallieren: **sudo apt-get purge mc**	Der Midnight Commander mc wird deinstalliert.
Softwaredatenbank aktualisieren: **sudo apt-get update**	Paketliste vom zentralen Server herunterladen und lokale apt-get-Liste aktualisieren. Dieser Befehl sollte vor jeder Programminstallation ausgeführt werden.
Programme aktualisieren: **sudo apt-get upgrade**	Aktualisierung der bereits mit apt-get installierten Programme.
Löschen temporärer Dateien: **sudo apt-get autoclean**	Die während eines Aktualisierungsvorgangs angelegten und nicht mehr notwendigen Dateien werden gelöscht.
Löschen überflüssiger Dateien: **sudo apt-get autoremove**	Dateien, die aufgrund geänderter Abhängigkeiten nicht mehr benötigt werden, werden gelöscht.
Datenbank aktualisieren: **sudo apt-file update**	Paket- und Abhängigkeitsliste für apt-file aktualisieren.
Pakete nach Namen suchen: **sudo apt-file -l search gpio**	Suchen nach Paketen, die gpio betreffen.

Bei der Suche mit apt-file ist zu beachten, dass der Suchbegriff keineswegs in den Namen der gefundenen Dateien vorkommen muss, sondern vielmehr haben diese Dateien „irgendetwas" mit dem Suchbegriff (Abb. 5.10) zu tun, der in einer dazugehörigen Bibliothek oder vielleicht auch nur als Aufruf in einer der gefundenen Daten vorkommt. Demnach ist `apt-file` zwar nützlich, erspart es einem jedoch nicht, sich genauer mit den Programmen und Daten beschäftigen zu müssen.

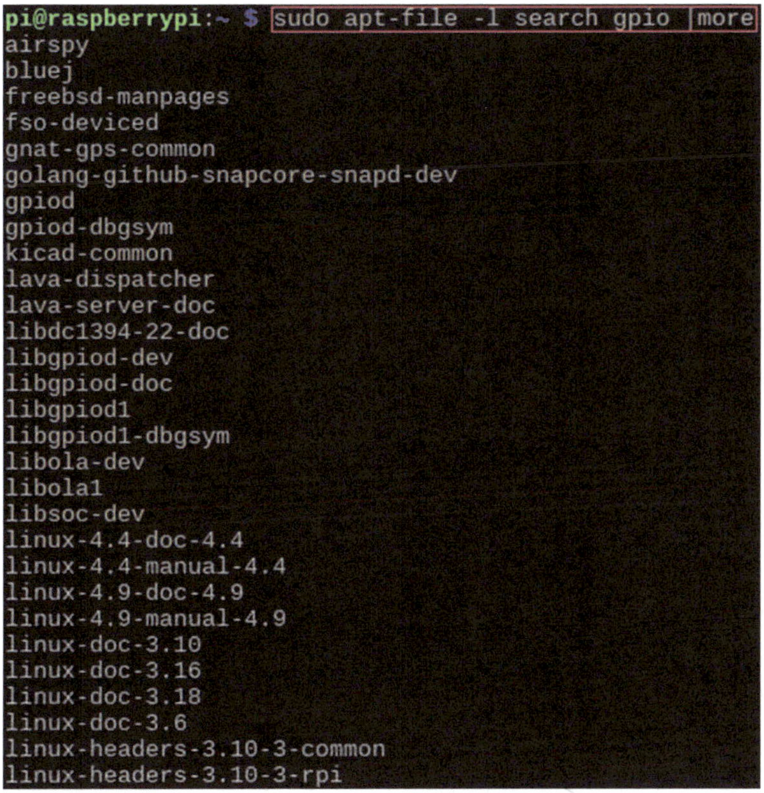

```
pi@raspberrypi:~ $ sudo apt-file -l search gpio |more
airspy
bluej
freebsd-manpages
fso-deviced
gnat-gps-common
golang-github-snapcore-snapd-dev
gpiod
gpiod-dbgsym
kicad-common
lava-dispatcher
lava-server-doc
libdc1394-22-doc
libgpiod-dev
libgpiod-doc
libgpiod1
libgpiod1-dbgsym
libola-dev
libola1
libsoc-dev
linux-4.4-doc-4.4
linux-4.4-manual-4.4
linux-4.9-doc-4.9
linux-4.9-manual-4.9
linux-doc-3.10
linux-doc-3.16
linux-doc-3.18
linux-doc-3.6
linux-headers-3.10-3-common
linux-headers-3.10-3-rpi
```

Abb. 5.10 Die Suche nach GPIO hat mehrere Dateien zutage gefördert

5.5 Windows 10 IoT Core

Seit es den leistungsfähigeren Raspberry Pi 2 gibt, sind weitere Betriebssysteme wie die bekannten ARM/GNU-Linux-Versionen (Ubuntu Core, Mate) oder auch eine spezielle Windows 10-Version auf dieser Plattform lauffähig. *Windows 10 IoT Core* verfügt nicht über die bekannte Windows-Oberfläche und bietet demnach auch keine Windows-Umgebung, damit ein Raspberry Pi etwa als Office-Computer mit Word, Excel etc. fungieren könnte. Vielmehr ist *Windows 10 IoT Core* für Internet Of Things-Anwendungen gedacht, die mit verschiedenen Interfaces, Sensoren und (Touch) Displays „remote“ arbeiten. Die Verbindung mit der Microsoft-Cloud Azure ist ein wesentlicher Bestandteil dieser Windows-Version.

Windows 10 ist als universelle Plattform für unterschiedliche Geräte wie PCs, Tablets, Smartphones und verschiedene IoT Devices (z. B. Qualcomm DragonBoard, NXP i.MX6 /i.MX7, Raspberry Pi 2&3) angetreten, was mit dem Konzept der *Universal Windows Apps* einhergeht, um somit eine (möglichst) programmiertechnische Unabhängigkeit von der zugrunde liegende Hardware zu erreichen, wofür unterschiedliche Windows 10 und *Windows 10 IoT Editions* (Abb. 5.11) verfügbar sind.

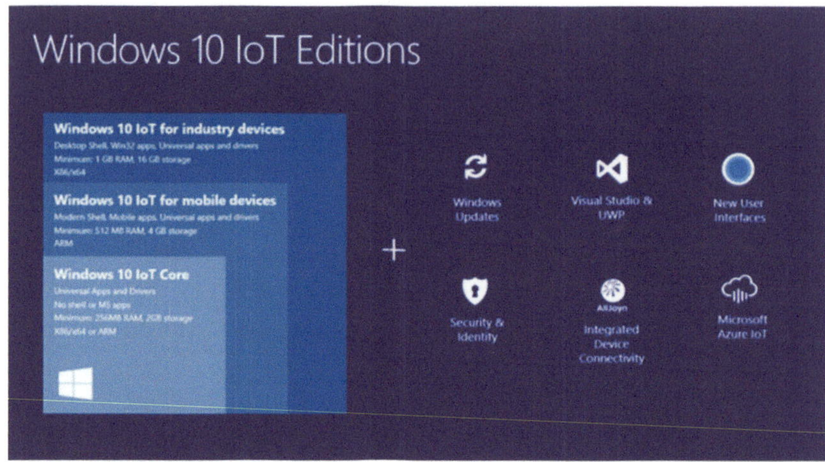

Abb. 5.11 Von Windows 10 IoT gibt es verschiedene Versionen. Die Core Edition ist für den Raspberry Pi geeignet

Die Programmentwicklung erfolgt mit Visual Studio – meist in C# – auf einem PC von dem aus die fertig kompilierten Programme dann per LAN-Verbindung auf den Raspberry Pi zu übertragen sind. *Windows 10 IoT Core* wendet sich eher an die klassischen Windows-Entwickler, die ihre bisherigen Programmiererfahrungen (.NET) mit Visual Studio für Raspberry Pi-Applikationen einbringen wollen.

5.5.1 Inbetriebnahme mit Dashboard

Auf der Download-Seite von *raspberrypi.org* befindet sich ein Link zu *Windows 10 IoT Core*, über den man direkt zu Microsoft gelangt und dort ein *Windows 10 IoT Core Dashboard* beziehen und auch direkt installieren kann, was ein installiertes Windows 10 auf dem PC zwingend vorrausetzt. Erfreulicherweise funktioniert dies mittlerweile auch ohne Anmeldung bei Microsoft und ohne ein entsprechendes Benutzerkonto.

Das Dashboard (Abb. 5.12) ist für die Einrichtung des Raspberry Pi zuständig; es lädt die notwendigen Daten und führt den Flash-Vorgang aus, der die Daten auf eine am PC eingelegte SD Card kopiert, die mindestens über eine Kapazität von 8 GByte verfügen sollte und automatisch im NTFS-Format formatiert wird. Wählbar ist an dieser Stelle ein Gerätename für den Raspberry Pi sowie ein neues Administrator-Password, das standardmäßig **p@ssw0rd** lautet.

Abb. 5.12 Das IoT Dashboard ist das zentrale Element für die Einrichtung des Raspberry Pi

Danach ist die angefertigte SD Card in den Raspberry Pi einzulegen, der damit bootet, was am auftauchenden Windows-Kachel-Logo zu erkennen ist. Beim ersten Boot sind noch einige Fragen (Language, Location etc.) zu beantworten und idealerweise hat der Raspberry Pi per DHCP bereits eine gültige IP-Adresse für den Ethernet-Adapter zugeteilt bekommen.

Falls ein WLAN-Netzwerk (Wi-Fi) verfügbar ist, wird dieses ebenfalls als Verbindungsmöglichkeit angeboten, was scheinbar die von Microsoft bevorzugte Netzwerkverbindung ist, wovon man jedoch zunächst Abstand nehmen sollte (Skip this step), wenn bereits eine Ethernet-Verbindung zur Verfügung steht. Die generelle Empfehlung sich zunächst auf eine – am besten kabelbasierte Ethernet-Verbindung – bei der Konfigurierung und Kommunikation zu konzentrieren und das andere Interface möglichst abzuschalten, gilt bei *Windows 10 IoT Core* im besonderen Maße, denn die Einstellungen von Wi-Fi (WLAN) und Direct Connection (Ethernet) haben sich als etwas eigenwillig und scheinbar nicht unabhängig voreinander erwiesen, was immer wieder zu unverständlichen (automatischen) Netzwerkeinstellungen geführt hat.

Im Dashboard ist der Raspberry Pi fürderhin unter MEINE GERÄTE mit seiner IP-Adresse zu erkennen. Wichtig ist, dass sich diese IP-Adresse im gleichen Netzwerk wie die des Entwicklungs-PC befindet, sodass am besten ein DHCP-Server in diesem Netzwerk aktiv ist. Andernfalls wird dem Raspberry Pi automatisch eine IP-Adresse aus dem Bereich 169.254.xxx.xx zugeteilt, sodass die IP-Adresse am Entwicklungs-PC entsprechend umzustellen wäre.

Nach dem Boot zeigt sich eine aufgeräumte Oberfläche (Abb. 5.13) mit einem Raspberry Pi-Bild um das verschiedene Angaben zum eingesetzten Modell, den angeschlossenen Geräten (Tastatur, Maus), zur Version des Betriebssystems und den (möglichen) Netzwerkverbindungen zu finden sind, was auch unter *Device Info* firmiert.

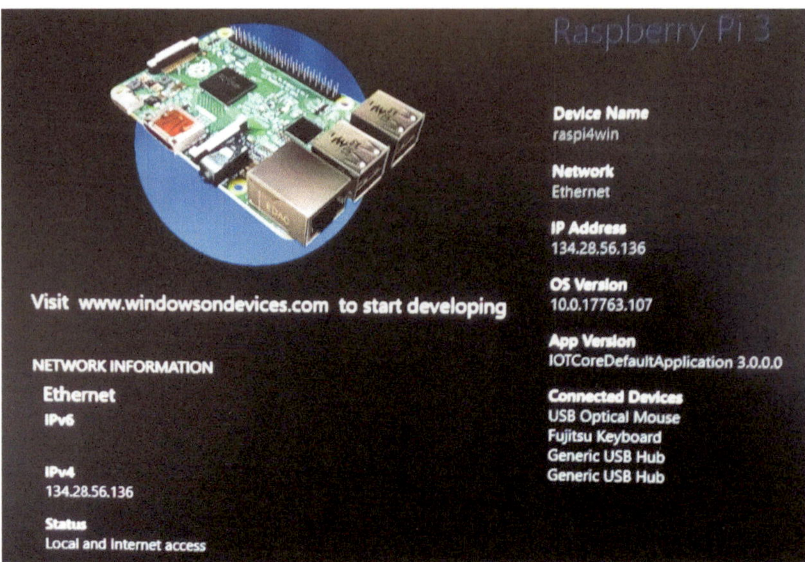

Abb. 5.13 Die Device Info-Daten auf der Windows IoT Core-Oberfläche. Eine funktionsfähige Internetverbindung ist hier bereits vorhanden

Links oben (Abb. 5.14) befindet sich eine Taskleiste mit Menu, Start (Programme), Device Info und einer Kommandozeileneingabe (C:\>). Links unten geht es zu einem Microsoft Login (MSA) und zu einem rudimentären Konfigurationsmenü. Die Einstellungsmöglichkeiten sind dabei recht begrenzt. App Settings bietet beispielsweise einige Farbeinstellungsoptionen und die Angabe der *Default App Page* und der *Web Browser Home Page*. Unter System finden sich die Einstellungsmöglichkeiten für die Sprache, wobei hier nur englisch zur Verfügung steht. Immerhin lassen sich die Tastaturbelegung und die Zeitzone auf deutsch festlegen.

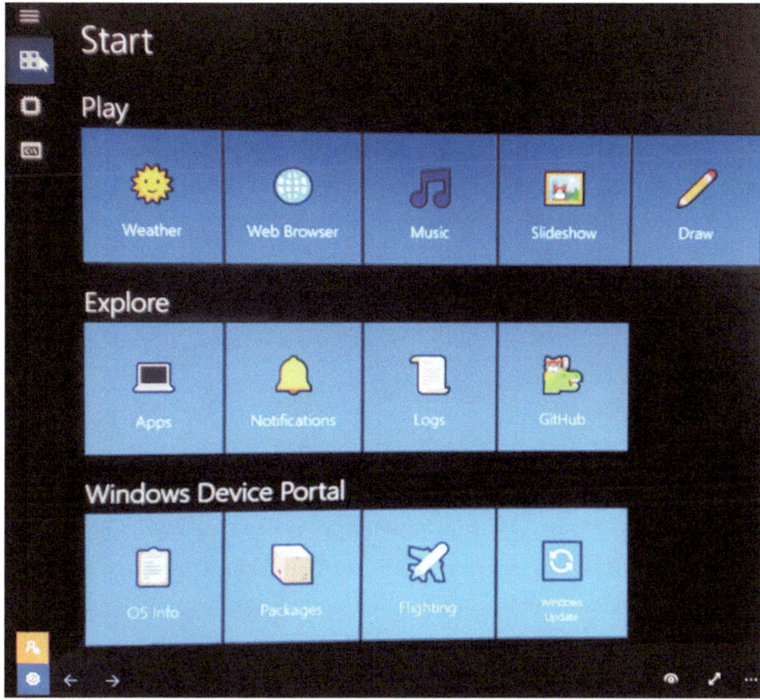

Abb. 5.14 Taskleiste mit aufgerufener Startseite, die einige Internet-Anwendungen bietet

Am interessantesten ist zunächst NETWORK & WI-FI, damit der Raspberry Pi für das gewünschte Netzwerk konfiguriert werden kann. Für den Ethernet-LAN-Adapter gibt es hier leider keine Einstellungsmöglichkeiten, sondern nur eine Anzeige, ob eine Verbindung existiert oder nicht. Die in der Umgebung vorhandenen WLANs tauchen hier ebenfalls auf, mit denen sich der Raspberry Pi über CONNECT und der nachfolgenden Angabe von User und Password verbinden lässt. In der Praxis hat dies allerdings nicht zuverlässig funktioniert. Es konnte zwar eine IP-Adresse per DHCP für WLANs bezogen werden, allerdings wurde der nachfolgende Authentifizierungsvorgang nicht erfolgreich beendet, weshalb auch keine WLAN-Verbindung zustande kam.

Bluetooth bietet lediglich die Option zum Ein- oder Ausschalten und über App Update lässt sich das System aktualisieren, natürlich nur dann, wenn die Internetverbindung funktioniert. Über Power Options kann der Raspberry Pi heruntergefahren (Shut down) oder auch neu gestartet werden (Restart). Privacy legt fest, welche Informationen an Microsoft gesendet werden dürfen, wobei hier zwei Optionen Basic und Full zur Auswahl stehen. Permissions bestimmt, ob Informationen über den aktuellen Standort des Raspberry Pi verarbeitet werden dürfen.

5.5.2 Kommunikation

Im IoT Dashboard sollte der Raspberry Pi unter Meine Geräte (Abb. 5.15) auftauchen. Beim Klick auf Aktionen oder einem rechten Mausklick auf den blauen Raspberry Pi-Eintrag erscheint ein Fenster, das mögliche Interaktionsmöglichkeiten mit dem Raspberry Pi bietet.

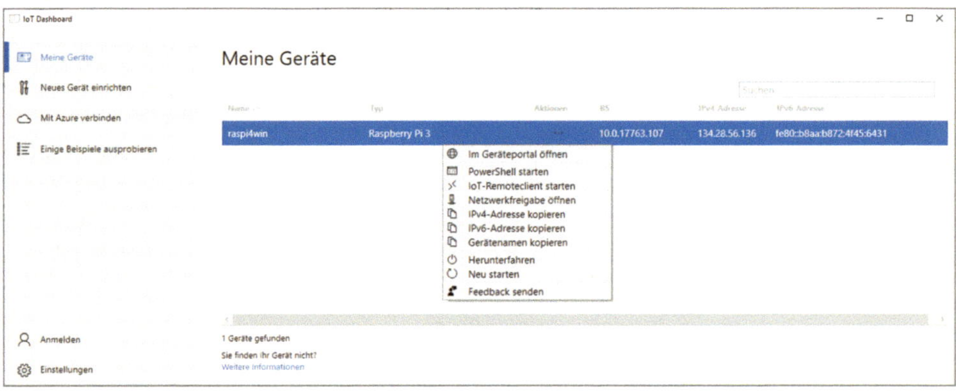

Abb. 5.15 Der Raspberry Pi ist über das LAN mit verschiedenen Methoden zu erreichen

Die erste Option Im Geräteportal öffnen ist gewissermaßen auch die wichtigste, wofür zunächst eine Anmeldung mit dem Administrator und dem vergebenen Password (vgl. Abb. 5.12) notwendig ist, denn hiermit hat man einen relativ einfachen Zugriff auf die Systemeinstellungen. Weil auf dem Raspberry Pi ein Webserver läuft, ist das Geräteportal auch über einen üblichen Webbrowser mithilfe der IP-Adresse des Raspberry Pi und der Portangabe 8080 erreichbar. Des Weiteren lässt sich ebenfalls eine FTP-Verbindung – etwa mit WinSCP – herstellen.

Eine einfache Möglichkeit dem Raspberry Pi direkt über seine Windows 10 IoT Core-Oberfläche manuell eine IP-Adresse zuzuteilen gibt es nicht. Gleichwohl unterstützt Windows 10 IoT Core die typischen Netzwerkbefehle wie ping, ipconfig, netstat oder auch netsh, die sich am Prompt (C:\>) eingeben lassen. Mit `netsh` lassen sich prinzipiell die IP-Adressen festlegen, was aber mühsam und fehleranfällig ist.

Ohnehin sollte man mit Eingaben und Aktionen auf der Windows 10 IoT Core-Oberfläche des Raspberry Pi vorsichtig sein, denn oftmals friert das System dabei ein oder stürzt unvermittelt ab, was auch zur Beschädigung des Filesystems auf der SD-Karte führen kann. In solch einen Fall erscheint eine Meldung wie in der Abb. 5.16 angegeben, was einem aus der Windows-Welt möglicherweise bereits geläufig ist. Die von Microsoft angegebenen Schritte zur Problemlösung sind allerdings nicht möglich, sodass nur ein Neuschreiben der SD Card als Ausweg bleibt, was wieder über das Dashboard (Abb. 5.12) durchzuführen ist.

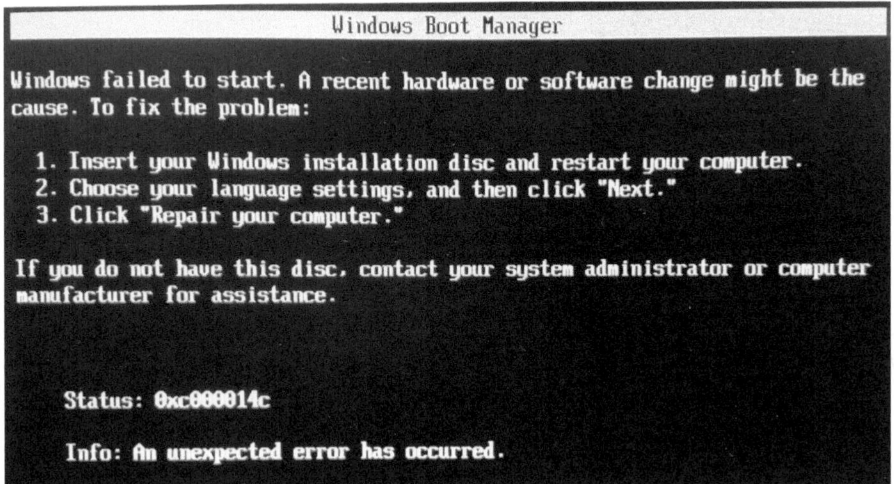

Abb. 5.16 Das kommt bei Windows 10 IoT Core leider auch vor, sodass als Ausweg nur ein Neuschreiben der SD Card bleibt

5.5.3 Eigenschaften und Konfigurierung

Das Geräteportal ist das richtige Werkzeug, um sich die Konfiguration näher anzusehen und Änderungen durchzuführen. Die interessantesten Möglichkeiten sind zunächst die Device Settings für Device Name, Password, Timezone, Resolution oder auch für die Festlegung der Wiedergabelautstärke für den Raspberry Pi. Processes zeigt die laufenden Prozesse, die Performance von CPU, I/O, Speicher und Netzwerk und bietet eine Kommandozeileneingabe (run command). Unter Devices ist ein Gerätemanager (Abb. 5.17) zu finden, der die Treiber mit den einzelnen Geräteeigenschaften anzeigt.

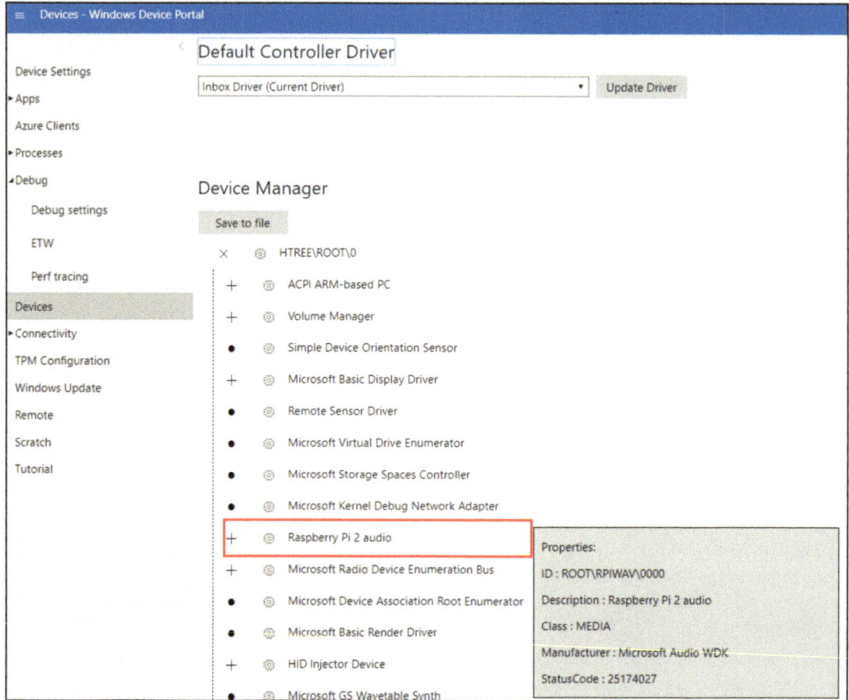

Abb. 5.17 Der Gerätemanager bei Windows 10 IoT Core mit den Audio-Eigenschaften

Die für die Kommunikation über ein Netzwerk oder auch mit Bluetooth wichtigen Einstellungen werden über CONNECTIVITY (Abb. 5.18) zugänglich. Wie bereits erwähnt, wirkt die (manuelle) Vergabe von IP-Adressen etwas hakelig und nicht zuverlässig, weil die eingestellten Werte mitunter nicht übernommen werden oder das System an dieser Stelle auch einfach hängenbleibt. Insbesondere die Übernahme einer Gateway-Adresse erwies sich als schwierig, wenn das WLAN ebenfalls aktiv war, was unlogisch erscheint. Ohne eine gültige Gateway-Adresse kommt man natürlich nicht in das Internet und bei den Device Info-Daten (Abb. 5.13) wird dann *Local Access Only* angezeigt.

Nach der entsprechenden Festlegung und der Betätigung des oben auf der Seite stehenden Buttons REFRESH sollten die Werte übernommen werden, die dann auch unmittelbar auf der Windows IoT Core-Oberfläche bei den Device Info-Daten sichtbar werden.

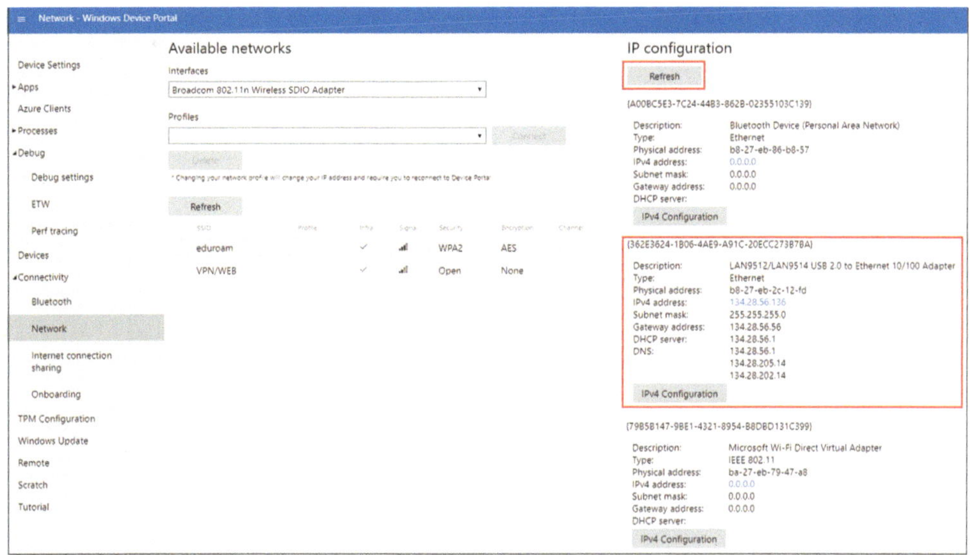

Abb. 5.18 Die Einstellungen sind für den Ethernet-Adapter erfolgreich durchgeführt worden

Neben dem Geräteportal gibt es weitere Kommunikationsmöglichkeiten (vgl. Abb. 5.15) zwischen PC und Raspberry Pi. Für alle möglichen Arbeiten wird die PowerShell stets empfohlen, die es standardmäßig bei allen aktuellen Windows-versions gibt. Durch die Selektierung von AUFRUF POWERSHELL und der nachfolgenden Anmeldung landet man direkt auf dem Raspberry Pi. Das Arbeiten mit der PowerShell ist gewissermaßen eine Welt für sich und erfordert einiges an Erfahrung. Es ist fraglich, ob es sich lohnt sich damit näher auseinanderzusetzen, wenn es lediglich um den Raspberry Pi mit Windows IoT Core gehen soll. Bei den zunächst wichtigen Konfigurationsarbeiten macht es einem die PowerShell auch nicht einfacher, wenn etwa eine Zeile wie die folgende für die IP-Adresseneinstellung mit Subnet-Massk und Gateway-Adresse notwendig ist:

```
New-NetIPAddress -InterfaceIndex 5 -IPAddress 134.28.56.136 -Prefix-
Length 24 - DefaultGateway 134.28.56.56
```

Mit `netsh` in der Kommandozeile direkt auf dem Raspberry Pi ist dies eigentlich auch nicht komplizierter.

5.5.4 Beispielanwendungen

Wer zunächst nur ein paar Beispiele ausprobieren möchte, ist nicht gezwungen das Visual Studio zu installieren, das von Microsoft als kostenlose *Community Edition* zur Verfügung gestellt wird. Zunächst fällt also keinerlei Programmierarbeit an, um sich einen Eindruck von den Möglichkeiten und der Handhabung zu verschaffen. Im Dashboard (Abb. 5.19) gibt es den Punkt EINIGE BEISPIELE AUSPROBIEREN was zu einigen unmittelbar lauffähigen Beispielprogrammen führt, wie dem obligatorischen *Hello World.*

Nach der Selektierung des gewünschten Beispiels erscheint die Meldung *Diese App auf Ihrem Gerät ausführen* sowie ein Auswahlkasten wo der Raspberry Pi auszuwählen ist. Mit BEREITSTELLEN UND AUSFÜHREN wird das Beispiel dann auf den Raspberry Pi übertragen und unmittelbar ausgeführt, d. h. die aktuelle Bildschirmanzeige verschwindet und wird durch die Oberfläche des Beispiels ersetzt. Ein erneutes Klicken auf den zuvor betätigten Button beendet das Beispiel.

HERUNTERFAHREN und NEU STARTEN initiiert man am besten ebenfalls ferngesteuert unter Aktion im Dashboard (Abb. 5.15).

Abb. 5.19 Lauffähige Beispiele zum sofortigen Ausprobieren

Zur Erstellung eigener Programme wird wie erwähnt Visual Studio benötigt. Der nächste Schritt wäre dann nach der Installation über *Andere Projekte und Lernprogramme anzeigen*, wo beispielsweise Programme für den Zugriff auf die Bussysteme (GPIO, I^2C, SPI) zu finden sind, die als Grundlage für eigene Entwicklungen dienen können.

Die Hardwareunterstützung ist bei Windows 10 IoT Core noch längst nicht so umfangreich wie bei Raspbian. Einige Funktionen scheinen zudem noch nicht ihr finales Stadium erreicht zu haben und eine so flüssige Bedienung wie bei Raspbian ist mit Windows 10 IoT Core auf dem Raspberry Pi auch nicht gegeben. Je nach beabsichtigter Anwendung sind diese Umstände aber nicht zwangsläufig von Bedeutung, denn das Konzept ist eben ein anderes, bei dem der Raspberry Pi eher als Embedded System mit einer bestimmten Aufgabe eingesetzt und mit dem typischerweise aus der Ferne kommuniziert wird.

5.6 Programmiersprachen im Überblick

Der Raspberry Pi ist in erster Linie dafür entwickelt worden, um hiermit das Programmieren zu erlernen und den Kontakt zur Hardware herzustellen. Programmiersprachen gibt es in vielen unterschiedlichen Ausprägungen und für verschiedene Plattformen (Betriebssysteme), und sie haben meist ein bevorzugtes Einsatzgebiet (Internet, Datenbank, Office, Hardware-Programmierung), sind also für bestimmte Dinge besonders gut geeignet, für andere hingegen weniger bis gar nicht. Außerdem stellen der Zugang und der Umfang der Programmiersprache sowie die Programmierumgebung unterschiedliche Ansprüche an die Vorkenntnisse des Programmierers, sodass eine beträchtliche Zeit verstreichen kann, bis mit der jeweiligen Programmiersprache erste Ergebnisse zu verzeichnen sind.

Entsprechend der Intention der *Raspberry Pi Foundation* soll der Einstieg in die Programmierung für eine möglicht große Anwendergruppe einfach und der Schwierigkeitsgrad dementsprechend niedrig sein. Die Erfahrung zeigt, dass Programme im Laufe der Zeit quasi aus der Applikation heraus fast automatisch immer umfangreicher und komplexer werden, sodass das Programmierumfeld selbst eigentlich keine unnötigen Hürden aufbauen sollte.

Aus den bisherigen Erläuterungen zu Linux ist sicher erkennbar, dass hier ein Arbeiten im Textmodus (Terminalmodus) möglich ist, wenn man auf den Komfort eines Desktops (LXDE) verzichten kann, zumal bestimmte Dinge einfacher und schneller im Textmodus zu erledigen sind. Bereits aus diesem Grunde wirkt eine Programmiersprache für Linux im Textmodus nicht derart „erschlagend" wie es etwa bei den Visual Studio-Sprachen von Microsoft der Fall ist. Dabei werden weit weniger Ressourcen beansprucht, was für den Raspberry Pi von ausschlaggebender Bedeutung sein kann.

Für Linux existiert für fast jede Programmiersprache ein passendes – kostenloses – Pendant. Die klassische Programmiersprache für Linux ist C, die aufgrund ihres Umfangs und ihrer Komplexität eher nicht als Einsteigerprogrammiersprache gilt, sondern als professionelle Programmiersprache. Insbesondere Python ist in den letzten Jahren zu einer sehr verbreiteten und populären Programmiersprache geworden, die sowohl für den Einsteiger als auch für den Profi geeignet ist. Zu den Programmiersprachen, die bei der Raspbian Full-Version standardmäßig installiert sind, wird in den folgenden Abschnitten im Überblick eingegangen. Ausführlicher geht es dabei um die Programmiersprachen (C, Python), mit denen die Beispiele in den Kap. 6 und 7 verfasst sind.

5.6.1 Scratch

Für die jüngsten Anwender (ab acht Jahre) ist *Scratch* vorgesehen, eine Programmierumgebung, bei der kein Quelltext zu verfassen ist, sondern Code quasi per Drag-and-Drop generiert wird. Scratch wird direkt per Klick vom Desktop aus gestartet, wobei eine lachende orange Katze das zentrale Element darstellt. Scratch gliedert sich in vier Bildschirmabschnitte: Rechts die Stage (Bühne) mit der Katze, wo die Animation oder das Spiel abläuft. Darunter die *Sprite List*, welche zunächst nur die Katze enthält. *Sprites* bilden bei Scratch die Elemente (Charaktere), die dargestellt und auf der Bühne bewegt werden können.

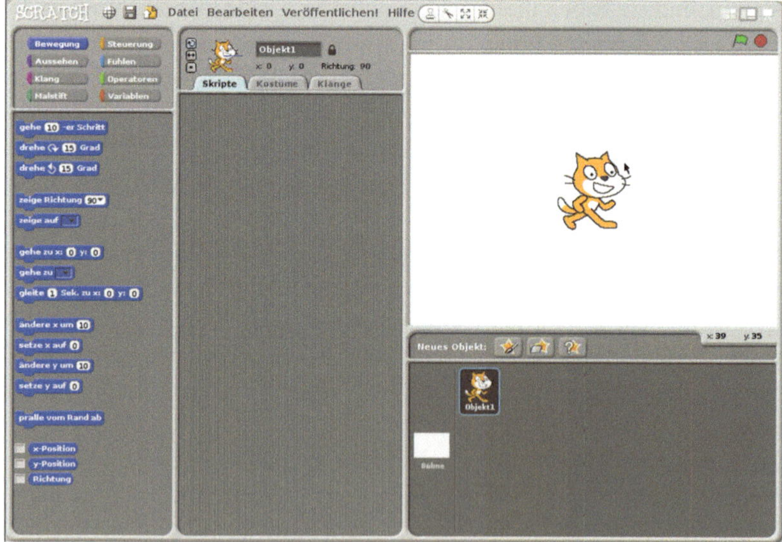

Abb. 5.20 Die Scratch-Umgebung

Das Programm wird durch das Zusammenfügen von Blöcken (Snapping) erstellt, die kurzen Instruktionen entsprechen. Ganz links ist die dazugehörige Block-Palette positioniert, die die Bewegungen beschreiben und auslösen. In der Mitte befindet sich die Script Area, wo das Programm mithilfe der Blocks (Abb. 5.20) erstellt wird. Scratch ist am MIT-Forschungsinstitut im Jahre 2006 entwickelt worden und ermöglicht einen spielerischen Programmierzugang und das Erstellen einfacher Spiele wie „Katze jagt Maus" mit Geräuschen und Musik, wie sie ab den siebziger Jahren unter der Bezeichnung *Arcade Games* gebräuchlich waren.

5.6.2 Skriptsprachen

Für die Automatisierung von Verwaltungsaufgaben unter Linux können so genannte Bash-Scripts eingesetzt werden. Dies ist im Prinzip nichts anderes als eine Batch-Datei, wie man sie vielleicht von DOS oder Windows her kennt (autoexec.bat), mit der einzelne Befehle im Script der Reihe nach abgearbeitet werden. Die entsprechende Unterstützung ist bei Linux bereits automatisch mit dabei, und wie ein einfaches Bash-Script aussehen kann, welches nur den Text „So isses" ausgibt, ist im Folgenden gezeigt.

Feststellen wo sich der Bash-Interpreter befindet:

```
pi@raspberrypi: ~ $ which bash
```

Skript mit Interpreter starten:

```
pi@raspberrypi: ~ $#!/bin/bash
```

String definieren:

```
pi@raspberrypi: ~ $ STRING="So isses"
```

String ausgeben:

```
pi@raspberrypi: ~ $ echo $STRING
So isses
```

Was hier ganz simpel direkt eingegeben wurde, wird üblicherweise mit einem Editor erstellt, damit abgespeichert und daraufhin als Skript durch den Aufruf des Namens gestartet. Wichtig ist dabei stets der Verweis auf den Interpreter. Mit der Bash-Programmierung werden eher keine Programme im klassischen Sinne, sondern Verwaltungsabläufe automatisiert.

Die Programmiersprache Perl ist beispielsweise eine Skriptsprache, mit der sich umfangreiche Aufgaben erledigen lassen. Perl ist wie Bash-Script automatisch bei Linux und damit auch bei Raspbian für den Raspberry Pi vorinstalliert. Die erste Zeile muss auch hier eine Verknüpfung zum Perl-Interpreter enthalten (`#!/usr/bin/perl`).

PHP5 (Personal Home Page) ist ebenfalls eine Skriptsprache. Sie verwendet eine Syntax, die wie eine Kombination aus Perl und C wirkt. Die Programmierung wird entweder mit Funktionen oder mit einem objektorientierten Ansatz ausgeführt, wobei auch beide Konzepte gemischt werden können. PHP ist insbesondere für Webanwendungen gedacht und bietet eine Unterstützung für verschiedene Internet-Protokolle sowie Datenbanken. Wer mit dem Raspberry Pi einem Webserver (Apache) betreiben will, kommt an PHP nicht vorbei, welches separat (`sudo apt-get install php5-cli`) zu installieren ist. PHP5 ist zwar eine mächtige Skriptsprache, die Ausführung dauert jedoch – weil das Skript auch hier durch den dazugehörigen Interpreter ausgeführt werden muss – verhältnismäßig lang. Deshalb eignet sich PHP5 auch kaum für andere Zwecke als für Internet-Anwendungen.

5.6.3 Java

Java ist eine plattformübergreifende, objektorientierte Sprache mit einem riesigen Funktionsumfang. Die Applikationen laufen in einem *Java Runtime Enviromment* (JRE), also in einer für das jeweilige Betriebssystem bestimmten speziellen Laufzeitumgebung. Java kann von der Firma Sun (jetzt Oracle) kostenlos bezogen werden, wozu neben der JRE hierzu passende Entwicklungswerkzeuge (Java Development Kit, JDK) verfügbar sind. Dazu gehört der Java-Compiler, der den Quelltext in einen Java-Byte-Code übersetzt, welcher daraufhin in einer virtuellen Umgebung (JRE) ausgeführt wird, was letztlich für die Plattformunabhängigkeit verantwortlich ist. Da es Java für Linux gibt, kann es auch für den Raspberry Pi eingesetzt werden.

Die Ressourcenanforderungen für Java sind recht hoch, weshalb es üblich ist die Java-Programm-Entwicklung auf einem PC durchzuführen und das Programm auf den Raspberry Pi zu kopieren. Für ARM-basierte Embedded Systeme und als Ableger damit auch für den Raspberry Pi gibt es eine *Java Embedded Micro Edition* (Java ME), was bedeutet, dass Java dann nicht mit seiner Laufzeitumgebung unter einem Betriebssystem arbeitet, sondern quasi direkt mit der jeweiligen Hardware. Hiermit können dann Java-basierte Embedded-Systeme entworfen werden, die für ganz bestimmte Aufgaben (Interface, Messsystem, Funkknoten, Regler) vorgesehen sind, was eine Fülle von neuen elektronischen Applikationen mit dem Raspberry Pi eröffnet. In vielen Geräten wie beispielsweise Autoradios, Druckern oder Routern arbeitet eine solche Java Embedded-Version.

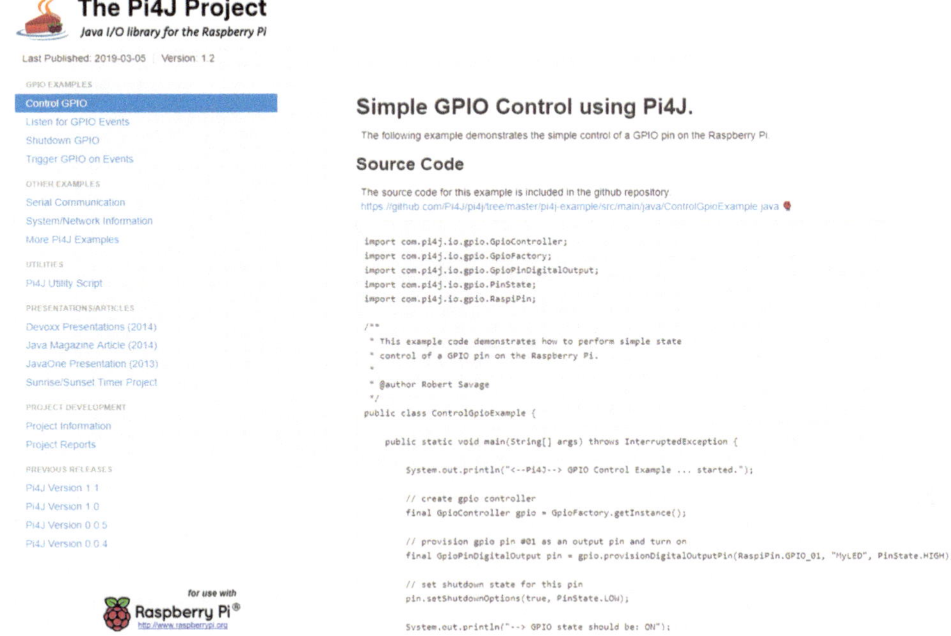

Abb. 5.21 Für die Programmierung der GPIO-Ports steht die pi4j-Bibliothek in BlueJ zur Verfügung

Bei der Raspbian Full-Version sind unter ENTWICKLUNG gleich zwei Java-Entwicklungswerkzeuge zu finden. Die *BlueJ Java IDE* und die *Greenfoot Java IDE*, die sich beide auch an den Einsteiger wenden und direkt auf dem Raspberry Pi laufen. Letzteres ist die eher „verspielte" Variante, die sich insbesondere für die Erstellung von Grafiken und von einfachen Spiele eignet, während sich BlueJ (Abb. 5.21) für die Hardware-Kommunikation eignet, weil hier die I/O-Library Pi4J (http://pi4j.com) standardmäßig mit dabei ist.

5.6.4 Wolfram Language und Mathematica

Mathematica ist ein Programm der Firma *Wolfram Research* für die Berechnung mathematischer Ausdrücke und deren grafischer Darstellung. Es hat eine lange Tradition, die bis in den 90er-Jahren zurückreicht und gilt als relativ speziell und teuer, was sich spätestens geändert hat, seitdem Mathematica und die dazugehörige Programmiersprache *Wolfram Language* mit Raspbian standardmäßig installiert wird. Diese Version ist nur für die private Nutzung kostenlos und firmiert nicht unter Open Source. Über ENTWICKLUNG – WOLFRAM wird die Programmiersprache und über ENTWICKLUNG – MATHEMATICA das Mathematik-Programm gestartet. Die Wolfram Language startet in einem Terminal (Abb. 5.22) mit `In[1]` := was der Eingabeaufforderung entspricht und wo eingegebene mathematische Ausdrücke direkt berechnet und angezeigt werden. Mit STRG + D kann das Fenster wieder geschlossen werden.

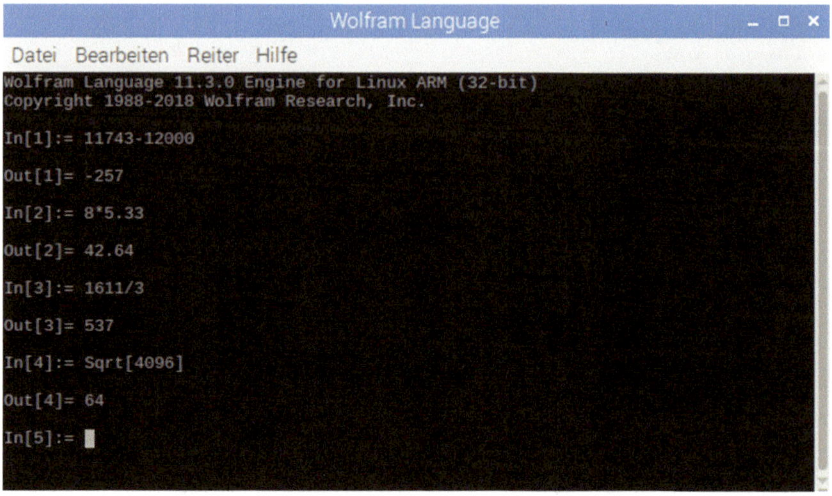

Wolfram Language

Datei Bearbeiten Reiter Hilfe

```
Wolfram Language 11.3.0 Engine for Linux ARM (32-bit)
Copyright 1988-2018 Wolfram Research, Inc.

In[1]:= 11743-12000

Out[1]= -257

In[2]:= 8*5.33

Out[2]= 42.64

In[3]:= 1611/3

Out[3]= 537

In[4]:= Sqrt[4096]

Out[4]= 64

In[5]:=
```

Abb. 5.22 Einfaches Rechnen mit der Wolfram Language im Terminalfenster

Die Ausdrücke können sich über viele Zeilen erstrecken und mit ganzen und rationalen Zahlen, Arrays, boolschen Operatoren oder prozeduralen Prozessen (z. B. for-, while-Scheifen) sowie mit allen möglichen mathematische Funktionen aufgebaut sein. Mit den Pfeiltasten auf der Tastatur ist es möglich durch die bisherigen Eingaben zu blättern. Genaueres zu den einzelnen Funktionen ist auf den Internet-Seiten von Wolfram Research zu finden, beispielsweise unter der folgenden Adresse https://reference.wolfram.com/language/#CoreLanguageAndStructure.

Interessanter ist sicherlich die Programmierung, wofür die Befehle mit einem Editor in eine Datei (z. B. test.wl) geschrieben werden, die dann nach dem Aufruf (`wolfram -script test.wl`) im Terminal abgearbeitet wird. Der Funktionsumfang der Wolfram Language ist beachtlich, es gibt sogar Funktionen für den GPIO-Zugriff (Abb. 5.23).

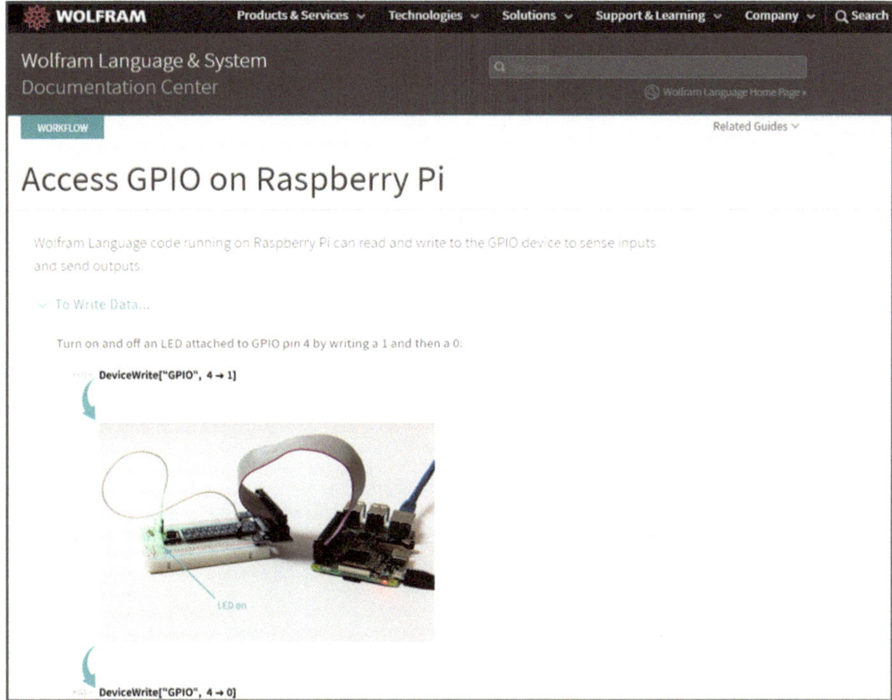

Abb. 5.23 Zur Wolfram Language gibt es ausführliche Dokumentationen und Beispiele wie etwa hier zu den GPIO-Funktionen

Die Wolfram Language ist nicht leicht zugänglich und benötigt sehr viele Ressourcen des Raspberry Pi, weshalb die Programme oftmals relativ langsam arbeiten. Für die Anzeige von Grafiken sind zwar plot-Funktionen verfügbar, die in einem Konsolenfenster aber nicht angezeigt werden können, sodass Datei-Export- und Import-Funktionen sowie ein separater Viewer einzusetzen sind, was eher umständlich zu handhaben ist und sich komfortabler über die grafische Mathematica-Oberfläche erledigen lässt.

Mathematica startet mit einem leeren *Untitled Workspace* und einem Info-Fenster, das Hinweise mit Internet-Links zur Dokumentation, auch speziell für Raspbery Pi-Anwender, präsentiert. Im Workspace (Notebook-Oberfläche) lassen sich im Prinzip die gleichen Befehle und Funktionen eingeben, wie zuvor im Terminalfenster, denn die Wolfram Language bildet auch hier die Basis. Jede Eingabe muss dabei mit Shift + Return abgeschlossen werden.

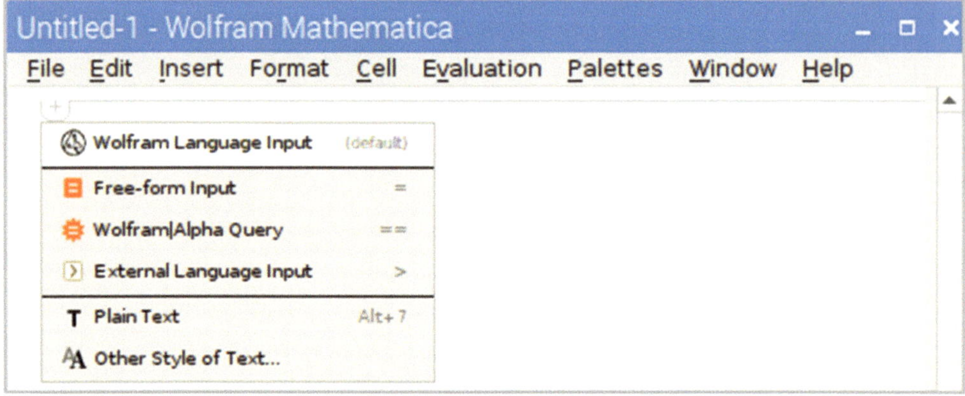

Abb. 5.24 Auswahl der Eingabemethode

Äußerst hilfreich ist *Free-form Input*, womit sich Gleichungen einfach eingeben lassen. Danach erscheinen hierzu ausführliche Informationen und es wird eine Grafik erstellt. Hierfür ist zunächst das Anklicken des Pluszeichens notwendig und Free-form Input zu selektieren (Abb. 5.24), woraufhin ein oranges Gleichheitszeichen erscheint, was zu einem Stern wird, wenn das Gleichheitszeichen auf der Tastatur betätigt wird, sodass jetzt eine Eingabe wie etwa `sin x^3` möglich ist, was eine unmittelbare Ausführung zur Folge hat. Falls nur eine Grafik erzeugt werden soll, ist beispielsweise `plot sin x^3` einzugeben. Unterstützt wird die Eingabe durch den Calculator und die Basic Commands (Abb. 5.25, rechts), die sich über PALETTES einblenden lassen.

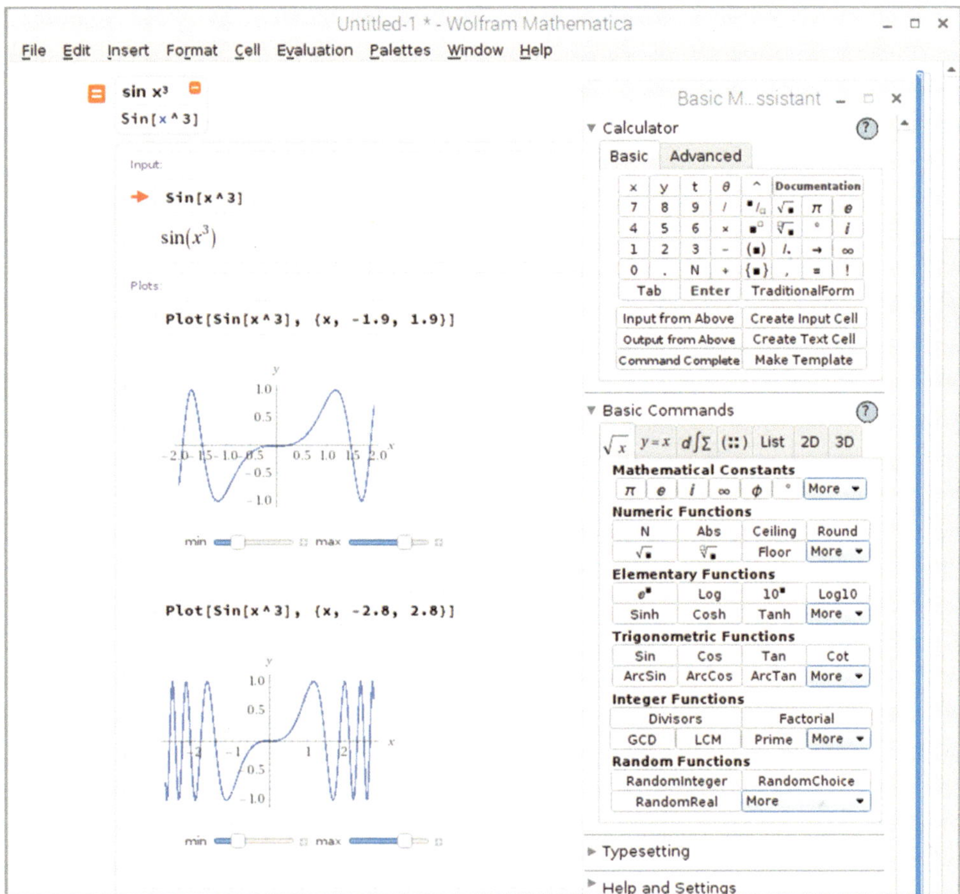

Abb. 5.25 Mathematica bietet eine Vielzahl von Funktionen für mathematische Berechnungen und deren Darstellung

Hinter der WolframAlpha Query (Knowledge) verbirgt sich eine Datenbank, deren Informationen sich unmittelbar in Matematica nutzen lassen. Hierfür werden vier große Kategorien unter https://www.wolframalpha.com/ geführt: *Mathematics*, *Science & Technology*, *Society & Culture* und *Everyday Live*, womit Fakten und Statistiken in Berechnungen integriert werden können. Beispielsweise wird mit der Angabe `population of hamburg` (Abb. 5.26) die Anzahl der Bewohner von Hamburg ausgewiesen oder eine Währungsumrechnung zwischen Englischem Pfund und Euro (`compare 1 pound to 1 euro`) durchgeführt, was Mathematica zu einem sehr mächtigen Werkzeug macht.

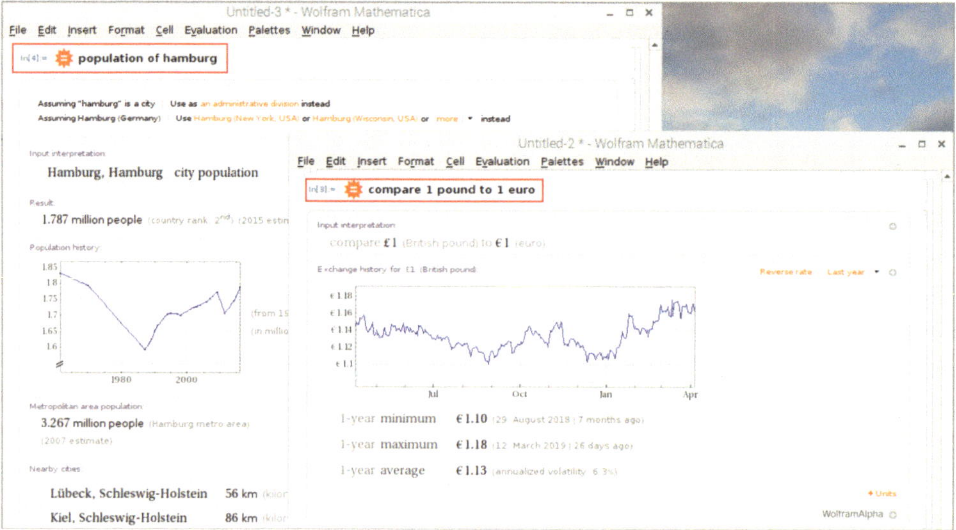

Abb. 5.26 Aktuelle Daten aller möglichen Themengebiete lassen sich in eigenen Berechnungen integrieren

5.6.5 Assembler

Ein Prozessor kann lediglich Zahlen in Befehle umsetzen und sie daraufhin ausführen. Prozessoren kennen – je nach Typ – eine unterschiedliche Anzahl von so genannten *Maschinenbefehlen (Opcodes)*, die intern auf ganz bestimmten Zahlen abgebildet werden und dann die gewünschte Funktion im Prozessor hervorrufen.

Neben den Zahlen, die für bestimmte Befehle stehen, rechnet ein Prozessor selbstverständlich auch mit Zahlen, die beispielsweise im Speicher abgelegt und über eine Adresse zu selektieren sind, was letztendlich auch wieder Zahlen entspricht. Als Programmierer wird man jedoch keine unübersichtlichen Zahlenfolgen eingeben wollen, wie es in den Anfängen der Prozessortechnik üblich war.

Stattdessen lässt sich ein Programm unter Verwendung von *mnemonischen Codes* oder *Mnemonics* mit einem Editor erstellen. Die nachfolgende Übersetzung in ein ablauffähiges

Programm erfolgt mit einem *Assembler*, weshalb derartige Programme auch als Assembler-Programme bezeichnet werden. *Mnemonische Codes*, etwa MOV oder ADD, sind Kurzbezeichnungen für bestimmte Prozessorfunktionen, wie in diesem Fall für das Verschieben oder Addieren. Sie dienen nur der vereinfachten Programmierung, denn statt eines ADD-Befehls könnte hierfür auch der dazugehörige Opcode von beispielsweise 83h angegeben werden. Der Additionsbefehl wird demnach für den Prozessor durch den Opcode oder Maschinenbefehl von 83h dargestellt.

Wie die Zahlenfolgen durch den Prozessor zu interpretieren sind, was also ein Opcode und was eine Adresse ist, wird durch ein *Machine Instruction Format* (MIF) festgelegt, welches wie die Opcodes bzw. der korrespondierende Maschinenbefehl speziell für eine bestimmte Prozessorfamilie ausgelegt ist. Ein Assembler-Befehlssatz für Intel-Prozessoren ist demnach völlig anders als etwa für einen Mirocontroller der Firma Microchip oder für einen ARM-Prozessor.

Bei der Programmierung in einer Hochsprache wie etwa C/C++ oder Visual Basic wird das Quellprogramm durch ein Programm mit der Bezeichnung *Compiler* in die Maschinensprache übersetzt. Eine vielleicht recht einfach und zudem verständlich erscheinende Anweisung in einer Hochsprache hat typischerweise eine Vielzahl von Maschinenbefehlen zur Folge, was beispielsweise mit einem Debugger oder einem Disassembler kontrolliert werden kann, der für die bessere Lesbarkeit (wieder) den Assembler-Code eines Programms darstellen kann.

Die Übersetzung von Assembler-Code in die jeweilige Maschinensprache hat im Vergleich zu Hochsprachen – die die gleiche Aufgabe wie das Assembler-Programm erfüllen sollen – grundsätzlich den effizienteren Code zur Folge, der daher sehr schnell und mit geringem Speicherbedarf ausgeführt werden kann. Nur ein Assembler, der von der Funktion her letztendlich ja auch ein Compiler ist, kann Programme generieren, die eine sehr enge und unmittelbare Beziehung zur Hardware mithilfe eines Maschinen-Codes herstellen.

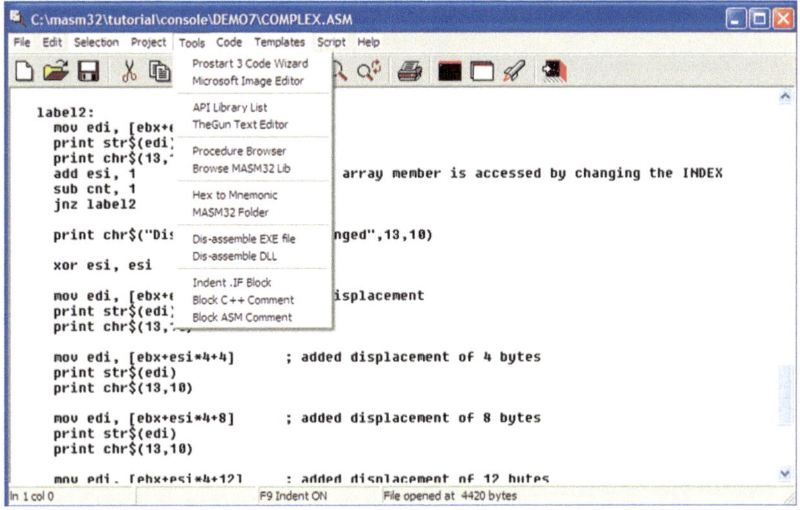

Abb. 5.27 MASM32 ist ein Assembler für Windows

Hochsprachen sind demgegenüber für die Lösung bestimmter Probleme auf höheren Anwendungsebenen konzipiert. Gleichwohl ist es auch möglich, in Hochsprachenprogrammen Assembler-Code zu erzeugen und zu integrieren, wie es mit aktuellen C-Versionen (Visual C++) praktiziert werden kann, die über so genannte Inline-Assembler verfügen. Assemblerbefehle können dann beispielsweise innerhalb eines C-Programms genutzt werden, um direkt auf die Hardware zuzugreifen (Prozessor, Schnittstellen) oder auch um zeitkritische Routinen auszuführen. Der MASM32 (Abb. 5.27) von Microsoft ist separat erhältlich und auch in Visual Studio integriert.

Für den Raspberry Pi selbst existiert kein spezieller Assembler. Stattdessen aber für die ARM-Architektur im Allgemeinen und für den im SoC jeweils enthaltenen ARM-Prozessorkern im Besonderen, was eine Programmierung für den ARM1176 bzw. für die Cortex A-Serie bedeutet. Ein intensives Studium der ARM-Dokumentationen ist hierfür unerlässlich (http://infocenter.arm.com/help/index.jsp).

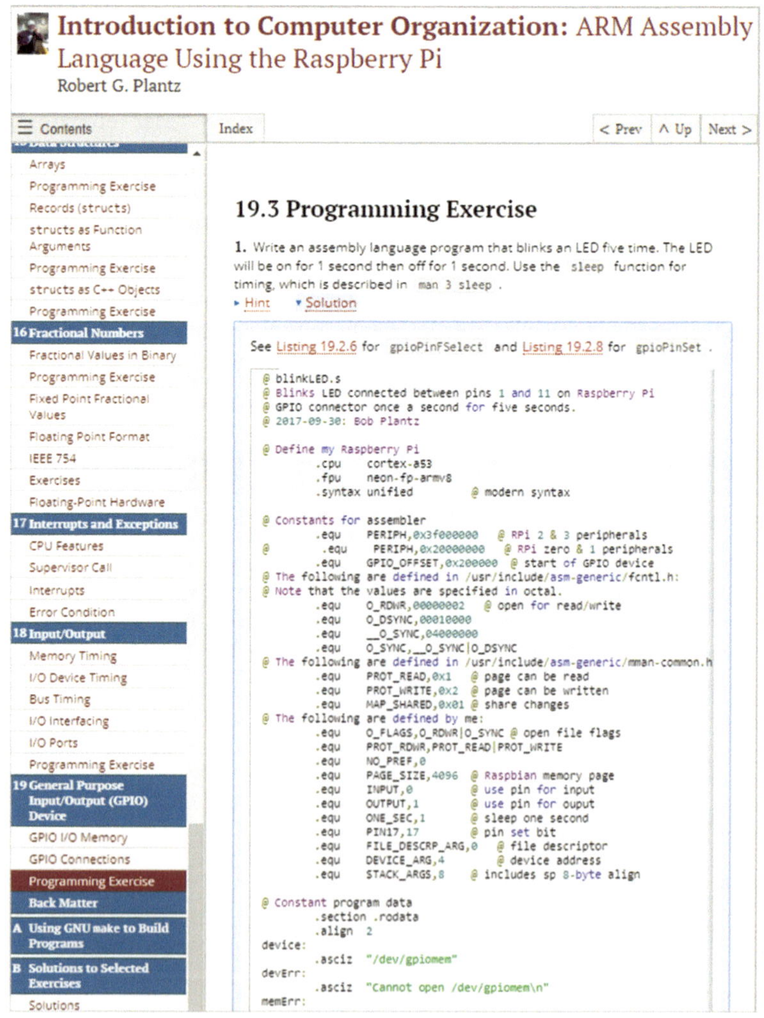

Introduction to Computer Organization: ARM Assembly Language Using the Raspberry Pi

Robert G. Plantz

Contents | Index | < Prev | ∧ Up | Next >

19.3 Programming Exercise

1. Write an assembly language program that blinks an LED five time. The LED will be on for 1 second then off for 1 second. Use the `sleep` function for timing, which is described in `man 3 sleep` .

▸ Hint ▾ Solution

See Listing 19.2.6 for `gpioPinFSelect` and Listing 19.2.8 for `gpioPinSet` .

```
@ blinkLED.s
@ Blinks LED connected between pins 1 and 11 on Raspberry Pi
@ GPIO connector once a second for five seconds.
@ 2017-09-30: Bob Plantz

@ Define my Raspberry Pi
        .cpu    cortex-a53
        .fpu    neon-fp-armv8
        .syntax unified         @ modern syntax

@ Constants for assembler
        .equ    PERIPH,0x3f000000   @ RPi 2 & 3 peripherals
@        .equ    PERIPH,0x20000000   @ RPi zero & 1 peripherals
        .equ    GPIO_OFFSET,0x200000  @ start of GPIO device
@ The following are defined in /usr/include/asm-generic/fcntl.h:
@ Note that the values are specified in octal.
        .equ    O_RDWR,00000002   @ open for read/write
        .equ    O_DSYNC,00010000
        .equ    __O_SYNC,04000000
        .equ    O_SYNC,__O_SYNC|O_DSYNC
@ The following are defined in /usr/include/asm-generic/mman-common.h
        .equ    PROT_READ,0x1   @ page can be read
        .equ    PROT_WRITE,0x2  @ page can be written
        .equ    MAP_SHARED,0x01 @ share changes
@ The following are defined by me:
        .equ    O_FLAGS,O_RDWR|O_SYNC @ open file flags
        .equ    PROT_RDWR,PROT_READ|PROT_WRITE
        .equ    NO_PREF,0
        .equ    PAGE_SIZE,4096  @ Raspbian memory page
        .equ    INPUT,0         @ use pin for input
        .equ    OUTPUT,1        @ use pin for ouput
        .equ    ONE_SEC,1       @ sleep one second
        .equ    PIN17,17        @ pin set bit
        .equ    FILE_DESCRP_ARG,0   @ file descriptor
        .equ    DEVICE_ARG,4        @ device address
        .equ    STACK_ARGS,8    @ includes sp 8-byte align

@ Constant program data
        .section .rodata
        .align  2
device:
        .asciz  "/dev/gpiomem"
devErr:
        .asciz  "Cannot open /dev/gpiomem\n"
memErr:
```

Abb. 5.28 ARM-Assembler-Programmierung für den Raspberry Pi

Gründe für die Programmierung eines Raspberry Pi in Assembler ist der Aufbau von Embedded Systems, bei dem möglicherweise noch nicht einmal ein Betriebssystem verwendet wird, sondern der Code quasi direkt auf der Hardware läuft (Bare Metal), was zu sehr Code- und Energie-effizienten Lösungen führen kann. Für den Raspberry Pi wird die ARM-GNU-Toolchain benötigt. Im gcc-Compiler kann im Übrigen auch ein ARM-Inline Assembler eingesetzt werden. Eine fundierte Beschreibung zur Assembler-Programmierung für ARM-Controller (Abb. 5.28) – und auch speziell für den Raspberry Pi – ist beispielsweise auf der Internet-Seite von Robert G. Plantz (http://bob.cs.sonoma.edu/IntroCompOrg-RPi/acknowledgement-1.html) zu finden.

5.6.6 Programmieren mit Python

Die Programmiersprache Python gehört zu den beliebtesten überhaupt und ist von der Raspberry Pi Foundation als *die* Programmiersprache für den Raspberry Pi ausgesucht worden, was auch zur Namensgebung (Pi = Py) des Systems beigetragen hat. Der Name *Python* selbst ist in Anlehnung an die Komikergruppe Monty Python gewählt worden.

Python ist deswegen so beliebt, weil es sehr einfach zu erlernen ist, was daran liegt, dass die Programmierbefehle durch relativ wenige simple, verständliche englische Ausdrücke gebildet werden. Für Python sind zahlreiche Bibliotheken – etwa für den Zugriff auf die GPIO-Ports – verfügbar; Python ermöglichst außerdem den Zugriff auf Bibliotheken (Libraries) mit C- oder C++-Code und steht nicht nur für Linux, sondern auch für Windows und MacOS zur Verfügung.

Bei Raspbian können grundsätzlich zwei Python-Versionen (IDLE2, IDLE3) vorinstalliert sein, die nur bedingt zueinander kompatibel sind. Python 3 existiert bereits seit dem im Jahre 2008. Bei der aktuellen Raspbian-Version wird nur noch diese Version automatisch mit installiert. Die Unterschiede zur Vorgängerversion sind prinzipiell – aus der Sicht des Programmierers – nicht besonders groß, allerdings sind zahlreiche Bibliotheken (Add-Ons, Libraries) für die 2.x-Versionen ausgelegt, die nicht mit der aktuellen Version funktionieren.

Python ist eine Interpreter-Spache, die während der Laufzeit mithilfe des benötigten Interpreters ausgeführt wird. Python kann direkt von der Konsole aus oder in einem Terminal durch die Eingabe von `python` gestartet werden, woraufhin der Eingabe-Prompt >>> erscheint und auf Eingaben wartet, die nach Betätigung der Eingabetaste sofort ausgeführt werden.

Die direkte Eingabe am Python-Prompt (Interactive Mode) ist eigentlich nur für Testzwecke interessant. Deshalb ist für richtige Aufgaben ein Programm zu erstellen. Für das Schreiben eines Python-Programms, welches üblicherweise die Endung „py" aufweist, werden mit der *Raspbian Full Version* zwei Entwicklungsumgebungen für Python installiert, die unter ENTWICKLUNG zu finden sind: *Python 3 (IDLE)* und *Tonny Python IDE*. In einer Python-Shell (Abb. 5.29) ist die Bedienung und Kommunikation einfacher möglich, weil hier die üblichen Befehle des Betriebssystems (zum Kopieren etc.) sowie die Maus aktiv sind und die kontextsensitive Hilfe automatisch zur Verfügung steht. Der für das Schreiben benötigte Editor sowie anderen notwendigen Tools stehen in der Python Shell über die Menüleiste (File, Edit, Shell Debug, Options, Windows, Help) zur Verfügung. Die *Tonny Python IDE* wirkt demgegenüber etwas moderner und bietet einen größeren Funktionsumfang. Letztlich ist es aber Geschmackssache welche der beiden Entwicklungsumgebungen verwendet wird.

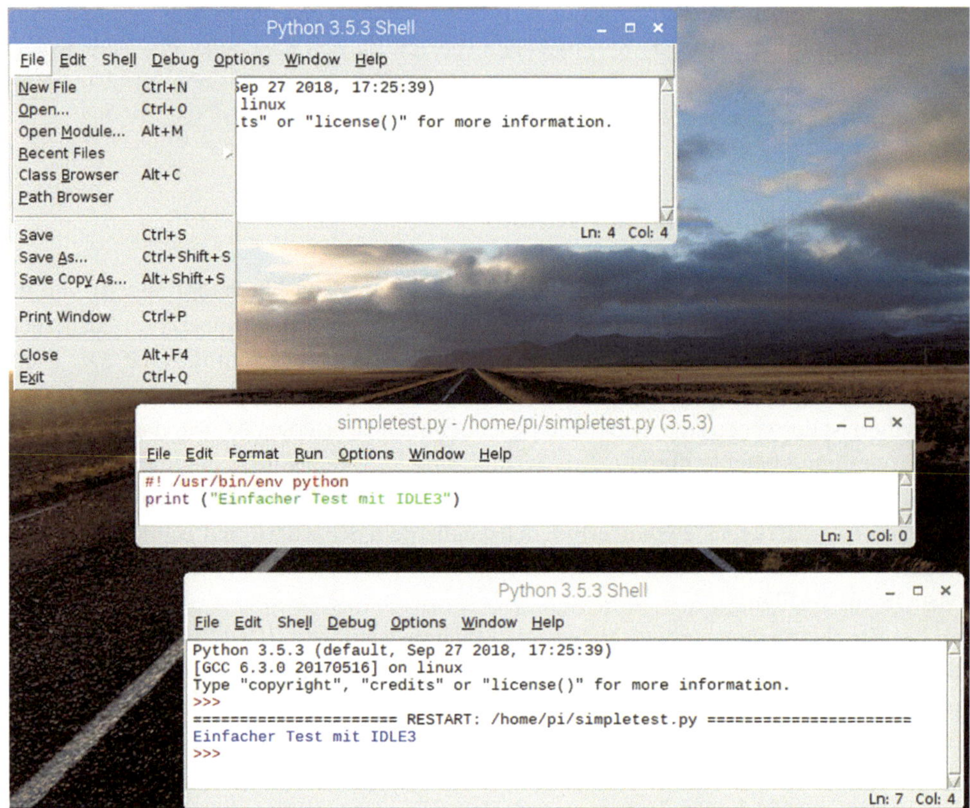

Abb. 5.29 Shell öffnen, schreiben und ausführen eines einfachen Programms

Ein einfaches Programm besteht lediglich aus den beiden folgenden Zeilen:

```
#! /usr/bin/env python
print "Einfacher Test mit IDLE3"
```

Nach dem Speichern des Programms (z. B. als simpletest.py), ist es durch das Voranstellen von *python* (Interpreteraufruf) ausführbar, also mit:

```
pi@raspberrypi: ~ $ python simpletest.py
```

Dabei ist es von Bedeutung, in welchem Verzeichnis das Programm gespeichert ist (/home/pi) und aus welchem Verzeichnis heraus es aufgerufen wird. Die erste Zeile des Programms (Abb. 5.29) spezifiziert die Position des Python-Interpreters, weshalb es hierfür keiner besonderen Pfadangabe bedarf, sondern er kann stets automatisch lokalisiert werden.

Diese erste Zeile (shebang line), die traditionell unter Linux und nicht nur für Python, angegeben werden kann, ermöglicht dem Python-Programm auch die direkte Ausführung ohne die separate Angabe des Python-Interpreters. Hierfür muss die Datei dann als ausführbar (siehe Abschn. 5.4.3) gekennzeichnet sein, d. h., das Dateiattribut, welches zunächst nur schreiben und lesen erlaubt (Eigentümer, Gruppe, Andere), ist um diese Funktionalität zu erweitern, was wie folgt zu lösen ist, woraufhin das Programm gestartet werden kann:

```
pi@raspberrypi: ~ $ chmod +x simpletest.py
pi@raspberrypi: ~ $ ./simpletest.py
```

Damit die Programmausführung aus dem aktuellen Verzeichnis funktioniert, ist „./“ voranzustellen und der Verzeichnisname kann dann weggelassen werden.

Falls es notwendig sein sollte, dass das Programm wie jedes andere auch, welches als Konsolenprogramm (im Terminal) zur Verfügung steht, einfach per Name von einem x-beliebigen Verzeichnis aus aufgerufen werden kann, muss es ebenfalls im Verzeichnis `/user/local/bin` vorhanden sein. Es ist wie folgt dorthin zu kopieren:

```
pi@raspberrypi: ~ $ sudo cp simpletest.py /user/local/bin
```

Wenn jetzt noch die Extension .py stört, kann das Programm einfach umbenannt und die Extension weggelassen werden (wobei es sich hier um eine einzige Befehlszeile handelt).

```
pi@raspberrypi: ~ $ sudo mv /usr/local/bin/simpletest.py
/usr/local/bin/simpletest
```

Als Beispiel für ein Python-Programm wurde hier tatsächlich nur eine ganz einfache Ausgabe mit dem Print-Befehl realisiert, wobei jedoch alle wesentlichen Schritte absolviert wurden, um das Programm letztendlich wie ein übliches Linux-Programm aussehen und funktionieren zu lassen.

Python verfügt über alle für eine Programmiersprache gebräuchlichen Befehle und Funktionen. Arrays – wie sie von anderen Sprachen her bekannt sind – gibt es bei Python allerdings nicht. Stattdessen werden hierfür *lists* und *dictionaries* verwendet. Kommentarzeilen werden mit einem vorangestellten „#“-Zeichen als solche kenntlich gemacht und demnach nicht ausgeführt.

Bei der Verwendung von Kontrollstrukturen wie bei if-, for-, oder while-Schleifen sowie bei der Definition von Funktionen (mit def) ist eine Einrückung des Codes innerhalb der Struktur notwendig, damit dieser Codeabschnitt, der mit einem Doppelpunkt „:" eingeleitet wird, vom Interpreter als solcher erkannt wird. Hierfür wird üblicherweise die TAB-Taste verwendet, wobei aber auch einzelne Leerzeichen erlaubt sind. Dabei sollte stets die gleiche Anzahl von Leerzeichen für die Strukturierung verwendet werden. Im Folgenden ist ein Beispiel angegeben, welches unter Verwendung der pygame-Bibliothek eine Uhr (Abb. 5.30) auf dem Bildschirm darstellt.

```
# Uhr mit Python

import time,pygame
pygame.init()

theFont = pygame.font.Font(None,72)
clock = pygame.time.Clock()
screen = pygame.display.set_mode([320, 200])

pygame.display.set_caption('Pi  Time')

while True:
      clock.tick(1)
      theTime=time.strftime("%H:%M:%s",time.localtime())
      timeText=theFont.render(str(theTime),
      True,(255,255,255),(0,0,0))
      screen.blit(timeText,(80,60))
      pygame.display.update()
```

Abb. 5.30 Ausgabe des Python-Beispielprogramms

Hilfe zur Python-Programmierung ist standardmäßig über *man python* oder auch *info python* verfügbar sowie über Help F1 in der Python Shell, wofür eine Internet-Verbindung (http://www.python.org) notwendig ist.

Trotz der Einfachheit von Python stehen Funktionen für die Umsetzung parallel arbeitender Programme (thread) zur Verfügung sowie spezielle Funktionen (socket API) für die Netzwerkkommunikation, was auch professionellen Ansprüchen genügt.

Mit Python ist zudem die Objekt-orientierte Programmierung (class) leicht durchführbar, ohne dass hierfür besonders strenge Konventionen zu beachten und spezielle Anstrengungen zu unternehmen sind, wie es etwa bei anderen Programmiersprachen der Fall ist. Die Möglichkeit, eine Mischung aus konventioneller (funktionaler) und objekt-orientierter Programmierung – auch innerhalb eines Programms – vornehmen zu können, erweist sich in der Praxis als äußerst nützlich und schnell umsetzbar.

5.6.7 Programmieren mit C

Die klassische Programmiersprache für Linux ist C, die gemeinhin als „hardware-nah" gilt, sodass es nicht verwundert, dass Betriebssystemen wie eben Linux und auch Windows umfangreicher C-Code zugrunde liegt. Weil es C in zahlreichen unterschiedlichen Implementierungen gibt, die im Großen und Ganzen auf einem Standard-C basieren (ANSI C), handelt es sich um eine der wenigen „Hardware-nahen" Programmiersprachen, die prinzipiell Plattform-übergreifend eingesetzt werden können. Die Besonderheiten der jeweiligen Hardware (Mikrocontroller, PC, DSP) werden in die Programme über Bibliotheken mit eingebunden, die oftmals von den Chipherstellern selbst zur Verfügung gestellt werden, wie es etwa bei Mikrocontrollern und digitalen Signalprozessoren (DSP) üblich ist.

Die mit C oder der objektorientierten Variante C++ erstellten Programme können sehr schnell ausgeführt werden und sind auch für rechenintensive Aufgaben geeignet. Sie werden mit einem Editor erstellt und mit einem Compiler in Maschinensprache (vgl. Abschn. 5.6.5) übersetzt, woraus sich auch die relativ schnelle Ausführung ergibt. Linux liefert standardmäßig einen C-Compiler (gcc) mit und verschiedene Editoren sowieso, was als Grundgerüst für die Programmierung im Textmodus bereits ausreichen kann.

Mit C/C++ kann sehr systemnah und damit eng mit der Hardware, der Firmware, dem Kernel und dem Betriebssystem gearbeitet werden, was ein tieferes Verständnis über die genauen Zusammenhänge erfordert. Gleichwohl gelingt es auch dem Einsteiger, mit wenigen Code-Zeilen und unter Verwendung der zahlreichen vorhandenen Bibliotheken ein C-Programm zu erstellen, was in diesem Kapitel etwas näher betrachtet werden soll. Es ist wie das vorherige Kapitel über Python als praxisorientierte Übersicht gedacht, um auch die Programme für die Ansteuerung der Hardware in den Kap. 6 und 7 nachvollziehen zu können.

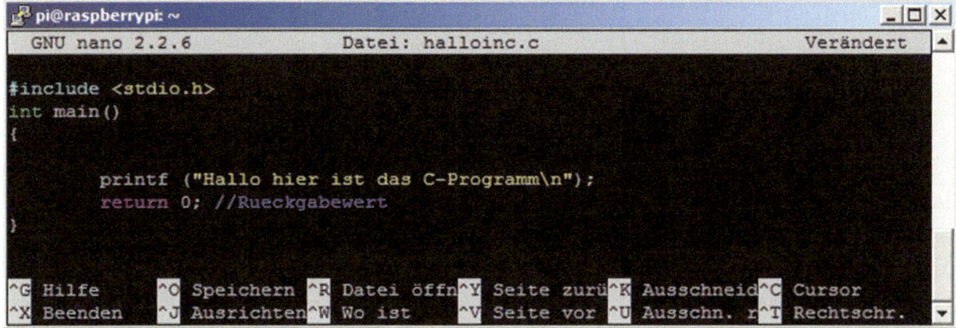

Abb. 5.31 Einfache C-Programme können problemlos mit dem Editor nano erstellt werden

Das Programm Geany, das standardmäßig mit der Raspbian Full-Version installiert wird, gilt als leistungsfähige IDE, die mehrere Templates für verschiedene Programmiersprachen mitbringt und demnach recht universell eingesetzt werden kann, sei es für Python oder auch C. Im einfachsten Fall kann aber auch der Editor *nano* (Abb. 5.31) eingesetzt werden, mit dem eine Quelldatei (halloinc.c) erstellt wird:

```
# Hallo in C

#include <stdio.h>
int main ()
{
   printf ("Hallo hier ist das C-Programm\n");
   return 0; //Rueckgabewert;
}
```

Das Programm gibt die Meldung „Hallo hier ist das C-Programm" aus, was mithilfe der printf-Anweisung erfolgt, die außerdem den Cursor mit *\n* in die folgende Zeile springen lässt. Mit *#include* wird der Inhalt der Standardbibliothek (stdio.h), die den printf-Befehl kennt, zum Programm hinzugefügt, und per *int main ()* werden die folgenden Zeilen zum Hauptprogramm definiert, welches mit geschweiften Klammern umschlossen wird. Jede Programmzeile ist mit einem Semikolon abzuschließen, was jedoch nicht bei Kontrollstrukturen wie den if-, for-, oder while-Schleifen durchzuführen ist. Kommentare werden üblicherweise mit vorangestelltem „//" gekennzeichnet.

Fehlerfrei ausgeführte Funktionen liefern einen Rückgabewert an die aktive Instanz zurück, der in diesem Fall mit Null (return 0) definiert ist, denn im Main-Klammerausdruck (main()) sind keine Übergabevariablen definiert, wie es typischerweise in Unterprogrammen (Funktionen) praktiziert wird. Strenggenommen, aber eigentlich optional, wird eine derartige „leere Konstruktion" mit (void) gekennzeichnet.

Damit dieses Programm ausführbar wird, ist es (mit gcc) zu kompilieren (Abb. 5.32). Genau genommen ist gcc jedoch nicht nur ein Compiler, sondern auch ein Linker. Zunächst bewirkt gcc, das aus der Quelldatei (halloinc.c) eine Objektdatei erzeugt wird, die mit Objektcode aus den Bibliotheken „gebunden wird", was Aufgabe eines Linkers ist, und im letzten Schritt generiert der Compiler daraus eine ausführbare Datei. Damit dies wie gewünscht funktioniert, ist lediglich die folgende Eingabe notwendig:

```
pi@raspberrypi: ~ $ gcc halloinc.c
```

Damit ist das Programm entsprechend umgesetzt worden und kann mit `./a.out` gestartet werden. Falls bei gcc keine Option angegeben wird, wird die kompilierte Datei stets als `a.out` angelegt. Mit gcc sind eine Vielzahl von Optionen (ca. 600) möglich, die hier – bis auf eine Ausnahme – nicht weiter von Bedeutung sind. Die Ausnahme betrifft die Option -o, die dafür sorgt, dass ein Name für die kompilierte – mithin die ausführbare – Datei angegeben werden kann und nicht die Standardnamenskonvention angewendet wird.

```
pi@raspberrypi: ~ $ gcc halloinc.c -o halloinc
```

Bereits aus diesem einfachen Beispiel ist ersichtlich, dass bei einem C-Programm weitaus mehr Konventionen (stets ein Main-Modul, Code mit geschweiften Klammern umschließen, Semikolon am Ende einer Befehlszeile, Rückgabewert definieren) als bei einem vergleichbaren Python-Programm (vgl. Abb. 5.29) zu beachten sind.

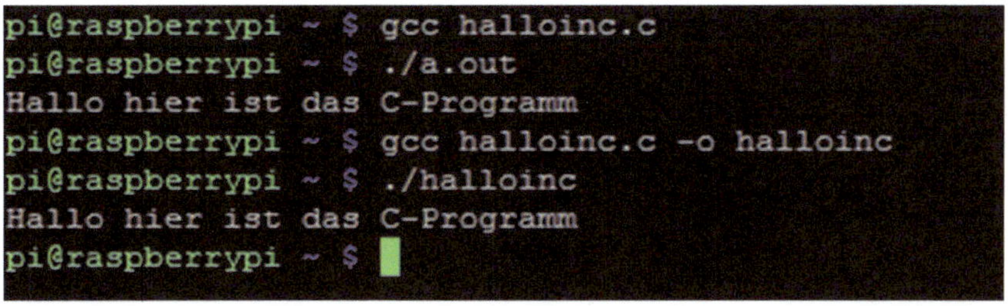

```
pi@raspberrypi ~ $ gcc halloinc.c
pi@raspberrypi ~ $ ./a.out
Hallo hier ist das C-Programm
pi@raspberrypi ~ $ gcc halloinc.c -o halloinc
pi@raspberrypi ~ $ ./halloinc
Hallo hier ist das C-Programm
pi@raspberrypi ~ $
```

Abb. 5.32 Kompilieren der Quelldatei ohne gcc-Option liefert a.out als ausführbares Programm. Durch die Option -o kann hierfür ein eigener Name gewählt werden

Der GNU C-Compiler (gcc) ist ein mächtiges Werkzeug, auch wenn es auf den ersten Blick mit dem simplen Kompilierungsaufruf nicht so erscheint. Gcc unterstützt auch andere Sprachen wie Fortran oder Java und stellt auf http://gcc.gnu.org/ hilfreiche Dokumentationen zur Verfügung, bietet jedoch keine Hilfe oder ein Tutorial für die eigentliche C-Programmierung. Dies wird in erster Linie durch die zahlreichen Fachbücher zur C-Programmierung (ANSI-C) geleistet, die teilweise auch als On Line-Ausgaben im Internet zu finden sind.

Im Lieferumfang von Raspbian sind einige Beispielprogramme in C (Abb. 5.33) zu finden, die eine gute Ausgangsbasis für eigene Entwicklungen bieten. Zu finden sind die Quelldateien nebst Bibliotheken und dazugehörigen Make-Files, die die Kompilierung entsprechend steuern (die Kompilierung erfolgt dann durch den Aufruf von *make* im jeweiligen Verzeichnis), unter `/opt/vc/src/hello_pi`.

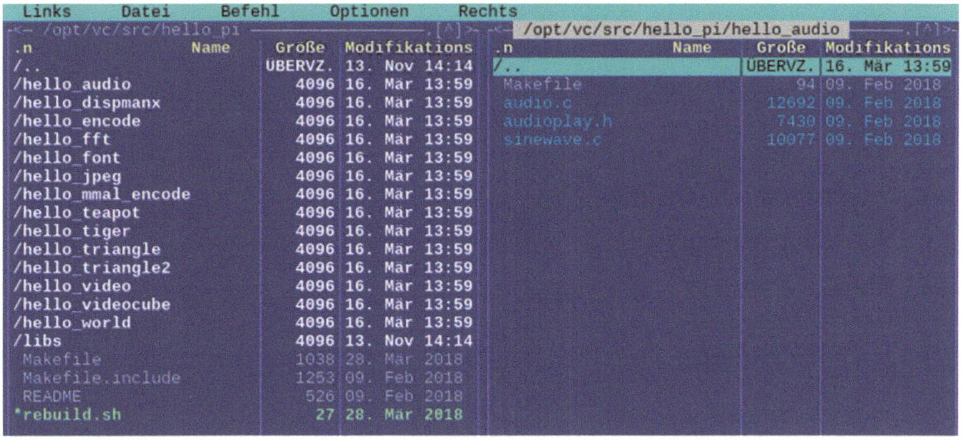

```
  Links      Datei      Befehl      Optionen      Rechts
/opt/vc/src/hello_pi                          /opt/vc/src/hello_pi/hello_audio
.n                  Name  Größe  Modifikationen  .n              Name  Größe    Modifikationen
/..                     UBERVZ.  13. Nov 14:14   /..                   UBERVZ.  16. Mär 13:59
/hello_audio               4096  16. Mär 13:59    Makefile                  94  09. Feb 2018
/hello_dispmanx            4096  16. Mär 13:59    audio.c                12692  09. Feb 2018
/hello_encode              4096  16. Mär 13:59    audioplay.h             7430  09. Feb 2018
/hello_fft                 4096  16. Mär 13:59    sinewave.c             10077  09. Feb 2018
/hello_font                4096  16. Mär 13:59
/hello_jpeg                4096  16. Mär 13:59
/hello_mmal_encode         4096  16. Mär 13:59
/hello_teapot              4096  16. Mär 13:59
/hello_tiger               4096  16. Mär 13:59
/hello_triangle            4096  16. Mär 13:59
/hello_triangle2           4096  16. Mär 13:59
/hello_video               4096  16. Mär 13:59
/hello_videocube           4096  16. Mär 13:59
/hello_world               4096  16. Mär 13:59
/libs                      4096  13. Nov 14:14
 Makefile                  1038  28. Mär 2018
 Makefile.include          1253  09. Feb 2018
 README                     526  09. Feb 2018
*rebuild.sh                  27  28. Mär 2018
```

Abb. 5.33 Die Verzeichnisse mit den C-Beispielprogrammen, angezeigt mit dem Midnight Commander (mc)

5.6.8 Programmieren mit Node-RED

Node-RED ist ein visuelles Programmiertool für die Entwicklung von IoT-Anwendungen, die typischerweise eine Kombination von Hardware, Programmierschnittstellen und Webdiensten bilden. Node-RED wurde 2013 von *IBM Emerging Technology* entwickelt und gehört mittlerweile wie Node.js, zur Open JS Foundation, die Node-RED für Raspbian zur Verfügung stellt. Es ist bei der Full-Version unter ENTWICKLUNG – NODE-RED zu finden.

Das Prinzip besteht im Erstellen eines so genannten *Flow* mittels Drag&Drop, wofür in einem Browser ein grafischer Editor eingesetzt wird. Nach dem Aufruf von Node-RED öffnet sich ein Fenster (Abb. 5.34) mit Informationen zur Bedienung und zum Status des Systems.

```
Start Node-RED

Once Node-RED has started, point a browser at http://192.168.1.30:1880
On Pi Node-RED works better with the Firefox or Chrome browser

Use   node-red-stop                          to stop Node-RED
Use   node-red-start                         to start Node-RED again
Use   node-red-log                           to view the recent log output
Use   sudo systemctl enable nodered.service  to autostart Node-RED at every boot
Use   sudo systemctl disable nodered.service to disable autostart on boot

To find more nodes and example flows - go to http://flows.nodered.org

Starting as a systemd service.
Started Node-RED graphical event wiring tool.
12 Apr 18:38:59 - [info]
Welcome to Node-RED
===================
12 Apr 18:38:59 - [info] Node-RED version: v0.19.4
12 Apr 18:38:59 - [info] Node.js  version: v8.11.1
12 Apr 18:38:59 - [info] Linux 4.14.98-v7+ arm LE
12 Apr 18:38:59 - [info] Palette editor disabled : npm command not found
12 Apr 18:38:59 - [info] Loading palette nodes
12 Apr 18:39:05 - [info] Settings file  : /home/pi/.node-red/settings.js
12 Apr 18:39:05 - [info] Context store  : 'default' [module=memory]
12 Apr 18:39:05 - [info] User directory : /home/pi/.node-red
12 Apr 18:39:05 - [warn] Projects disabled : editorTheme.projects.enabled=false
12 Apr 18:39:05 - [info] Flows file     : /home/pi/.node-red/flows_raspberrypi.j
son
12 Apr 18:39:05 - [info] Server now running at http://127.0.0.1:1880/
12 Apr 18:39:05 - [warn]
---------------------------------------------------------------------
Your flow credentials file is encrypted using a system-generated key.
If the system-generated key is lost for any reason, your credentials
file will not be recoverable, you will have to delete it and re-enter
your credentials.
You should set your own key using the 'credentialSecret' option in
your settings file. Node-RED will then re-encrypt your credentials
file using your chosen key the next time you deploy a change.
---------------------------------------------------------------------
12 Apr 18:39:05 - [info] Starting flows
12 Apr 18:39:05 - [info] Started flows
```

Abb. 5.34 Start von Node-RED

Im Chromium-Browser ist `Localhost:1880` anzugeben, woraufhin die Oberfläche (Abb. 5.35) für die Programmierung erscheint. Die Angabe der IP-Adresse des Raspberry Pi ist nicht nötig und es wird auch keine Internet-Verbindung für die Programmierung benötigt. Gleichwohl kann von einem anderen Computer aus per Webbrowser und Angabe von IP und Port 1880 auf den Raspbery Pi mit aktivierten Node-RED zugegriffen werden. Die Daten zu Node-RED sind im Verzeichnis `/home/pi/node.red` zu finden, wo die Flows auch automatisch gespeichert werden.

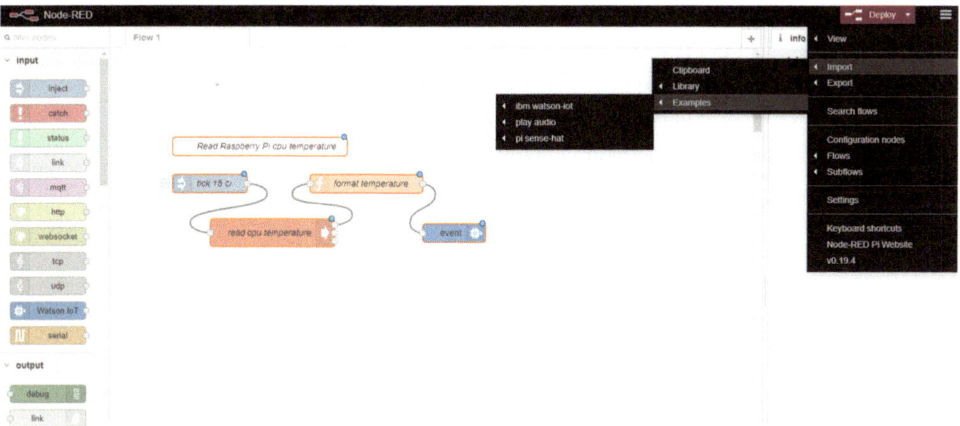

Abb. 5.35 Arbeiten mit dem Flow-Editor, der auch ein paar Beispiele zur Verfügung stellt

Die farbigen Blöcke auf der linken Seite sind die *Nodes* oder *Knoten*, die in verschiedene Kategorien wie **Input** (Inject In, Mqtt In, Http In, Serial In), **Output** (Debug, Mqtt Out, Http Out, Serial Out), **Function** (Trigger, Switch, Range, Json), Social (Email, Twitter), **Storage** (File, Tail), **Analysis** (Watch, Exec) und spezielle für den **Raspberry Pi** mit GPIO, USB-Tastatur und -Maus aufgeteilt sind. Eigener JavaScript-Code wird üblicherweise als Function realisiert, während bei den anderen Nodes oftmals nur wenige Einstellungen festzulegen sind. Auf der Arbeitsfläche des Flow-Editor werden die Nodes platziert, konfiguriert und mit Linien verbunden, woraus sich der Flow und damit die Anwendung (z. B. wie in Abb. 5.36) ergibt.

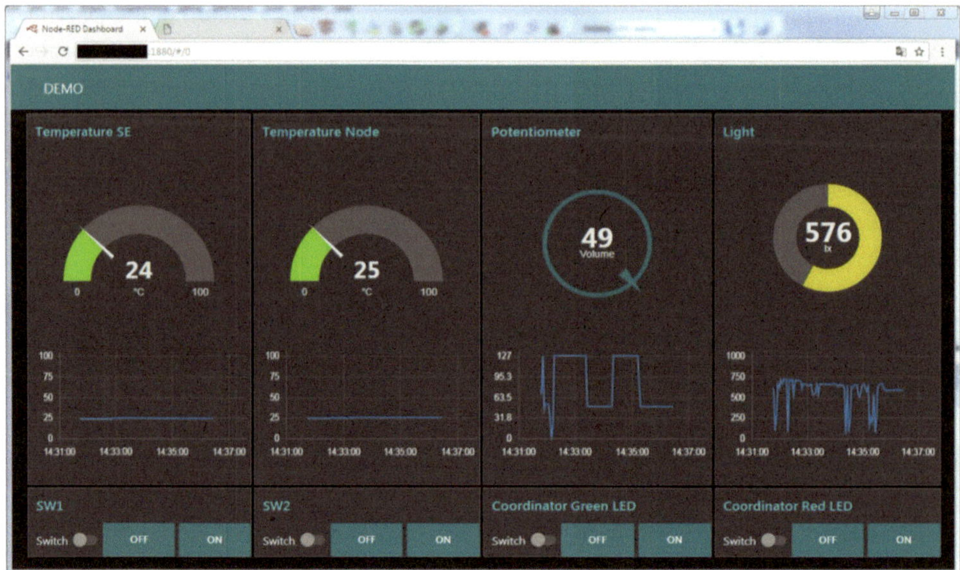

Abb. 5.36 Eine Node-RED-Applikation

Weil Node-Red auf Node.js und somit auf JavaScript basiert, werden die Daten im Rahmen eines JSON-Objektes (JavaScript Object Notation Format) zwischen den Nodes übermittelt. Das Objekt heißt üblicherweise *msg* und hat in seiner Grundform die Eigenschaften *payload*, *topic* und *msgid*. Die Nutzdaten liegen unter der Eigenschaft *payload* vor. *Topic* kann selbst bestimmt werden, muss aber keinen Inhalt enthalten. Die Message ID wird automatisch erstellt und dem Objekt zugewiesen.

Um beispielsweise eine LED anzusteuern, die wie üblich über einen Vorwiderstand (Pull-up=330 Ω) an einem GPIO-Port und Masse angeschlossen ist, wird der *GPIO Output Node* aus der Rapberry Pi-Kategorie auf die leere Fläche gezogen. Durch einen Doppelklick auf den Node öffnet sich ein Fenster für die Konfigurierung (Abb. 5.37), wo der gewünschte Pin anzugeben sowie INITIALIZE PIN STATE? auf low (0) zu setzen ist. Dann wird ein Name für den Node (z. B. LED) vergeben und DONE angeklickt.

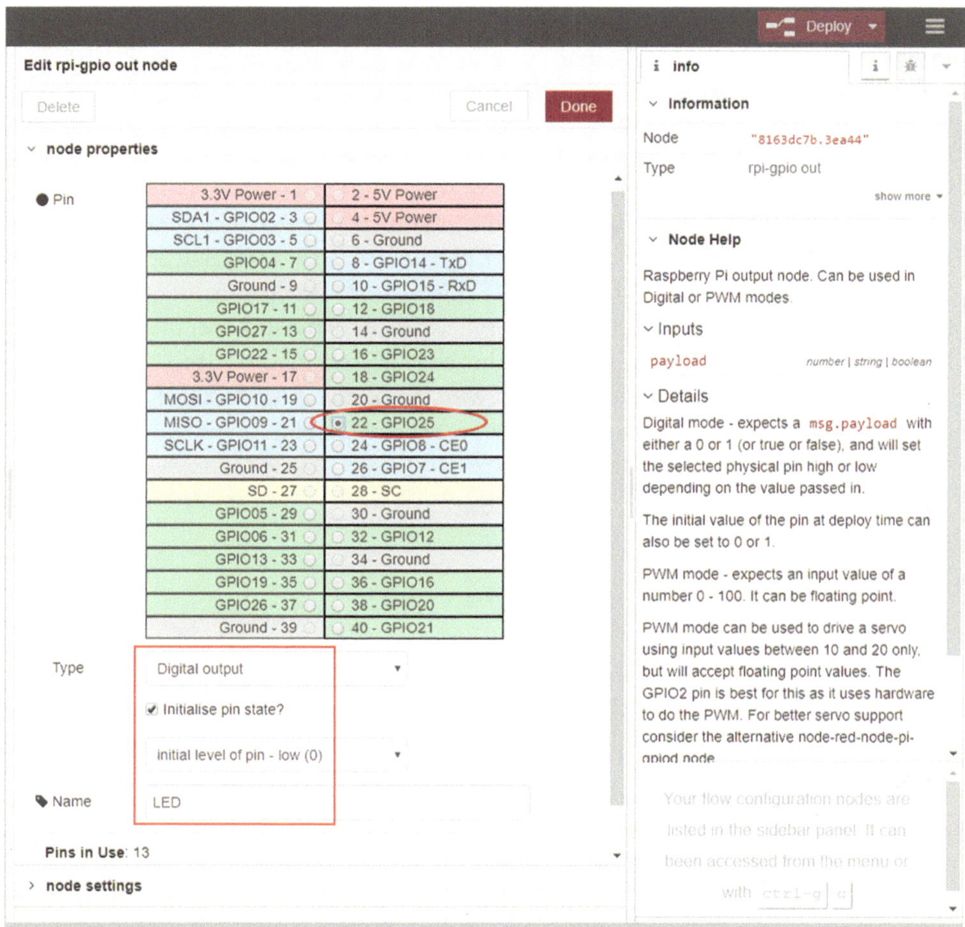

Abb. 5.37 Konfigurieren des Ausgabe-Ports

Um die LED ein- und auszuschalten werden zwei Inject-Nodes benötigt. Dieser Typ befindet sich am Anfang der Node-Liste und ist ebenfalls auf die Fläche zu ziehen. Ein Doppelklick darauf fördert wieder die Eigenschaften des Nodes zutage, wo unter Payload STRING und eine 1 einzugeben ist. In das Namensfeld (Topic) gibt man beispielsweise EINSCHALTEN an und beendet die Konfiguration mit DONE. Nach diesem Prinzip wird ein zweiter Inject-Node mit 0 und AUSSCHALTEN angefertigt.

Jetzt werden die Nodes verbunden, wofür jeweils auf den grauen Punkt eines Inject-Node zu klicken und eine Verbindung zur LED zu ziehen ist. Das Gleiche wird mit dem zweiten Inject-Node durchgeführt, womit ein einfacher Flow (Abb. 5.38) bereits fertig ist. Er wird über die rote Deploy-Schaltfläche rechts oben gestartet und über die blauen Schaltflächen der Schalter lässt sich die LED ein- bzw. ausschalten, was mit entsprechenden Meldungen (successfully injected) quittiert wird. Nützlich für das Anzeigen der Nachrichten ist noch das Hinzufügen eines Debug-Nodes (unter Output).

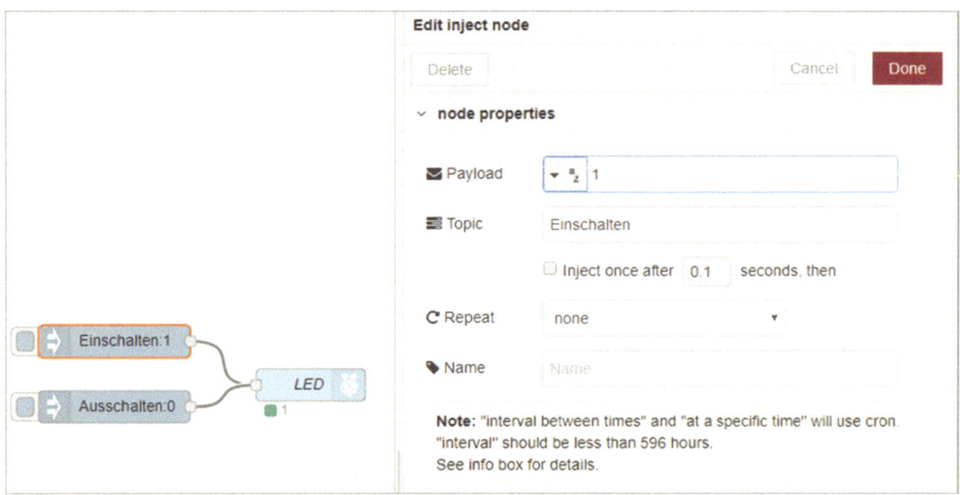

Abb. 5.38 Ein- oder Ausschalten einer angeschlossenen LED

Nach diesem Prinzip lassen sich auch komplexe Anwendungen relativ einfach erstellen, was möglicherweise nur wenige Text- oder Codezeilen erfordert, die sowohl lokal auf dem Raspberry Pi oder aber auch in einer Cloud laufen können, wie etwa in IBM Bluemix, wofür Node-RED auch gleich den entsprechenden *Watson IoT Node* zur Verfügung stellt.

6 Hardware-Programmierung

Der Raspberry Pi verfügt über eine Pfostenleiste, die auch als *Expansion Header* oder *GPIO Port* bezeichnet wird. Während die älteren Raspberry Pi-Modelle eine 26-polige Pfostenleiste besitzen, ist bei den aktuellen Modellen eine 40-polige Leiste eingebaut, deren Signalbelegung abwärtskompatibel ist. Die Pins sind in zwei Reihen angeordnet und führen verschiedene Signale, wobei einige eine Doppelfunktion aufweisen wie es im Abschn. 3.8 erläutert ist. Hier sind mehrere GPIO-Pins, eine I^2C-, zwei SPI-, eine I^2S- eine One-Wire-Schnittstelle sowie eine serielle Schnittstelle vorhanden, um die Kommunikation mit externer Peripherie zu ermöglichen, was im einfachsten Fall eine Leuchtdiode (Ausgabe) und ein Taster (Eingabe), die jeweils an einen GPIO-Pin angeschlossen werden, bedeutet. Mit dem Raspberry Pi 4 sind weitere Doppelfunktionen für fünf serielle Schnittstellen (UARTs), fünf I^2C- und vier SPI-Schnittstellen hinzugekommen, was im Abschn. 3.8.3 erläutert ist.

Des Weiteren sind am Anschluss des *Camera Serial Interface* (CSI) vier weitere GPIO-Pins (GPIO 2, 3, 5, 27) zu finden, die ebenfalls für eigene Schaltungen eingesetzt werden können, genauso wie ein durch den fehlenden Ethernet-Chip beim Modell A freigewordener Anschluss (GPIO 6). Die (unbestückte) P5-Leiste (Abb. 6.1), die vier weitere I/O-Signale plus 3,3 V, 5 V und Masse führt, gibt es ab den +Modellen nicht mehr.

K. Dembowski, *Raspberry Pi – Das technische Handbuch*,
https://doi.org/10.1007/978-3-658-27493-1_6

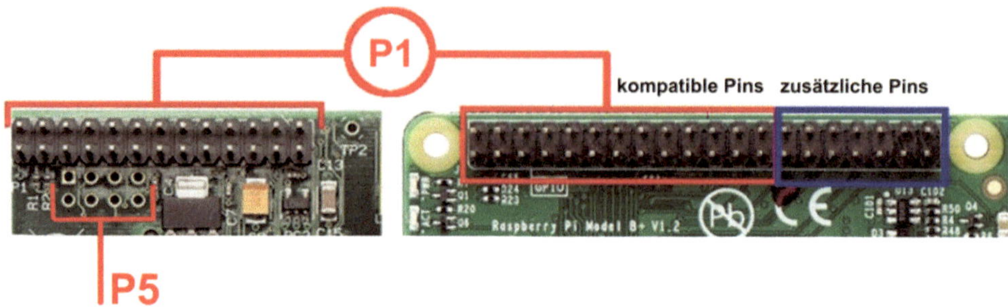

Abb. 6.1 Die gebräuchlichen GPIO-Pins bei den Raspberry Pi-Modellen

6.1 OnBoard-LED steuern

Die Modelle A und B verfügen zwischen der Audioausgangsbuchse und den USB-Anschlüssen über fünf Leuchtdioden. Die PWR-LED (rot) leuchtet, wenn die Versorgungsspannung anliegt, während die grüne ACT-LED beispielsweise dann blinkt, wenn der Bootvorgang von der SD Card stattfindet. Die unteren drei LEDs signalisieren den Netzwerkstatus. Die grüne FDX-LED zeigt an, dass die Übertragung im Full Duplex-Modus stattfindet, die grüne LNK-LED, dass eine Netzwerkverbindung vorhanden ist, und die gelbe 100-LED, dass der Übertragungsmodus von 100 MBit/s (Fast Ethernet) genutzt wird.

Ab den +Modellen befinden sich links unterhalb der Pfostenleiste lediglich zwei LEDs: PWR und ACT. Für die Signalisierung der Netzwerkaktivität befinden sich nunmehr zwei LEDs (grün, orange) direkt in der RJ45-Buchse. Bei den Zero-Modellen gibt es keine PWR- sondern nur die ACT-LED.

Abb. 6.2 Die Leuchtdioden auf verschiedenen Raspberry Pi Boards

Alle Leuchtdioden (Abb. 6.2) werden, bis auf die PWR-LED, vom Linux-Kernel gesteuert, wobei sich die ACT-LED (GPIO 16) auch separat ansteuern lässt, sodass dem Anwender und/oder dem Programmierer hiermit eine Status-LED für eigene Einsatzzwecke zur Verfügung steht.

Um eine einfache Programmierung auszuprobieren, ist es demnach nicht notwendig eine externe LED plus Vorwiderstand an den GPIO-Port anzuschließen, sondern man nutzt die bei allen Raspberry Pi-Modellen vorhandenen ACT-LED. Die Steuerung erfolgt über Dateien, die im Verzeichnis `/sys/class/leds/led0` zu finden sind.

6.1.1 Auslösebedingung – Trigger

In der Datei *Trigger* sind die Auslösebedingungen (Trigger-Bedingungen) definiert, die `none` oder `mmc0` lauten, wobei jeweils die in eckigen Klammern gesetzte Option gültig ist. Standardmäßig ist dies `[mmc0]`, was bedeutet, dass die LED beim Zugriff auf die SD-Karte aufleuchtet.

Damit die ACT-LED stattdessen per Software zu steuern ist, ist `none` in der Trigger-Datei zu aktivieren. Hierfür sind root-Rechte notwendig, was prinzipiell auch per `sudo` mit dem Editor `nano` durchgeführt werden kann, wobei das Linux-Kommando `tee` Daten von `stdin` liest und nach `stdout` sowie an die angegebene Datei ausgibt:

```
pi@raspberrypi:~ $ sudo nano /sys/class/leds/led0/trigger
```

oder auch direkt mit

```
pi@raspberrypi: ~ $ echo none | sudo tee /sys/class/leds/led0/trigger
```

Wenn die eckige Klammern um `none` gesetzt sind, wird die ACT-LED nicht mehr beim Zugriff auf die SD-Karte leuchten. Nach einem Reboot gilt allerdings wieder die ursprüngliche Einstellung.

6.1.2 LED automatisch und manuell schalten

Zum Funktionstest der LED-Ansteuerung empfiehlt sich ein so genannter *Heartbeat*, d. h. eine Funktion, die kontinuierlich die Aktivität des Betriebssystems signalisiert, was per *ledtrig_heartbeat* und damit über die ACT-LED erfolgen kann. Hierfür ist zunächst das passende zusätzliche Kernel-Modul notwendig, welches per *modprobe* (Abb. 6.3) installiert werden kann:

```
pi@raspberrypi: ~ $ sudo modeprobe ledtrig_heartbeat
```

Dann wird *heartbeat* in die Trigger-Datei eingetragen und aktiviert:

```
pi@raspberrypi: ~ $ echo heartbeat | sudo tee /sys/class/leds/led0/trigger
```

Daraufhin blinkt die ACT-LED kontinuierlich in einem bestimmten Rhythmus, solange das Betriebssystem arbeitet.

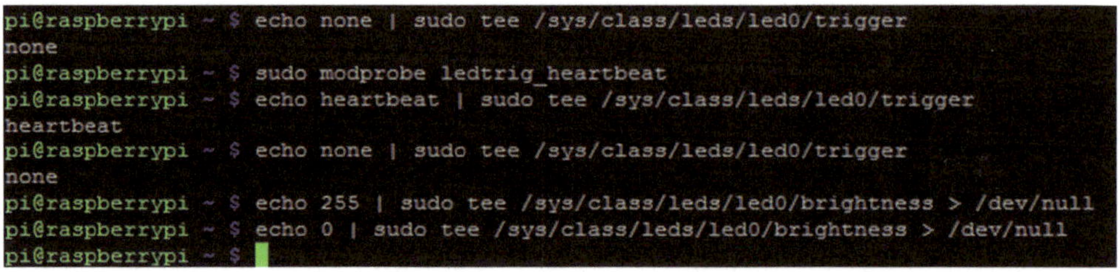

```
pi@raspberrypi ~ $ echo none | sudo tee /sys/class/leds/led0/trigger
none
pi@raspberrypi ~ $ sudo modprobe ledtrig_heartbeat
pi@raspberrypi ~ $ echo heartbeat | sudo tee /sys/class/leds/led0/trigger
heartbeat
pi@raspberrypi ~ $ echo none | sudo tee /sys/class/leds/led0/trigger
none
pi@raspberrypi ~ $ echo 255 | sudo tee /sys/class/leds/led0/brightness > /dev/null
pi@raspberrypi ~ $ echo 0 | sudo tee /sys/class/leds/led0/brightness > /dev/null
pi@raspberrypi ~ $
```

Abb. 6.3 Triggerbedingung auf none setzen, Kernel-Modul ledtrig_heartbeat installieren und die Triggerbedingung auf heartbeat setzen, was die LED zum selbsttätigen, kontinuierlichen Blinken veranlasst. Danach die Triggerbedingung wieder auf none setzen und die LED mithilfe der Brightness-Datei manuell an- und ausschalten

Im Verzeichnis `/sys/class/leds/led0` befindet sich neben *trigger* die Datei *brightness*, die entweder den Wert 0 (LED aus) oder den Wert 255 (LED an) beinhaltet. Durch das Schreiben dieser Werte kann die LED somit auf einfache Art und Weise ein- oder ausgeschaltet werden.

LED an:

```
pi@raspberrypi: ~ $ echo 255 | sudo tee /sys/class/leds/led0/brightness > /dev/null
```

LED aus:

```
pi@raspberrypi: ~ $ echo 0 | sudo tee/sys/class/leds/led0/brightness > /dev/null
```

Die angeführten Zeilen sind einzeilig einzugeben, und unter Nutzung der Kommandozeilen-Historie (Pfeil-Auf-Taste „↑“) lässt sich die LED dann leicht manuell schalten.

6.1.3 Python-Programm

Das zuvor gezeigte Prinzip kann natürlich auch in eigenen Programmen (Python, C) eingesetzt werden, die den gewünschten Wert in die brightness-Datei schreiben. Ausgangspunkt ist dabei stets die Einstellung `[none]` in der Datei *Trigger*. Wie dies in Python aussehen kann, zeigt das folgende Listing.

```
# Funktionen in Python

import re
dir_led = "/sys/class/leds/led0"
original_use = none

def  led_claim():
      "LED-Kontrolle uebernehmen"
      global original_use
```

```
      trigger_file = dir_led+"/trigger"
      with open trigger_file, ' r') as f:
            m = re.match('\[(.*)\]', f.read())

      if m:
            original_use = m.group(1)

      else:
            original_use = none

            with open (trigger_file, 'w') as f:
            f.write('none')

def led_release():
      "LED-Kontrolle abgeben"
      global original_use
      if original_use:
            with open(dir_led+"/trigger", 'w') as f:
            f.write(original_use)

def led_on():
      "LED an"
      with open(dir_led+"/brightness", 'w') as f:
      f.write('255')

def led_off():
      "LED aus"
      with open(dir_led+"/brightness", 'w') as f:
      f.write('0')
```

Ein einfaches Programm, welches die oben definierten Funktionen anwendet, ist im Folgenden gezeigt:

```
# LED-Brightness in Python

import time

def main():

       led_claim()

       for i in range(100):
             print("an")
             led_on()
             time.sleep(1)

             print("aus")
             led_off()
             time.sleep(1)

       led_release()
       return 0
```

6.2 Einsatz des GPIO-Ports

Um eigene Peripherie mit den GPIO-Anschlüssen verbinden zu können, wird eine geeignete Steckverbindung benötigt. Kabel mit angeschlossenen Steckern, wie sie in PCs für USB-Slots oder auch für Audioverbindungen zum Einsatz kommen, können hierfür durchaus verwendet werden, falls einige wenige Pins von der Pfostenleiste abgegriffen werden sollen. Für die +Modelle und folgende eignet sich als GPIO-Verbindung ein IDE-Kabel, welches über 40 Kontakte und einen Pfostenstecker verfügt.

Verschiedene Hersteller bieten auch spezielle Adapter (Break Out Adapter, T-Cobbler) für den Raspberry Pi an, die die GPIO-Signale über ein Fachbandkabel auf eine Platine führen, wie beispielsweise der *Pi Cobbler* der Firma Adafruit. Die 26-polige-Version passt mechanisch jedoch nicht auf die neueren 40-poligen Versionen.

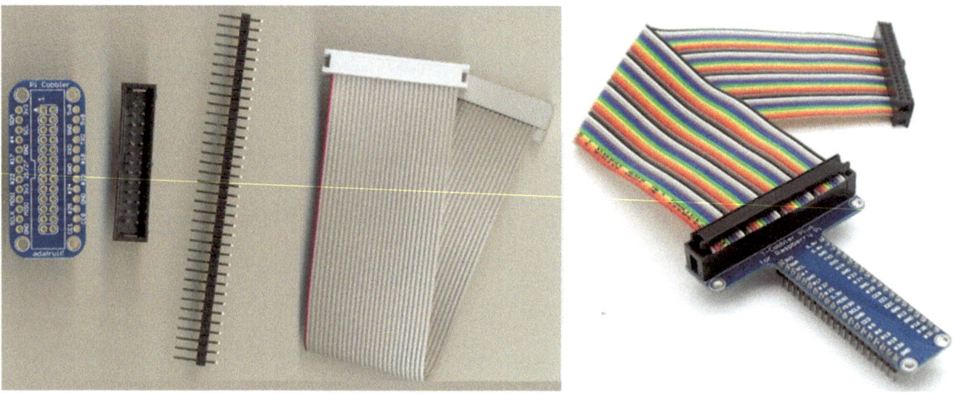

Abb. 6.4 Adapter wie den Pi Cobbler gibt es in verschiedenen Ausführungen, auch als Bausatz

Sowohl beim Zusammenbau als auch beim späteren Anschluss des Pi Cobbler oder einer ähnlichen Adapterlösung (Abb. 6.4) ist genau auf die Orientierung der Signale zu achten, damit nicht unabsichtlich eine Signalverdrehung hergestellt wird, was durchaus zur elektrischen Zerstörung des Raspberry Pi führen kann. Wie es im Kap. 3 erwähnt ist, sind die GPIO-Pins direkt mit dem SoC verbunden, und es gibt hier keine Schutzschaltung. Grundsätzlich sollte man sich stets am Pin 1 der Verbindung orientieren, der beim Verbindungskabel rot markiert ist und auf der Cobbler- sowie auf der Raspberry Pi-Platine ebenfalls kenntlich gemacht ist. Zudem wird der Pin 1 auf den Platinen stets mit einem eckigen Lötpad, statt mit runden wie bei den anderen Pins, ausgeführt. Die auf den Cobbler (Abb. 6.5) einzusetzende Pfostenleiste verfügt über eine Einsparung, sodass das Kabel nur in einer Richtung eingesetzt werden kann. Die Leiste kann allerdings auch falsch herum eingelötet werden.

Für den Bastelaufbau von Schaltungen eignen sich die bekannten Steckplatinen (Breadboards) auf die die Bauteile einfach gesteckt werden können. Die elektrischen Verbindungen werden durch die Kontakte des Boards selbst oder mit kleinen Steckbrücken hergestellt.

Abb. 6.5 Der Pi Cobbler führt alle Signale des Raspberry Pi GPIO-Ports auf ein Breadboard, womit sich schnell eine Schaltung zusammenstecken lässt

Breadboards eignen sich nicht für finale Schaltungen, sondern lediglich für Testaufbauten. Unbestückte Lochrasterplatinen (Prototyping Boards) mit denen sich für stabilere gelötete Schaltungen realisieren und sich direkt auf den Raspberry Pi aufstecken lassen, sind ebenfalls in verschiedenen Versionen verfügbar.

Abb. 6.6 Prototyp Board und Aufsteckplatine für MSR-Applikationen

Außerdem sind spezielle Erweiterungsplatinen (Abb. 6.6) für Aufgaben in der MSR-Technik mit A/D- und D/A-Wandlern, Sensoren und Relais sowie Motorsteuerungen erhältlich. Im Gegensatz zu den Shields, wie die Erweiterungsplatinen für die Arduino-Plattform bezeichnet werden, ist das Angebot an aufsteckbaren Raspbery Pi-Boards vergleichsweise gering, die zudem oftmals teurer sind als ein Raspberry Pi-Board selbst. Näheres zu den Aufsteckboards für Raspberry Pi (HAT) ist ab dem Abschn. 6.5 zu finden.

6.2.1 Software

Für die Steuerung der GPIO-Signale sind verschiedene Bibliotheken und Tools entwickelt worden, wie *RPI.GPIO, wiringPi* oder auch *pi4j* die dem Entwickler und Programmierer einen möglichst einfachen Hardware-Zugriff ermöglichen, wie es im Abschn. 5.6 bereits erwähnt wurde. Dabei ist die unterschiedliche Nummerierung der einzelnen Anschlüsse zu beachten, die bei den verschiedenen Bibliotheken zur Anwendung kommt. Diese kann sich an den Kontaktnummern (1–40) an der Leiste orientieren (physical), am Broadcom-SoC (BCM, GPIO) oder es wird eine eigene definiert, wie es etwa bei *wiringPi* der Fall ist.

Außerdem bietet der Linux Kernel selbst – auf den diese Bibliotheken aufsetzen – GPIO-Treiber in Form von C-Funktionen, die für eigene Treiber eingesetzt werden können. Damit ist eine sehr direkte Kommunikation mit der Hardware möglich, was mit den geringsten Latenzen und Verzögerungen einhergeht und insbesondere in zeitkritischen Applikationen (Timer) eine wichtige Rolle spielt.

Selbst die Funktionen des Kernels nutzen nicht alle Möglichkeiten aus, die der BCM283x-Prozessor prinzipiell für die unterschiedlichen Leitungen des GPIO-Ports vorsieht. Standardmäßig werden die GPIO-Funktionen sowie die Schnittstellen (SPI, I^{2}C, Serial) unterstützt. „Alternative" Funktionen wie PCM oder Clock werden durch die bekannten Bibliotheken (s. o.) und durch den Kernel möglicherweise aber nicht unterstützt.

Um diese Funktionen dennoch nutzen zu können, ist eine direkte Programmierung der betreffenden fünf Register des SoC notwendig, die sich über physikalische Adressen im ARM-Speicherbereich ansprechen lassen. Dabei wird der eingebaute GPIO-Treiber des Kernels für die (direkte) Programmierung ignoriert. Auch hierfür existieren verschiedene C-Bibliotheken, wovon bcm2835.h die gebräuchlichste ist, die beispielsweise unter https://github.com/janne/bcm2835/blob/master/bcm2835.h zu finden ist. Ein Beispiel für deren Anwendung ist im Programmlisting der Abb. 6.7 gezeigt.

Abb. 6.7 Beispiel für die direkte Registerprogrammierung mit BCM2835-Bibliothek

```
// input.c
//
// Example program for bcm2835 library
// Reads and prints the state of an input pin
//
// After installing bcm2835, you can build this
// with something like:
// gcc -o input input.c -l bcm2835
// sudo ./input
//
// Or you can test it before installing with:
// gcc -o input -I ../../src ../../src/bcm2835.c input.c
// sudo ./input
//
// Author: Mike McCauley
// Copyright (C) 2011 Mike McCauley
// $Id: RF22.h,v 1.21 2012/05/30 01:51:25 mikem Exp $

#include <bcm2835.h>
#include <stdio.h>

// Input on RPi pin GPIO 15
#define PIN RPI_GPIO_P1_15

int main(int argc, char **argv)
{
    // If you call this, it will not actually access the GPIO
    // Use for testing
//    bcm2835_set_debug(1);

    if (!bcm2835_init())
        return 1;

    // Set RPI pin P1-15 to be an input
    bcm2835_gpio_fsel(PIN, BCM2835_GPIO_FSEL_INPT);
    //  with a pullup
    bcm2835_gpio_set_pud(PIN, BCM2835_GPIO_PUD_UP);

    // Blink
    while (1)
    {
        // Read some data
        uint8_t value = bcm2835_gpio_lev(PIN);
        printf("read from pin 15: %d\n", value);

        // wait a bit
        delay(500);
    }

    bcm2835_close();
    return 0;
}
```

Eine relativ neue Möglichkeit direkt in die Register des SoC zu schreiben, bietet der Befehl `raspi-gpio`, der mit der aktuellen Raspian-Version standardmäßig unterstützt wird. Er gestattet die Ermittlung des aktuellen Status der GPIO-Anschlüsse (get), das Setzen eines Pegels (set dh oder set dl), liefert Informationen und Einstellungsmöglichkeiten zu den alternativen Funktion (funcs) und zeigt mit `raspi-gpio help` (Abb. 6.8), eine ausführliche Textseite zur Benutzung des Befehls an. Mit dem Befehl `raspi-gpio get` wird eine Liste *aller* GPIO-Signale des SoC mit seinen Funktionen und aktuellem Pegel angezeigt und zwar auch von denen denjenigen, die nicht an die GPIO-Leiste geführt sind.

```
pi@raspberrypi:~ $ raspi-gpio help

WARNING! raspi-gpio set writes directly to the GPIO control registers
ignoring whatever else may be using them (such as Linux drivers) -
it is designed as a debug tool, only use it if you know what you
are doing and at your own risk!

The raspi-gpio tool is designed to help hack / debug BCM283x GPIO.
Running raspi-gpio with the help argument prints this help.
raspi-gpio can get and print the state of a GPIO (or all GPIOs)
and can be used to set the function, pulls and value of a GPIO.
raspi-gpio must be run as root.
Use:
  raspi-gpio get [GPIO]
OR
  raspi-gpio set <GPIO> [options]
OR
  raspi-gpio funcs [GPIO]
OR
  raspi-gpio raw

GPIO is a comma-separated list of pin numbers or ranges (without spaces),
e.g. 4 or 18-21 or 7,9-11
Note that omitting [GPIO] from raspi-gpio get prints all GPIOs.
raspi-gpio funcs will dump all the possible GPIO alt funcions in CSV format
or if [GPIO] is specified the alternate funcs just for that specific GPIO.
Valid [options] for raspi-gpio set are:
  ip      set GPIO as input
  op      set GPIO as output
  a0-a5   set GPIO to alternate function alt0-alt5
  pu      set GPIO in-pad pull up
  pd      set GPIO pin-pad pull down
  pn      set GPIO pull none (no pull)
  dh      set GPIO to drive to high (1) level (only valid if set to be an output)
  dl      set GPIO to drive low (0) level (only valid if set to be an output)
Examples:
  raspi-gpio get              Prints state of all GPIOs one per line
  raspi-gpio get 20           Prints state of GPIO20
  raspi-gpio get 20,21        Prints state of GPIO20 and GPIO21
  raspi-gpio set 20 a5        Set GPIO20 to ALT5 function (GPCLK0)
  raspi-gpio set 20 pu        Enable GPIO20 ~50k in-pad pull up
  raspi-gpio set 20 pd        Enable GPIO20 ~50k in-pad pull down
  raspi-gpio set 20 op        Set GPIO20 to be an output
  raspi-gpio set 20 dl        Set GPIO20 to output low/zero (must already be set as an output)
```

Abbi. 6.8 Das Tool raspi-gpio bietet verschiedene Funktionen für den schnellen Test der GPIO-Ports

In der Abb. 6.9 ist gezeigt, wie der GPIO-Port Nr. 25 als Ausgang mit einem High-Pegel festgelegt, kontrolliert (level=1), wieder auf Low-Pegel und erneut kontrolliert (level=0) wird.

```
pi@raspberrypi:~ $ raspi-gpio set 25 op dh
pi@raspberrypi:~ $ raspi-gpio get 25
GPIO 25: level=1 fsel=1 func=OUTPUT
pi@raspberrypi:~ $ raspi-gpio set 25 op dl
pi@raspberrypi:~ $ raspi-gpio get 25
GPIO 25: level=0 fsel=1 func=OUTPUT
```

Abb. 6.9 Raspi-gpio in der Anwendung

6.2.2 Kernel GPIO-Unterstützung

Ohne weitere Software installieren zu müssen oder spezielle Befehle zu nutzen, ist eine GPIO-Unterstützung bereits automatisch vorhanden, die unter `/sys/class/gpio` in Form zweier Dateien namens `export` und `unexport` zu finden ist. Wie bei der Veränderung der Triggerdatei im Abschn. 6.1.1 sind auch hier für das Schreiben Root-Rechte notwendig, sodass es am einfachsten ist, wenn man sich mit dem User `root` anmeldet (oder `sudo -s` ausführt).

Weil dem üblichen User *pi* bei diesen hardware-nahen Operationen die notwendigen Rechte fehlen, kommt es immer wieder vor, dass bestimmte Zugriffe auf Dateien und/oder Verzeichnisse nicht funktionieren wollen, zumal wenn sie (wie hier) gar nicht physikalisch vorhanden sind, sondern nur im Speicher existieren. Der Gefahr, dass der User *root* unabsichtlich Systemdateien löschen oder überschreiben kann, muss man sich dabei stets bewusst sein.

Der Inhalt des oben genannten Verzeichnisses lässt sich anzeigen mit:

```
root@raspberrypi:/home/pi# ls /sys/class/gpio
```

woraufhin die beiden oben erwähnten Dateien (export, unexport) zu erkennen sind. Um beispielsweise den Port GPIO 25 (an Pin 22) zu verwenden, wird die folgende Zeile angegeben:

```
root@raspberrypi:/home/pi# echo 25 > /sys/class/gpio/export
```

Grundsätzlich – und sicherheitshalber – sollte zumindest für die ersten Tests der GPIO-Funktion ein GPIO-Port gewählt werden, der definitiv keine alternative Funktion (etwa für SPI oder I²C) kennt. Deshalb empfehlen sich hier die Ports 22 bis 25 (vgl. Abb. 3.56).

Durch die obige Zeile wird eine neue Datei mit der Bezeichnung gpio25 angelegt, was wieder mit dem `ls`-Kommando überprüft werden kann. Nach der Angabe von `unexport` auf die Nr. 25 wird diese gpio25-Datei wieder automatisch gelöscht.

```
root@raspberrypi:/home/pi# ls /sys/class/gpio/gpio25
```

Wenn das `ls`-Kommando explizit auf das neue Verzeichnis (gpio25) abgesetzt wird, erscheinen sieben weitere Dateien: *active_low*, *direction*, *edge*, *power*, *subsystem*, *uevent* und *value*, mit denen die Signaleigenschaften bestimmt werden.

Für die Signalausgabe über gpio25 (Abb. 6.10) ist zunächst die Pegeldefinition (active low oder active high) zu bestimmen. Mit der folgenden Zeile wird dies per active_low-File definiert. Bei Angabe einer 1 ist active_low definiert, bei einer 0 active_high, d. h., bei der späteren Angabe einer Eins für den Ausgabewert (value) hat dies ein Signal von 3,3 V zur Folge, bei einer Null dementsprechend 0 V.

```
root@raspberrypi:/home/pi# echo 0 > /sys/class/gpio/gpio25/active_low
```

Danach ist die Signalrichtung per *direction* zu bestimmen. Mit der folgenden Zeile und der Angabe `out` wird gpio25 zum Ausgang:

```
root@raspberrypi:/home/pi# echo out > /sys/class/gpio/gpio25/direction
```

Damit das gpio25-Signal von standardmäßig 0 V auf 3,3 V (high) schaltet, wird die folgenden Zeile angegeben:

```
root@raspberrypi:/home/pi# echo 1 > /sys/class/gpio/gpio25/value
```

Am Pin 22 der Leiste kann der Pegelwechsel mit einem Multimeter leicht nachgemessen werden, wenn die obige Zeile abwechselnd mit `echo 1 >` und `echo 0 >` ausgegeben wird.

Für das Einlesen eines Signals ist dementsprechend die Richtung (direction) zu ändern, und eine Lesefunktion mit `cat` auf `value` auszuführen.

```
root@raspberrypi:/home/pi# echo out > /sys/class/gpio/gpio25/direction
root@raspberrypi:/home/pi# cat /sys/class/gpio/gpio25/value
```

Je nach angelegtem Pegel am Pin 22 liefert `cat` als Anzeige den Wert 1 oder 0. Vom GPIO-Prinzip her, d. h. ohne separate Signalpufferung für *in* und *out*, ist es natürlich nicht möglich, dass der zuvor ausgegebene Pegel am gleichen Pin wieder eingelesen werden kann. In dem Moment, wo die Umschaltung zwischen `out` und `in` stattfindet, ist der Out-Wert verschwunden, und der Eingang liefert so lange eine Null, bis am Pin ein High-Signal von maximal 3,3 V angelegt wird.

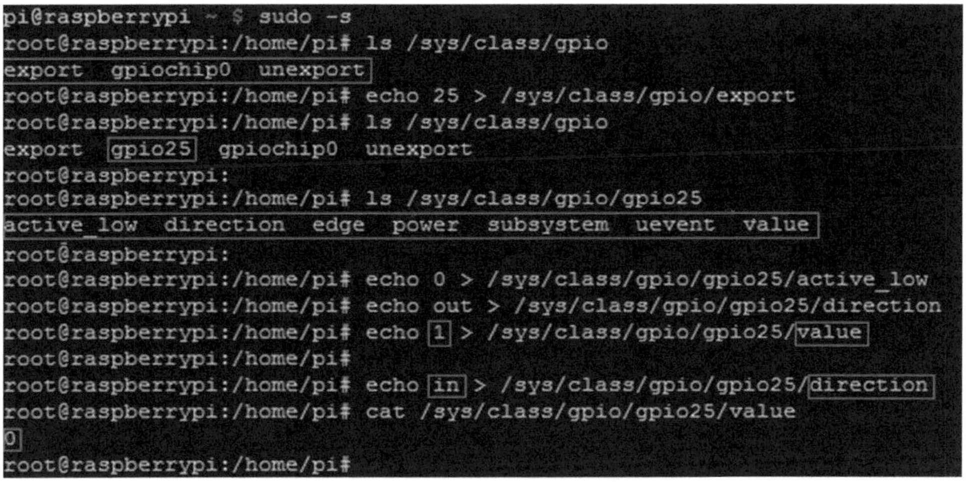

```
pi@raspberrypi ~ $ sudo -s
root@raspberrypi:/home/pi# ls /sys/class/gpio
export  gpiochip0  unexport
root@raspberrypi:/home/pi# echo 25 > /sys/class/gpio/export
root@raspberrypi:/home/pi# ls /sys/class/gpio
export  gpio25  gpiochip0  unexport
root@raspberrypi:
root@raspberrypi:/home/pi# ls /sys/class/gpio/gpio25
active_low  direction  edge  power  subsystem  uevent  value
root@raspberrypi:
root@raspberrypi:/home/pi# echo 0 > /sys/class/gpio/gpio25/active_low
root@raspberrypi:/home/pi# echo out > /sys/class/gpio/gpio25/direction
root@raspberrypi:/home/pi# echo 1 > /sys/class/gpio/gpio25/value
root@raspberrypi:/home/pi#
root@raspberrypi:/home/pi# echo in > /sys/class/gpio/gpio25/direction
root@raspberrypi:/home/pi# cat /sys/class/gpio/gpio25/value
0
root@raspberrypi:/home/pi#
```

Abb. 6.10 Den GPIO-Port 25 als Ausgang und als Eingang testen

6.2.3 GPIO mit Python

Die Python-Bibliothek RPi.GPIO ist bei Raspbian bereits standardmäßig installiert. Im Python-Programm ist diese Bibliothek zu importieren (Abb. 6.11), woraufhin per *GPIO.setmode* festzulegen ist, wie die folgenden Nummern für die Ports zu interpretieren sind: Entweder als BOARD, womit die Nummerierung der Pins auf der Platine gemeint ist, oder als BCM, womit die GPIO-Nummern gemeint sind, wie es auch im folgenden Programm (porttest.py) angewendet wird.

```
# GPIO mit Python
#! /usr/bin/env python      # shebang line

import RPi.GPIO as GPIO     # GPIO-Bibliothek
import time                 # fuer time.sleep

print "Einfacher Port-Test"

# Festlegen des Bezeichnungsschemas
GPIO.setmode (GPIO.BCM)

# GPIO 25 (Pin 22) als Ausgang definieren
GPIO.setup(25, GPIO.OUT)
```

```
# GPIO 24 (Pin 18) als Eingang definieren
GPIO.setup(24, GPIO.IN)

# Endlose Programmschleife

while True:
      GPIO.output(25, True)      # Signal auf High
      time.sleep (2)             # 2 Sekunden warten

      GPIO.output(25, False)     # Signal auf Low
      time.sleep (2)             # 2 Sekunden warten

      inputvalue = GPIO.input(24)             # Portpegel lesen
      print "GPIO 24-Pegel: ", inputvalue     # und anzeigen
```

Mit dem GPIO.setup-Kommando werden die betreffenden Anschlüsse entweder als Ausgang oder als Eingang definiert. Das Programm gibt in einer Endlosschleife, die mit STRG-C abgebrochen werden kann, auf GPIO 25 ein High (3,3 V), gefolgt von einem Low (0 V), aus, wobei dazwischen eine Wartezeit von 2 s verstreicht. Im letzten Schritt erfolgt das Einlesen des Pegels an GPIO 24 (inputvalue) mit der Anzeige des ermittelten Pegels.

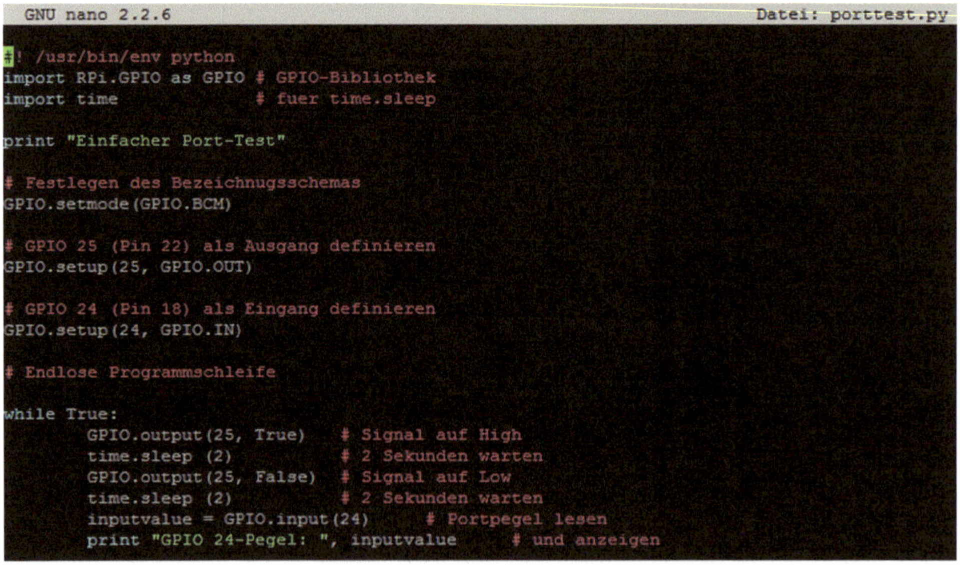

```
  GNU nano 2.2.6                                             Datei: porttest.py

#! /usr/bin/env python
import RPi.GPIO as GPIO # GPIO-Bibliothek
import time             # fuer time.sleep

print "Einfacher Port-Test"

# Festlegen des Bezeichnugsschemas
GPIO.setmode(GPIO.BCM)

# GPIO 25 (Pin 22) als Ausgang definieren
GPIO.setup(25, GPIO.OUT)

# GPIO 24 (Pin 18) als Eingang definieren
GPIO.setup(24, GPIO.IN)

# Endlose Programmschleife

while True:
        GPIO.output(25, True)   # Signal auf High
        time.sleep (2)          # 2 Sekunden warten
        GPIO.output(25, False)  # Signal auf Low
        time.sleep (2)          # 2 Sekunden warten
        inputvalue = GPIO.input(24)       # Portpegel lesen
        print "GPIO 24-Pegel: ", inputvalue     # und anzeigen
```

Abb. 6.11 Einfaches Testprogramm für die GPIO-Ausgabe und -Eingabe

Weil der Zugriff auf die Bibliothek root-Rechte erfordert, ist die Ausführung des Programms zu initiieren (Abb. 6.12) mit:

```
pi@raspberrypi: ~ $ sudo python porttest.py
```

```
pi@raspberrypi ~ $ sudo python porttest.py
Einfacher Port-Test
GPIO 24-Pegel:  0
GPIO 24-Pegel:  0
GPIO 24-Pegel:  1
GPIO 24-Pegel:  0
KeyboardInterrupt
pi@raspberrypi ~ $
```

Abb. 6.12 Die Programmausführung

Optional könnte dem Programm noch die Zeile `GPIO.setwarnings(False)` hinzugefügt werden, damit beim mehrmaligen Programmaufruf oder beim Abbruch keine Warnmeldung angezeigt wird.

Ein Taster, zwischen dem 3,3 V-Anschluss (Pin 1) des Pfostensteckers und dem Anschluss GPIO 24 (Pin 18) geschaltet, kann für die einfache Funktionsüberprüfung des Eingangs eingesetzt werden. Eine gewöhnliche Leuchtdiode, deren Pluspol (Anode, der längere Anschluss) über einen Vorwiderstand von ca. 330 Ω mit GPIO 25 (Pin 18) und deren Kathode mit Masse (Pin 6) verbunden wird, dient der Funktionsüberprüfung des Ausgangs.

6.3 Serielle Schnittstelle

Für die serielle Schnittstelle lässt sich mit den aktuellen raspi-config-Versionen die Funktion für die Übertragung von Shell- und Kernel-Nachrichten aktivieren. Im Abschn. 4.1.5 ist bereits erwähnt worden, dass die TXD- und RXD-Leitungen lediglich auf TTL-Pegel unterstützt werden, sodass ohne zusätzliche Peripherie keine Gerätekopplung, sondern direkt lediglich eine Chip-zu-Chip-Kommunikation möglich ist. Falls die serielle Schnittstelle hierfür eingesetzt werden soll, ist die standardmäßige Nachrichtenausgabe (shell and kernel messaging) mit raspi-config (Interfacing Options – P6 Serial) zu deaktivieren. Grundsätzlich müssen bei den Kommunikationspartnern die gleichen Parameter für den Betrieb festgelegt werden, die beim Raspberry Pi standardmäßig wie folgt sind:

- **Baudrate:** 115200 Bits/s
- **Datenbits:** 8
- **Parity:** keine
- **Stoppbit:** 1
- **Flusskontrolle:** Keine

Falls sich trotz richtiger Verkabelung keine funktionierende serielle Verbindung ergeben sollte, ist es ratsam zunächst die Baudrate zu reduzieren, wobei sich in der Praxis 9600 Bit/s als diejenige erwiesen hat, die von den unterschiedlichsten Geräten akzeptiert wird.

Im PC-Bereich wird bereits seit geraumer Zeit standardmäßig keine serielle Schnittstelle mehr eingebaut, die dem Standard RS232 entspricht, was sich im Bedarfsfall jedoch über eine entsprechende Adapterkarte (PCIe) nachrüsten lässt. Diese serielle Schnittstelle ist für den asynchronen Betrieb (ohne Taktleitungen) ausgelegt und für den Anschluss wird ein 9-poliger DSUB-Verbindungsstecker eingesetzt.

Kürzel	Bezeichnung	9-polig
DCD	Data Carrier Detect	1
RXD	Receive Data	2
TXD	Transmit Data	3
DTR	Data Terminal Ready	4
GND	Ground, Masse	5
DSR	Data Set Ready	6
RTS	Request To Send	7
CTS	Clear To Send	8
RI	Ring Indicator	9

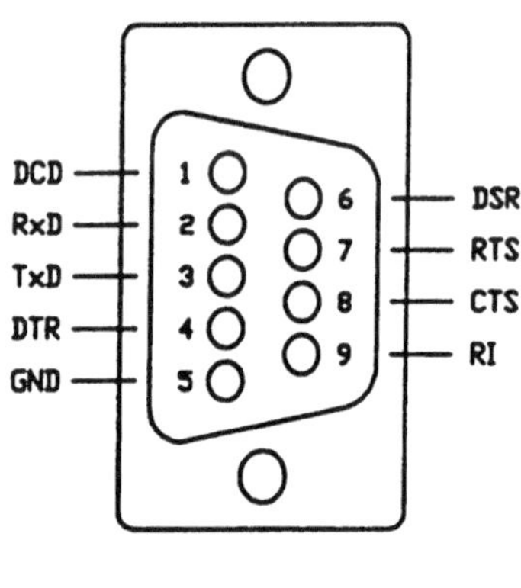

Abb. 6.13 Signale und Anschlüsse der seriellen Schnittstelle, wie sie für PC üblich sind

Häufiger kommt statt einer Einsteckkarte ein *USB to Serial-Adapter* zum Einsatz, was den Vorteil hat, dass sich dieser auch mit einem Notebook verwenden lässt und keine Einsteckkarte im PC eingebaut werden muss. Auf dem PC wird mit einem derartigen USB-Adapter ein virtueller COM-Port installiert, der prinzipiell wie eine physikalisch vorhandene serielle Schnittstelle zu verwenden ist, etwa mit einem Windows-Terminalprogramm. Diese Adapter enthalten einen Mikrocontroller und einen Pegelumsetzer, was typischerweise zu einer Realisierung mit einem Chip der Firma FTDI oder der Firma Prolific führt, der für die Protokoll- und Signalumsetzung von RS232 auf USB und umgekehrt zuständig ist. Diese einfachen Adapter erfüllen oftmals jedoch nicht die RS232-Spezifikation, weil die Pegel nicht eingehalten werden (statt +/- 12 V nur +/- 5 V oder noch weniger) oder auch weil Steuersignale (CTS, DSR) fehlen, sodass mit ihnen häufig Kommunikationsprobleme auftreten. Bei RS232-Einsteckkarten für den PC stehen in der Regel jedoch auch die Übergabeleitungen (Handshake) entsprechend der Abb. 6.13 mit den standardisierten Pegeln zur Verfügung.

6.3.1 Verbindungen

Grundsätzlich ist bei der Verbindung von zwei Einheiten über die RS232-Schnitstelle zu beachten, von welchem Typ die Geräte (Computer oder Peripherie) sind, sodass von zwei gleichartigen Geräten eine so genannte *Nullmodem-Schaltung* einzusetzen ist, bei der eine Überkreuzschaltung der TXD- und RXD-Leitung auszuführen ist, damit die Sendeleitung (TXD) des einen die Empfangsleitung (RXD) des anderen Gerätes ist. Für die Kopplung von beispielsweise zwei Raspberry Pi sind dann der Pin 8 (TXD) des einen mit Pin 10 (RXD) des anderen und Pin 10 mit Pin 8 – also überkreuz – und die Masseleitung (Pin 6) zu verbinden. Mit einem Programm wie *minicom* (sudo apt install minicom) lässt sich damit beispielsweise eine einfache Terminalkommunikation zwischen den beiden Raspberry Pi realisieren, was sich für die Funktionsüberprüfung der seriellen Verbindung eignet.

Der Raspberry Pi 4 bietet fünf weitere UART-Leitungen, die hier unberücksichtigt bleiben und im Abschn. 3.8.3 sowie in der Tabelle auf der hinteren Umschlagseite angegeben sind.

Die Übertragungssicherheit kann dadurch erhöht werden, dass zwischen den Geräten ein Hardware-Handshaking einführt wird. Dann werden nicht nur die Datenleitungen miteinander verbunden (überkreuz oder nicht, je nach Konfiguration), sondern auch die Leitungen RTS und CTS. Mit *Clear To Send* (CTS) meldet die Peripherie, dass sie zur Datenaufnahme bereit ist. Dies geschieht in der Regel als Reaktion auf den vorherigen Empfang des Signals *Request To Send* (RTS) vom Computer. Die Datenübertragung kann nur dann stattfinden, wenn RTS und CTS aktiv (Low) sind.

Eine weitere Verbesserung der Datenübertragung ergibt sich durch die Verwendung der Leitungen *Data Set Ready* (DSR) und *Data Terminal Ready* (DTR), die dann für den Aufbau der Verbindung verantwortlich sind. Eine Peripherie zeigt beispielsweise über DSR an, dass es seine internen Einstellungen (Initialisierung) vorgenommen hat und betriebsbereit ist. Der Computer ist zur Datenverarbeitung bereit, wenn DTR aktiv (Low) ist. Solange dieses Signal nicht aktiv ist, findet keine Datenübertragung statt, und der Status der übrigen Leitungen spielt dann keine Rolle.

Falls die Software eines Computers die Unterstützung der Handshake- und der Betriebsbereitschaftsleitungen erfordert und die Peripherie diese nicht zur Verfügung stellen kann, werden oftmals lediglich die Datenleitungen (TXD, RXD) verwendet, während die Leitungen RTS-CTS und DTR-DSR miteinander verbunden werden, damit dem Computer das Vorhandensein der „fehlenden Signale" vorgetäuscht wird.

Über die Leitung *Data Carrier Detect* (DCD) teilt die Peripherie dem Computer mit, dass sich der Signalpegel innerhalb des zulässigen Spannungsbereichs befindet und daher eine Übertragung erfolgen kann. In vielen Fällen wird diese Leitung nicht verwendet, sondern ausschließlich das Signal DSR zur Bereitschaftsanzeige. Eine Variante, wie sie beim Anschluss von Druckern und Plottern mit einem seriellen Interface gebräuchlich ist, wird so ausgeführt, dass die Handshake-Leitung CTS mit der Bereitschaftsleitung DSR des Computers und mit dem Signal DTR der Peripherie verbunden wird, sodass die Bereitschaft zur Datenaufnahme auf diese Art und Weise signalisiert werden kann.

Der Raspberry Pi unterstützt lediglich die Minimallösung mit den Leitungen RXD und TXD, sodass für eine Kopplung mit Peripherie möglicherweise die Handshake- oder Bereitschaftsleitungen entsprechend zu verbinden sind. Demnach ist die standardmäßig vorhandene serielle Schnittstelle des Raspberry Pi nur für einfachste Kopplungen geeignet, zumal sie ab dem Modell 3 noch weiter simplifiziert wurde und die Baudrate nicht mehr stabil realisiert werden kann.

Abb. 6.14 Minimale und erweiterte Lösung von USB-Adaptern für serielle Verbindungen

Abhilfe können spezielle Adapterlösungen schaffen, wie sie etwa von der Firma FTDI angeboten werden. Die einfachste Version bietet lediglich die bekannten drei Leitungen (Abb. 6.14 links) und auf der anderen Seite steht ein USB-Anschluss zur Verfügung, der wie üblich als virtueller COM-Port behandelt wird. Der Pegel beträgt lediglich 3,3 V, sodass sich auch hiermit keine RS232-Schnittstelle realisieren lässt, sondern nur eine einfache serielle TTL-Verbindung, etwa für die serielle Übertragung von Messdaten vom Raspberry Pi zu einem Gerät mit USB-Anschluss für den ein passender Gerätetreiber von FDTI zur Verfügung steht. Von diesen Adaptern sind auch andere Ausführungen mit 5 V-Pegel und Unterstützung von Handshake- (Abb. 6.14 rechts) und Bereitschaftsleitungen erhältlich.

6.3.2 RS232-Treiber

Für den Aufbau einer standardisierten seriellen Schnittstelle gemäß RS232, die auch als V.24 bezeichnet wird, muss dem UART, der sich im SoC befindet, ein Converter nachgeschaltet werden, weil die Mikrocontroller typischerweise mit TTL-Pegeln arbeiten, die dementsprechend auf RS232-Niveau umgesetzt werden müssen, wo ein Low einer Spannung im Bereich von 3 V bis 15 V und ein High einer Spannung von -3 V bis -15 V entspricht.

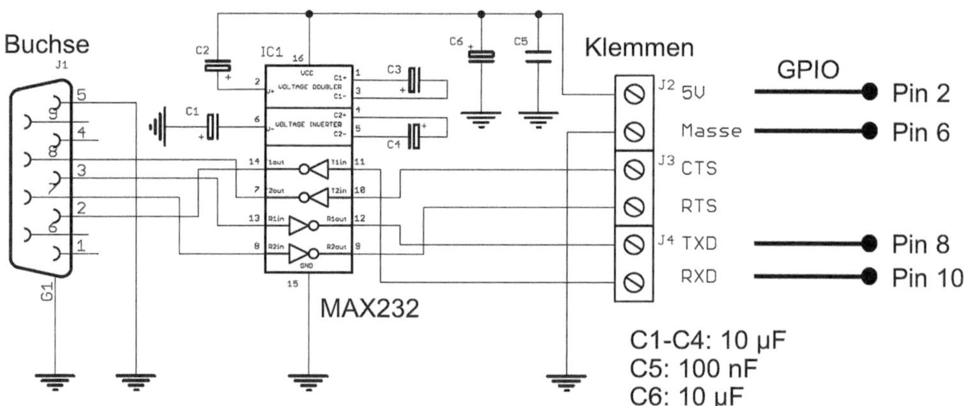

Abb. 6.15 Der MAX232 ist ein Standardbaustein für den Aufbau einer TTL-RS232-Konverterschaltung und benötigt als externe Beschaltung lediglich sechs Kondensatoren

In vielen Applikationen steht jedoch keine Spannungsversorgung von ±12 V, sondern lediglich +5 V zur Verfügung, wie es in Mikroprozessor- oder auch allgemein bei TTL-Schaltungen der Fall ist. Es erscheint dann allein aus Kostengründen nicht sinnvoll, lediglich für die Transceiver der RS232-Schnittstelle ein eigenes Netzteil vorzusehen. Speziell aus diesem Grund hat die Firma Maxim bereits im Jahre 1985 den Baustein MAX232 (Abb. 6.15) entwickelt, der heute gemeinhin als Standard-Transceiver für Embedded-Applikationen gilt, die eine RS232-Schnittstelle benötigen. Der MAX232 enthält zwei Sender und zwei Empfänger sowie einen Spannungswandler nach dem Prinzip der Ladungspumpe. Extern sind lediglich vier Kondensatoren hinzuzuschalten, damit aus der 5 V-Versorgungsspannung ±10 V erzeugt werden können, wodurch eine RS232-Ausgangsspannung von ca. ±9 V erreicht wird, was noch innerhalb der RS232-Spezifikation liegt.

6.3.3 Kommunikationsbeispiel

Als einfaches Beispiel für die Kommunikation mit der seriellen Schnittstelle (UART) des Raspberry Pi ist über die drei Leitungen (TXD, RXD, GND) ein Demo-Board für Energy Harvesting-Applikationen der Firma Cymbet (CBC-EVAL-09) angeschlossen. Dabei wird die Nullmodem-Schaltung eingesetzt, sodass die Sendeleitung des Raspberry Pi (TXD) die Empfangsleitung (RXD) des Boards ist und umgekehrt. Das Kommunikationsbeispiel bietet alle wesentlichen Funktionen für das Senden und Empfangen von Bytes mit einigen kommentierten Anpassungen für den verwendeten Energy Processor.

Das Demo-Board kann mit einer Solarzelle, einem Thermogeneratoren oder auch mit Piezo-Elementen arbeiten, deren gelieferte Energie mithilfe verschiedener Schaltkreise umgesetzt und in einer Kondensatorbank gespeichert wird, sodass am Ausgang eine geregelte und stabile Spannung von 3,6 V für die Versorgung von Mikrocontrollerschaltungen und anderen Applikationen zur Verfügung steht.

Abb. 6.16 Die Energy Harvesting-Schaltung verfügt über eine serielle Schnittstelle

In der Schaltung des Boards (Abb. 6.16) befindet sich für die Anpassung an die UART-Schnittstelle eines MSP430-Mikrocontrollers, der hier üblicherweise angeschlossen wird, in den beiden Leitungen (RXD, TXD) eine Widerstands/Kondensator-Kombination (10 MΩ, 1 nF) die zu überbrücken ist, damit die Kommunikation mit dem Raspberry Pi oder auch mit einem PC korrekt funktioniert.

Die Basis der Schaltung bildet der so genannte *Energy Processor CBC915* von Cymbet. Dabei handelt es sich jedoch nicht um einen digitalen programmierbaren Prozessor, sondern um einen speziellen Chip (ASIC), der über bestimmte, vom Hersteller festgelegte Funktionen verfügt. Mithilfe eines Tasters auf dem Board kann der aktuelle Status der Energie-Umsetzung bzw. der Aufladung anhand dreier LEDs visualisiert werden, was sich in ausführlicher Form auch über die serielle TTL-UART-Schnittstelle des Energy Processors abfragen lässt. Hierfür können verschiedene einfache Kommandos an den CBC915-Processor abgesetzt werden. Es gibt neun Kommandos bzw. Kommandogruppen wie *Power Available* (Command 1), *Status* (Command 2) oder auch *Find Maximum Peak Power Point* (Command 4) die entsprechende Antworten liefern. Die Abb. 6.17 zeigt, wie die Kommunikation mit dem erstellen Programm anhand dieser Kommandos funktioniert.

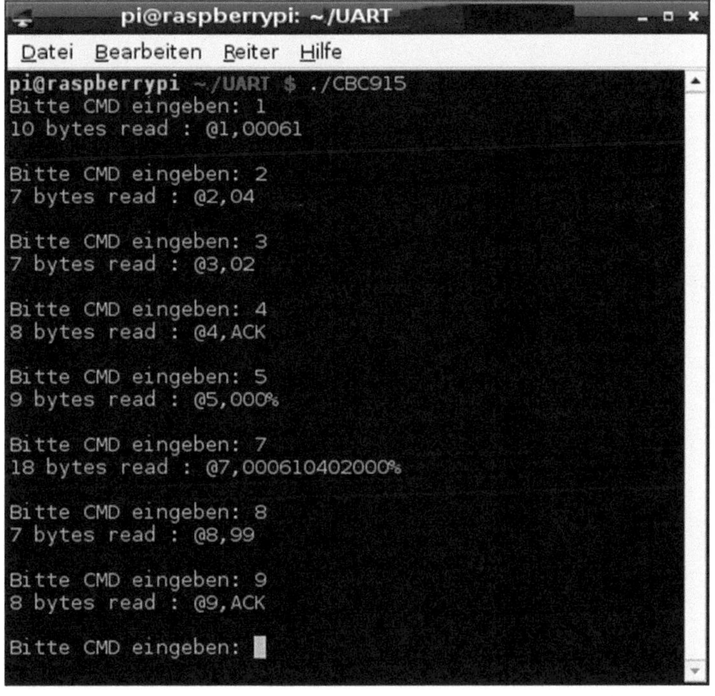

Abb. 6.17 Kommunikation mit dem Energy Processor

```
# UART Test mit CBC915

#include <stdio.h>                    // Standard I/O
#include <unistd.h>                   // UART
#include <fcntl.h>                    // UART
#include <termios.h>                  // UART-Konfiguration

void delay(int milliseconds);

void getCmd();

int main(void) {

      int uart0_filestream = -1;
      int rx_length = -1;
      int lword = 0;

      // UART0 öffnen

      uart0_filestream = open("/dev/ttyAMA0", O_RDWR | O_NOCTTY |
                              O_NDELAY);

      if (uart0_filestream == -1)

      {
      printf("Fehler - UART konnte nicht geöffnet werden\n");
      }

      // Konfiguration des UART für CBC915-AC

      // 9600, 8 Bit, kein Parity Bit, 1 Stop Bit (9600 8 N 1)
```

```
// The flags defined in /usr/include/termios.h

// Baud rate: B9600 (9600)
// SIZE: CS8 (8 Bit)
// CLOCAL: Ignore modem status lines
// CREAD: Enable receiver

struct termios options;
tcgetattr(uart0_filestream, &options);
options.c_cflag = B9600 | CS8; // | CLOCAL | CREAD;
tcsetattr(uart0_filestream, TCSANOW, &options);

while(uart0_filestream != -1) {

   // String für den Befehl: <#><Leerzeichen><Befehl><cr>

      // Beispiel: # 2<cr>
      // Mit <cr> als Carriage Return

      unsigned char tx_buffer[4];

   // Buffer der UART-Schnittstelle leeren

      tcflush(uart0_filestream, TCIOFLUSH);
      lword = 0;
      tx_buffer[0] = '#';
      tx_buffer[1] = ' ';

  // Befehl einlesen

      printf("Bitte CMD eingeben: ");
      do{ scanf("%c", &tx_buffer[2]); }while(getchar() !=
               '\n');

  // Letztes Sende-Byte als Carriage Return setzen

      tx_buffer[3] = 13; //<CR>

  // Bytes senden

      if (uart0_filestream != -1)
      {
      int count = write(uart0_filestream, tx_buffer, 4);
      if (count < 0)
            {
                printf("UART Sendefehler\n");
            }
      }

  // Bytes lesen

      if (uart0_filestream != -1)
      {
      // 8-Byte-weise lesen
      do {
         unsigned char rx_buffer[50];
         rx_length = read(uart0_filestream,
                (void*)&rx_buffer[lword*8], 50 - lword*8);
```

```
        // Falls genau 8 Bytes gelesen wurden, Schleife
        // weiter durchlaufen bis die nächsten Bytes gelesen
        // wurden.
        // Ausnahme Befehl 4 und 9: Antwort ist genau 8 Byte
        if (rx_length == 8 && tx_buffer[2] != '4' &&
                    tx_buffer[2] != '9') {
           lword++;
                    }
        // Falls ungleich 8 Bytes vom Bus gelesen wurden
        // Ausgabe der Empfangenbytes und Abbruch
        // Ausnahme Befehl 4 und 9 (s.o.)
  else if (rx_length >= 1) {
  rx_length += lword * 8;
  rx_buffer[rx_length] = '\0';
  printf("%i bytes read : %s\n", rx_length, rx_buffer);
        break;
                         }
              } while (1);
        }
  }
  // UART schließen
  close(uart0_filestream);
  return 0;
}
```

6.4 Serial Peripheral Interface – SPI

Das *Serial Peripheral Interface* (SPI) ist ursprünglich eine von der Firma Motorola entwickelte synchrone Schnittstelle, die in erster Linie für die Kommunikation zwischen Mikrocontrollern und Peripheriebausteinen genutzt wird; im Prinzip für die gleichen Einsatzzwecke wie der I^2C-Bus (siehe Abschn. 6.5). Dabei ist SPI jedoch nur für relativ kurze Verbindungen auf einer Leiterplatte vorgesehen und nicht für externe Verbindungen.

SPI ist für möglichst hohe Datenraten konzipiert, wobei durchaus 20 MByte/s möglich sind, etwa bei der Anbindung von Speicherkarten (SD). Die beteiligten Komponenten (Controller + Peripheriechip) bestimmen die jeweils maximal mögliche Datenrate, die vom Controller flexibel gehandhabt werden kann, weshalb bei den integrierten SPI-Interfaces in den Mikrocontrollern verhältnismäßig viele Einstellungsoptionen existieren.

SPI entspricht – im Gegensatz zum I^2C-Bus – keinem „richtigen Bussystem“, weil jede SPI-Einheit eine ihr eigene Leitung (/SS) benötigt und keinerlei Definitionen in Hinblick auf maximale Ausdehnung, Datenrate und damit Pull-Up oder Terminierung existieren. SPI stellt somit einen sehr „lockeren Standard“ dar, und es ist eine genaue Verifizierung der jeweils zu verwendenden SPI-Einheiten notwendig, was in der Praxis immer wieder zu Kompatibilitätsproblemen führt.

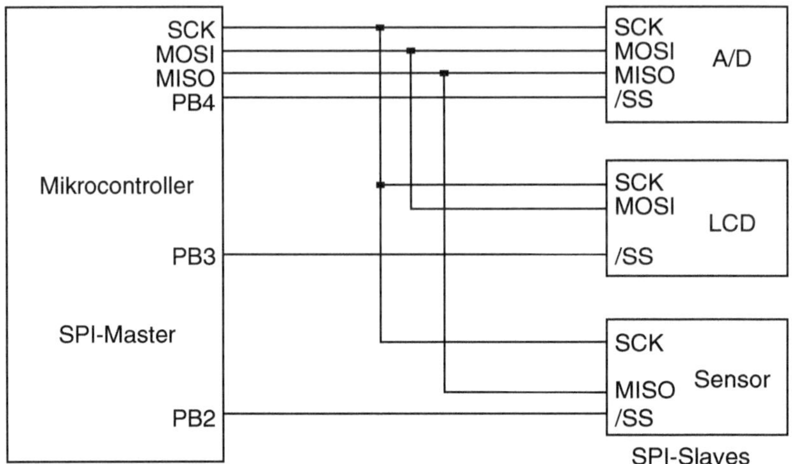

Abb. 6.18 Aufbau eines SPI-Systems mit drei unterschiedlichen Slaves

In der Standardkonfiguration zwischen einem Master und einem Slave sind zwei Steuer- und zwei Datenleitungen vorgesehen, was eine Full-Duplex-Übertragung gestattet. In der Tab. 6.1 sind die SPI-Signale mit der entsprechenden Implementierung beim Raspberry Pi angegeben. Mit dem 40-poligen Anschluss, der mit +Modellen eingeführt wurde, ist ein weiterer separater SPI-Bus hinzugekommen, der in der Tab. 6.1 mit SPI1 gekennzeichnet ist. Der Raspberry Pi 4 bietet vier weitere SPI-Interfaces, die hier unberücksichtigt bleiben und im Abschn. 3.8.3 sowie in der Tabelle auf der hinteren Umschlagseite angegeben sind.

Tab. 6.1 Die SPI-Signale beim Raspberry Pi, wie sie mit dem 40-poligen GPIO-Port eingeführt worden sind

Signal	Bedeutung	Raspberry Pi	
		Signal	**Pin**
/SS **(CS)**	Slave Select oder Chip Select	SPI0 CS0 SPI0 CS1 SPI1 CS0 SPI1 CS1 SPI1 CS2	24 26 12 11 36
SCK	Serial Clock	SPI0 Clock SPI1 Clock	23 40
MOSI	Master Out Slave In	SPI0 MOSI SPI1 MOSI	19 38
MISO	Master In Slave Out	SPI0 MISO SPI1 MISO	21 35

Theoretisch können beliebig viele Teilnehmer an einen SPI-Bus angeschlossen werden, wobei es immer nur einen einzigen Master geben darf. Für jeden Teilnehmer (Abb. 6.18) existiert jeweils eine eigene /SS-Leitung (aktiv low) zwischen Master und Slave, mit deren Hilfe der jeweilige Slave selektiert wird. Der Raspberry Pi, d. h. der im SoC gebildete SPI-Controller, bildet dabei den Master, mit dem standardmäßig bis zu fünf SPI Devices mithilfe der Chip Select -Leitungen unterstützt werden (Abb. 6.19).

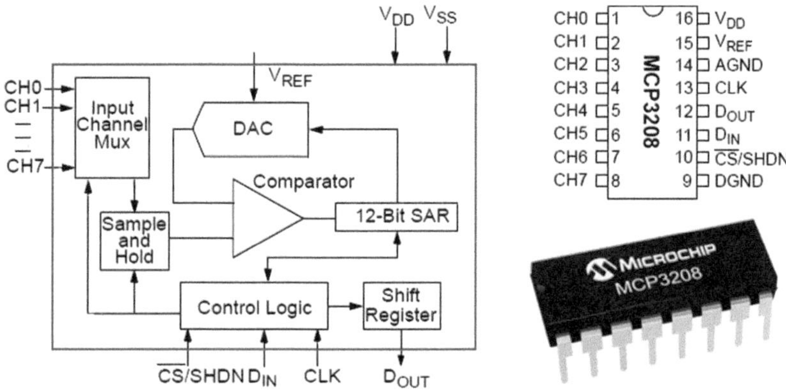

Abb. 6.19 Der MCP3208 ist ein häufig verwendeter 8-kanaliger A/D-Wandler mit SP-Interface

Das Spektrum von Komponenten mit SP-Interface reicht vom einfachen Schieberegister über Sensoren und Wandler (A/D, D/A), über Displays bis hin zu Mikrocontrollern. Insbesondere die Firma Microchip hat eine Vielzahl preiswerter Schaltkreise mit SP-Interface in ihrem Lieferprogramm, die für einfache Anwendungen oftmals ausreichen. Die Eigenschaft des MCP3208, dass die A/D-Umsetzungsrate vom SPI-Takt abhängig ist, verhindert beispielsweise zeitgenaue Abtastungen, sodass er für professionelle Anwendungen eher nicht geeignet ist.

Das Grundprinzip der Kommunikation mithilfe eines internen Schieberegisters ist trotz unterschiedlichstem Aufbau bei allen SPI-Komponenten anzutreffen, obgleich einige nicht alle vier Signalleitungen führen. Die Befehlscodes und Datenwerte werden seriell über die Leitungen gesendet, in ein Schieberegister eingelesen und stehen dann im Baustein zur Weiterverarbeitung zur Verfügung. Die Länge der Schieberegister ist nicht fest definiert, sondern kann von Baustein zu Baustein unterschiedlich sein.

6.4.1 Chip-Kommunikation

Der Master (Abb. 6.20) generiert das Taktsignal (SCK, typischerweise ab 100 kHz) und legt über die jeweilige Slave Select-Leitung (/SS, Chip Select) fest, mit welchem Slave die

Kommunikation stattfinden soll, was mit einem Low-Pegel bestimmt wird. Im unselektierten Zustand sind die Signalleitungen im hochohmigen Zustand, wodurch der Baustein vom Bus abgekoppelt ist. Anschließend wird ein Byte vom Master zum Slave gesendet und – je nach Bausteintyp – möglicherweise ein weiteres Byte vom Slave zum Master (MISO).

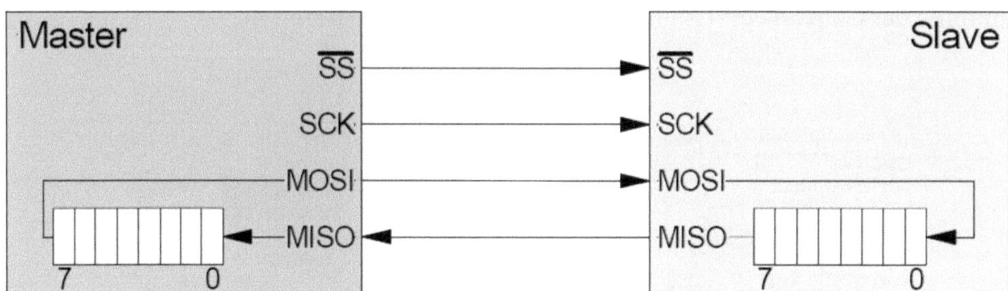

Abb. 6.20 Die Datenübertragung zwischen dem Master und einem Slave erfolgt Full-Duplex über integrierte Schieberegister

Einige Register benötigen eine ansteigende Flanke zum Schieben, andere eine abfallende. Um das Datensignal dem Taktsignal richtig zuordnen zu können, ist der jeweilige Datenübertragungsmodus mit den beiden Parametern *Clock Polarity* (CPOL) und *Clock Phase* (CPHA) einstellbar, was üblicherweise im Mikrocontroller durch entsprechende Register erfolgt. Insgesamt existieren vier verschiedene SPI-Betriebsarten, die in der Tab. 6.2 angegeben sind.

Tab. 6.2 Die SPI-Betriebsarten

SPI-Modus	Clock Polarity (CPOL)	Clock Phase (CPHA)
0	0	0
1	0	1
2	1	0
3	1	1

Ist CPOL gleich 0, ist die Taktleitung (SCK) in Ruhe auf Low-Potenzial, also High-aktiv, bei CPOL gleich 1 ist die Taktleitung in Ruhe auf High, also Low-aktiv. Der Parameter CPHA gibt an, auf welcher Taktflanke die Daten übernommen werden sollen. Bei CPHA gleich Null werden sie bei der ersten ansteigenden Flanke übernommen, bei CPHA gleich Eins findet die Datenübernahme bei der ersten beliebigen Flanke statt. In der Abb. 6.21 ist ein Beispiel zur Steuerung der SPI-Datenübertragung angegeben. Bei jeder Taktperiode wird ein Bit übertragen. Dementsprechend endet der Datentransfer üblicherweise nach acht Taktperioden, wobei grundsätzlich auch mehrere Bytes nacheinander übertragen werden können. Die Datenübertragung endet, sobald das /SS-Signal wieder auf High-Potenzial geführt wird.

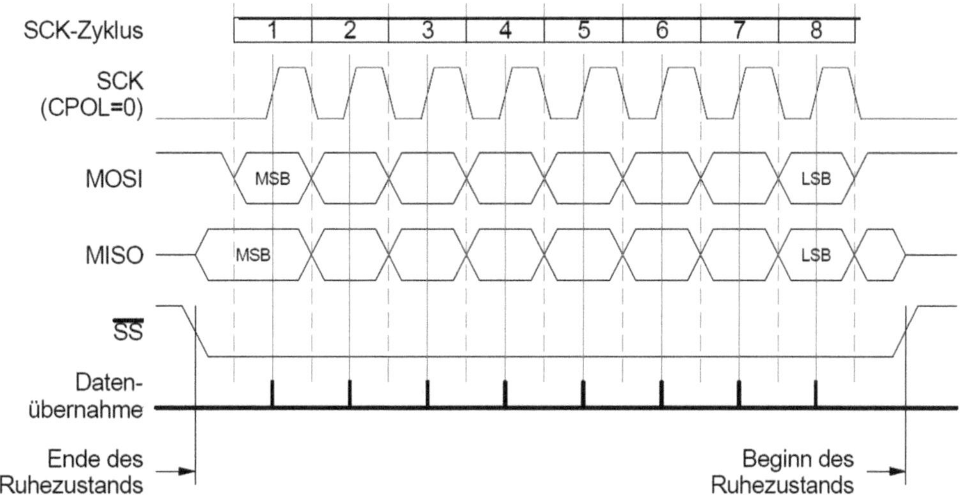

Abb. 6.21 Datenübertragung im SPI-Modus Null. Die Daten werden auf der ersten ansteigenden Taktflanke übernommen

Die Kommunikation mit SPI-Einheiten unterliegt generell einigen Unwägbarkeiten, weil es sich dabei um einen „lockeren Standard" handelt und die Hersteller unterschiedliche Implementierungen sowie Bezeichnungen für SPI, wie etwa Microwire, verwenden. Die Kennzeichnung der Anschlüsse, die Betriebsart (Tab. 6.2), die zulässige Taktfrequenz und die Anzahl der zu sendenden und zu empfangenden Bits kann sich demnach bei SPI-Chips unterscheiden. Die Übertragung findet dabei stets in beiden Richtungen (Abb. 6.21) statt, sodass – je nach Chiptyp – bestimmte Bits keine Bedeutung haben, weil jeweils die gleiche Anzahl von Bits für das Senden und für das Empfangen verwendet wird.

6.4.2 SPI-Systemzugriff

SPI wird von Raspbian standardmäßig unterstützt und wie die anderen Schnittstellen über `raspi-config` (vgl. Abb. 4.7) oder auch über den Desktop (Abb. 6.22) mit EINSTELLUNGEN – RASPBERRY-PI-KONFIGURATION – SCHNITTSTELLEN aktiviert oder deaktiviert.

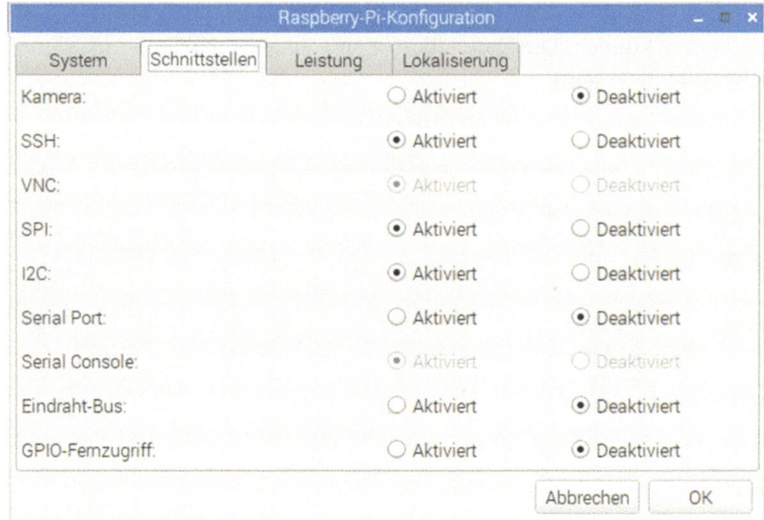

Abb. 6.22 Das Aktivieren oder Deaktivieren der Schnittstellen lässt sich einfach über den Desktop erledigen

Eine separate Freigabe der Treiber für die Schnittstellen anhand einer Blacklist (`/etc/modprobe.d/…`), wie es bei den vorherigen Raspbain-Version notwendig war, ist nicht mehr vorgesehen. Welche Treiber bzw. Module geladen sind, lässt sich einfach mit dem Befehl `lsmod` feststellen. Im Verzeichnis `/sys/bus/` sind die Gerätedateien für die verschiedenen Schnittstellen zu finden und für SPI dementsprechend unter `/sys/bus/spi/devices`. Diese Dateien repräsentieren die SPI-Schnittstellen und können im Prinzip so angesprochen werden, wie es für die GPIO-Ports im Abschn. 6.2.2 (Kernel GPIO-Unterstützung) erläutert ist. Die Einheiten müssen außerdem im Verzeichnis `/dev` vorhanden sein, damit sie als Gerät (device) behandelt werden können.

Der Zugriff auf die SPI-Schnittstellen kann über *Input/Output Controls* (IOCTL), eine spezielle Art von Systemaufruf, erfolgen, was sich leicht in C-Programmen einsetzen lässt. Im Folgenden ist hierfür Beispielcode gezeigt, der auf *spidev0.0* zugreift und dabei verschiedene Funktionen einsetzt, die in *spidev.h* definiert sind. Welcher Mode, welcher Takt und wie viele Bits in welcher Reihenfolge (LSB oder MSB zuerst) dabei notwendig sind, hängt vom angeschlossenen Chip oder Sensor ab.

```
# SPI-Zugriff mit I/O Controls

#include <linux/spi/spidev.h>

// Bus Device oeffnen, File Descriptor fd zuweisen
fd = open("/dev/spi.dev0.0", O_RDWR);

int rc1, rc2, rc3, rc4; // Return Codes
int mode = SPI_CPHA | SPI_CPOL; // Mode setzen
int actual_mode;
```

```
int tx_bits = 8; //Sendebits
int rx_bits = 8; //Empfangsbit
// Schreib-Modus festlegen
rc1 = ioctl(fd, SPI_IOC_WR_MODE, &mode);
// Lese-Modus festlegen
rc2 = ioctl(fd, SPI_IOC_RD_MODE, &actual_mode);
// Bit-Anzahl fuer das Schreiben ermitteln
rc3 = ioctl(fd, SPI_IOC_WR_BITS_PER_WORD, &tx_bits);
// Bit-Anzahl fuer das Lesen ermitteln
rc4 = ioctl(fd, SPI_IOC_RD_BITS_PER_WORD, &rx_bits);
// Bit-Folge mit LSB in beiden Richtungen zuerst
SPI_IOC_RD_LSB-FIRST
SPI_IOC_WD_LSB-FIRST
// Einzelnes Byte (in &byte) schreiben
char byte = 0;
n = write(fd, &byte, 1); //n = gesendete Byteanzahl
// Einzelnes Byte (in &byte) lesen
n = read(fd, &byte, 1); //n = empfangene Byteanzahl
Close(fd)
```

Für die Erstellung von Programmen, die mit SPI-Einheiten kommunizieren sollen, sind verschiedene spezielle Bibliotheken entwickelt worden. Die bekannteste ist die py-spidev-Bibliothek, die für Python bestimmt ist. Die Funktionen der Bibliothek können in Python über die Hilfefunktion mit *import spidev* und der Eingabe von *help(spidev)* eingesehen werden.

6.4.3 A/D- und D/A-Wandlerschaltung

Für den Anschluss an die SPI-Schnittstelle sind, wie erwähnt, eine ganze Reihe von Wandlerbausteinen erhältlich. Als Beispiel-Applikation (Abb. 6.24) werden hier zwei Typen der Firma Microchip eingesetzt, die direkt mit den SPI-Leitungen verbunden und an der Spannungsversorgung von 5 V betrieben werden, was sich leicht auf einer Lochrasterplatine (Abb. 6.23) aufbauen lässt, die dann auf die Raspberry Pi-Platine gesteckt wird. Die Daten der beiden Bausteine sind in Kurzform:

- **MCP 4802:** Zweikanaliger D/A-Wandler an CE0 (spidev0.0) mit einer Auflösung von 8 Bit. Verstärkungseinstellung (x1, x2), interne Spannungsreferenz, Shutdown-Modus (6 µA), maximaler Takt 33 MHz, typische maximale Ausgangsspannung 4,1 V, maximaler Ausgangsstrom 25 mA.
- **MCP 3208:** Achtkanaliger A/D-Wandler an CE1 (spidev0.1) mit einer Auflösung von 12 Bit. Single-Ended- oder Differenzial-Konfiguration, maximaler Takt 2 MHz, maximale Samplingrate von 100 kBit/s, maximale Eingangsspannung 5 V.

Abb. 6.23 Die aufgebaute A/D- und D/A-Wandlerschaltung, deren Signale am Rand auf Steckpfosten geführt sind, ist auf die Raspberry Pi-Platine gesteckt

Welcher Mode, welcher Takt und wie viele Bits in welcher Reihenfolge (LSB oder MSB zuerst) für die Übertragung notwendig sind, hängt generell vom angeschlossenen Chip oder Sensor ab. Wie in Abschn. 6.4.1 erläutert, gibt es vier gebräuchliche SPI-Modi; der hier verwendete Modus ist der Modus 0. Der Zugriff auf die SPI-Schnittstellen erfolgt über *Input/Output Controls* (IOCTL). Im Folgenden ist hierfür Beispielcode gezeigt, der auf die beiden SPI-Schnittstellen zugreift und dabei verschiedene Funktionen einsetzt, die in *spidev.h* definiert sind. Die dabei verwendete Funktion *ioctl* ist wie folgt aufgebaut:

```
int ioctl(int d, int request, &bit);
```

Als Parameter *d* wird ein geöffnetes Device-File übergeben, an *request* ein geräteabhängiger Code, und als dritter Parameter wird ein Pointer übergeben. Bei erfolgreicher Übertragung gibt die Funktion *ioctl* eine 0 zurück, und bei einer gescheiterten Übertragung wird eine -1 zurückgegeben.

Im Programm wird die Initialisierung der SPI-Parameter ausführlich mit der Ausgabe von eventuellen Fehlermeldungen realisiert, was beim Programmablauf entsprechende Bildschirmausgaben zur Folge hat, die natürlich auch weggelassen oder zusammengefasst werden könnten, in den Demo-Programmen jedoch zur Verdeutlichung der einzelnen Schritte explizit angegeben sind. Die drei wesentlichen Teile des Programms sind die Initialisierung des SPI-Interface, die Festlegung der SPI-Übertragungsparameter und die anschließende Datenübertragung zum D/A-Wandler.

Neben dem Einsatz der I/O-Controls ist *struct spi_ioc_transfer* für das Senden und Empfangen von SPI-Daten von Bedeutung. Hier sind die Pflicht-Parameter *.tx_buf* für die Angabe des Sendestrings und *.rx_buf* für die Angabe des Empfangsstrings mit der Länge in Byte (in *.len*) zu spezifizieren. Falls keine Werte angegeben werden, werden die Strings automatisch mit Nullen gefüllt. Außerdem können hier als optionale Parameter *.speed_hz* für das Überschreiben der spezifizierten Taktfrequenz festgelegt werden sowie die Größe eines Datenpaketes (*.bits_per_word*). Mit dem optionalen Parameter *.delay_usecs* wird für die aktuelle Übertragung die Dauer bestimmt, bis das Device automatisch deaktiviert wird. Der Parameter *.cs_change* sorgt mit der Voreinstellung (true) dafür, dass das Device deaktiviert wird, bevor die nächste Übertragung aktiv werden kann. Als Ausgabe wird der D/A-Wandler-Kanal A (Pin 8) mit der maximalen Spannung eingestellt. Im folgenden Listing ist die genaue Zuordnung der Bits zu den Funktionen des MCP4802 angegeben.

```
/* D/A-Wandler MCP4802 an CE0 */
/* File: DA_MCP4802.c */
#include <stdint.h>
#include <stdio.h>
#include <stdlib.h>
#include <unistd.h> // Zum Verwalten von Dateien (open,close..)
#include <fcntl.h>  // Zum Lesen und Schreiben von Dateien
#include <sys/ioctl.h>          // I/O-Controls
#include <linux/spi/spidev.h>   // SPI-Kommunikation
#define ARRAY_SIZE(a) (sizeof(a) / sizeof((a)[0]))
static const char *DAC = "/dev/spidev0.0"; // Interface-Zuweisung
static uint8_t Modus = 0;
static uint8_t bits = 8;    // Anzahl Bits pro Übertragungssequenz
static uint32_t speed = 500000; // Clock-Frequenz in Hz
// Abbruchfunktion bei auftretenden Fehlern
static void pabort(const char *s)
{
    perror(s);
    abort();
}
static void Ausgangsspannung(int DAWandler)
{
    int ret;
 /* Datenstring zum Initialisieren und Übergeben der Werte an den
     * DA-Wandler MCP4802
     * !A/B, x, !GA, !SDHN, D7-D0    , xxxx
     *  0  , 0,  0 ,   1  , 1111 1111, 1111
     * --------1----------, --F-- --F-- --F-;
 * hier: Kanal A (!A/B) und max. Spannung (D7-D0)
     */
    uint8_t tx[] = {
       0x1f , 0xff
     };
     /* Berechnen der Größe des Arrays für den Empfangsstring anhand
     /* der Länge des Sendestrings
    uint8_t rx[ARRAY_SIZE(tx)] = {0, };
```

```
    // Initialisieren einer SPI-Übertragung
    struct spi_ioc_transfer tr = {
        .tx_buf = (unsigned long)tx,
        .rx_buf = (unsigned long)rx,
    // Länge von rx und tx in Byte (hier: =Anzahl der Datenpakete)
        .len = ARRAY_SIZE(tx),
    };
    // Übertragung starten
    ret = ioctl(DAWandler, SPI_IOC_MESSAGE(1), &tr);
    if (ret < 1)
        pabort("SPI-Daten können nicht gesendet werden");
}
int main(int argc, char *argv[])
{
    int ret = 0;
    int DAWandler;
    DAWandler = open(DAC, O_RDWR); // Device öffnen
    if (DAWandler < 0)
        pabort("Device kann nicht geöffnet werden");
    /* Allgemeine Initialisierung der SPI-Parameter: SPI-Modus,
    /* Größe der Datenpakete und Clock-Frequenz
    // SPI-Modus, hier Modus 0
    ret = ioctl(DAWandler, SPI_IOC_WR_MODE, &Modus);
    if (ret == -1)
       pabort("SPI-Modus kann nicht gesetzt werden");
    ret = ioctl(DAWandler, SPI_IOC_RD_MODE, &Modus);
    if (ret == -1)
       pabort("SPI-Modus kann nicht gesetzt werden");
    // Größe der Datenpakete, hier 1 Byte
    ret = ioctl(DAWandler, SPI_IOC_WR_BITS_PER_WORD, &bits);
    if (ret == -1)
      pabort("Größe der Datenpakete kann nicht gesetzt werden");
    ret = ioctl(DAWandler, SPI_IOC_RD_BITS_PER_WORD, &bits);
    if (ret == -1)
      pabort("Größe der Datenpakete kann nicht gesetzt werden");
    // Max. Clock-Frequenz, hier 500 kHz
    ret = ioctl(DAWandler, SPI_IOC_WR_MAX_SPEED_HZ, &speed);
    if (ret == -1)
      pabort("Max. Clock-Frequenz kann nicht gesetzt werden");
    ret = ioctl(DAWandler, SPI_IOC_RD_MAX_SPEED_HZ, &speed);
    if (ret == -1)
      pabort("Max. Clock-Frequenz kann nicht gesetzt werden");
    printf("SPI-Modus: %d\n", Modus);
    printf("Bits pro Datenpaket: %d\n", bits);
```

```
    printf("Max Speed: %d Hz (%d KHz)\n", speed, speed/1000);
    Ausgangsspannung(DAWandler); // Werte an D/A-Wandler geben
    printf("\nAusgabe an Kanal A: 4,08 V\n\n");
    close(DAWandler);           // Device schließen
    return ret;
}
```

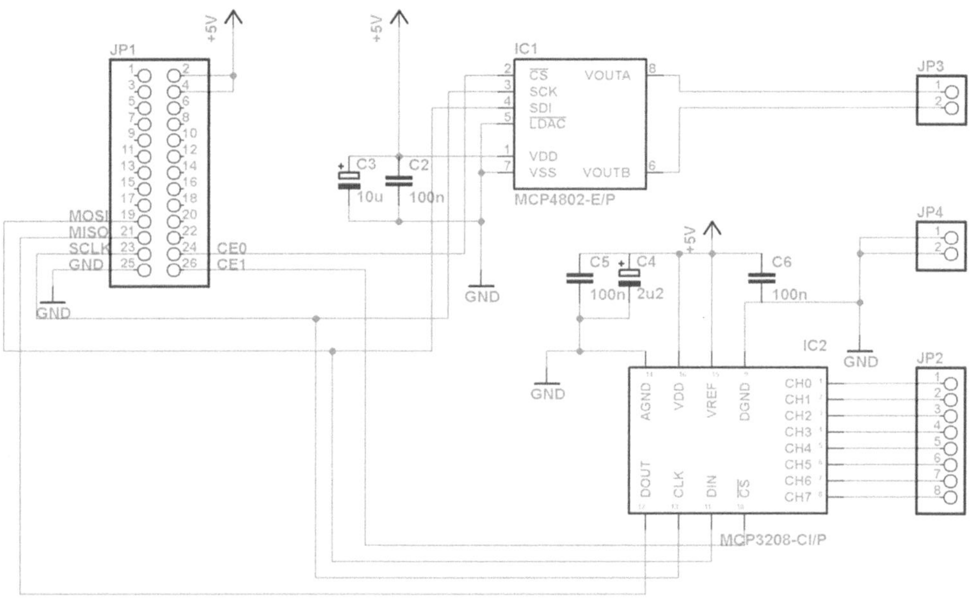

Abb. 6.24 Der Schaltplan der A/D- und D/A-Wandlerschaltung

Das folgende Programm für die A/D-Wandlung ist analog zum obigen für die D/A-Wandlung aufgebaut, sodass die meisten Programmteile bereits bekannt sind. Der A/D-Wandler wird mit der Sequenz *07, C0, 00* als Single-Ended für die Messung auf dem Kanal 7 konfiguriert, wobei die entsprechende Bitzuordnung im Listing zu erkennen ist. Obwohl der A/D-Wandler eigentlich nur 5 Bit für die Konfigurierung benötigt, sind hier für die Übertragung drei Bytes notwendig, was dem Raspberry Pi bzw. dem implementierten SPI-Übertragungsmodus geschuldet ist.

```
/* A/D-Wandler MCP3208 an CE1 */
/* File: AD_MCP3208.c */
#include <stdint.h>
#include <stdio.h>
#include <stdlib.h>
#include <unistd.h>    // Zum Verwalten von Dateien (open,close..)
#include <fcntl.h>     // Zum Lesen und Schreiben von Dateien
#include <sys/ioctl.h>           // I/O-Controls
#include <linux/spi/spidev.h>    // SPI-Kommunikation
#define ARRAY_SIZE(a) (sizeof(a) / sizeof((a)[0]))
```

```
static const char *ADC = "/dev/spidev0.1"; // Interface-Zuweisung
static uint8_t Modus = 0;
static uint8_t bits = 8;   // Anzahl Bits pro Übertragungssequenz
static uint32_t speed = 500000; // Clock-Frequenz in Hz

// Abbruchfunktion bei auftretenden Fehlern
static void pabort(const char *s)
{
    perror(s);
    abort();
}

static void getVoltage(int ADWandler)
 {
    int ret;
    float SpannungAD;   // Eingangsspannung speichern

   /* Datenstring zum Initialisieren des AD-Wandlers
* 0000 0, 1 (Start Bit), Single/!Diff, D2-D0, xx xxxx, xxxx  xxxx
* 0000 0,    1        ,        1     , 1 11 , 00 0000, 0000  0000
* -0-- -----------------7-------------- ,---C-- --0--,--0-- --0--
    uint8_t tx[] = { // Sende-Array/String, Kanal 7, Single Ended
        0x07,0xC0,0x00
 };

/* Berechnen der Größe des Arrays für den Empfangsstring anhand
 *der Länge des Sendestrings */
    uint8_t rx[ARRAY_SIZE(tx)] = {0, }; // Empfangs-Array/String

   // Initialisieren der SPI-Übertragung
    struct spi_ioc_transfer tr = {
        .tx_buf = (unsigned long)tx,
        .rx_buf = (unsigned long)rx,
   // Länge von rx und tx in Byte (hier: =Anzahl der Datenpakete)
       .len = ARRAY_SIZE(tx),
    };

    // Übertragung starten
    ret = ioctl(ADWandler, SPI_IOC_MESSAGE(1), &tr);
    if (ret < 1)
        pabort("SPI-Daten können nicht gesendet werden");

    // Daten lesen und umsetzen
    rx[1] = rx[1]<<4;

// Bitverschiebung um 4 nach links um die Bits B11-B8 zu erhalten
  SpannungAD = rx[1]*16;  // In SpannungAD steht B11-B8,0000 0000
  SpannungAD += rx[2];    // B7-B0 addieren fuer B11-B0
  SpannungAD = (SpannungAD*5.0)/4096; // Berechnung der Spannung
    printf("\nSpannung am Kanal 7: %.2f V\n\n", SpannungAD);
            // Ausgabe der Spannung
}
```

```
int main(int argc, char *argv[])
{
    int ret = 0;
    int ADWandler;
    ADWandler = open(ADC, O_RDWR); // Device oeffnen
    if (ADWandler < 0)
        pabort("Device kann nicht geöffnet werden");

    /* Allgemeine Initialisierung der SPI-Parameter: SPI-Modus,
       Größe der Datenpakete und Clock-Frequenz */

    // SPI-Modus, hier Modus 0

    ret = ioctl(ADWandler, SPI_IOC_WR_MODE, &Modus);
    if (ret == -1)
      pabort("SPI-Modus kann nicht gesetzt werden");

    ret = ioctl(ADWandler, SPI_IOC_RD_MODE, &Modus);
    if (ret == -1)
      pabort("SPI-Modus kann nicht gesetzt werden");

    // Größe der Datenpakete, hier 1 Byte
    ret = ioctl(ADWandler, SPI_IOC_WR_BITS_PER_WORD, &bits);
    if (ret == -1)
      pabort("Größe der Datenpakete kann nicht gesetzt werden ");

    ret = ioctl(ADWandler, SPI_IOC_RD_BITS_PER_WORD, &bits);
    if (ret == -1)
      pabort("Größe der Datenpakete kann nicht gesetzt werden ");

    // Max. Clock-Frequenz, hier 500 kHz
    ret = ioctl(ADWandler, SPI_IOC_WR_MAX_SPEED_HZ, &speed);
    if (ret == -1)
      pabort("Max. Clock-Frequenz kann nicht gesetzt werden");

    ret = ioctl(ADWandler, SPI_IOC_RD_MAX_SPEED_HZ, &speed);
    if (ret == -1)
      pabort("Max. Clock-Frequenz kann nicht gesetzt werden");

    printf("SPI-Modus: %d\n", Modus);
    printf("Bits pro Datenpaket: %d\n", bits);
    printf("Max Speed: %d Hz (%d KHz)\n", speed, speed/1000);
    getVoltage(ADWandler); // Werte vom AD-Wandler auslesen
    close(ADWandler);      // Device schließen
    return ret;
}
```

Die beiden Programme sind für Demozwecke gedacht und so aufgebaut, dass das Funktionsprinzip deutlich wird und sie leicht für andere SPI-Schaltkreise abgewandelt werden können. Die Konfigurierung der Chip-Parameter erfolgt direkt im Quellcode, und es gibt keine Benutzeroberfläche.

Die Kompilierung (Abb. 6.25) mit dem C-Compiler (gcc mit Option –o) erfolgt direkt auf der Kommandozeile, etwa mit der folgenden Zeile, um aus dem Quellode (DA_MCP4802) das ablauffähige Programm DA_MCP4802 im dafür angelegten Verzeichnis `SPI-Test` zu erzeugen:

```
pi@raspberrypi: ~/SPI-Test $ gcc DA_MCP4802.c -o DA_MCP4802
```

```
pi@raspberrypi ~/SPI-Test $ gcc DA_MCP4802.c -o DA_MCP4802
pi@raspberrypi ~/SPI-Test $ sudo ./DA_MCP4802
SPI-Modus: 0
Bits pro Datenpaket: 8
Max Speed: 500000 Hz (500 KHz)

Ausgabe an Kanal A: 4,08 V

pi@raspberrypi ~/SPI-Test $ sudo ./AD_MCP3208
SPI-Modus: 0
Bits pro Datenpaket: 8
Max Speed: 500000 Hz (500 KHz)

Spannung am Kanal 7: 5.00 V

pi@raspberrypi ~/SPI-Test $ sudo ./AD_MCP3208
SPI-Modus: 0
Bits pro Datenpaket: 8
Max Speed: 500000 Hz (500 KHz)

Spannung am Kanal 7: 3.51 V

pi@raspberrypi ~/SPI-Test $
```

Abb. 6.25 Ausgabebildschirm der beiden Testprogramme mit der Ausgabe von 4,08 V über den D/A-Wandlerkanal A und dem Einlesen zweier Analogwerte über den A/D-Wandlerkanal 7

6.5 Inter Integrated Bus – I²C

Den gebräuchlichsten seriellen Peripheriebus stellt der I²C-Bus dar, der in einer Vielzahl von Geräten, insbesondere in der Consumerelektronik (DVD-Player, Autoradios, allgemeine HiFi-Technik) verwendet wird. Der I²C-Bus (Inter Integrated Circuit Bus) ist eine Entwicklung der Firma Philips Semiconductors (jetzt NXP) aus dem Jahre 1982 für die serielle Verbindung von integrierten Schaltungen auf einer Platine bzw. innerhalb eines Gerätes. Statt zahlreicher paralleler Leitungen werden für die Kopplung der Bauelemente lediglich zwei Verbindungen plus einer Masse- und Spannungsversorgungsleitung benötigt.

6.5.1 Betriebsarten

Zehn Jahre nach der Vorstellung des I²C-Bus durch die Firma Philips wurde die Version 1.0 als Standard veröffentlicht (100 kBit/s), und mit der Version 2. 0 (Fast Mode, 400 kBit/s) aus dem Jahre 1998 war bereits ein Standard etabliert, der an 50 Firmen lizenziert war und für den über 1000 verschiedene ICs existierten. Aus lizenzrechtlichen Gründen bezeichnen einige Hersteller (z. B. Microchip) dieses System auch als *Two Wire Interface* (TWI). Die Entwicklung des Systems ist geprägt durch das Hinzufügen des Fast-Mode-Plus (1 MBit/s) mit der Version 3.0 im Jahre 2007. Es hängt von den einzelnen I²C-Chips ab, welche Betriebsart möglich ist, die stets vom Master des Systems bestimmt wird. Die meisten I²C-Chips unterstützen den Standard- und den Fast-Mode, und auch Chips, die explizit den High Speed-Mode unterstützen, können automatisch in eine der „langsameren" Betriebsarten (Tab. 6.3) schalten. Der Raspberry Pi unterstützt maximal den Fast Mode mit 400 kBit/s.

Tab. 6.3 Betriebsarten des I²C-Bussystems

Modus	Datenrate
Standard Mode	100 kBit/s
Fast Mode	400 kBit/s
Fast Mode Plus	1 MBit/s
High Speed Mode	3,4 MBit/s
Ultra Fast Mode	5 MBit/s

Der Ultra-Fast-Mode bringt einige Besonderheiten mit sich und ist nicht wie die vorherigen Implementierungen abwärtskompatibel. Er arbeitet lediglich unidirektional bis maximal 5 MHz und ist für die Anbindung von solchen Bausteinen gedacht, die einerseits hohe Transferraten benötigen, andererseits keine Rückmeldung an den Master benötigen, wie etwa Display-Controller oder LED-Driver.

Der I²C-Bus wird auch auf PC-Mainboards eingesetzt und dient hier der Kommunikation mit Überwachungsbausteinen (Supervisory Chips oder System Health Chips), die mit Hilfe von Sensoren die Temperatur der CPU und des PC-Innern überwachen, einen Tachometereingang für die Kontrolle der Drehzahl des CPU-Kühlers und – je nach Typ – noch weitere Optionen besitzen. Der I²C-Bus wird bei dieser Anwendung als SMB (System Management Bus) bezeichnet und kommuniziert außerdem mit dem EEPROM, welches sich auf den Speicher-Modulen befindet und dem BIOS die jeweiligen SDRAM-Parameter für die automatische Konfigurierung mitteilt.

Neben NXP stellen insbesondere Firmen wie Analog Devices, Intel, Texas Instruments, OKI, Toshiba und Sony verschiedene Bauelemente für den I²C-Bus her. Fast jede Firma, die Umsetzerbausteine wie A/D- und D/A-Wandler oder auch „Intelligente Sensoren" (Abb. 6.26) anbietet, führt entsprechende Chips mit I²C-Bus-Interface.

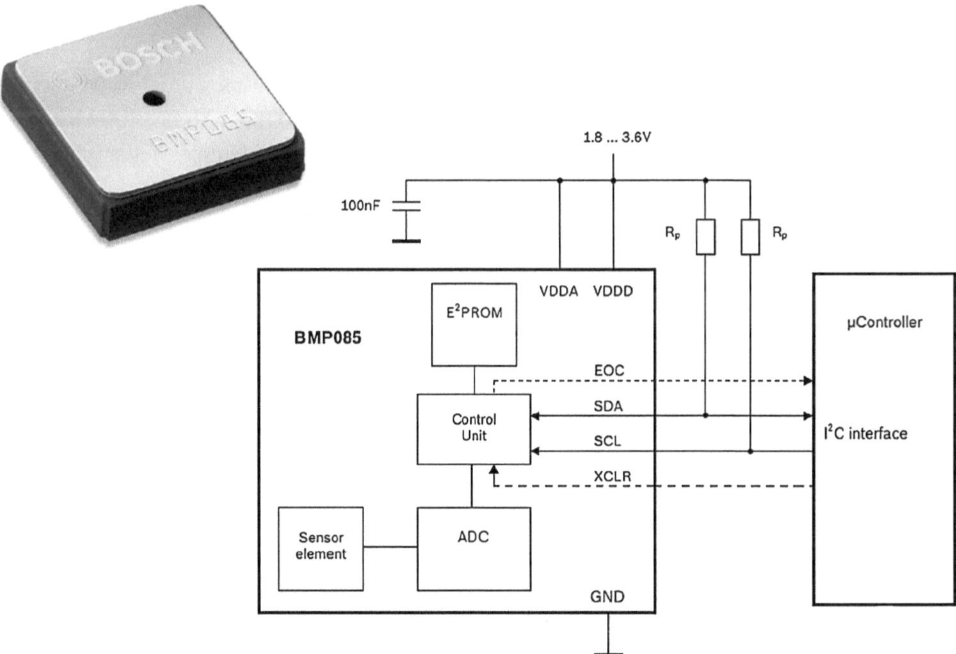

Abb. 6.26 Der Luftdrucksensor der Firma Bosch Sensortec wird über den I²C-Bus angesteuert und ausgelesen

6.5.2 Bus-Kommunikation

Jedes I²C-Bauelement verfügt über eine eigene Adresse und kann in Abhängigkeit von seiner Funktion als Sender (Transmitter) oder Empfänger (Receiver) arbeiten. Des Weiteren kann ein Bauelement entweder als Master, von denen mehrere am Bus möglich sind (Multimasterbus), oder als Slave arbeiten.

Der Raspberry Pi stellt üblicherweise den Master dar, und ein Sensor (Abb. 6.26) oder auch Umsetzerchip bildet dann den Slave. Gleichwohl könnte der Raspberry Pi auch als Slave – etwa als Messknoten – mit einem Master, der von einem anderen Mikroprozessor oder Computer gebildet wird, per I²C-Bus kommunizieren, und ein Multimaster-System ist ebenfalls realisierbar.

Die räumliche Ausdehnung eines I²C-Bussystems (Abb. 6.27) kann wenige Meter betragen. Zwei Busleitungen sind für die Datenübertragung zwischen den ICs zuständig: eine Datenleitung (SDA, Serial Data-Line) und eine Taktleitung (SCL, Serial Clock Line). Innerhalb der ICs befinden sich Transistoren mit Open-Collector- oder mit Open-Drain-Ausgängen, wodurch sich eine Wired-AND-Verknüpfung aller Busteilnehmer ergibt.

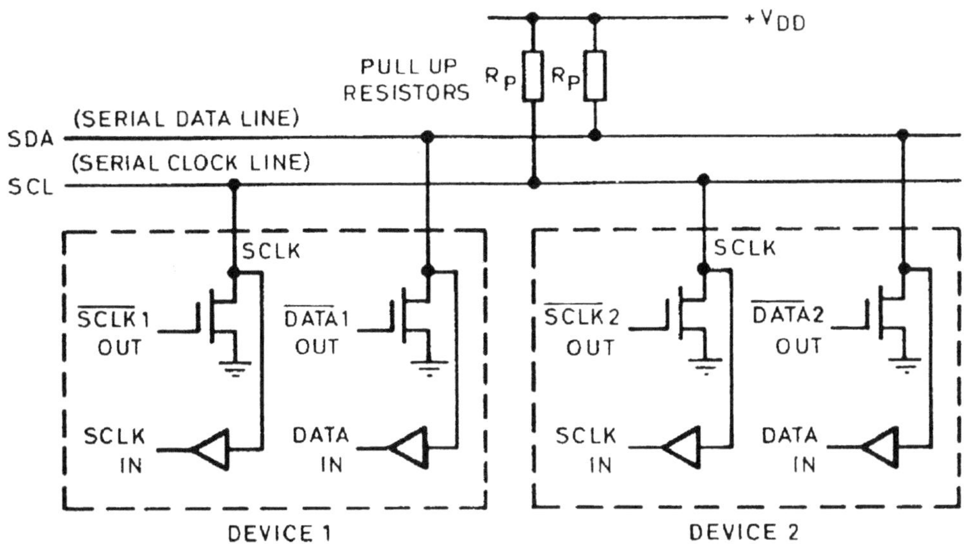

Abb. 6.27 Über die Innenschaltung der Busteilnehmer findet eine Wired AND-Verknüpfung statt

Die beiden Datenbussignale werden über Pull Up-Widerstände mit der positiven Versorgungsspannung verbunden, was für die beiden I²C-Bus-Signale (SDA: Pin 3, SCL: Pin 5) bereits auf der Raspberry Pi-Platine durchgeführt wurde, sodass diese Pins auch dann, wenn sie nicht explizit für als I²C-Leitungen konfiguriert wurden, sondern standardmäßig als GPIO-Leitungen definiert sind, stets einen High-Pegel aufweisen, solange sie nicht extern auf Low gezogen werden.

Die Generierung des Taktsignals erfolgt stets von einem Master-IC. Dabei kann jeder Master sein eigenes Taktsignal erzeugen, sobald er für die Datenübertragung verantwortlich ist. Mit den AND-Verknüpfungen über die SCL-Leitung findet eine synchronisierte Kombination der einzelnen Taktsignale statt, wodurch Teilnehmer mit unterschiedlichen Taktraten am Bus verwendet werden können und die Erlangung der Buszugriffsrechte (Arbitration) durchgeführt wird.

Findet keine Busaktivität statt, befinden sich die Signale SDA und SCL auf High-Pegel. Die Datenübertragung (Abb. 6.28) beginnt mit dem Übergang des Datensignals (SDA) von High nach Low, während SCL auf High verbleibt, was als *Start Condition* bezeichnet wird.

Die Pegel für High und Low sind nicht fix, sondern aufgrund der unterschiedlichen Chiptechnologien (bipolar, NMOS, CMOS), mit denen die Chips aufgebaut sein können, abhängig von der Betriebsspannung V_{DD}. Ein Low (V_{IL}) entspricht 0,3 V * V_{DD} und ein High (V_{IH}) 0,7 V * V_{DD}.

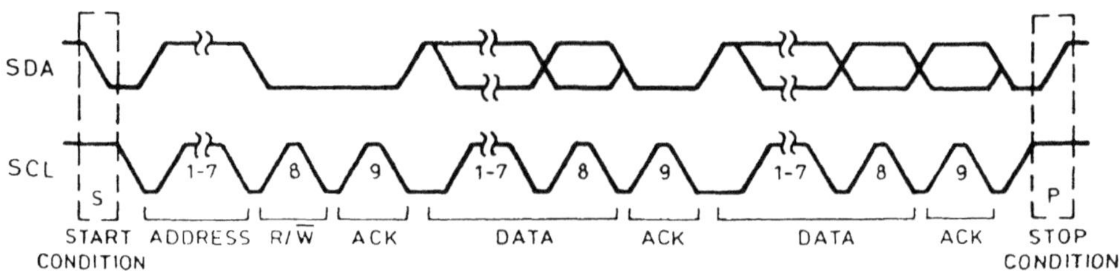

Abb. 6.28 Die Datenübertragung beginnt mit einer Start- und endet mit einer Stoppbedingung

Die übertragenen Daten sind nur dann gültig, wenn sich SCL auf High-Pegel befindet. Mit jedem Taktimpuls wird ein Bit übertragen, und das Ende der Datenübertragung (Stop Condition) ist durch einen Low-High-Übergang des Datensignals gekennzeichnet, wobei SCL wieder High-Pegel aufweist.

Nach der Startbedingung (Start Condition) folgt eine 7-Bit-lange Slave-Adresse, die in Abhängigkeit vom jeweiligen I²C-Bus-Bauelement in gewissen Grenzen in der Schaltung angepasst werden kann (vgl. Abb. 6.30). Außerdem gibt es eine Erweiterung für ein 10-Bit-Adressierungschema, welches allerdings kaum verwendet wird. Es können sowohl Einheiten mit einer 7-Bit als auch mit einer 10-Bit-Adressierung am gleichen I²C-Bus eingesetzt werden.

Das MSB wird sowohl bei der Adresse als auch bei den Daten immer zuerst auf dem Bus übertragen. Mit dem darauffolgenden R/W-Bit (Abb. 6.29) wird die Datenübertragungsrichtung festgelegt, wobei jede Datenübertragung mit *Acknowledge* bestätigt wird. Der Master setzt hierfür die SDA-Leitung auf High und erwartet vom Slave, dass er nach der Datenübertragung das SDA-Signal auf Low zieht. Geschieht dies nicht, bricht der Master die Übertragung ab (Stop Condition). Ist ein Master hingegen der Datenempfänger, belässt der Slave das SDA-Signal auf High, setzt es selbst zurück und führt die *Stop Condition* durch.

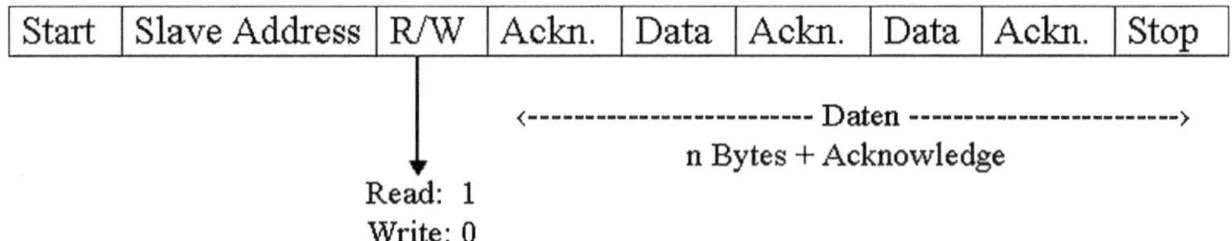

Abb. 6.29 Datenformat für Lese- und Schreiboperationen

Als Datentelegramm ist ebenfalls eine Kombination aus Lese- und Schreibzugriffen möglich. Nach der ersten *Stop Condition* folgt dann unmittelbar ein zweites Telegramm, welches ebenfalls dem Aufbau laut Abb. 6.29 entspricht.

Zur Erkennung von Übertragungsfehlern existieren keine speziellen Vorkehrungen, wie etwa Verfahren mit Parität oder Prüfsumme. Dies muss allein durch die Software realisiert werden. In den meisten Fällen werden durch integrierte Tiefpassfilter lediglich hochfrequente Störungen auf der SDA- und der SDC-Leitung unterdrückt.

6.5.3 Adressen

Jedes Bauelement muss am Bus über eine jeweils eigene Adresse verfügen. Die I²C-Bus-Adresse eines Chips kann meist in einem gewissen Bereich durch nach außen geführte Anschlüsse angepasst werden, die entweder an Plus oder die Schaltungsmasse gelegt werden, womit die Adresse bestimmt wird. Die Anzahl der programmierbaren Adressbits hängt von der Anzahl der hierfür vorgesehenen Anschlüsse am IC ab (vgl. Abb. 6.30). Hat ein IC beispielsweise vier feste und drei programmierbare Adressbits, können insgesamt acht ICs des gleichen Typs in einer Schaltung verwendet werden.

Daneben existieren auch I²C-Bus-Chips, wie der Luftdrucksensor BMP085 (Abb. 6.26), bei denen die Adresse bei der Herstellung festgelegt worden ist und nicht geändert werden kann. Für den Fall, dass mehrere dieser Chips am gleichen I²C-Bus betrieben werden sollen, gibt es – je nach Typ und Hersteller – verschiedene Vorgehensweisen. Die gebräuchlichste Methode ist es dann, alle Chips des gleichen Typs bis auf einen abzuschalten (via XLR-Pin beim BMP085) oder auch in den Sleep-Modus zu versetzen.

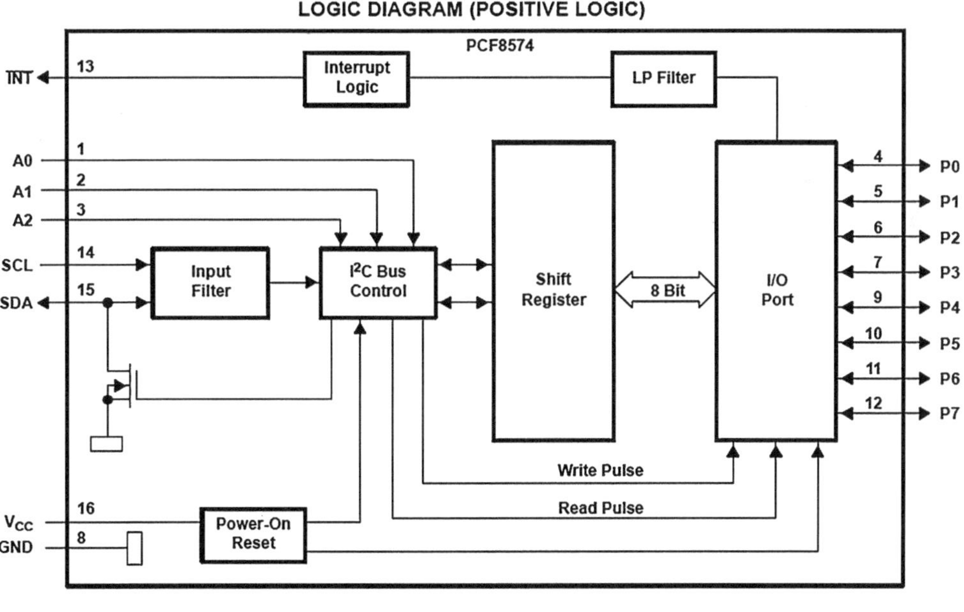

Interface Definition

BYTE	BIT							
	7 (MSB)	6	5	4	3	2	1	0 (LSB)
I²C slave address	L	H	L	L	A2	A1	A0	R/$\overline{W}$
I/O data bus	P7	P6	P5	P4	P3	P2	P1	P0

Abb. 6.30 Die I²C-Bus-Adresse kann beim Port-Expander PCF8574, der einen 8-Bit-breiten Parallel-Port (P0-P7) bereitstellt, im Adressbereich von 20-27h (Interface Definition) festgelegt werden

Einige Adressen sind für spezielle Aufgaben vorgesehen, die in der Tab. 6.4 angeführt sind. Durch die *General Call Address* werden gleichzeitig alle Slaves angesprochen, die, falls sie diese Funktion unterstützen, mit einem *Acknowledge* antworten. Die anderen ICs können diese Adresse einfach ignorieren. Der *General Call Address* folgt ein zweites Byte, welches die eigentliche Aktion festlegt und auch als Reset-Funktion dient.

Das LSB (B) des zweiten Bytes hat noch eine besondere Bedeutung. Enthält dieses Bit eine Null, gelten die in der Tab. 6.4 angegebenen Funktionen, enthält es hingegen eine Eins, stellt dies einen *Hardware General Call* dar (Abb. 6.31).

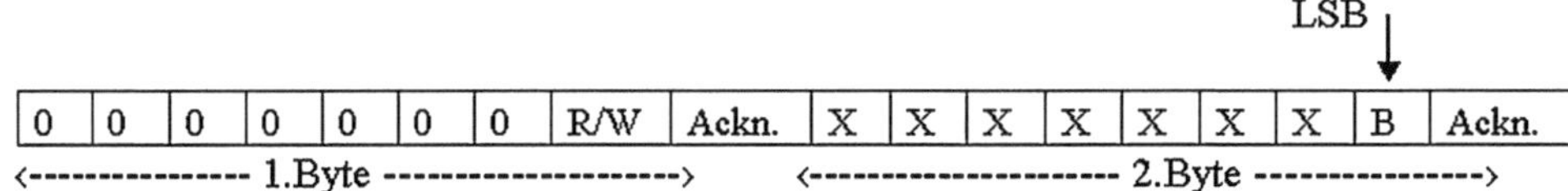

Abb. 6.31 Entspricht das erste Byte der „General Call Address" (00000000), legt ein zweites Byte die darauffolgende Aktion fest

Master-ICs, die keine Slave-Adresse aussenden können (Master Transmitter), wie beispielsweise ein Tastatur-Scanner, verwenden beispielsweise diese Funktion. Weil dieser Master seinen Adressaten nicht kennt, verwendet er lediglich den *Hardware General Call*, gibt seine Adresse dem System bekannt und sendet seine Daten. Die weitere Verarbeitung übernimmt dann ein anderer Master im System.

Tab. 6.4 Reservierte Adressen und deren Funktionen

Slave Adresse	R/W	Bezeichnung	Bedeutung/Funktion
0000 000	0	General Call Address	Verschiedene Funktionen inklusive Reset
0000 000	1	Start Byte	Beginn des Datenframe, kein Acknowledge
0000 001	X	CBUS Address	Für CBUS-ICs
0000 010	X	Reserved	Reserviert für andere Busformate
0000 011	X	Reserved	Reserviert für zukünftige Entwicklungen
0000 1XX	X	HS-Mode	High Speed Mode Master Code
1111 0XX	X	10-Bit-Mode	10-Bit Slave-Adresse
1111 1001	1	Device ID	Auslesen der Device ID (NXP, Ramtron, Analog Devices, STM, On Semiconductor, Fujitsu)
1111 1XX	X	Reserved	Reserviert für zukünftige Entwicklungen

6.5.4 Programmierung

Wie es im Prinzip bereits bei der SPI-Schnittstelle erläutert ist, ist auch der I^2C-Bus zu aktivieren (vgl. Abb. 6.22), es ist keine Blacklist zu bearbeiten und mit der folgenden Eingabe kann die vorhandene I^2C-Bus-Unterstütung angezeigt werden:

```
pi@raspberrypi: ~ $ ls /sys/bus/i2c/devices
```

Außerdem muss der I²C-Bus auch wieder im Verzeichnis `/dev` vorhanden sein, damit er als Device behandelt werden kann, was bei den Einstellungen für die SPI-Schnittstelle automatisch passiert, während dies beim I²C-Bus manuell (Abb. 6.32) durchzuführen ist mit:

```
pi@raspberrypi: ~ $ sudo modprobe i2c-dev
```

```
pi@raspberrypi ~ $ ls /sys/bus/i2c
devices  drivers  drivers_autoprobe  drivers_probe  uevent
pi@raspberrypi ~ $ ls -l /dev/i2c*
ls: Zugriff auf /dev/i2c nicht möglich: Datei oder Verzeichnis nicht gefunden
pi@raspberrypi ~ $ sudo modprobe i2c-dev
pi@raspberrypi ~ $ ls -l /dev/i2c*
crw------- 1 root root 89, 0 Jun 16 10:53 /dev/i2c-0
crw------- 1 root root 89, 1 Jun 16 10:53 /dev/i2c-1
pi@raspberrypi ~ $
```

Abb. 6.32 Anlegen des Moduls im Verzeichnis /dev

Unberücksichtigt bleibt hier der I²C-Bus für die HAT-Funktionalität (siehe Abschn. 6.8) sowie die vier zusätzlichen, die mit dem Raspberry Pi 4 theoretisch möglich sind. Falls der Raspberry Pi lediglich eine einzige frei verfügbare I²C-Schnittstelle am GPIO-Port besitzt, können hierfür dennoch zwei Einträge auftauchen, wie es in der Abb. 6.32 zu erkennen ist. Dies ist dem Umstand geschuldet, dass es hier einen Unterschied zwischen der ersten und der zweiten Platinenversion des Raspberry Pi gibt. Bei den aktuellen Platinenversionen wird mit `/dev/i2c-1` die I²C-Schnittstelle am GPIO-Connector angesprochen. SDA befindet sich grundsätzlich am 3 Pin und SCL am Pin 5.

Prinzipiell müsste `modprobe` nach jedem Boot neu aufgerufen werden. Praktischer erscheint es, wenn dieses Modul, was genauso mit dem SPI-Modul durchgeführt werden kann, in `modules` (Abb. 6.33) mit eintragen wird, woraufhin es beim jedem Boot automatisch mit geladen wird.

```
  GNU nano 2.2.6                 Datei: /etc/modules

# /etc/modules: kernel modules to load at boot time.
#
# This file contains the names of kernel modules that should be loaded
# at boot time, one per line. Lines beginning with "#" are ignored.
# Parameters can be specified after the module name.

snd-bcm2835
spi-bcm2708
i2c-dev

Dateiname zum Speichern: /etc/modules
^G Hilfe            M-D DOS-Format        M-A Anhängen        M-B Sicherungskopie
^C Abbrechen        M-M Mac-Format        M-P vorn Anfügen
```

Abb. 6.33 Eintragen der I²C- und der SPI-Module in /etc/modules, damit sie nach jedem Boot automatisch zur Verfügung stehen

Grundsätzlich kann die Kommunikation wie bei SPI mit *Input/Output Controls* erfolgen, wie es im Folgenden beispielhaft gezeigt ist.

```
# I2C-Zugriff mit I/O Controls
# include <linux/i2c-dev.h>

// Bus Device oeffnen, File Descriptor fd zuweisen
fd = open("/dev/i2c-1", O_RDWR);

int rc // Return Code

// Device mit der Adresse 30 selektieren
rc = ioctl(fd, I2C_SLAVE, 0x30);

// Einzelnes Byte (in &byte) schreiben
char byte = 0;
n = write(fd, &byte, 1); //n = gesendete Byteanzahl

// Einzelnes Byte (in &byte) lesen
n = read(fd, &byte, 1); //n = empfangene Byteanzahl

close(fd)
```

Die I^{2}C-Programmiermöglichkeiten sind im Vergleich zu SPI umfassender und lassen sich mit einem Standard-Chip zugleich einfacher durchführen, weil keine besonderen Betriebsarten oder bausteinspezifische Einstellungen notwendig sind. Außerdem gibt es für die I^{2}C-Schnittstelle bessere Dokumentationen und einige separate Tools, wovon sich insbesondere das *Command Line Tool* mit der Bezeichnung *i2c-tools* (Abb. 6.34) als nützlich erweist. Bei der aktuellen Raspbian-Version ist es bereits installiert, womit die folgenden Kommandos für den I^{2}C-Test zur Verfügung stehen:

i2cdetect: Sucht die angeschlossenen Devices und zeigt deren Adressen an.
i2cget: Liest einen Registerwert vom Device.
i2cset: Setzt einen Registerwert im Device.
i2cdump: Zeigt die Werte eines Device.

Zu diesen einzelnen Befehlen lassen sich mit `man` entsprechende Hilfedateien anzeigen, beispielsweise mit `man i2cget` zum i2cget-Aufruf.

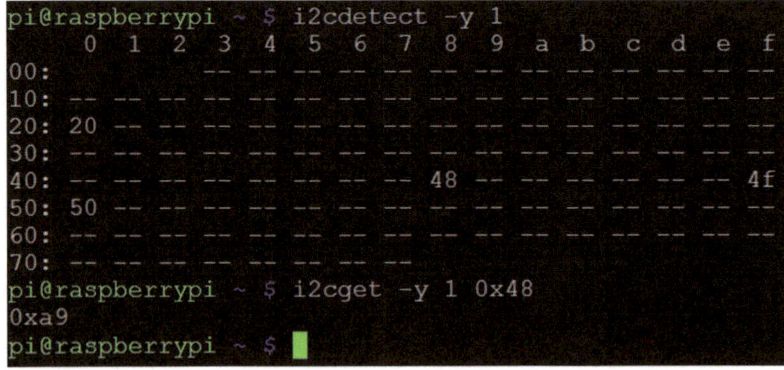

Abb. 6.34 Detektierung angeschlossener I^{2}C-Bus-Chips und Lesen eines Registers vom Chip mit der Adresse 48h

Neben der Programmierung in C per I/O-Controls (i2c-dev.h) existieren natürlich noch weitere Möglichkeiten. Beispielsweise können fcntl-Routinen (fcntl.h) eingesetzt werden, die die I/O-Controls in einfachere I²C-Aufrufe wie *write* und *read* „verpacken". Im folgenden Kapitel ist hierfür ein Beispiel gezeigt. Eine spezielle Phyton-Bibliothek ist für die Programmierung des I²C-Bus ebenfalls verfügbar, etwa unter https://github.com/HappyFox/Python-i2c.

6.5.5 Applikation

Im Gegensatz zu SPI gibt es mit I²C-Bauelementen eher selten Probleme bei der Ansteuerung, was an dem demgegenüber wesentlich genauer gefassten Standard liegt. Wie erwähnt, befinden sich die notwendigen Pull-Up-Widerstände standardmäßig auf der Raspberry Pi-Platine und sind in einer eigenen Schaltung deshalb nicht notwendig. Möglicherweise macht es dennoch Sinn, welche vorzusehen, um den Signalpegel gegebenenfalls anpassen zu können, was jedoch nur dann notwendig werden kann, wenn mehrere Chips mit dem I²C-Bus verbunden sind.

Zu beachten ist stets, dass jeder am Bus verwendete Chip eine ihm eigene Adresse besitzen muss und dass der Takt nicht zu hoch gewählt wird, der oftmals 100 kHz (100 kBit/s, vgl. Tab. 6.3) beträgt, wie es beim Raspberry Pi auch als Voreinstellung gilt. Der Takt sollte sich stets am langsamsten Chip, der am Bus angeschlossen ist, orientieren, denn die schnelleren können üblicherweise auch mit einem geringeren Takt umgehen. Gleichwohl ist stets die Taktangabe (bzw. die spezifizierte Datenrate, die sich hiermit ergibt) im jeweiligen Datenblatt des Chips von Bedeutung, denn es ist keineswegs sichergestellt, dass mit einem Takt, der nicht einem Standard entspricht, zuverlässig gearbeitet werden kann.

In der Abb. 6.35 eine Applikation mit vier Chips gezeigt, die per I²C-Bus angesteuert werden. Gemäß der Abb. 6.34 sind sie alle vier korrekt erkannt worden. Mit der Schaltung sind eine Vielzahl von Applikationen möglich, denn neben einem Temperatursensor und einem vierkanaligen A/D-Wandler, der außerdem noch einen D/A-Wandler beinhaltet, ist hier ein Clock/Calendar-Chip vorgesehen. Damit verfügt der Raspberry Pi über eine Echtzeituhr, wie es insbesondere für Embedded-Anwendungen, die nicht direkt mit dem Internet kommunizieren können oder sollen, nützlich ist.

PCF8583 (Adresse 50h): Clock/Calendar
PCF8591 (Adresse 4Fh): Vierkanaliger A/D-Wandler, einkanaliger D/A-Wandler
PCF8574 (Adresse 20h): 8 Bit I/O-Expander
DS1621 (Adresse 48h): Temperatursensor

Damit die Uhr auch ohne vorhandene Betriebsspannung (3,3 V) weiterläuft, ist zur Energiespeicherung ein Goldcap-Kondensator (RTCcap, 1 F) auf der Platine vorgesehen. Jedes Mal, wenn die Spannungsversorgung für die Schaltung zur Verfügung steht, wird der Kondensator (nach)geladen.

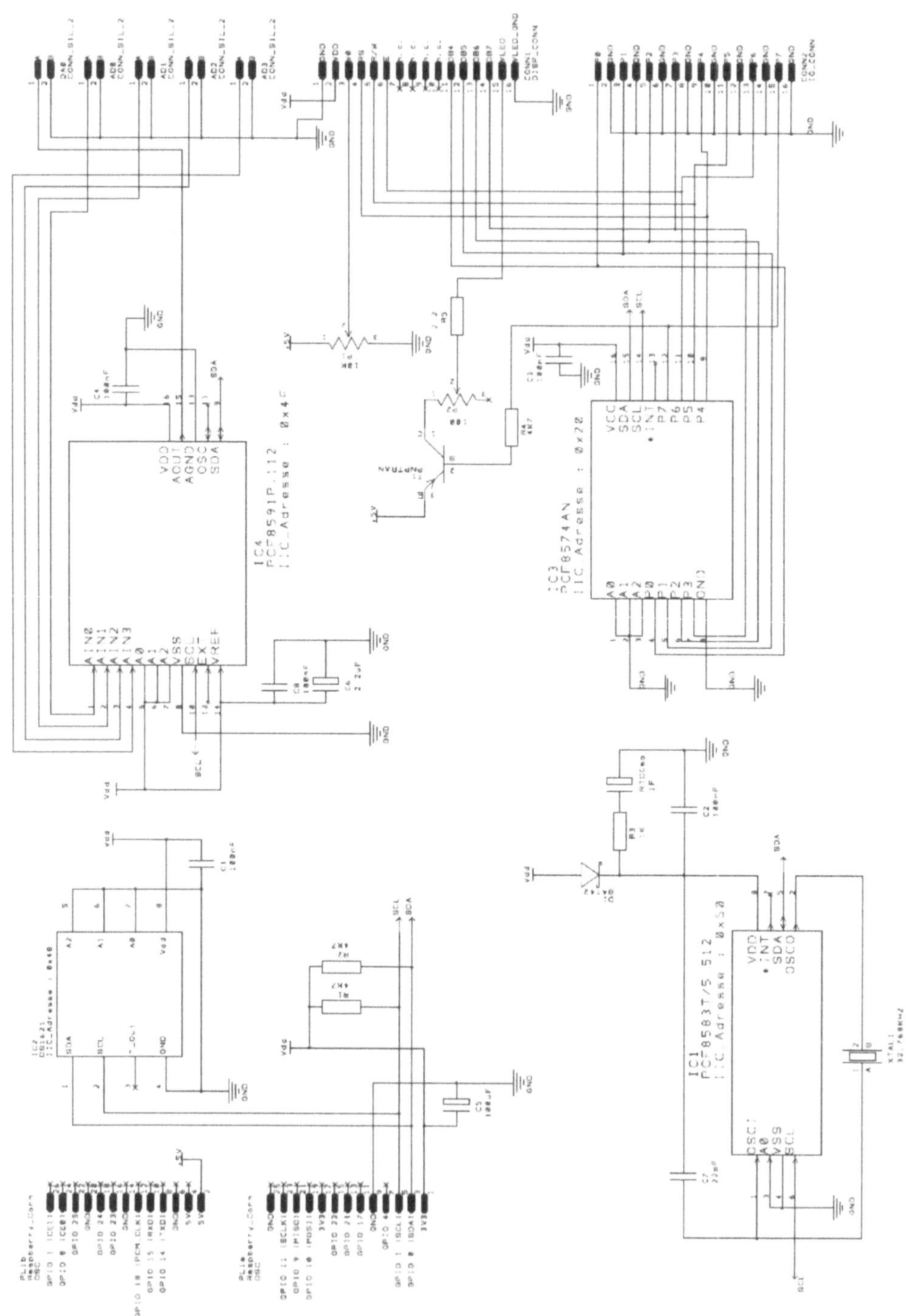

Abb. 6.35 Die Schaltung erweitert den Raspberry Pi um einen Temperatursensor, um eine Echtzeituhr, um digitale und analoge Ein- und Ausgänge und kann ein preisgünstiges LC-Display ansteuern

Der 8 Bit I/O-Expander (siehe auch Abb. 6.30) ist einer der klassischen I²C-Bus-Chips, der einen parallelen 8-Bit-Port für den Anschluss unterschiedlicher digitaler Bauelemente (LED, Taster, Relais etc.) bildet. Diese Signale sind an den Connector IO-CONN2 gelegt.

Der Port-Expander hat in der Schaltung noch eine zweite Funktion, denn am Connector DISP_CONN1 kann ein übliches preisgünstiges LC-Display (Abb. 6.36) angeschlossen werden, sodass der Raspberry Pi damit über eine eigene Anzeige verfügt. Passende Displays (z. B. TC1602E-01) sind bereits ab ca. 5 € bei den bekannten Elektronik-Firmen wie Pollin oder Reichelt erhältlich. Im Grunde genommen können hier alle zum Standard-Controller HD44780 kompatiblen Displays mit zwei Zeilen à 16 Zeichen angeschlossen werden. Die Ansteuerung erfolgt dabei im 4-Bit-Modus (Nibble Mode), sodass nur die Datenleitungen DB4-DB7 des Displays verwendet werden.

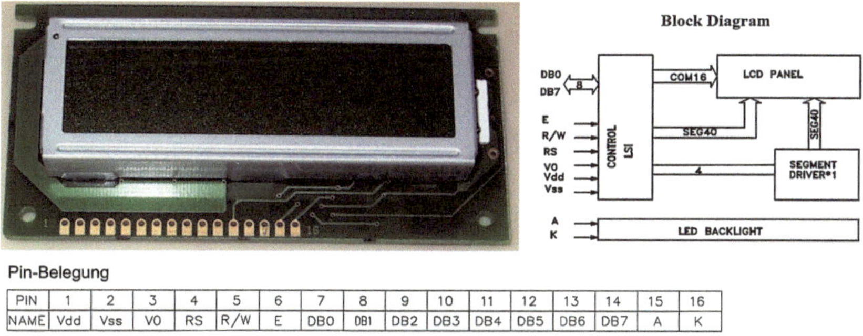

PIN	1	2	3	4	5	6	7	8	9	10	11	12	13	14	15	16
NAME	Vdd	Vss	V0	RS	R/W	E	DB0	DB1	DB2	DB3	DB4	DB5	DB6	DB7	A	K

Abb. 6.36 Ein handelsübliches und preisgünstiges zweizeiliges LC-Display lässt sich mit der Schaltung ansteuern

Das Potenziometer P1 (10 kΩ, CT) ist für die Einstellung des Kontrastes und das Potenziometer P2 (100 Ω, BL) mit dem Transistor für die Einstellung der Hintergrundbeleuchtung (Back Light) des Displays zuständig. Die Platine ist so ausgelegt, dass der PCF8574 entweder als universeller Port-Expander oder als LCD-Interface arbeiten kann, wofür die beiden unterschiedlichen Kontaktleisten vorhanden sind, wovon jeweils nur eine verschaltet werden darf.

In der Abb. 6.37 ist die aufgesteckte Platine gezeigt, bei der ganz bewusst keine SMD-Bauelemente verwendet worden sind, sondern kostengünstige ICs im DIP-Gehäuse, die in passende Fassungen eingesteckt werden, was den Nachbau sehr erleichtert. Die Platine muss nicht voll bestückt werden, sondern nur jeweils mit denjenigen Chips und den dazugehörigen peripheren Bauelementen (R, C, Quarz, Potis etc.), die tatsächlich eingesetzt werden sollen. In der Abb. 6.43 ist der Nachfolger der Platine mit gleichem Funktionsumfang gezeigt, der mechanisch auch direkt auf die 40-polige GPIO-Steckleiste aller neueren Raspberry Pi-Boards passt und dem HAT-Layout (Abschn. 6.8) entspricht.

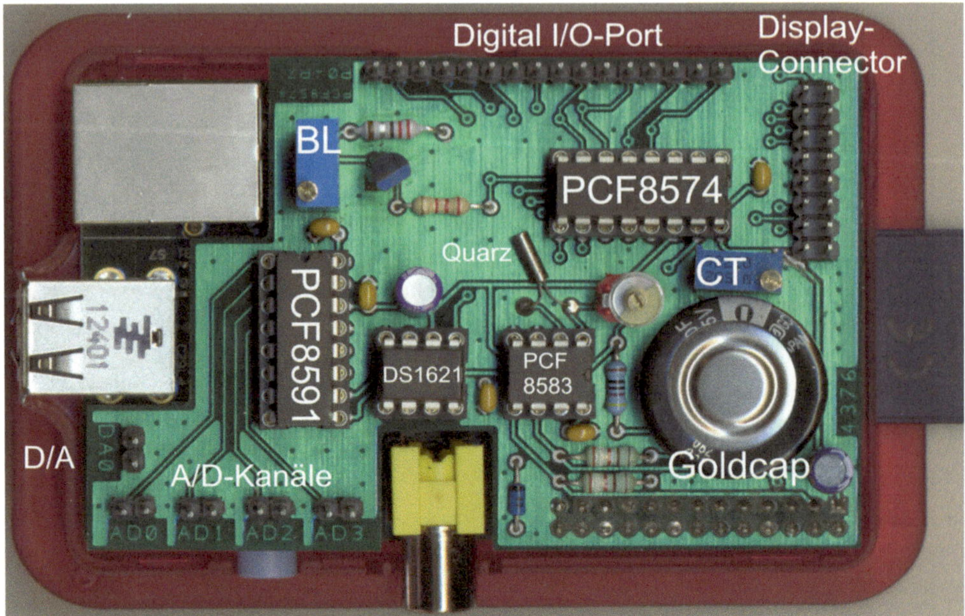

Abb. 6.37 Die Erweiterungsplatine in der komplett bestückten Version

Für die Inbetriebnahme ist es zunächst wichtig, dass alle bestückten I²C-Chips korrekt erkannt werden, wie es in der Abb. 6.34 dargestellt ist. Je nach gewünschter Applikation ist die Software unterschiedlich zu gestalten. Dabei empfiehlt es sich zunächst, möglichst viele Ausgabezeilen (mit printf) vorzusehen, um die korrekte Abarbeitung der einzelnen Schritte kontrollieren zu können.

6.5.5.1 Real Time Clock

Für die Echtzeituhr vom Typ PCF8583 (Clock/Calendar) sind im Folgenden zwei Programme gezeigt: Eines zum Stellen der Uhr und das andere zum Lesen der aktuellen Uhrzeit und des Datums. Hierfür gibt es eine eigene Treiberdatei (Bibliothek) mit der Bezeichnung *rtc.c* und die passende, einzubindende Header-Datei (*rtc.h*). Beim blockweisen Lesen und Schreiben von Daten mithilfe der im i2c-Treiber (linux/i2c-dev.h) enthaltenen Funktionen tritt mitunter ein Fehler auf, weshalb die Daten stets einzeln als Byte oder Word ausgelesen und übertragen werden.

 # Echtzeituhr-Code (rtc.c)

```
#include <stdio.h>              // Standard-Bibliotheken
#include <stdint.h>
#include <stdlib.h>
#include <linux/i2c-dev.h>      // i2c-Kerneltreiber
#include <fcntl.h>              // Dateizugriffssteuerung

// PCF8583-Adresse
#define pcf8583_addr 0x50
```

```
// Umwandlung von bin- in bcd-Format und umgekehrt
#define  bin2bcd(b)  (((b)%10) | (((b)/10)<<4))
#define  bcd2bin(b)  (((b)&0xf) + ((b)>>4)*10)

// Array zum Speichern des ausgelesenen Datums, der Uhrzeit
int8_t data[7];

// Struktur zur Speicherung des Datums, der Uhrzeit
typedef struct{
      uint8_t seconds;
      uint8_t minutes;
      uint8_t hours;
      uint8_t day;
      uint8_t month;
      uint8_t year;
      uint8_t weekday;
}date_time_t;

//Funktion zum Einstellen des Datums
void start_clock(int8_t sec,int8_t min,int8_t hour,int8_t
days,int8_t wday,int8_t months,int8_t year){

int device_pcf8583;  // Platzhalter fuer das geoeffnete Geraet
       const int i2c_address = pcf8583_addr; // i2C-Adresse setzen
       const char *i2cDevice = "/dev/i2c-1";
       // Bei Raspberry Pi Rev. 1 : "/dev/i2c-0"

       // i2c-Interface oeffnen
       if((device_pcf8583 = open(i2cDevice, O_RDWR)) < 0 ) {
     printf("Der i2c-Port konnte nicht geoeffnet werden! \n");
       exit(1);
       }

       // i2c-Adresse zuweisen
       if(ioctl(device_pcf8583, I2C_SLAVE, i2c_address) < 0 ){
     printf("Die Konfiguration der i2c-Adresse ist fehlgeschlagen!
              \n");
       exit(1);
       }

       //Uhr stoppen, schreiben von 0x80 in Controlregister 0x00
       i2c_smbus_write_byte_data(device_pcf8583, 0x00,0x80);

       // Setzen der Zeit
  i2c_smbus_write_byte_data(device_pcf8583, 0x01, 0x00);
  i2c_smbus_write_byte_data(device_pcf8583, 0x02, bin2bcd(sec));
  i2c_smbus_write_byte_data(device_pcf8583, 0x03, bin2bcd(min));
  i2c_smbus_write_byte_data(device_pcf8583, 0x04, bin2bcd(hour));
  i2c_smbus_write_byte_data(device_pcf8583, 0x05, (bin2bcd(days)
       | (year << 6)));

  i2c_smbus_write_byte_data(device_pcf8583, 0x06, (bin2bcd(
       months) | (wday << 5)));
```

```
        //Information ueber das Jahr im zusaetzlichen RAM speichern
        i2c_smbus_write_byte_data(device_pcf8583, 0x10, year);

        //Uhr starten
        i2c_smbus_write_byte_data(device_pcf8583,0x00,0x00);

        close(device_pcf8583);
}

// Funktion zum Auslesen der Zeit. Es wird ein Pointer auf das
// Array  mit dem ausgelesenem Datum zurueckgegeben.

int8_t* read_time(void){
    date_time_t dt;      // struct fuer das Datum
    int device_pcf8583; // Platzhalter fuer das geoeffnete Geraet
    const int i2c_address = pcf8583_addr;    // i2c-Adresse    const

    char *i2cDevice = "/dev/i2c-1";
       // Bei Raspberry Pi Rev. 1 : "/dev/i2c-0"

       uint8_t temp;

       // i2c-Interface oeffnen
       if((device_pcf8583 = open(i2cDevice, O_RDWR)) < 0 ) {
       printf("Der i2c Port konnte nicht geoeffnet werden! \n");
       exit(1);
       }

       //Die i2c Adresse zuweisen
       if(ioctl(device_pcf8583, I2C_SLAVE, i2c_address) < 0 ){
    printf("Die Konfiguration der i2c Adresse ist fehlgeschlagen!
            \n");
             exit(1);
       }

// Auslesen der Daten aus den Registern 0x02 - 0x06
dt.seconds = bcd2bin(i2c_smbus_read_byte_data(device_pcf8583,0x02));

dt.minutes = bcd2bin(i2c_smbus_read_byte_data(device_pcf8583,0x03));

dt.hours = bcd2bin(i2c_smbus_read_byte_data(device_pcf8583,0x04) & 0x3F);

       temp = i2c_smbus_read_byte_data(device_pcf8583,0x05);
       dt.year = temp >> 6;
       dt.day  = bcd2bin(temp&0x3f);

       temp = i2c_smbus_read_byte_data(device_pcf8583,0x06);
       dt.month  = bcd2bin(temp & 0x1F);
       dt.weekday = temp >> 5;

    // i2C-Interface schliessen
    close(device_pcf8583);

// Zeit in ein Array uebertragen. Dadurch kann ein Pointer auf
// dieses Array zurueckgegeben und die Daten in einer anderen
// Funktion weiterverarbeitet werden.
```

```
        data[0] = dt.seconds;
        data[1] = dt.minutes;
        data[2] = dt.hours;
        data[3] = dt.day;
        data[4] = dt.weekday;
        data[5] = dt.month;
        data[6] = dt.year;

        // Rueckgabe des Pointers auf das Datenarray
        return data;
}
```

rtc.h:

```
#endif

#ifndef RTC_H
#define RTC_H

int start_clock(int8_t sec,int8_t min,int8_t hour,int8_t days,int8_t
                wday, int8_t months,int8_t years);

int read_time(void);

#endif
```

Das folgende Programm *set_time.c* setzt eine Uhrzeit und ein Datum in der *Real Time Clock* und startet sie anschließend (Abb. 6.38). Nacheinander werden Sekunden, Minuten, Stunden, Tage, Monate, Jahre und der Wochentag abgefragt. Die Jahre sind hier nicht als absoluter Wert zu verstehen, weil der Chip nur vier Jahre zählen kann.

```
# Uhrzeit und Datum stellen (set_time.c)

#include <stdio.h>              // Standard-Bibliotheken
#include <stdint.h>
#include <stdlib.h>
#include "rtc.h"                 // PCF8583-Funktionen

/*Hauptprogramm*/

int main(void)
{ uint8_t time[7];               // Array für Zeitdaten
  uint16_t offset_jahr = 2014;   // Startjahr

  printf("Bitte Sekunden eingeben [0-59]: ");
  scanf("%d",&time[0]);

  printf("Bitte Minuten eingeben [0-59]: ");
  scanf("%d",&time[1]);

  printf("Bitte Stunden eingeben [0-23]: ");
  scanf("%d",&time[2]);

  printf("Bitte Datum/Tag eingeben [1-31]: ");
  scanf("%d",&time[3]);

  printf("Bitte Wochentag eingeben [0-6]: ");
  scanf("%d",&time[4]);
```

```
  printf("Bitte Datum/Monat eingeben [1-12]: ");
  scanf("%d",&time[5]);

  printf("Bitte Datum/Jahr eingeben [0-3]: ");
  scanf("%d",&time[6]);

  printf("Uhrzeit/Datum -->  %d:%d:%d -- %d/%d/%d -- Wochentag:
         ",time[2],time[1],time[0],time[3],time[5],time[6]);

  switch(time[4]){
                  case 0: printf("Montag \n"); break;
                  case 1: printf("Dienstag \n"); break;
                  case 2: printf("Mittwoch \n"); break;
                  case 3: printf("Donnerstag \n"); break;
                  case 4: printf("Freitag \n"); break;
                  case 5: printf("Samstag \n"); break;
                  case 6: printf("Sonntag \n"); break;
                  default: printf("error"); break;
                }

  printf("Die Uhr wird gestartet ... \n");

  start_clock(time[0],time[1],time[2],time[3],time[4],time[5],
              time[6]);  // Setzen der Uhrzeit und Uhr starten

  return 0;
}
```

Das Programm *get_time* liest die in der RTC aktuell gespeicherte Uhrzeit und das Datum und gibt sie der Konsole aus. Ein erneutes Auslesen wird per Eingabetaste (Enter) initiiert.

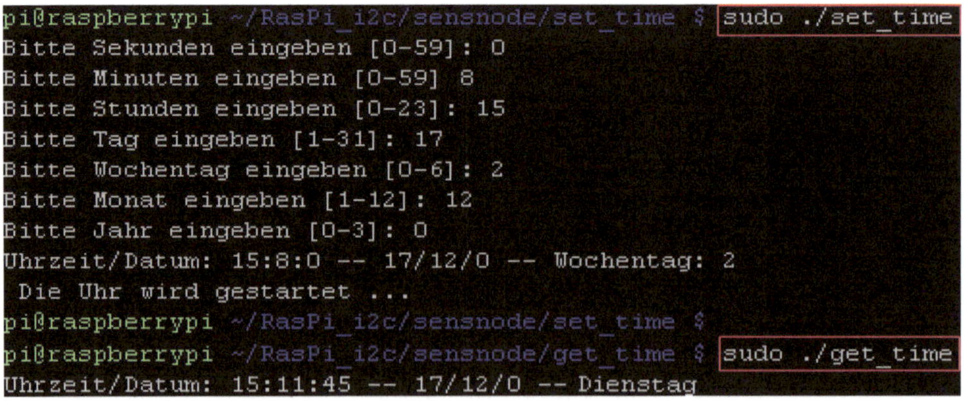

```
pi@raspberrypi ~/RasPi_i2c/sensnode/set_time $ sudo ./set_time
Bitte Sekunden eingeben [0-59]: 0
Bitte Minuten eingeben [0-59] 8
Bitte Stunden eingeben [0-23]: 15
Bitte Tag eingeben [1-31]: 17
Bitte Wochentag eingeben [0-6]: 2
Bitte Monat eingeben [1-12]: 12
Bitte Jahr eingeben [0-3]: 0
Uhrzeit/Datum: 15:8:0 -- 17/12/0 -- Wochentag: 2
 Die Uhr wird gestartet ...
pi@raspberrypi ~/RasPi_i2c/sensnode/set_time $
pi@raspberrypi ~/RasPi_i2c/sensnode/get_time $ sudo ./get_time
Uhrzeit/Datum: 15:11:45 -- 17/12/0 -- Dienstag
```

Abb. 6.38 Uhr stellen und lesen

```
# Uhrzeit und Datum lesen (get_time.c)
#include <stdio.h>          // Standard-Bibliotheken
#include <stdint.h>
#include <stdlib.h>
```

```
#include "i2c_lcd_drv_2.h"  // LCD-Treiber (HD44780-kompatibel)
#include "rtc.h"            // PCF8583-Funktionen

/*Hauptprogramm*/

int main(void)
{
      char str[10];             // String-Zwischenspeicher
      char time_str[25];        // String zum Umwandeln des Datums
      uint16_t offset_year = 2014;     // Jahr ab dem Datum zählt

      uint8_t line,row;       // Variable für Displayausgabe
      int8_t* x = NULL;
      // Pointer zum Speichern der eingelesenen Zeit

      // Einlesen der Daten vom PCF8583 und Ausgabe

      x = read_time();  // Auslesen der aktuellen Zeit und
                        // Übergabe an lokalen Pointer

      printf("Uhrzeit/Datum: %d:%d:%d -- %d/%d/%d -- Wochentag:"
             ,*(x+2),*(x+1),*x,*(x+3),*(x+5),2014+*(x+6));

      switch(*(x+4)){
                  case 0: printf("Montag \n"); break;
                  case 1: printf("Dienstag \n"); break;
                  case 2: printf("Mittwoch \n"); break;
                  case 3: printf("Donnerstag \n"); break;
                  case 4: printf("Freitag \n"); break;
                  case 5: printf("Samstag \n"); break;
                  case 6: printf("Sonntag \n"); break;
                  default: printf("error"); break;
             }
      return 0;
}
```

Die Programme können wie üblich mit dem C-Compiler gcc kompiliert und gelinkt werden. Weil es hier für jedes Programm mehr als jeweils nur eine einzige Quelldatei gibt bzw. weil mehrere Dateien zu einem ausführbaren Programm zusammenzuführen sind, empfiehlt sich der Einsatz einer Make-Datei, damit keine langen Befehlszeilen einzugeben sind.

Make-Datei

Alle für das jeweilige Projekt benötigten Dateien werden in einem eigenen Verzeichnis gespeichert, und es wird eine passende Make-Datei angelegt. Allein durch den Aufruf von make – im jeweiligen Verzeichnis – wird daraufhin der Kompilierungsvorgang komplett bis zur Generierung des ausführbaren Programms durchgeführt. Der Aufbau einer Make-Datei ist allgemein wie folgt:

```
OBJS = x.o y.o z.o     // Hier werden die Objektdateien angegeben
TARGET = programm_xyz  // Dateiname des Programms
```

```
CFLAGS = -Os                // Compilerflags z.B. hier -Os
                            // Optimierung auf Dateigröße

all: $(TARGET)              // Alle Objektdateien neu kompilieren,
                            // Aufruf mit "make all"

$(TARGET): $(OBJS)          // Objektdateien die zum Target gehören

    $(CC) $(CFLAGS) -o $@ $^ // $CC gibt den C-Compiler an
                             // $CFLAGS übergibt die oben
                             // spezifizierten Compilerflags

                             // $@ entspricht dem Namen der
                             // Zieldatei über(TARGET)

                             // $^ übergibt die Liste der
                             // Abhängigkeiten an den Compiler

clean:                       // Aufräumen (Aufruf mit "make clean")
      rm -rf $(OBJS)         // Objektfiles werden gelöscht
      rm -f $(TARGET)        // Programmdatei löschen
```

Als Beispiel folgt die Make-Datei für *get_time*:

```
OBJS = get_time.o i2c_lcd_drv_2.o rtc.o
TARGET = get_time

CFLAGS = -Os

all: $(TARGET)

$(TARGET): $(OBJS)
       $(CC) $(CFLAGS) -o $@ $^

clean:
       rm -rf $(OBJS)
       rm -f $(TARGET)
```

In der ersten Zeile findet sich die Angabe der einzelnen Objekt-Dateien und in der zweiten der Name des Programms, das daraus erzeugt werden soll. Für die anderen Programme (temp_test, adc_test, dac_test, set_time) sind an diesen Stellen die entsprechenden (passenden) Angaben notwendig. Neben den hier verwendeten Optionen gibt es zur Steuerung des Make-Vorgangs eine ganze Reihe weiterer, die beispielsweise unter http://www.gnu.org/software/make/ erläutert sind.

6.5.5.2 A/D- und D/A-Wandler

Im Baustein PCF8591 sind ein vierkanaliger A/D- und einkanaliger D/A-Wandler mit einer Auflösung von jeweils 8 Bit integriert, die mit den beiden folgenden Programmen angesprochen werden. Die hierfür notwendigen Funktionen werden in *pcf8591_demo.c* implementiert und über *pcf8591_demo.h* eingebunden.

Die Funktion *float adc_conv(int8_t channel)* dient dem Einlesen eines Spannungswertes und gibt die A/D-gewandelte Spannung als float-Zahl zurück. Weil der PCF8591 über vier A/D-Wandler verfügt, erwartet diese Funktion als Argument den zu messenden Messkanal (0-3). Die zweite Funktion *void dac_out(int8_t value)* gibt einen als Argument übergebenen Wert (8-Bit) über den D/A-Wandler als analogen Spannungswert aus.

```
# pcf8591_demo.c

#include <stdlib.h>
#include <stdint.h>
#include <linux/i2c-dev.h>
#include <fcntl.h>

// I2C-Adresse
#define PCF8591_adr 0x4F;

float adc_conv(int8_t channel){
int device_pcf8591;  // Platzhalter fuer das geoeffnete Geraet
      const int i2c_address = PCF8591_adr;  // Chipadresse
      float voltage;           // Variable fuer die Spannung
      int volt_temp;           // Variable fuer den Messwert
      float wert_lsb;          // Variable fuer Quantisierungsstufen
      const char *i2cDevice = "/dev/i2c-1";
      // Bei Raspberry Pi Rev. 1 : "/dev/i2c-0"

      wert_lsb = 3.3/256;  // Berechnung der Quantisierungsstufen
                           // mit Referenzspannung 3,3V

      // i2c-Interface oeffnen
      if((device_pcf8591 = open(i2cDevice, O_RDWR)) < 0 ) {
      printf("Der i2c-Port konnte nicht geoeffnet werden! \n");
            exit(1);
      }

      // i2c-Adresse zuweisen
      if(ioctl(device_pcf8591, I2C_SLAVE, i2c_address) < 0 ){
    printf("Die Konfiguration der i2c-Adresse ist fehlgeschlagen!
            \n");
      exit(1);
      }

      // Messung starten
      i2c_smbus_write_byte(device_pcf8591, 0x40 | channel);

      sleep(0.01);    // 10 ms warten

      // Messwert einlesen
      volt_temp = i2c_smbus_read_byte(device_pcf8591);

      // Spannung berechnen
      voltage = volt_temp * wert_lsb;

      //Interface schliessen
      close(device_pcf8591);

      return voltage;
}
```

```
void dac_out(int8_t value){
int device_pcf8591;    //Platzhalter fuer das geoeffnete Geraet
      const int i2c_address = PCF8591_adr;    // Chipadresse
      const char *i2cDevice = "/dev/i2c-1";
      // Bei Raspberry Pi Rev. 1 : "/dev/i2c-0"
      // i2c-Interface oeffnen
      if((device_pcf8591 = open(i2cDevice, O_RDWR)) < 0 ){
      printf("Der i2c-Port konnte nicht geoeffnet werden! \n");
            exit(1);
    }
      // i2c-Adresse zuweisen
      if(ioctl(device_pcf8591, I2C_SLAVE, i2c_address) < 0 ){
    printf("Die Konfiguration der i2c-Adresse ist fehlgeschlagen!
             \n");
             exit(1);
      }
      // Ausgabe des Wertes "value" auf dem DAC
      i2c_smbus_write_byte_data(device_pcf8591, 0x40, value);
      //Interface schliessen
      close(device_pcf8591);
}
```

pcf8581 demo.h:

```
#ifndef PCF8591_H
#define PCF8591_H
// Funktionen
float adc_conv(int channel);
// Funktion zum Auslesen der ADC-Kanaele mit der Uebergabe
// des gewuenschten Kanals (1-4)
void dac_out(int8_t value);
// Funktion zur Ausgabe eines 8-Bit-Wertes auf dem DAC
#endif
```

Das Programm *adc_in* liest über den PCF8591 die Spannungswerte von einem der vier Kanäle ein. Der einzulesende Kanal wird vom Programm abgefragt und dann sowohl auf dem LCD (Abb. 6.39) als auch in der Konsole ausgegeben.

Abb. 6.39 Darstellung der vier gemessenen Kanäle auf dem LCD

```
# ADC-Testprogramm (adc_test.c)

#include <stdio.h>              // Standard-Bibliotheken
#include <stdint.h>
#include <stdlib.h>
#include "i2c_lcd_drv_2.h"      // LCD-Treiber (HD44780-kompatibel)
#include "pcf8591_demo.h"       // PCF8591-Funktionen

int main(void){
      char str[10];             // String-Zwischenspeicher
      char time_str[25];        // String zum Umwandeln

      int8_t channel = 0;
      float adc_value = 0;

while(1){
    do{
       printf("Welcher Kanal soll eingelesen werden? [0 - 3] - ");
       scanf("%d",&channel);
            if((channel < 0) || (channel > 3))
printf("Kanalangabe fehlerhaft, bitte Kanal 0 - 3 eingeben \n");
      }
      while((channel < 0) || (channel > 3));
         // Einlesen des ADC-Wertes vom Kanal "channel"
         adc_value = adc_conv(channel+1);

         printf("Kanal Nr.%d: %1.2f V\n\n",channel,adc_value);

      // Ausgabe des ADC-Wertes auf dem LCD
      init_i2c();    // Initialisierung des PCF8574 zur
                     // LCD-Ansteuerung
          lcd_init();   // Initialisierung des LCDs
          sprintf(str,"Kanal Nr.%d: %1.2f V",channel,adc_value);
          lcd_print(str);
          i2c_close();  // Interface schliessen
        }
}
```

Mit dem folgenden Programm (Abb. 6.40) für die Funktionsüberprüfung des D/A-Wandlers im PCF8591 können Werte zwischen 0 und 255 in der Konsole eingegeben werden. Die Werte werden anschließend auf den DAC-Chip gegeben, der daraus in Abhängigkeit von der Referenzspannung den analogen Ausgangswert erzeugt. Danach wird das Programm in einer Schleife weitergeführt.

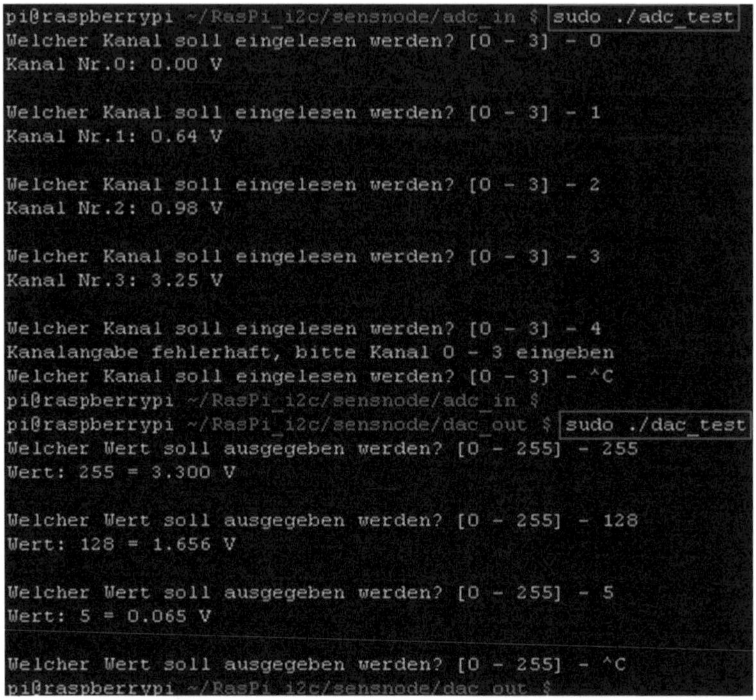

```
pi@raspberrypi ~/RasPi_i2c/sensnode/adc_in $ sudo ./adc_test
Welcher Kanal soll eingelesen werden? [0 - 3] - 0
Kanal Nr.0: 0.00 V

Welcher Kanal soll eingelesen werden? [0 - 3] - 1
Kanal Nr.1: 0.64 V

Welcher Kanal soll eingelesen werden? [0 - 3] - 2
Kanal Nr.2: 0.98 V

Welcher Kanal soll eingelesen werden? [0 - 3] - 3
Kanal Nr.3: 3.25 V

Welcher Kanal soll eingelesen werden? [0 - 3] - 4
Kanalangabe fehlerhaft, bitte Kanal 0 - 3 eingeben
Welcher Kanal soll eingelesen werden? [0 - 3] - ^C
pi@raspberrypi ~/RasPi_i2c/sensnode/adc_in $
pi@raspberrypi ~/RasPi_i2c/sensnode/dac_out $ sudo ./dac_test
Welcher Wert soll ausgegeben werden? [0 - 255] - 255
Wert: 255 = 3.300 V

Welcher Wert soll ausgegeben werden? [0 - 255] - 128
Wert: 128 = 1.656 V

Welcher Wert soll ausgegeben werden? [0 - 255] - 5
Wert: 5 = 0.065 V

Welcher Wert soll ausgegeben werden? [0 - 255] - ^C
pi@raspberrypi ~/RasPi_i2c/sensnode/dac_out $
```

Abb. 6.40 Kommunikation mit A/D- und D/A-Wandler im Terminal

 # DAC-Testprogramm (dac_test.c)

```
#include <stdio.h>           // Standard-Bibliotheken
#include <stdint.h>
#include <stdlib.h>
#include "i2c_lcd_drv_2.h"   // LCD-Treiber (HD44780-kompatibel)
#include "pcf8591_demo.h"    // PCF8591-Funktionen

int main(void){
      char str[10];          // String-Zwischenspeicher
      uint8_t value = 0;
      float voltage = 0;

while(1){
    do{
printf("Welcher Wert soll ausgegeben werden? [0 - 255] - ");
        scanf("%d",&value);
            if((value < 0) || (value > 255))
   printf("Fehlerhafter Wert. Der Wertebereich ist 0-255 \n");
       }while((value < 0) || (value > 255));
        // Berechnung der DAC-Spannung mit Referenzspannung 3,3V
           voltage = (3.3 / 255) * value;
```

```
        dac_out(value);         // Ausgabe des Wertes auf dem DAC
        printf("Wert: %d = %1.3f V \n\n",value,voltage);

    // Ausgabe auf dem LCD
        init_i2c();
        // Initialisierung des PCF8574 zur LCD-Ansteuerung
        lcd_init();   // Initialisierung des LCDs
        sprintf(str,"Wert: %d = %1.3f V",value,voltage);
        lcd_print(str);
        i2c_close();  // Interface schliessen
    }
}
```

6.5.5.3 LCD-Ansteuerung

Das Testprogramm lcd_out.c zur Ausgabe von Zeichen auf dem LCD verwendet dabei die bereits erwähnte LCD-Bibliothek (i2c_lcd_drv_2.h). Sie ist aus dem Jahre 2006 und stammt ursprünglich von Nico und Thomas Eichelmann. Nähere Daten hierzu sind unter http://computerheld.de/i2clcd/doc/index.html. angegeben

Entsprechende LCD-Routinen sind, wie bereits für den A/D-Wandler gezeigt, auch in den einzelnen Messprogrammen für die Ausgabe integriert. Das Testprogramm gibt eine beliebige Konsoleneingabe auf dem LCD (Abb. 6.41) aus, wobei maximal 20 Zeichen in eine Zeile des verwendeten LCDs passen.

 # LCD-Testprogramm (lcd_out.c)

```
#include <stdio.h>              // Standard-Bibliotheken
#include <stdint.h>
#include <stdlib.h>
#include "i2c_lcd_drv_2.h"   // LCD-Treiber (HD44780-kompatibel)

/*Hauptprogramm*/
int main(void)
{    char ausgabe[21];

    /*Endlosschleife*/
    while(1){
            printf("Was soll ausgegeben werden? : ");
            scanf("%s",ausgabe);

        init_i2c();
        // Initialisierung des PCF8574 zur Ansteuerung des LCDs
        lcd_init();   // Initialisierung des LCDs
        lcd_print(ausgabe);
        i2c_close();  // Interface schliessen
            }
    return 0;
}
```

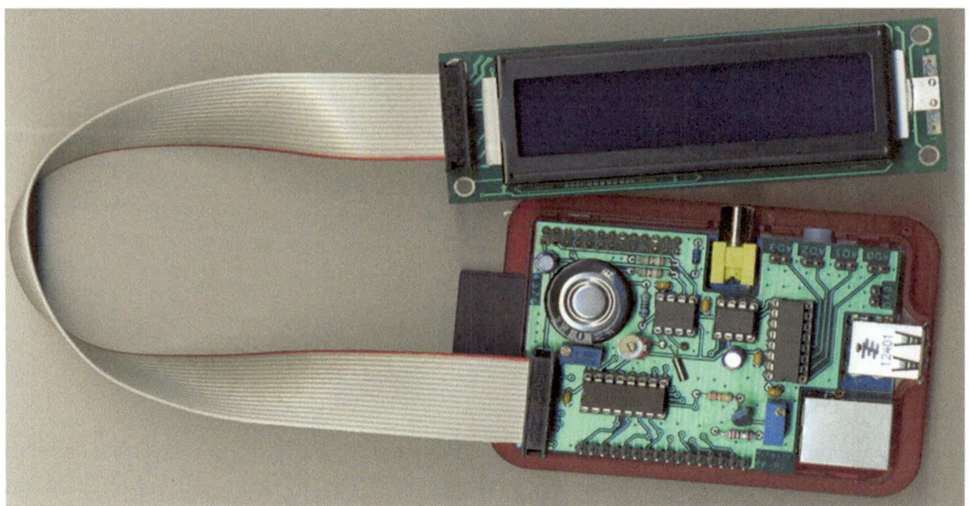

Abb. 6.41 Wenn ein LCD wie dieses mit dem Standard-Modell HD44780 kompatibel ist, lässt es sich mit der Schaltung einsetzen

6.5.5.4 Temperatursensor

Der Temperatursensor DS1621 wird ebenfalls über die erwähnten I²C-Bibliotheken angesprochen. Das folgende Programm enthält die Funktion *int read_temp(void)* zum Auslesen der Temperatur des DS1621, die die Temperatur als Integer-Wert zurückgibt.

Die gemessene Temperatur entspricht allerdings nicht der Umgebungstemperatur, was daran liegt, dass die Messplatine von der CPU des Raspberry Pi von unten her aufgeheizt wird und somit näherungsweise die Temperatur der Raspberry Pi-CPU gemessen wird und nicht die eigentliche Umgebungstemperatur, was nach einiger Betriebszeit zu einer Messtemperatur von 35 °C und mehr führt.

```
# Temperatursensor DS1621 an I²C-Bus (ds1621_demo.c)
#include <stdio.h>              // Standard-Bibliotheken
#include <stdint.h>
#include <stdlib.h>
#include <linux/i2c-dev.h>      // i2c-Kerneltreiber
#include <fcntl.h>              // Dateizugriffssteuerung

// I²C-Adresse
#define ds1602_adr 0x48;

int8_t read_temp(void){

       const int i2c_address = ds1602_adr;     // Chipadresse
       int device_ds1621;
                           // Platzhalter fuer das geoeffnete Geraet
       int8_t temperatur;                      // Temperaturvariable

       const char *i2cDevice = "/dev/i2c-1";
       // Bei Raspberry Pi Rev. 1 : "/dev/i2c-0"
```

```
        // I²C-Interface oeffnen
        if((device_ds1621 = open(i2cDevice, O_RDWR)) < 0 ) {
                printf(" Das I2C-Interface konnte nicht geoeffnet
                            werden! \n");
                   exit(1);
        }
        // I²C-Bus-Adresse zuweisen
         if(ioctl(device_ds1621,I2C_SLAVE,i2c_address) < 0 ){
                   printf(" Die Zuweisung der I2C-Bus-Adresse ist
                           fehlgeschlagen! \n");
                   exit(1);
        }
        i2c_smbus_write_byte_data(device_ds1621, 0xAC, 0x00);
        //DS1621 Konfiguration
        i2c_smbus_write_byte(device_ds1621, 0xEE);
        // Messung starten
        temperatur = i2c_smbus_read_byte_data(device_ds1621, 0xAA);
        // Temperatur lesen
        i2c_smbus_write_byte(device_ds1621, 0x22);
        // Messung beenden
       close(device_ds1621);           // I2C-Interface schliessen
       return temperatur;
}
```

ds1621 demo.h:

```
#ifndef DS1621_DEMO_H
#define DS1621_DEMO_H
int read_temp(void); // Funktion zum Auslesen der Temperatur
#endif
```

Das folgende Listing zeigt unter Verwendung von *ds1621_demo.h* die Temperaturerfassung mit der Ausgabe auf dem Monitor (Abb. 6.42) und auf dem LCD. Hierfür wird die Bibliothek *i2c_lcd_drv_2.h* eingebunden, die zahlreiche LCDs (HD44780-kompatibel) unterstützt. Nach Betätigung der Eingabetaste wird die Messung wiederholt und mit STRG+C beendet bzw. abgebrochen.

 # Temperaturmessung (temp_test.c)

```
#include <stdio.h>           // Standard-Bibliotheken
#include <stdint.h>
#include <stdlib.h>
#include "i2c_lcd_drv_2.h"  // LCD-Treiber (HD44780-kompatibel)
#include "ds1621_demo.h"    // DS1621-Funktionen
/*Hauptprogramm*/
int main(void)
```

```
{
      char str[10];           // String-Zwischenspeicher
      int8_t temp;            // Variable fuer Temperatur

      /*Endlosschleife*/

      while(1){
      /* Einlesen und Ausgabe der Temperatur vom DS1621*/
         temp = read_temp();           //  Auslesen der Temperatur
         printf("Temperatur auslesen? - [Enter] druecken ...");

         getchar();
         printf("Die Temperatur betraegt: %d °C\n\n", temp);
         sprintf(str, "%d", temp);     //  Umwandlung in String

         init_i2c();
         // Initialisierung des PCF8574 zur Ansteuerung des LCDs
          lcd_init();                  // Initialisierung des LCDs
          lcd_print("Temperatur: ");   // Ausgabe auf LCD
          lcd_print(str);
          lcd_print(" C");
          i2c_close();   // Schliessen der PCF8574-i2c-Verbindung
      }
       return 0;
}
```

```
pi@raspberrypi ~/RasPi_i2c/sensnode/temp_in $ sudo ./temp_test
Temperatur auslesen? - [Enter] drücken ...
Die Temperatur betraegt: 33 °C

Temperatur auslesen? - [Enter] drücken ...
Die Temperatur betraegt: 33 °C
```

Abb. 6.42 Ausgabe der gemessenen Temperatur im Terminal

6.5.5.5 I/O-Port

Der 8 Bit I/O-Expander PCF8574 wird für die LCD-Ansteuerung über den Anschluss CONN1 verwendet. Falls kein LCD eingesetzt werden soll, kann er als 8-Bit-I/O-Port für die universelle Ein- und Ausgabe an den CONN2-Kontakten verwendet werden, um unterschiedliche digitale Bauelemente wie LEDs, Taster oder Relais ansteuern und abfragen zu können.

Dies ist natürlich auch direkt mit den GPIO-Ports vom Raspberry Pi möglich, allerdings wirken sich Schaltungsfehler dort direkt auf den BCM283x aus, der dadurch einen irreparablen Schaden nehmen kann, womit dann die komplette Platine unbrauchbar wäre. Der PCF8574 befindet sich im DIP-Gehäuse in einer IC-Fassung, kostet ca. 2 € und ließe sich im Schadensfall daher einfach ersetzen.

```
# I/O Port Expander (pcf8574_demo.c)
#include <stdio.h>              // Standard-Bibliotheken
#include <stdint.h>
#include <stdlib.h>
#include <linux/i2c-dev.h>      // i2c-Kerneltreiber
#include <fcntl.h>              // Dateizugriffssteuerung

// I2C Adresse
#define PCF8574_adr 0x20;

// Funktion liest den kompletten Port des PCF8574 aus und
// gibt die Zustaende als 8-Bit Integervariable zurueck
uint8_t io_in(){
      uint8_t io_register = 0;    // Variable zum Speichern des
                                  // IO-Zustands
      int device_pcf8574;
      //Platzhalter fuer das geoeffnete Geraet
      const int i2c_address = PCF8574_adr;  // Chipadresse
      const char *i2cDevice = "/dev/i2c-1";
      // Bei Raspberry Pi Rev. 1 : "/dev/i2c-0"
      // i2c-Interface oeffnen
      if((device_pcf8574 = open(i2cDevice, O_RDWR)) < 0 ) {
      printf("Der i2c Port konnte nicht geoeffnet werden! \n");
            exit(1);
      }
      // i2c-Adresse zuweisen
      if(ioctl(device_pcf8574, I2C_SLAVE, i2c_address) < 0 ){
      printf("Die Konfiguration der i2c Adresse ist
               fehlgeschlagen! \n");
            exit(1);
      }
      // Wert einlesen
      io_register = i2c_smbus_read_byte(device_pcf8574);
      //Interface schliessen
      close(device_pcf8574);
      // Rueckgabe von Wert
      return io_register;
}

// Funktion setzt den kompletten Port des PCF8574
// Die 8 Zustaende werden als 8-Bit Integerwert uebergeben
void io_out(uint8_t io_register){
      int device_pcf8574;
      //Platzhalter fuer das geoeffnete Geraet
```

```
        const int i2c_address = PCF8574_adr;     // Chipadresse
        const char *i2cDevice = "/dev/i2c-1";
        // Bei Raspberry Pi Rev. 1 : "/dev/i2c-0"
        // i2c-Interface oeffnen
        if((device_pcf8574 = open(i2cDevice, O_RDWR)) < 0 ) {
        printf("Der i2c Port konnte nicht geoeffnet werden! \n");
               exit(1);
        }
        // i2c-Adresse zuweisen
        if(ioctl(device_pcf8574, I2C_SLAVE, i2c_address) < 0 ){
        printf("Die Konfiguration der i2c Adresse ist
                fehlgeschlagen! \n");
              exit(1);
        }
        // Ausgabe des Wertes io_register auf die IO Ports
        i2c_smbus_write_byte(device_pcf8574, io_register);
        //Interface schliessen
        close(device_pcf8574);
}
// Funktion zum Setzen oder Loeschen eines bestimmten Bits
// io_bit mit set = 0 oder set = 1
void io_bit_out(uint8_t io_bit,uint8_t set){
        uint8_t io_port = 0;
        int device_pcf8574;
        // Platzhalter fuer das geoeffnete Geraet
        const int i2c_address = PCF8574_adr;     // Chipadresse
        const char *i2cDevice = "/dev/i2c-1";
        // Bei Raspberry Pi Rev. 1 : "/dev/i2c-0"
        // i2c-Interface oeffnen
        if((device_pcf8574 = open(i2cDevice, O_RDWR)) < 0 ) {
        printf("Der i2c Port konnte nicht geoeffnet werden! \n");
               exit(1);
        }
        // i2c-Adresse zuweisen
        if(ioctl(device_pcf8574, I2C_SLAVE, i2c_address) < 0 ){
        printf("Die Konfiguration der i2c Adresse ist
                fehlgeschlagen! \n");
              exit(1);
        }
        // Port einlesen
        io_port = i2c_smbus_read_byte(device_pcf8574);
```

```
    // Pin setzen oder loeschen
    if(set == 0){
        io_port &= ~(1 << io_bit);
        }
        else if(set == 1){
        io_port |= (1 << io_bit);
        }
    else{
        printf("Der angegebene Zustand ist ungueltig, nur 0
            oder 1 moeglich\n");
        close(device_pcf8574);
    }
// Ausgabe des aktualisierten Wertes io_port auf den IO-Port
    i2c_smbus_write_byte(device_pcf8574, io_port);
    //Interface schliessen
    close(device_pcf8574);
}
// Funktion gibt den Zustand eines bestimmten Bits (io_bit)
// zurueck
uint8_t io_bit_in(uint8_t io_bit){
    uint8_t io_register = 0;
    // Variable zum Speichern des IO-Zustandes
    int device_pcf8574;
    // Platzhalter fuer das geoeffnete Geraet
    const int i2c_address = PCF8574_adr;  // Chipadresse
    const char *i2cDevice = "/dev/i2c-1";
    // Bei Raspberry Pi Rev. 1 : "/dev/i2c-0"
    // i2c-Interface oeffnen
    if((device_pcf8574 = open(i2cDevice, O_RDWR)) < 0 ) {
    printf("Der i2c Port konnte nicht geoeffnet werden! \n");
        exit(1);
    }
    // i2c-Adresse zuweisen
    if(ioctl(device_pcf8574, I2C_SLAVE, i2c_address) < 0 ){
    printf("Die Konfiguration der i2c Adresse ist
        fehlgeschlagen! \n");
       exit(1);
    }
    // Wert einlesen
    io_register = i2c_smbus_read_byte(device_pcf8574);
    if(io_register & (1 << io_bit)){
       close(device_pcf8574);  // Interface schliessen
```

```
            return 1;               // Zustand 1 zurueckgeben
    }

        close(device_pcf8574);      // Interface schliessen
        return 0;                   // Zustand 0 zurueckgeben
}
```

6.5.5.6 Platinenversionen und Aufbau

Die ursprüngliche Platinenversion (siehe Abb. 6.41) der Schaltung ist im Format der ersten Raspberry Pi-Generation ausgelegt, die sich über eine Adapterleiste auch auf die Raspberry Pi-Modelle im aktuellen +-Format (ab Model B+, HAT) aufstecken lässt. Praktischer erscheint jedoch eine Version im aktuellen HAT-Format, die die Nachfolgeversion der Schaltung (Abb. 6.43) darstellt.

Abb. 6.43 Der Nachfolger der Erweiterungsplatine im HAT-Layout

Die Platine muss nicht komplett bestückt (Abb. 6.44) werden, sondern in Abhängigkeit vom gewünschten Funktionsumfang. Das IC3 (PCF8574) ist aber auf jeden Fall für die korrekte I^2C-Funktion notwendig. Nicht geeignet ist der Typ PCF8574A, weil er für eine abweichende Adresse (38h statt 20h) ausgelegt ist. Die Helligkeit der LCD-Hintergrundbeleuchtung lässt sich über den PCF8574 steuern. Wenn diese Möglichkeit genutzt werden soll, können T1, R4, R5 und P2 entfallen und es ist ein 330 Ω-Widerstand von 5 V an den LCD-Kontakt 15 für die Hintergrundbeleuchtung zu schalten.

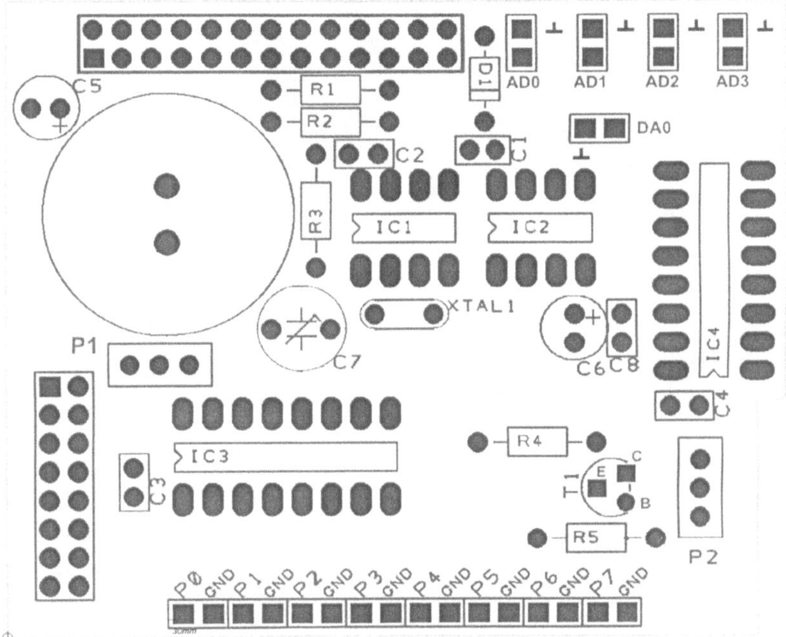

Abb. 6.44 Bestückungsplan der Erweiterungsplatine

Stückliste

IC1: PCF 85/83T (Clock/ Calendar)
IC2: DS 1621 (Temperatursensor)
IC3: PCF 8574 (I/O Expander)
IC4: PCF 8581P (4 x A/D, 1 x D/A)

R1, R2,: 4,7 kΩ
R3: 1 kΩ
R4: 2,2 kΩ
R5: 2,2 Ω

C1, C2, C3, C4, C8: 100 nF
C5, 100 μF
C6: 2,2 μF
C7: 22 nF (C-Trimmer optional)
GCAP: 1 F

D1: BAT 42

T1 Transistor BC636 o.ä. (PNP)

XTAL1: Quarz 32,768 kHz

LCD: TC1602 o.ä. (zwei Zeilen à 10 Zeichen)

P1 Potenziometer für LCD-Kontrasteinstellung: 10 kΩ
P2 Potenziometer für LCD-Backlight-Einstellung: 100 Ω

IC-Fassungen: 2 x 8-polig, 2 x 16-polig

Stiftleiste: 1 x 16-polig, 5 x 2-polig, 2 x 8-polig

Buchsenleiste: 2 x 13-polig

6.6 Inter-Integrated Sound – I²S

I²S stellt im Prinzip eine vereinfachte Variante des I²C-Bus dar und ist ausschließlich für die Datenübertragung von PCM-Audiosignalen (Pulse Code Modulation) zwischen zwei Audioeinheiten bestimmt, wobei eine die Funktion des I²S-Controllers übernimmt – beispielsweise der Raspberry Pi.

Bei I²S gibt es keine Adressierung. Im Datenstrom werden stets zwei Audiokanäle übertragen. Bidirektional ist I²S nicht, sondern die Datenübertragung findet über zwei separate Leitungen (Din, Dout) statt. Aufgrund dieser Eigenschaften handelt es sich bei I²S nicht um ein Bussystem, sondern lediglich um eine Schnittstelle – ein Interface.

Der Controller liefert den Takt und kennzeichnet mit dem Select/Frame-Signal – auch als *Word Select* oder *Word Strobe* (WS) – bezeichnet – den gültigen Datenrahmen (Abb. 6.45) mit der Unterscheidung zwischen dem rechten und dem linken Audiokanal. Die I²S-PCM-Signale befinden sich an den folgenden Kontakten der GPIO-Leiste:

- Taktsignal: PCM-CLK, Pin 12
- Dateneingangssignal: PCM-Din, Pin 38
- Datenausgangssignal: PCM-Dout, Pin 40
- Select/Frame-Signal: PCM-FS, Pin 35

Ursprünglich waren die I²S-Signale beim Raspberry Pi teilweise am GPIO-Port und am P5-Anschluss vorhanden, der von Audio-Boards wie HiFiBerry oder die Wolfson Audio Card verwendet wird. Aktuell sind alle PCM-Signale vom I²S-Interface an der 40- poligen GPIO-Leiste vorhanden.

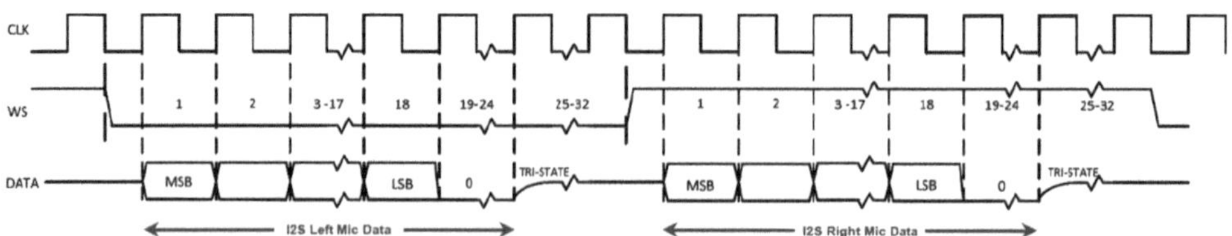

Abb. 6.45 I²S-Timing am Beispiel des MEMS-Mikrofons, bei dem 24 Bit für jeden Kanal mit dem MSB zuerst übertragen werden

6.6.1 MEMS-Mikrofon am I²S-Interface

Als Beispielanwendung wird ein Miniatur-Mikrofon (3,5 × 2,65 × 0,98 mm) vom Typ SPH0645LM4H-B der Firma Knowles an den Raspberry Pi angeschlossen. Dabei handelt es um ein MEMS-Mikrofon, das alle Komponenten von der Membran, über ein Filter und den A/D-Wandler bis hin zum I²S-Interface (Abb. 6.46) enthält.

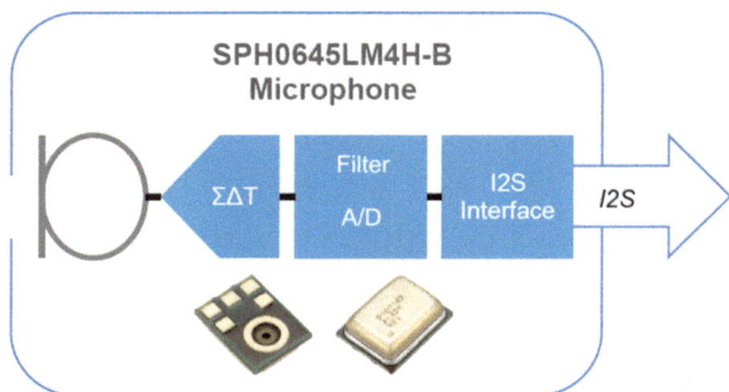

Abb. 6.46 Prinzipschaltbild des MEMS-Mikrofons

Die Versorgungsspannung für das Mikrofon muss im Bereich von 1,6 V bis 3,6 V liegen, sodass die 3,3 V des Raspberry Pi hierfür verwendet werden. Im Betrieb verbraucht das MEMS-Mikrofon lediglich 600 µA, im Sleep-Modus, der durch eine Reduzierung (< 1 kHz) oder durch das komplette Abschalten des Taktsignales aktiviert wird, sind es nur noch maximal 10 µA. Die Leitungen zwischen dem Raspberry Pi und dem Mikrofon werden so verbunden wie es in der Tab. 6.5 angegeben ist.

Tab. 6.5 Verbindungen zwischen Raspberry Pi und MEMS-Mikrofon

Pin Raspberry Pi GPIO-Leiste	Pin Mikrofon	Funktion
1	5	Power 3,3 V
12	4	Clock
35	1	Word Strobe
38	6	Data
39	3	Ground

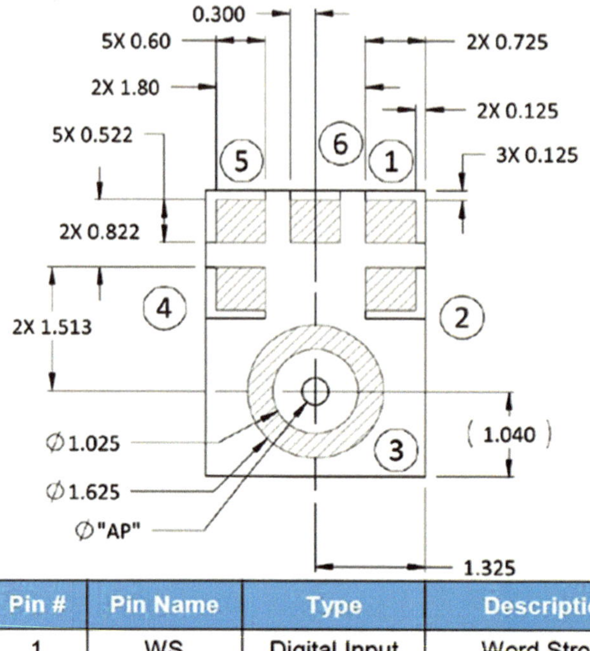

Pin #	Pin Name	Type	Description
1	WS	Digital Input	Word Strobe
2	SELECT	Digital Input	Select L/R
3	GND	Power	Ground
4	BCLK	Digital Input	Bit Clock
5	V_{DD}	Power	Power Supply
6	Data Out	Digital Output	Digital Data Output

Abb. 6.47 Anschlüsse und Signalbedeutung des MEMS-Mikrofons

Das Select-Signal am Pin 2 des Mikrofons (Abb. 6.47) wird fest auf Low-Potenzial geschaltet, d. h. die Daten starten mit einem Low-Pegel an WS, wie es in der Abb. 6.45 zu erkennen ist. Durch eine zusätzliche Widerstandsbeschaltung (Terminierung) ist es möglich, zwei dieser Mikrofone am I^2S-Interface zu betreiben.

6.6.2 Konfigurierung und Signalaufnahme

Standardmäßig sind die angegebenen Pins beim Raspberry Pi als GPIO-Ports eingestellt. Damit sie stattdessen entsprechend des I^2S-Protokolls funktionieren, ist dies zunächst in der Datei `boot/config.txt` durch die Aktivierung (Auskommentieren) des Eintrags `#dtparm=i2s=on` festzulegen.

Der Audio-Support wird generell durch das Eintragen des Moduls snd-bcm2835 in die Datei `etc/modules` hinzugefügt, was sich beides recht einfach mit dem Editor nano durchführen lässt.

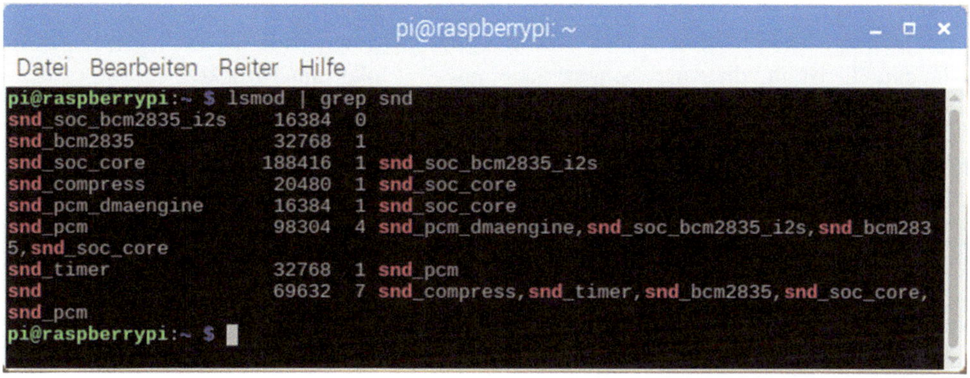

```
pi@raspberrypi: ~
Datei Bearbeiten Reiter Hilfe
pi@raspberrypi:~ $ lsmod | grep snd
snd_soc_bcm2835_i2s    16384  0
snd_bcm2835            32768  1
snd_soc_core          188416  1 snd_soc_bcm2835_i2s
snd_compress           20480  1 snd_soc_core
snd_pcm_dmaengine      16384  1 snd_soc_core
snd_pcm                98304  4 snd_pcm_dmaengine,snd_soc_bcm2835_i2s,snd_bcm283
5,snd_soc_core
snd_timer              32768  1 snd_pcm
snd                    69632  7 snd_compress,snd_timer,snd_bcm2835,snd_soc_core,
snd_pcm
pi@raspberrypi:~ $
```

Abb. 6.48 Anzeige der Kernel-Module, die etwas mit dem sound (snd) zu tun haben

Eine Überprüfung, ob der Audio-Support für I²S korrekt vorhanden ist, lässt sich nach einem Reboot durch die Eingabe von `lsmod | grep snd` durch, womit alle geladenen Kernel-Module nach *snd* (sound) gefiltert und angezeigt werden (Abb. 6.48). Der Treiber soc_bcm2835_i2s sorgt im Wesentlichen dafür, dass der Takt für I²S erzeugt wird und die Signale der PCM-Anschlüsse korrekt ausgewertet werden können. Außerdem setzt er später die gewünschten Einstellungen wie *Sampling Rate* und *Sampling Format* (Bit Format) um.

Als wichtigstes Element ist eine Erweiterung für I²S-Audio notwendig, die von Paul Creaser über GitHub zur Verfügung gestellt wird. Hiermit wird das MEMS-Mikrofon an den I²S-Audio-Treiber sowie an den Raspbian-Audio-Codec gebunden, was die Durchführung einer Kernel-Erweiterung sowie die Integration in den Autostartmechanismus bedeutet und demnach etwas aufwendiger ist. Die dabei generierte neue *Standard Linux Soundcard* für I²S-Audio wird daraufhin als *simple_card* (vgl. Abb. 6.51) geführt.

Zunächst sind die Paketlisten und Abhängigkeiten zu aktualisieren, wie es im Abschn. 5.2 erläutert ist. Dann werden die Tools für das Kompilieren des Kernels hinzugefügt:

```
pi@raspberrypi: ~ $ sudo apt-get install git bc libncurses5-dev
```

und der Sourcecode des Kernels geladen (eine Befehlszeile, siehe Abb. 6.49):

```
pi@raspberrypi: ~ $ sudo wget
https://raw.githubusercontent.com/notro/rpi-source/master/rpi-source
-O /usr/bin/rpi-source
```

Der Befehl `rpi-source` installiert den zuvor geladenen und mit `chmod` als ausführbar gesetzten Kernel.

```
pi@raspberrypi: ~ $ sudo chmod +x /usr/bin/rpi-source
```

Dem Update-Mechanismus wird nachfolgend mitgeteilt, dass die vorliegende Version die aktuelle ist und die Ausgabe wird dabei mit `-q` (quiet) unterdrückt.

```
pi@raspberrypi: ~ $ /usr/bin rpi-source -q --tag-update
```

Mittels skip-gcc wird die Versionsprüfung übersprungen.

```
pi@raspberrypi: ~ $ rpi-source -skip-gcc
```

```
pi@raspberrypi:~ $ sudo wget https://raw.githubusercontent.com/notro/rpi-source/master/rpi-source -O /usr/bin/rpi-source

--2019-06-12 11:16:47--  https://raw.githubusercontent.com/notro/rpi-source/master/rpi-source
Auflösen des Hostnamens »raw.githubusercontent.com (raw.githubusercontent.com)« … 151.101.112.133

Verbindungsaufbau zu raw.githubusercontent.com (raw.githubusercontent.com)|151.101.112.133|:443 … verbunden.

HTTP-Anforderung gesendet, auf Antwort wird gewartet … 200 OK
Länge: 11935 (12K) [text/plain]
Wird in »»/usr/bin/rpi-source«« gespeichert.

/usr/bin/rpi-source 100%[===================>]  11,66K  --.-KB/s    in 0,001s

2019-06-12 11:16:47 (9,72 MB/s) - »»/usr/bin/rpi-source«« gespeichert [11935/11935]


pi@raspberrypi:~ $ sudo chmod +x /usr/bin/rpi-source
pi@raspberrypi:~ $ /usr/bin/rpi-source -q --tag-update
pi@raspberrypi:~ $ rpi-source --skip-gcc
```

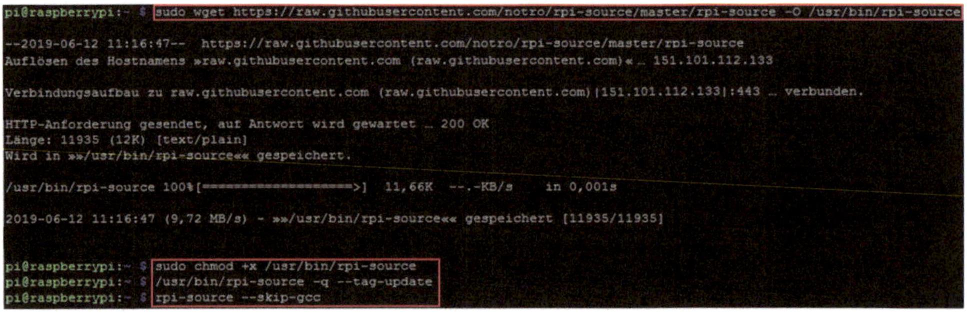

Abb. 6.49 Kernel Sourcecode laden und installieren

Anschließend wird der Debug-Kernel zur Bearbeitung eingebunden:

```
pi@raspberrypi: ~ $ sudo mount -t debugfs debugs /sys/kernel/debug
```

Die Bezeichnung für das I²S-Audio-Modul lautet ab der zweiten Raspberry Pi-Generation *3f203000.i2s* und bei allen Raspberry Pi Zero-Typen *20203000.i2s* was sich mit der folgenden Zeile kontrollieren lässt:

```
pi@raspberrypi: ~ $ sudo cat /sys/kernel/debug/asoc/platforms
```

Die oben erwähnte Erweiterung wird jetzt von GitHub geladen (Abb. 6.50).

```
pi@raspberrypi: ~ $ git clone https://github.com/PaulCreaser/rpi-I2S-audio
```

Wechseln in das I²S-Audio-Verzeichnis:

```
pi@raspberrypi: ~ $ cd rpi-I2S-audio
```

Durchführung der Kompilierung:

```
pi@raspberrypi:~/rpi-I2S-audio $
make -C /lib/modules/$(uname -r )/build M=$(pwd) modules
```

Einfügen des Moduls:

```
pi@raspberrypi:~/rpi-I2S-audio $
sudo insmod my_loader.ko
```

Autostartfunktion für das Modul konfigurieren:

```
pi@raspberrypi:~/rpi-I2S-audio $
sudo cp my_loader.ko /lib/modules/$(uname -r)
pi@raspberrypi:~/rpi-I2S-audio $
echo 'my_loader' | sudo tee --append /etc/modules > /dev/null
pi@raspberrypi:~/rpi-I2S-audio $ sudodepmod -a
pi@raspberrypi:~/rpi-I2S-audio $ sudo modeprobe my_loader
```

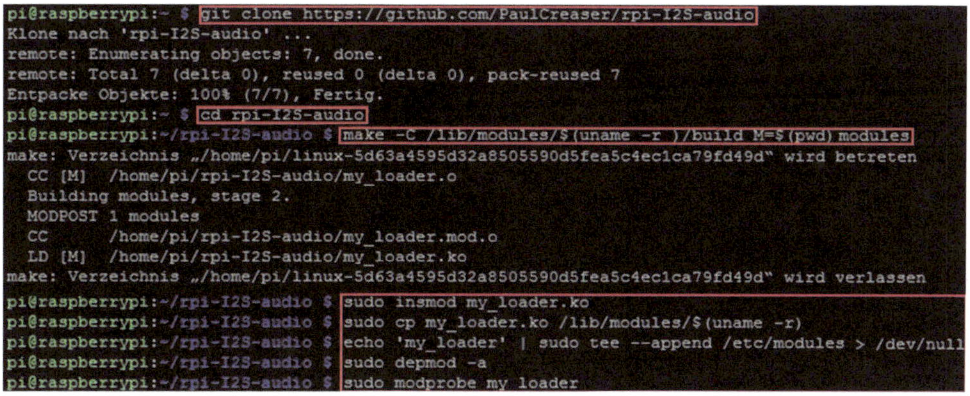

```
pi@raspberrypi:~ $ git clone https://github.com/PaulCreaser/rpi-I2S-audio
Klone nach 'rpi-I2S-audio' ...
remote: Enumerating objects: 7, done.
remote: Total 7 (delta 0), reused 0 (delta 0), pack-reused 7
Entpacke Objekte: 100% (7/7), Fertig.
pi@raspberrypi:~ $ cd rpi-I2S-audio
pi@raspberrypi:~/rpi-I2S-audio $ make -C /lib/modules/$(uname -r )/build M=$(pwd) modules
make: Verzeichnis „/home/pi/linux-5d63a4595d32a8505590d5fea5c4ec1ca79fd49d“ wird betreten
  CC [M]  /home/pi/rpi-I2S-audio/my_loader.o
  Building modules, stage 2.
  MODPOST 1 modules
  CC      /home/pi/rpi-I2S-audio/my_loader.mod.o
  LD [M]  /home/pi/rpi-I2S-audio/my_loader.ko
make: Verzeichnis „/home/pi/linux-5d63a4595d32a8505590d5fea5c4ec1ca79fd49d“ wird verlassen
pi@raspberrypi:~/rpi-I2S-audio $ sudo insmod my_loader.ko
pi@raspberrypi:~/rpi-I2S-audio $ sudo cp my_loader.ko /lib/modules/$(uname -r)
pi@raspberrypi:~/rpi-I2S-audio $ echo 'my_loader' | sudo tee --append /etc/modules > /dev/null
pi@raspberrypi:~/rpi-I2S-audio $ sudo depmod -a
pi@raspberrypi:~/rpi-I2S-audio $ sudo modprobe my_loader
```

Abb. 6.50 Erweiterung von GitHub laden, Durchführung der Kompilierung und Einfügen des Moduls

Anschließend ist der Raspberry Pi neu zu starten und am besten eine Funktionsprüfung vorzunehmen, ob das neue Modul korrekt integriert worden ist, was in der Abb. 6.51 zu erkennen ist.

```
pi@raspberrypi:~ /rpi-I2S-audio $ lsmod | grep my loader
pi@raspberrypi:~ /rpi-I2S-audio $ dmesg| tail
```

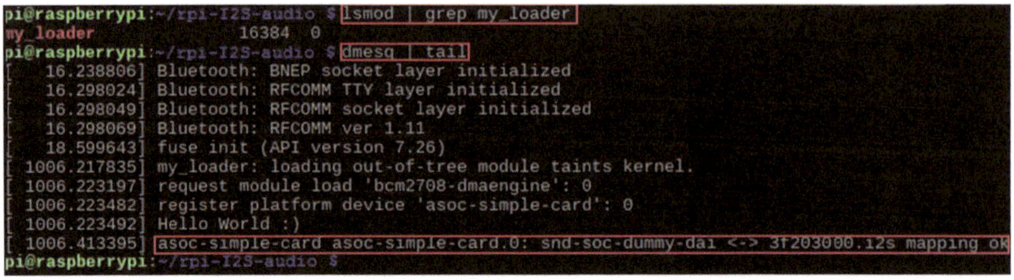

```
pi@raspberrypi:~/rpi-I2S-audio $ lsmod | grep my_loader
my_loader              16384  0
pi@raspberrypi:~/rpi-I2S-audio $ dmesg | tail
[   16.238806] Bluetooth: BNEP socket layer initialized
[   16.298024] Bluetooth: RFCOMM TTY layer initialized
[   16.298049] Bluetooth: RFCOMM socket layer initialized
[   16.298069] Bluetooth: RFCOMM ver 1.11
[   18.599643] fuse init (API version 7.26)
[ 1006.217835] my_loader: loading out-of-tree module taints kernel.
[ 1006.223197] request module load 'bcm2708-dmaengine': 0
[ 1006.223482] register platform device 'asoc-simple-card': 0
[ 1006.223492] Hello World :)
[ 1006.413395] asoc-simple-card asoc-simple-card.0: snd-soc-dummy-dai <-> 3f203000.i2s mapping ok
pi@raspberrypi:~/rpi-I2S-audio $
```

Abb. 6.51 Überprüfung des neu erstellen I^2S-Moduls für das MEMS-Mikrofon

Das Kommando *arecord* gehört standardmäßig zu Raspbian und kennt eine Reihe von Optionen für die Aufnahme von Audiodateien. Mit der folgenden Zeile wird eine Aufnahme mit dem MEMS-Mikrofon durchgeführt:

```
pi@raspberrypi:~ $ arecord -D plughw:1 -c1 -r 16000 -f
S32_LE -t wav -V mono -v mems-mic4.wav
```

Die Bedeutung der einzelnen Parameter ist dabei wie folgt:

- **-D plughw:1** Gerät auswählen, hier Soundkarte Nr. 1
- **-c1** Kanalauswahl, hier Kanal 1 (links)
- **-r 16000** Sampling Rate
- **-f S32_LE** Sample Format
- **-t wav** Dateiformat
- **-V mono** Mono-Konfiguration der Pegelanzeige
- **-v** Verbose Mode für Pegelanzeige
- **-d 10** Aufnahmedauer in Sekunden (10 s)

Wird hier keine Dauer festgelegt, läuft die Aufnahme (Abb. 6.52) solange bis das Kommando im Terminal per STRG+C abgebrochen wird. In der Kommandozeile erfolgt abschließend der Dateiname (hier mems-mic-test4.wav) mit einer (optionalen) Pfadangabe, unter dem die aufgenommene Datei gespeichert werden soll. Das Kommando `arecord` unterstützt eine Vielzahl von Optionen, was man sich mit `arecord -h` näher ansehen kann.

```
pi@raspberrypi:~ $ arecord -D plughw:1 -c1 -r 16000 -f S32_LE -t wav -V mono -v -d 10 /home/pi/i2s-mems-mic-test4.wav
Aufnahme: WAVE 'd60' : Signed 32 bit Little Endian, Rate: 16000 Hz, mono
Plug PCM: Route conversion PCM (sformat=S32_LE)
  Transformation table:
    0 <- 0*0,5 + 1*0,5
Slave: Hardware PCM card 1 'snd_rpi_simple_card' device 0 subdevice 0
Its setup is:
  stream       : CAPTURE
  access       : MMAP_INTERLEAVED
  format       : S32_LE
  subformat    : STD
  channels     : 2
  rate         : 16000
  exact rate   : 16000 (16000/1)
  msbits       : 32
  buffer_size  : 8000
  period_size  : 2000
  period_time  : 125000
  tstamp_mode  : NONE
  tstamp_type  : MONOTONIC
  period_step  : 1
  avail_min    : 2000
  period_event : 0
  start_threshold  : 1
  stop_threshold   : 8000
  silence_threshold: 0
  silence_size : 0
  boundary     : 2097152000
  appl_ptr     : 0
  hw_ptr       : 0
###########################+                          | 50%
```

Abb. 6.52 Durchführung einer Aufnahme. Die letzte Zeile bietet eine einfache Pegelanzeige

Zur Wiedergabe der Sounddatei (Abb. 6.53) gibt es ein entsprechendes Pendant *aplay*, das sich wie folgt anwenden lässt.

```
pi@raspberrypi:~ $ aplay i2s-mems-mictest4.wav
```

```
pi@raspberrypi:~ $ aplay i2s-mems-mic-test4.wav
Wiedergabe: WAVE 'i2s-mems-mic-test4.wav' : Signed 32 bit Little Endian, Rate: 16000 Hz, mono
pi@raspberrypi:~ $
```

Abb. 6.53 Wiedergabe der aufgenommenen Sounddatei

6.7 One Wire-Bus – 1-Wire

Der One-Wire Bus (1-Wire Bus), der mitunter auch als *MicroLAN* bezeichnet wird, ist eine Entwicklung der Firma *Dallas Semiconductor*, die in der Firma *Maxim Integrated* aufgegangen ist. Wie es de Bezeichnung impliziert, verwendet der Bus nur eine Leitung, d. h. die Daten, der Takt und auch die Spannungsversorgung werden auf einer einzigen Leitung transportiert, wofür allerdings noch eine Schaltungsmasse (GND) und damit eine zweite Verbindung (Leitung, Massefläche) notwendig ist.

Der erste Chip mit One-Wire Bus war ein ROM (DS2401) für die Identifizierung von Teilen und Geräten. Heutzutage sind eine Vielzahl von One-Wire Bus-Chips (Echtzeituhren, Speichern, Sensoren) erhältlich, die ausschließlich von der Firma *Maxim Integrated* hergestellt werden. Einige Typen – wie etwa Temperatursensoren – können auch alternativ mit einer gewöhnlichen Spannungsversorgung betrieben werden, sodass dann lediglich das Kommunikationsprotokoll eine Besonderheit darstellt.

6.7.1 Pegel und parasitäre Spannungsversorgung

Die Definition der logischen Pegel ist wie folgt:

- **High (Eins):** Der Pegel der Leitung befindet sich für maximal 15 µs auf Masse
- **Low (Null):** Der Pegel der Leitung befindet sich für minimal 60 µs auf Masse

Demnach handelt es sich um ein pulsweitenkodiertes (PWM) System, welches sich recht einfach mit einem Mikrocontroller realisieren lässt, sodass dieses Prinzip auch in eigenen Entwicklungen eingesetzt werden kann, falls nicht die Maxim-Chips verwendet werden können oder sollen.

Die One-Wire-Bauelemente werden über einen Open Drain-Pin (Wired AND) an die Leitung (DQ, Abb. 6.57) angeschlossen, die über einen Pull-Up-Widerstand (typ. 1,5 kΩ bis 5 kΩ) auf High-Pegel gelegt und von den Busteilnehmern auf Low-Pegel gezogen werden kann. Die Bus-Spannung darf prinzipiell zwischen 2,7 V und 5,5 V liegen, wobei einige Bausteine jedoch eine enger definierte Spannung zwischen 3,0 V und 3,7 V benötigen. Die Kommunikation findet mit üblichen CMOS/TTL-Pegeln statt. Nach jeder Low-Phase eine ausreichend lange High-Phase folgen, damit sich die internen Kapazitäten in den Slaves wieder aufladen können. Demnach ist das Timing für die Erfüllung der One-Wire-Kommunikationssequenz von essentieller Bedeutung, was im Abschn. 6.7.3 näher erläutert ist.

Die Spannungsversorgung wird mithilfe eines Kondensators im jeweiligen Chip (Abb. 6.54) realisiert, der seine Energie in den Datenpausen der Übertragung bezieht, sie speichert und diese Energie dann für die Datenverarbeitung während des Übertragungsvorganges verwendet. Die Kondensatorkapazität (typ. 800 pF bis 100 nF) ist so bemessen, dass mindestens ein Low-Zyklus überbrückt werden kann. Diese Form der Energieübertragung wird von Maxim als *parasitic power* oder als parasitäre Spannungsversorgung bezeichnet. Über eine (interne) Diode wird verhindert, dass die Kapazität in den Low-Phasen entladen wird. Um die kapazitive Buslast nicht zu stark zu erhöhen, wird eine Schottky-Diode verwendet. Sie besitzt nicht nur eine geringe parasitäre Kapazität, sondern verursacht auch nur einen geringen Spannungsabfall.

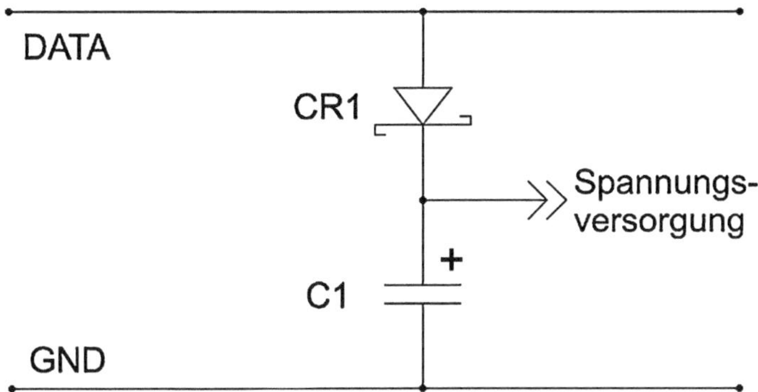

Abb. 6.54 Die Spannungsversorgung wird mithilfe eines im Chip integrierten Kondensators und einer Schottky-Diode realisiert

6.7.2 Kommunikation und Identifizierung

Das System ermöglicht (theoretisch) die Kommunikation eines Busmasters mit bis zu mehreren 100 Slaves bidirektional im Halbduplexverfahren. Für die Identifizierung der am Bus angeschlossenen Chips, wird eine eindeutige Nummer verwendet, die beim Herstellungsprozess fest im jeweiligen Maxim-Baustein „eingebrannt" ist und meist nicht verändert werden kann.

Diese 64-Bit-Nummer (Abb. 6.55) setzt sich aus einem 8-Bit Famliy Code, einer 48-Bit-Seriennummer, sowie einen 8-Bit-CRC-Prüfcode zusammen, wobei das LSB immer zuerst verarbeitet wird. Bei einigen Bausteinen, von denen dann auch mehrere in einer Schaltung eingesetzt werden können, wie etwa beim Typ DS28E04 (4096 Bit EEPROM), gibt es sieben Adressleitungsanschlüsse, sodass acht Bits der *Serial Number* damit beeinflusst und so die Basisadresse des Speichers durch eine entsprechende externe Beschaltung (an GND oder Vcc) angepasst werden kann.

Abb. 6.55 Allgemeiner Aufbau des Datenpakets

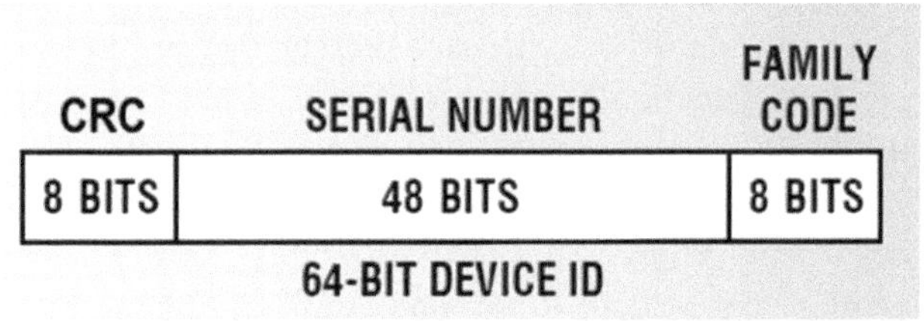

CRC	SERIAL NUMBER	FAMILY CODE
8 BITS	48 BITS	8 BITS

64-BIT DEVICE ID

Der Busmaster ist in der Lage nach allen mit dem Bus verbundenen Chips zu suchen und kann auch gleichzeitig an alle einen Befehl senden. Zu Beginn einer Kommunikation wird vom Master ein Reset-Signal gesendet (Abb. 6.56), welches sich im Unterschied zur Definition der Pegel (siehe oben) dadurch auszeichnet, dass es 480 µs lang einen Low-Pegel aufweist. In dieser Zeit wartet der Master und alle an den Bus angeschlossenen Slaves antworten daraufhin mit einem sogenannten *Presence Pulse* (min. 60 µs auf low), sodass der Master erkennt, dass mindestens ein Slave angeschlossen ist.

Die Selektierung eines Slaves erfolgt vom Master anhand der einzelnen (einmaligen) ROM-IDs, die ein Identifizierungsschema durchlaufen, woraufhin der Master die jeweilige 64 Bit-ID überträgt, um den gewünschten Slave anzusprechen. Alle anderen Slaves sind dann inaktiv und können erst vom folgenden Reset-Impuls des Masters wieder aktiviert werden. Bei der Kommunikation mit einem Slave werden nach der Initialisierung (wieder mithilfe der ROM-ID) zwei Kommando-Abschnitte realisiert, wobei das erste Kommando als ROM Command und das zweite als (Memory) Function Command zu verstehen ist, die jeweils aus 8 Bit bestehen.

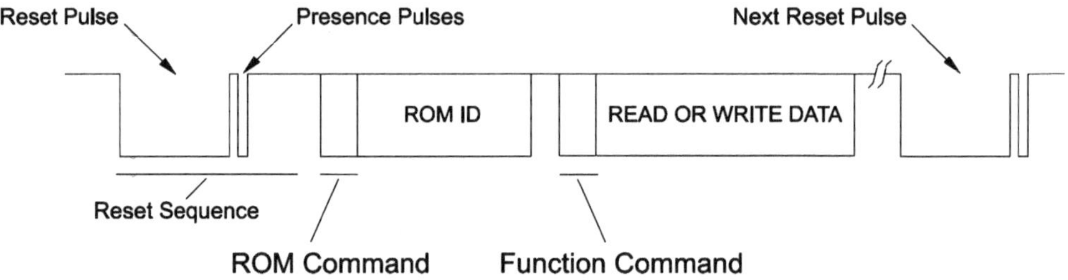

Abb. 6.56 Die One-Wire-Kommunikationssequenz

Es gibt fünf typische ROM Commands (Search ROM, Read ROM, Match ROM, Skip ROM, Alarm Search), die für die Slave-Identifizierung, -Selektierung und -Adressierung zuständig sind. Nur wenn nach diesem Vorgang ein Slave selektiert wurde, kann nachfolgend ein Funktionskommando (Read, Write, Copy) auf den Speicherbereich (Abb. 6.57) dieses Slaves abgesetzt werden. Dieser Speicherbereich wird als *Scratchpad Memory* bezeichnet und dient als Kommunikationsspeicher zwischen den internen Chip-Registern und der 1-Wire-(ROM)-Logik. Je nach Chiptyp (z. B. Speicher, Switch, PIO, Temperatursensor) werden verschiedene ROM- und Funktionskommandos unterstützt, wobei für beide Bereiche CRC-Bytes berechnet und übertragen werden. Nach dem Funktionskommando folgen dann unmittelbar die gesendeten oder die empfangenen Daten (Read or Write Data).

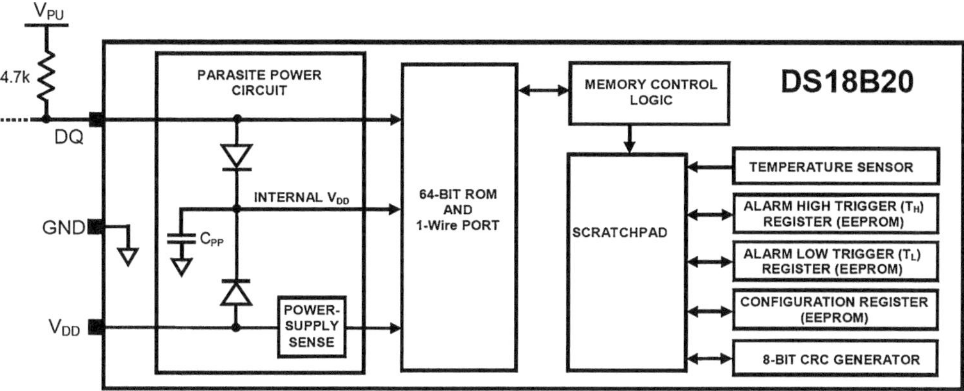

Abb. 6.57 Der interne Aufbau des Temperatursensors DS18B20 verdeutlicht die Kommando- und Speicherregisterarchitektur von 1-Wire-Chips

6.7.3 Timing

Mit dem Standard-Timing können Übertragungsraten von 14,3 kBit/s erreicht werden. Der mit einigen Chips spezifizierte Overdrive-Modus ermöglicht eine Datenrate von 142 kBit/s, wobei dann für eine logische Eins nur 2 µs, für eine logische Null 6 µs und für die Reset-Sequenz 48 µs ausreichend sind. Falls das Reset-Signal länger als 80 µs dauern sollte, schalten die Slaves (wieder) auf *Standard Speed*, was sich durch die folgenden Parameter (siehe auch Abb. 6.58) auszeichnet:

- T_{Slot}: Gesamtlänge einer Übertragungssequenz.
- T_{write1}: Länge der Low-Phase, um eine logische Eins zu senden.
- T_{write0}: Länge der Low-Phase, um eine logische Null zu senden.
- T_{Sample}: Abtastzeitpunkt für eine Leseoperation.

Grundsätzlich sind verschiedene Modi anwendbar, wobei ein schnelleres Timing eine höhere Datenübertragungsrate zur Folge hat, dafür aber weniger Slaves erlaubt sind und eine kürzere Bus-Länge erforderlich ist. Je mehr Slaves am Bus angeschlossen sind, desto stärker wird er elektrisch und informationstechnisch belastet, was dringend zu beachten ist, denn für die Funktion des Systems ist eine Mindestpausenzeit einzuhalten. Es ist deshalb möglich ein One-Wire Bus-System in mehrere Segmente aufzuteilen, wofür spezielle Busteiler-Bauelemente (Switches, MicroLAN Coupler) verfügbar sind.

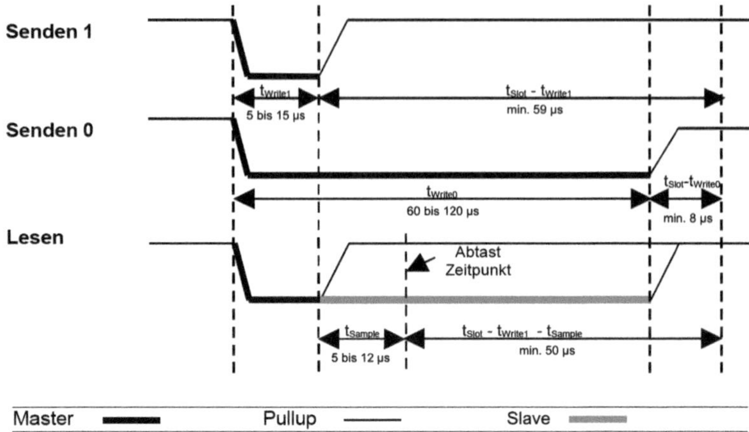

Abb. 6.58 Das Standard Speed Timing

Für die Generierung der Timeslots ist der Master-Controller (Abb. 6.59) des Systems zuständig. Von Maxim Integrated werden verschiedene Chips angeboten, die das notwendige Timing für die Slaves realisieren können und zwischen einem Bussystem wie dem USB (Adapter DS9481R, DS9490) oder einer Schnittstelle wie RS232 (Chip DS2480B, Adapter DS9097) oder auch dem Parallel-Port eines Mikrocontrollers (Chip DS1481D) als Bridge fungieren.

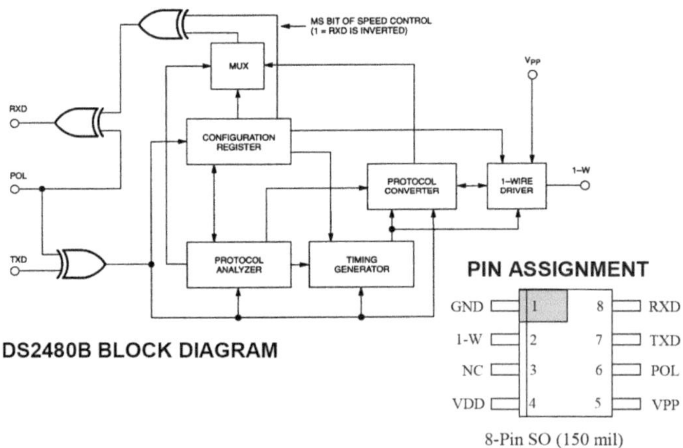

Abb. 6.59 Der DS2480B Driver stellt einen 1-Wire-Busmaster dar, der an eine serielle Schnittstelle angeschlossen wird

Der Master-Controller wird hier natürlich von einem Raspberry Pi gebildet, wie es im Abschn. 6.7.5 anhand des Temperatursensors DS18B20 (Abb. 6.57) gezeigt ist.

6.7.4 Aufbau von Bussystemen

Bereits mit Klingeldraht und einfachen Telefonkabeln lassen sich kleine One-Wire-Systeme aufbauen, wenn die externe Störbeeinflussung gering ist. Notwendig ist nur eine Zweidrahtleitung und falls diese bei 16 MHz eine maximale Dämpfung von ca. 8 dB aufweist, lassen sich über 100 Slaves bei einer Leitungslänge von 100 m einsetzen. Über eine Leitung erfolgt die Datenübertragung und Stromversorgung, während die andere die gemeinsame Masse bildet. Wichtig für den Anschluss ist, dass entweder ungeschirmtes Kabel verwendet wird, oder der Schirm nicht mit Masse verbunden wird. Ungenutzte Adern sollten ebenfalls nicht mit Masse verbunden werden, um die Leitungskapazität nicht zu erhöhen.

Neben den Logikpegeln ist die Impulsform, mithin die notwendige Flankensteilheit der Pulse, von ausschlaggebender Bedeutung. Die Flankensteilheit (Slew Rate) der Pulse wird durch die Gesamtlänge des Kabels (vom Master bis zum letzten Slave) inklusive der Anschlüsse und Abzweigungen der angeschlossenen Knoten bestimmt. Grundsätzlich verhindern Leitungskapazitäten steile Flanken auf einem Bus, sodass sich die Zeit mit größerer Bus-Länge für einen Pegelwechsel erhöht, was letztendlich die Übertragungsrate reduziert. Je höher die Datenübertragungsrate ist, desto kürzer liegen die Signale am Bus an. Diese Zeit, an der das Signal am Bus anliegt, darf nicht kürzer sein als die Zeit, die das Signal braucht um sich über die Leitung auszubreiten.

Obwohl prinzipiell verschiedene Topologien (Linear, Abzweig, Stern, Abb. 6.60) für ein One-Wire-Busystem möglich sind, ist ein lineares System, wo sich alle Busteilnehmer – ausgehend vom Master – an einem Strang befinden, am besten geeignet, weil an den Abzweigungsstellen sonst Impedanzfehlanpassungen entstehen, die unerwünschte Reflexionen erzeugen und das Signal verfälschen können.

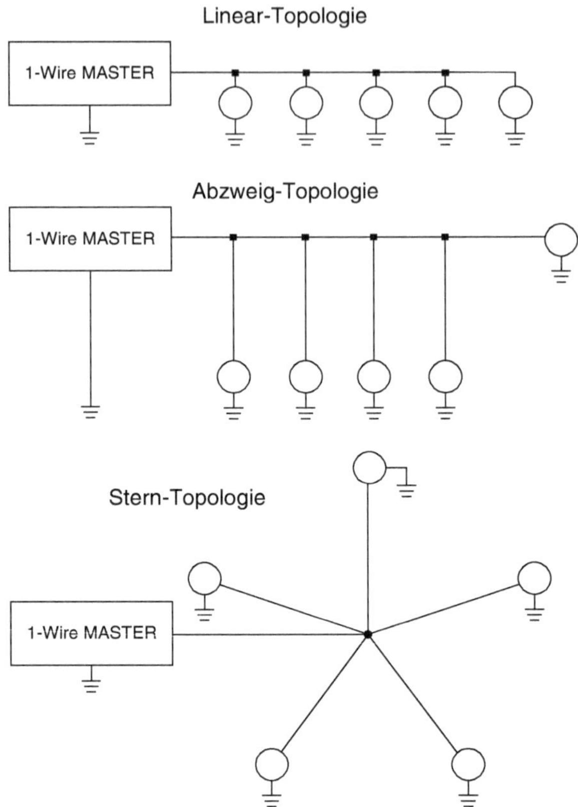

Abb. 6.60 Ein One-Wire-Netz kann in verschiedenen Topologien aufgebaut werden

Reflexionen entstehen immer dann, wenn sich die Impedanz bzw. der Wellenwiderstand einer Leitung ändert, also an allen Abzweigungen und Leitungsenden. Während sich dieses Problem für Abzweigungen durch die Linear-Topologie vermeiden lässt, bleibt es am Bus-Ende bestehen. Durch die offenen Kabelenden kommt es zu einer Reflexion der Welle. Die reflektierte Welle wird am anderen Ende der Leitung erneut reflektiert.

Die reflektierten Wellen überlagern sich gegenseitig und mit dem eigentlichen Signal, sodass die Kommunikation erheblich gestört werden kann. Wenn es sich um eine elektrisch kurze Leitung handelt, kann das Problem von Reflexionen vernachlässigt werden. Man spricht von einer elektrisch kurzen Leitung, wenn die Hin- plus Rücklaufzeit einer Welle kleiner ist als der kleinere Wert von Signalanstiegszeit und -abfallzeit.

Gleichwohl lassen sich jedoch auch lange Bus-Stränge von über 100 m Länge und mehr realisieren, indem die Flankensteilheit aktiv gesteuert wird, was durch einen *aktiven Pullup* (low auf high) ermöglicht wird. Im einfachsten Fall wird der Pullup, um den Bus auf High-Pegel zu ziehen, durch einen gewöhnlichen Widerstand realisiert. Mit steigender Bus-Last durch Knoten oder die Leitungslänge, sinkt mit diesem passiven Pullup die Flankensteilheit. Dies kann dazu führen, dass der Bus-Pegel nicht mehr schnell genug ansteigt und eine gesendete Eins als Null erkannt wird. Um dies zu verhindern, kann ein stärkerer Pullup verwendet werden, indem der Widerstand reduziert wird. Der Widerstand kann jedoch nicht beliebig verkleinert werden. Die Grenze ist bei 1000 bis 1500 Ω erreicht. Eine weitere Verkleinerung würde dazu führen, dass der minimale Low-Pegel des Bussystems immer weiter ansteigt, da die Knoten den Bus nicht mehr auf 0 V ziehen können.

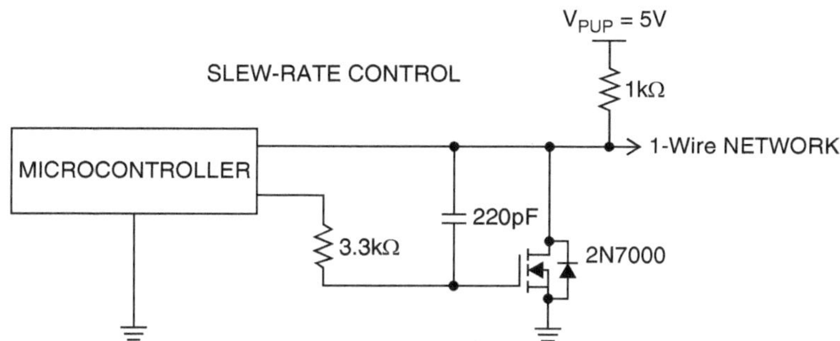

Abb. 6.61 Schaltung für die Steuerung der Flankensteilheit mit aktivem Pullup

Mit Verringerung des Abstandes zum Pegel, der noch als logische Null interpretiert werden kann, sinkt die Toleranz gegenüber Störungen. Deshalb wird für umfassendere One-Wire-Netze ein so genannter *aktiver Pullup* eingesetzt. Ein aktiver Pullup unterstützt in der Phase des Flankenanstiegs (Abb. 6.62) den passiven Pullup und schaltet sich danach wieder ab, damit der Bus bei Bedarf wieder auf Low gezogen werden kann. Ein aktiver Pullup wird dadurch realisiert, dass neben dem stets aktiven Pullup-Widerstand eine gesteuerte Pulldown-Schaltung (high auf low) hinzugefügt wird, sodass sogar Leitungslängen von 300 m mit bis zu 500 Slaves möglich sind. Dies erfordert eine kleine Zusatzschaltung (Abb. 6.61), die vom Mastercontroller zu steuern ist. Einige Maxim-Mastercontroller (DS2480B, DS2482) enthalten diese Schaltungseinheit bereits, die demnach auch für größere One-Wire-Netze verwendet werden können.

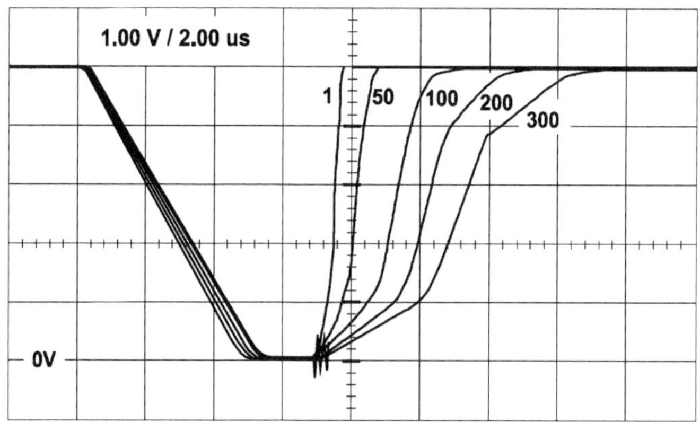

Abb. 6.62 Flankenverlauf bei 1 bis 300 Knoten mit aktivem Pullup

6.7.5 Temperatursensor am Raspberry Pi

Um den Raspberry Pi als One-Wire-Controller einzusetzen, ist mit `raspi-config` unter den Interfacing Options (Abb. 4.7) lediglich *1-Wire* zu aktivieren, was sich auch über den Desktop (Einstellungen – Raspberry-Pi-Konfiguration – Schnittstellen) und *Eindraht-Bus Aktiviert* (Abb. 6.63) bewerkstelligen lässt. Nach der Aktivierung sollte ein Neustart durchgeführt werden.

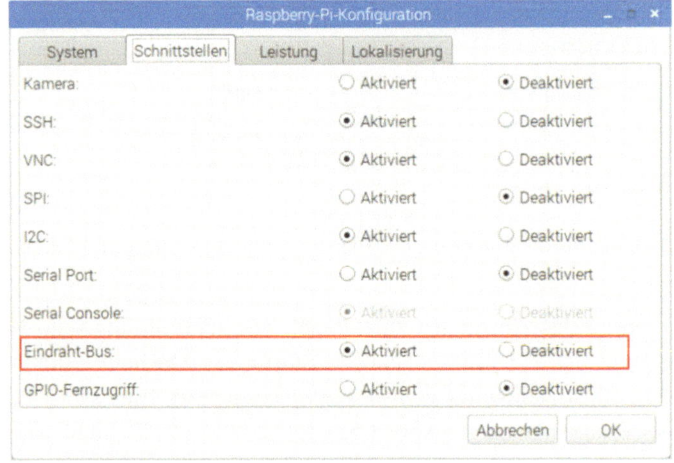

Abb. 6.63 Für den Einsatz des One-Wire-Bus ist dieser lediglich zu aktivieren

Durch diese Maßnahme wird standardmäßig der GPIO-Port 4 (Pin 7) für One-Wire reserviert. Grundsätzlich ist es auch möglich einen anderen Port hierfür zu bestimmen, was dann manuell in der Datei `/boot/config.txt` über die Zeile `dtoverlay=w1-gpio, gpiopin=x` durchzuführen ist, wobei der gewünschte Port für das x einzusetzen ist.

Als One-Wire-Chip wird ein Temperatursensor vom Typ DS18B20 (siehe auch Abbildung 6.57) mit dem DQ-Pin an den Pin 7 (GPIO 4) der Raspberry Pi-GPIO-Leiste angeschlossen. Die Versorgung von 3,3 V wird mit dem Pin 1 der Leiste über einen Pull-Up-Widerstand (4,7 kΩ) ebenfalls mit DQ verbunden und nicht etwa mit VDD, weil dann keine parasitäre Spannungsversorgung gegeben wäre. Der VDD-Anschluss des DS18B20 wird stattdessen zusammen mit dem Masseanschluss (GND) an den Pin 9 der GPIO-Leiste geschaltet, was somit den One-Wire-Betrieb ermöglicht.

Der DS18B20 wird in verschiedenen Gehäuseformen angeboten; praktisch ist die Version im 3-Pin TO92-Gehäuse (Abb. 6.64), weil sich diese gut an der zu messenden Stelle positionieren lässt.

Abb. 6.64 Der Temperatursensor lässt sich einfach an den Raspberry Pi anschließen

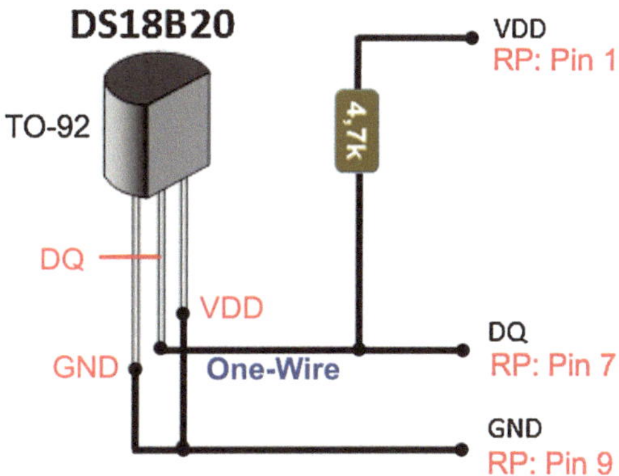

Eine Funktionsüberprüfung lässt sich im Terminal mit `ls` im Verzeichnis `/sys/bus/w1/devices` durchführen. Hier muss der Sensor mit seiner spezifischen Adresse auftauchen, über die er selektiert werden kann, was für die spätere Programmierung notwendig ist. Mit dem cat-Befehl lassen sich daraufhin die Daten auslesen, wie es in der Abb. 6.65 zu erkennen ist.

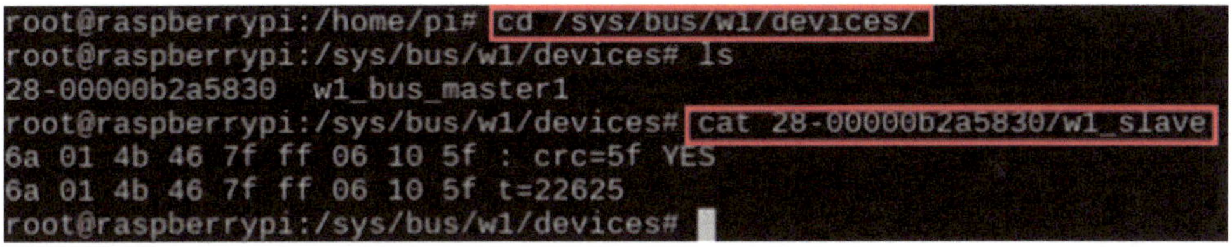

```
root@raspberrypi:/home/pi# cd /sys/bus/w1/devices/
root@raspberrypi:/sys/bus/w1/devices# ls
28-00000b2a5830  w1_bus_master1
root@raspberrypi:/sys/bus/w1/devices# cat 28-00000b2a5830/w1_slave
6a 01 4b 46 7f ff 06 10 5f : crc=5f YES
6a 01 4b 46 7f ff 06 10 5f t=22625
root@raspberrypi:/sys/bus/w1/devices#
```

Abb. 6.65 Kommunikation mit dem One-Wire-Temperatursensor

Ein einfaches Python-Programm (OneWireDS1820.py), das die Temperatur misst und mit einem Zeitstempel ausgibt ist im Folgenden angegeben:

```
# Temperaturmessung mit DS18B20 in Python
#!/usr/bin/python3
#-*-coding:utf-8-*-
import time,sys
# N.K. 25.6.19, Ver 1.2
sensor='/sys/bus/w1/devices/28-00000b2a5830/w1_slave'
def readTempSensor(sensorName):
   # Daten vom Systembus lesen
    f=open(sensorName,'r')
```

```
        lines = f.readlines()
        f.close()
        return lines
def readTempLines(sensorName) :
        lines = readTempSensor(sensorName)
      # Fehlerbehandlung bei Lesefehler
      while lines[0].strip()[-3:] != 'YES':
          time.sleep(0.2)
          lines = readTempSensor(sensorName)
      # Temperatur lesen und in °C umrechnen
          temperaturStr = lines[1].find('t=')
          tempCelsius = float(lines[1]temperaturStr+2:] / 1000
          return [tempCelsius]
try:
      while True :
      # Ausgabe mit Timestamp
        print("DS18B20-Temperatur um " + time.strftime('%H:%M:%S') +" :
        "+ str(readTempLines(sensor)[0]) + " °C")
      # Nächste Messung nach 10 Sekunden
      time.sleep(10)
      # Programmende nach CTRL+C
 finally:
      sys.exit(0)
```

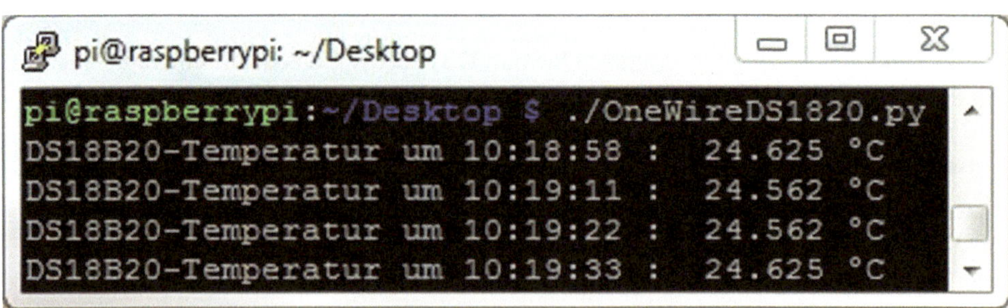

Abb. 6.66 Programmausgabe im Terminalfenster

Das Beispielprogramm (Abb. 6.66) gibt alle 10 Sekunden einen formatierten Messwert in °C aus. Beendet wird das Python-Skript mit Strg + C was im über *finally: sys.exit(0)* realisiert wird.

6.8 Hardware Attached on Top – HAT-Standard

Die 26-polige Steckerleiste wird beim Raspberry Pi-Model B+ erstmalig auf insgesamt 40 Anschlüsse erweitert. Mit den 14 zusätzlichen Kontakten werden neun weitere GPIO-Signale, drei Massekontakte sowie zwei spezielle Identifizierungssignale (ID-SD und ID-SC: I2C ID EEPROM) hinzugefügt, wobei die bisherigen 26 Kontakte elektrisch kompatibel bleiben. Mithilfe der I^2C-Identifizierungssignale können aufgesteckte Erweiterungsmodule, die über ein EEPROM mit entsprechendem Inhalt verfügen, identifiziert werden, womit ein automatischer Setup der GPIO-Signale mit dem Laden der passenden Linux-Treiber ermöglicht wird.

Dieser Mechanismus ist Bestandteil der HAT-Spezifikation, wie sie erstmalig mit dem Modell B+ vorgestellt wurde. HAT steht für **H**_ardware_ **A**_ttached on_ **T**_op_ und definiert aufsteckbare Erweiterungsmodule, die bestimmte Voraussetzungen erfüllen müssen, damit sie sich als HAT-kompatibel bezeichnen dürfen. Dazu gehört, dass das Board (Abb. 6.67) eine bestimmte Größe von 65 × 56 mm mit passenden Löchern zum Befestigen und Schlitze für die Fachbandkabel (CSI, DSI) aufweisen muss.

Abb. 6.67 Prototyplayout für eine HAT-Platine

Außerdem dürfen ausschließlich die Signale am 40-poligen Connector zum Einsatz kommen, und die Daten im EEPROM müssen definierte Informationen (Hersteller, Gerätetyp, GPIO-Konfiguration) in einem Device Tree-Format aufweisen. Das gleiche Prinzip zur Geräteidentifizierung mit speziellen Ressource-Daten in einem EEPROM wird seit langem bei PCI- und PCIe-Karten oder auch den USB-Einheiten eingesetzt.

6.8.1 Überprüfung des I²C-Bus für die Identifizierung

Die beiden Identifizierungssignale werden von einem zweiten I²C-Bus (Bus 1) des Raspberry Pi an den GPIO-Pins 27 (ID-SD) und 28 (ID-SC) gebildet, der ausschließlich für die Kommunikation mit dem HAT-EEPROM bestimmt ist. Für den Test dieses I²C-Bus kann eine nahezu beliebige Platine mit ausgewiesener HAT-Funktionalität verwendet werden, etwa ein USV-Board (siehe Abschn. 7.2.5) wie der Typ PiUPS+, der hierfür auf die Raspberry Pi-Platine (Abb. 6.68) zu stecken ist.

Abb. 6.68 Das USV Board mit HAT-Funktionalität ist auf den Raspberry Pi gesteckt

Die HAT-Funktionalität ist nicht automatisch gegeben, sondern muss erst durch einen zusätzlichen Eintrag in der Datei `/boot/config.txt` ermöglicht werden, damit dieser zweite I²C-Bus auch erkannt und daraufhin verwendet werden kann.

```
dtparam=i2c_vc=on
```

Danach ist wie üblich ein Reboot auszuführen. Mit dem bereits bekannten Command Line Tool *i2c-tools* (vgl. Abschn. 6.5.3) und dem Kommando `i2cdetect -y 0` lässt sich daraufhin feststellen, ob das EEPROM der USV-Platine (oder eines anderen HAT-kompatiblen Boards) über den I²C-Bus (0) erkannt wird, wie es in der Abb. 6.69 zu erkennen ist, womit die Grundfunktionalität gegeben ist. Das EEPROM weist grundsätzlich die I²C-Bus-Adresse 50h auf und solange dies nicht funktioniert, ist auch keine Kommunikation mit dem Speicherchip möglich.

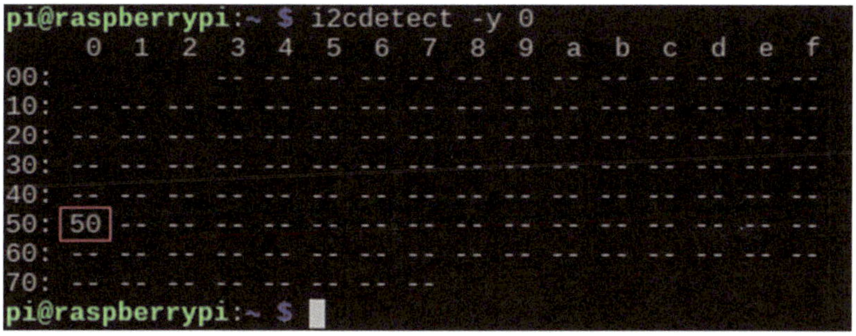

```
pi@raspberrypi:~ $ i2cdetect -y 0
     0  1  2  3  4  5  6  7  8  9  a  b  c  d  e  f
00:          -- -- -- -- -- -- -- -- -- -- -- -- --
10: -- -- -- -- -- -- -- -- -- -- -- -- -- -- -- --
20: -- -- -- -- -- -- -- -- -- -- -- -- -- -- -- --
30: -- -- -- -- -- -- -- -- -- -- -- -- -- -- -- --
40: -- -- -- -- -- -- -- -- -- -- -- -- -- -- -- --
50: 50 -- -- -- -- -- -- -- -- -- -- -- -- -- -- --
60: -- -- -- -- -- -- -- -- -- -- -- -- -- -- -- --
70: -- -- -- -- -- -- -- --
pi@raspberrypi:~ $
```

Abb. 6.69 Das EEPROM des Boards wird über den I²C-Bus, der für die HAT-Funktionalität vorgesehen ist, korrekt erkannt

6.8.2 Programmierschaltung

In einer HAT-konformen Schaltung wird ein EEPROM (Electrically Erasable Programmable Read-Only-Memory) eingesetzt, das sich seriell über den I²C-Bus programmieren lässt und über eine Kapazität von 32 kBit verfügt. Der Speicher ist organisiert mit 4096 Words à 8 Bit. Zahlreiche Hersteller bieten diesen Typ in verschiedenen Gehäuseformen (PDIP, SOIC, TSSOP, UFDN) als CAT24C32 an, wobei sich die Version im PDIP-Gehäuse für erste eigene Applikationen leicht auf einer auf einer Prototyp-Platine auflöten lässt, wie es in der Abb. 6.70 zu erkennen ist.

Abb. 6.70 Die aufgebaute EEPROM-Schaltung

Neben dem EEPROM besteht die Schaltung (Abb. 6.71) aus den beiden Pullup-Widerständen (R2, R3) für die beiden I²C-Bussignale sowie einem für den Schreibschutz (R1), der den Eingang WP (Pin 7) des CAT24C32-Speichers im normalen Betrieb auf High-Pegel hält. Wenn der Speicher programmiert (Abschn. 6.8.3) werden soll, ist dieser Anschluss (Pin Header) über einen Jumper gegen Masse zu schalten. Die Schaltung wird mit der 3,3 V-Spannung, die mit einem Kondensator von 100 nF gegen Masse abgeblockt wird, über die GPIO-Leiste versorgt.

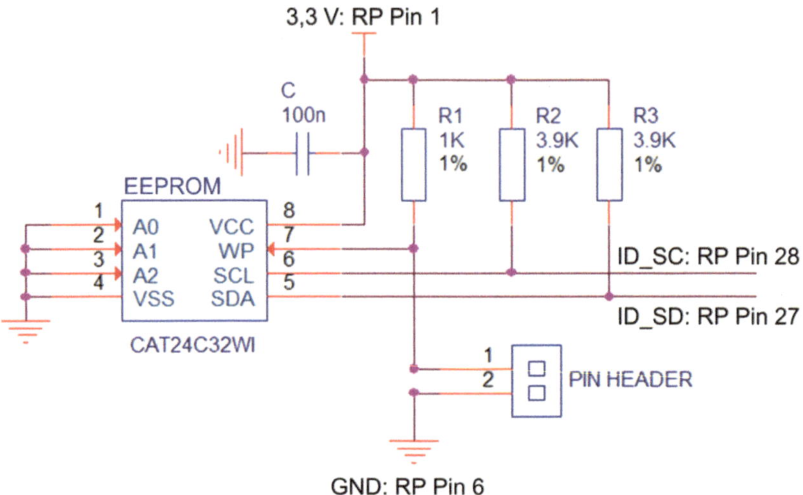

Abb. 6.71 EEPROM-Schaltung für eine HAT-Platine

Bei HAT-kompatiblen Boards lässt der jeweilige EEPROM-Inhalt generell meist auslesen. Ein Neuschreiben ist aber nur dann möglich, wenn sich der Pin 6 (Write Protect) auf Low-Potenzial legen lässt, wofür mitunter ein Jumper oder zwei zu brückende Lötpunkte vorhanden sind.

6.8.3 EEPROM-Programmierung

Die EEPROM-Daten müssen in einem bestimmten Format aufgebaut sein, damit sie während des Bootvorgangs korrekt gelesen werden können. Für die Programmierung des EEPROMs werden die *eepromutils* benötigt, die von GitHub (Abb. 6.72) bezogen werden können und Bestandteil der Verzeichnisses *Hats* sind, wo weitere nützliche Informationen zur HAT-Thematik enthalten sind, was sich komplett wie folgt installieren lässt:

```
pi@raspberrypi:~ $ sudo git clone https://github.com/raspberrypi/hats
```

Zuvor sollte – wie immer bei Neuinstallationen - mit `sudo apt-get update` die Paketliste aktualisiert und nachfolgend die Aktualisierung der notwendigen Software mit `sudo apt-get upgrade` (Abschn. 5.2) durchgeführt werden.

```
pi@raspberrypi:~ $ sudo git clone https://github.com/raspberrypi/hats
Klone nach 'hats' ...
remote: Enumerating objects: 464, done.
remote: Total 464 (delta 0), reused 0 (delta 0), pack-reused 464
Empfange Objekte: 100% (464/464), 271.80 KiB | 0 bytes/s, Fertig.
Löse Unterschiede auf: 100% (261/261), Fertig.
pi@raspberrypi:~ $
```

Abb. 6.72 HAT-Daten von GitHub auf den Raspberry Pi übertragen

Nach dem Wechsel in das betreffende Verzeichnis mit `cd hats/eepromutils`) und der Kompilierung (`make`) sowie der Änderung des Zugriffsrechts auf die Datei *eepflash.sh* (`chmod +x eepflash.sh`) wird die Datei *eeprom_settings.txt* (Abb. 6.73) mit dem Editor (nano) aufgerufen, was alles mit Superuserrechten (root, sudo) stattfinden muss.

```
pi@raspberrypi:~/hats/eepromutils $ sudo make
cc eepmake.c -o eepmake -Wno-format
cc eepdump.c -o eepdump -Wno-format
pi@raspberrypi:~/hats/eepromutils $ sudo chmod +x eepflash.sh
pi@raspberrypi:~/hats/eepromutils $ sudo nano eeprom_settings.txt
pi@raspberrypi:~/hats/eepromutils $
```

Abb. 6.73 Bearbeitung der Dateien für die EEPOM-Programmierung und den Aufruf der EEPROM-Datei

Der Inhalt dieser Datei ist an die eigene Applikation anzupassen. Sie ist in drei Abschnitte unterteilt: *Vendor Info*, *GPIO Bank Settings* und *GPIO Pins*. Die *Product Strings* und *Vendor Strings* im ersten Abschnitt sollten mit sinnvollen und wiedererkennbaren Nummern bzw. Bezeichnungen für die eigene Applikation versehen werden. Der Abschnitt *GPIO Bank Settings* bietet die folgenden Optionen:

- **Drive Strength:** Einstellung der Strombegrenzung für die GPIO-Ports, von minimal 2,4 mA (1) bis maximal 16 mA (8)
- **Slew Rate Limiting:** Festlegung einer Limitierung für die Flankensteilheit der GPIO-Pegel mit den Optionen *Standard* (0), *aktiv* (1) und *nicht aktiv* (2).
- **Hysteresis:** Ein Wechsel von High nach Low führt in der umgekehrten Richtung nicht exakt zum gleichen Pegel, was als Hystereseverhalten bekannt ist und mit dieser Option beeinflusst (1) werden kann oder aber nicht (2).

- **Back Power:** Die Spanungsversorgung des Raspberry Pi über die Kontakte der GPIO-Leiste wird als *Back Powering* bezeichnet. Falls die Spanungsversorgung über den MicroUSB-Anschluss stattfindet, ist `back_power 0` anzugeben. Beim *Back Powering* des Raspberry Pi durch ein HAT (USV) sind 1,3 A (1) oder 2 A (2) als Minimalwerte einstellbar, was davon abhängig ist, wieviel Leistung das jeweilige *USV HAT Board* liefern kann.

Im einfachsten Fall wird für alle GPIO Bank Settings-Werte stets Null angegeben, was auch die Voreinstellung in der Datei *eeprom_settings.txt* ist und als Default ausgewiesen wird, wobei jedoch nicht ersichtlich ist, welche Werte damit konkret gelten. Im Folgenden ist der Inhalt einer angepassten EEPROM-Textdatei (eeprom_mst.txt) angegeben, womit Bezeichnungen sowie vier Eingänge und vier Ausgänge festgelegt werden.

```
########################################################################
# EEPROM settings text file: eeprom_mst.txt
#
# Edit this file for your particular board and run through eepmake tool,
# then use eepflash tool to write to attached HAT ID EEPROM
#
# Tools available:
#  eepmake   Parses EEPROM text file and creates binary .eep file
#  eepdump   Dumps a binary .eep file as human readable text (for debug)
#  eepflash  Write or read .eep binary image to/from HAT EEPROM
#
########################################################################


########################################################################
# Vendor info

# 128 bit UUID. If left at zero eepmake tool will auto-generate
# RFC 4122 compliant UUID
product_uuid 00000000-0000-0000-0000-000000000000

# 16 bit product id
product_id 0x0000

# 16 bit product version
product_ver 0x0001

# ASCII vendor string  (max 255 characters)
vendor "MST-TUHH"

# ASCII product string (max 255 characters)
product "GPIO-Demoboard"

########################################################################
# GPIO bank settings, set to nonzero to change from the default.
# NOTE these setting can only be set per BANK, uncommenting any of
# these will force the bank to use the custom setting.

# drive strength, 0=default, 1-8=2,4,6,8,10,12,14,16mA, 9-15=reserved
gpio_drive 0

# 0=default, 1=slew rate limiting, 2=no slew limiting, 3=reserved
gpio_slew 0
```

```
# 0=default, 1=hysteresis disabled, 2=hysteresis enabled, 3=reserved
gpio_hysteresis 0

# If board back-powers Pi via 5V GPIO header pins:
# 0 = board does not back-power
# 1 = board back-powers and can supply the Pi with a minimum of 1.3A
# 2 = board back-powers and can supply the Pi with a minimum of 2A
# 3 = reserved
# If back_power=2 then USB high current mode will be automatically
# enabled on the Pi
back_power 0

########################################################################
# GPIO pins, uncomment for GPIOs used on board
# Options for FUNCTION: INPUT, OUTPUT, ALT0-ALT5
# Options for PULL: DEFAULT, UP, DOWN, NONE
# NB GPIO0 and GPIO1 are reserved for ID EEPROM so cannot be set

#         GPIO  FUNCTION  PULL
#         ----  --------  ----
#setgpio  2     INPUT     DEFAULT
#setgpio  3     INPUT     DEFAULT
#setgpio  4     INPUT     DEFAULT
#setgpio  5     OUTPUT    DEFAULT
 setgpio  6     INPUT     DEFAULT
#setgpio  7     INPUT     DEFAULT
#setgpio  8     INPUT     DEFAULT
#setgpio  9     INPUT     DEFAULT
#setgpio  10    INPUT     DEFAULT
#setgpio  11    INPUT     DEFAULT
#setgpio  12    INPUT     DEFAULT
 setgpio  13    INPUT     DEFAULT
#setgpio  14    INPUT     DEFAULT
#setgpio  15    INPUT     DEFAULT
#setgpio  16    INPUT     DEFAULT
 setgpio  17    OUTPUT    DEFAULT
#setgpio  18    INPUT     DEFAULT
 setgpio  19    INPUT     DEFAULT
#setgpio  20    INPUT     DEFAULT
#setgpio  21    INPUT     DEFAULT
 setgpio  22    OUTPUT    DEFAULT
 setgpio  23    OUTPUT    DEFAULT
#setgpio  24    INPUT     DEFAULT
#setgpio  25    INPUT     DEFAULT
 setgpio  26    INPUT     DEFAULT
 setgpio  27    OUTPUT    DEFAULT
```

Im GPIO Pins-Abschnitt der Datei werden die zu verwendenden GPIO-Pins als Eingang (Input) oder Ausgang (Output) mit einer optionalen Angabe für einen Pull-Up-Widerstand festgelegt. Die GPIO-Bezeichnungen beziehen sich dabei auf die übliche BCM-Nummerierung, wie es auch in der Abb. 3.56 angegeben ist. Prinzipiell ist es auch möglich die Anschlüsse nicht nur als „gewöhnliche" GPIO-Leitungen zu deklarieren, sondern auch für einige der alternativen Funktionen (ALT0-ALT5) wie beispielsweise PWM oder SPI vorzusehen, was bisher jedoch noch nicht ausreichend von der *Raspberry Pi Foundation* geregelt und dokumentiert ist.

Die angepasste Textdatei für das EEPROM wird gespeichert (hier als eeprom_mst.txt) mit `sudo chmod +x eeprom_mst.txt` als ausführbar gesetzt und dann mit der folgenden Zeile in eine für das EEPROM lesbare Form (*.epp) konvertiert:

```
pi@raspberrypi:~/hats/eepromutils $ sudo ./eepmake eeprom_mst.txt
eeprom_mst.eep
```

Der Flash-Schreibvorgang (-w) erfolgt danach mit dem Befehl *eepflash.sh*, dabei muss der Jumper (Abb. 6.71) gesteckt sein, um die Write Protection des EEPROMs aufzuheben.

```
pi@raspberrypi:~/hats/eepromutils $ sudo ./eepflash.sh -w
-t=24c32 -f=eeprom_mst.eep
```

Um die Daten wieder aus dem EEPROM auszulesen (-r) und in einer Datei (backup. eep) zu speichern, wird der Befehl *eepflash.sh* wird folgt angewendet (Abb. 6.74):

```
pi@raspberrypi:~/hats/eepromutils $ sudo ./eepflash.sh -r
-t=24c32 -f=backup_eeprom_mst.eep
```

```
pi@raspberrypi:~/hats/eepromutils $ sudo ./eepmake eeprom_mst.txt eeprom_mst.eep
Opening file eeprom_mst.txt for read
UUID=eb8323a6-c5dc-4f59-a534-0d7536260aa3
Done reading
Writing out...
Done.
pi@raspberrypi:~/hats/eepromutils $ sudo ./eepflash.sh -w -t=24c32 -f=eeprom_mst.eep
This script comes with ABSOLUTELY no warranty. Continue only if you know what you are doing
Do you wish to continue? (yes/no): yes
Writing...
0+1 Datensätze ein
0+1 Datensätze aus
115 Bytes kopiert, 0,430401 s, 0,3 kB/s
Closing EEPROM Device.
Done.
pi@raspberrypi:~/hats/eepromutils $ sudo ./eepflash.sh -r -t=24c32 -f=backup_eeprom_mst.eep
This script comes with ABSOLUTELY no warranty. Continue only if you know what you are doing
Do you wish to continue? (yes/no): yes
Reading...
8+0 Datensätze ein
8+0 Datensätze aus
4096 Bytes (4,1 kB, 4,0 KiB) kopiert, 0,431513 s, 9,5 kB/s
Closing EEPROM Device.
Done.
```

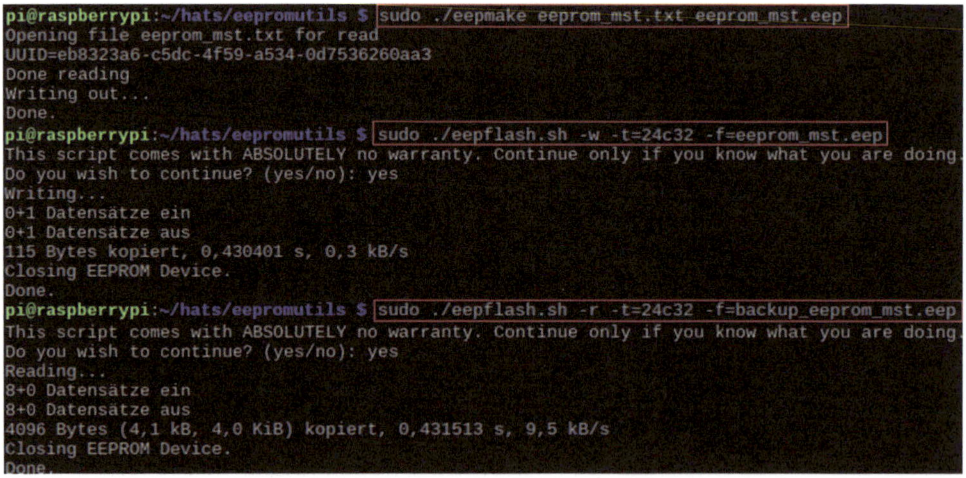

Abb. 6.74 Konvertieren, schreiben und wieder einlesen der EEPROM-Datei. Bei der Bestätigung für die Programmausführung muss „yes" ausgeschrieben werden

Mit *eedump* kann eine EEP-Datei wieder in eine mit einem Editor zu bearbeitende Form gebracht werden. Allerdings ist dies in der Regel nur mit solchen EEP-Dateien möglich, die man selbst mit *eepflash.sh* geschrieben hat, sodass zwar das Auslesen einer fremden EEPROM-Datei möglich ist, aber keine Umsetzung mit *eepdump* in eine lesbare Textdatei.

```
pi@raspberrypi:~/hats/eepromutils $ sudo ./eepdump
backup_eeprom_mst.eep backup1.txt
```

Der Raspberry Pi liest den Inhalt des EEPROMs beim Boot und stellt die hier festgelegten GPIOs ein. Gleichwohl können diese reservierten Einstellungen überschrieben und durch Software auch anderweitig genutzt werden, sodass die HAT-Ressourcenfestlegung damit eigentlich nutzlos ist.

Demnach ist eine Ressourcenreservierung und automatische Treiberinstallation, wie es etwa beim Hinzufügen von USB- oder auch PCIe-Einheiten üblich ist, mit dem aktuellen HAT-Standard so nicht möglich. Durch die Integration in den Device Tree des Systems ist diese Möglichkeit grundsätzlich gegeben, was aktuell aber noch einen recht hohen Arbeitsaufwand von ausgewiesenen Linux-Programmierern erfordert.

7 Professioneller Einsatz – Embedded Systems

Mit dem Raspberry Pi steht ein preisgünstiger Mini-Computer zur Verfügung, der sich durch seine leicht zugänglichen Schnittstellen (GPIO, I^2C, SPI) auch für Aufgaben in der Mess-, Steuer- und Regelungstechnik und damit als Embedded System eignet. Versorgt wird ein Raspberry Pi standardmäßig aus einem 5 V-Netzteil, welches laut Herstellervorgaben mindestens einen Strom von 700 mA liefern sollte, was darauf hindeutet, dass der Raspberry Pi im Vergleich zu typischen Mikrocontrollersystemen weitaus mehr Leistung benötigt. Für mobile Anwendungen ist ein Steckernetzteil nicht geeignet, sondern es wird eine Batterie oder ein Akkumulator benötigt, für deren Verwendung ein Raspberry Pi nicht ausgestattet ist, weshalb hierfür einige Anpassungen und/oder Erweiterungen notwendig sind.

7.1 Optimierung des Stromverbrauchs

Mit verschiedenen Methoden ist es möglich den Stromverbrauch zu reduzieren, sodass sich damit auch Anwendungen realisieren lassen, die *relativ* wenig Energie benötigen. Die A- und die Zero-Modelle sind aufgrund des fehlenden LAN-Controllers/USB-Hubs genügsamer als die B-Modelle. Die neueren Modelle verfügen über Komponenten (Bluetooth/WLAN-Chip), die bei den älteren nicht vorhanden sind, was theoretisch zu einem höheren Stromverbrauch führt, zumal der SoC auch immer höher getaktet wird und mehrere Kerne beinhalten kann. Gleichwohl führen diese Weiterentwicklungen nicht zu einem merklich höheren Stromverbrauch gegenüber den älteren Modellen, was noch genauer (Abschn. 7.1.7) erläutert wird.

Der genaue Stromverbrauch hängt natürlich auch maßgeblich davon ab, welche Applikationen bzw. Aufgaben ausgeführt werden. Angeschlossene Geräte wie eine Tastatur oder ein USB-Stick oder eine spezielle Elektronik tragen selbstverständlich ebenfalls zum Stromverbrauch bei, was bei der konkreten Anwendung mit zu berücksichtigen ist.

K. Dembowski, *Raspberry Pi – Das technische Handbuch*,
https://doi.org/10.1007/978-3-658-27493-1_7

7.1.1 Messungen

Faktoren und Parameter, die den Stromverbrauch eines „reinen" Raspberry Pi-Systems im Wesentlichen bestimmen, sind die Höhe der Prozessorspannung und der Takte sowie die Effizienz der eingesetzten Spannungsregler. Die Leistungsangaben für die unterschiedlichen Modelle (z. B. Modell B: 3,5 W, Modell B+: 3 W, Modell A: 2,5 W, RP 4: 15 W) sind für konkrete Leistungsberechnungen viel zu ungenau, was demnach genauer zu untersuchen ist. In der folgenden Tab. 7.1 sind deshalb gemessene Werte für den maximalen Strom angegeben, der nach dem Einschalten und während des Bootens (Boot) – wenn auch nur kurzzeitig – bei den verschiedenen Raspberry Pi-Versionen auftritt.

Wenn das System mit Raspbian gebootet hat, ist ein weiterer Messwert (Run) ermittelt worden. Dieser Zustand wird auch mit der Bezeichnung *Idle* ausgewiesen, was allgemein für einen Leerlaufprozess steht. In diesem Fall für denjenigen Zustand, bei dem der Raspberry Pi keine (merkliche) Aktion durchführt. Bei genauerer Betrachtung ist der Raspberry Pi selbstverständlich aktiv, denn es laufen – quasi im Hintergrund – verschiedene Prozesse ab, was jedoch nicht weiter von Bedeutung ist, weil hier vergleichende Relativmessungen durchgeführt wurden.

Der dritte Messwert wurde im Stromsparmodus (Shutdown) ermittelt, nachdem das System per `sudo halt` heruntergefahren worden ist. Bei den neueren Modellen ist außerdem der RUN-Pin (siehe auch Abschn. 3.11) für den Test auf Masse gezogen worden, was ebenfalls in den Shutdown-Modus führt. Durch das Verbinden des *Power Enable-Pins* (PEN) mit Masse, schaltet der Raspberry Pi in den niedrigsten Stromsparmodus, was von externen Schaltungen genutzt werden, um dem Raspberry Pi „schlafenzulegen".

Tab. 7.1 Gemessener Stromverbrauch der verschiedenen Raspberry Pi-Versionen

Modell	Max. (Boot)	Run (Idle)	Shutdown (Halt Mode)	RUN enable (Reset hold)	PEN enable (hold)
B	450 mA	340 mA	112 mA		
A	230 mA	136 mA	36 mA		
B+	250 mA	210 mA	57 mA		
A+	140 mA	95 mA	29 mA		
2B	400 mA	265 mA	80 mA		
3B	450 mA	270 mA	92 mA	160 mA	
3B+	680 mA	460 mA	107 mA	160 mA	6 mA
3A+	360 mA	230 mA	107 mA	160 mA	10 mA
Zero W	230 mA	130 mA	40 mA	12,7 mA	
Zero	200 mA	95 mA	35 mA	3 mA	
4B (1 GB)	860 mA	570 mA	23 mA	338 mA	14 mA

Der Aufbau war bei den getesteten Systemen stets gleich, mit angeschlossenem Monitor an HDMI und einer Tastatur aber ohne Netzwerkverbindung und ohne weitere Peripherie. Als SD-Karte wurde stets der gleiche Typ verwendet. Ein Unterschied im Stromverbrauch beim Einsatz verschiedener SD Cards konnte nicht festgestellt werden.

7.1.2 Stromsparmodi

Auch wenn die A- und Zero-Modelle laut der *Raspberry Pi Foundation* explizit für batterie- und solarbetriebene Anwendungen gedacht sein sollen, ist der minimale Stromverbrauch weit höher als der wie man ihn von Mikrocontrollerplattformen her kennt, die lange Zeit in den verschiedenen Sleep-Modi verweilen können und nur dann aufwachen müssen, wenn die Anwendung dies erfordert.

Vergleichbare *Low Power Modes*, wie sie etwa bei der MSP430-Familie von Texas Instruments oder auch bei ARM-Prozessoren wie den EFM32-Typen von SiliconLabs zur Verfügung stehen, lassen sich beim Raspberry Pi nicht programmieren, was zunächst an fehlenden Informationen zu den implementierten Power Modes des eingesetzten ARM-Prozessors liegt. Die Firma Broadcom gibt hierzu offiziell keinerlei verwertbare Informationen preis. Die Originaldokumentation zum ARM1176JZF-S führt auch nicht wirklich weiter, weil sowohl die an den Raspberry Pi angepasste Firmware als auch der Kernel beim Registerzugang „dazwischensitzen". Beide Software-Komponenten unterstützen mit den typischen Betriebssystemen für den Raspberry Pi keine speziellen Low Power-Modi, außer eben den Halt-Modus (sudo halt), der bei Linux zum Standard gehört. Deshalb kann nur eine direkte Registerprogrammierung von der Anwenderebene aus auf die ARM11-Register noch Aussicht auf Erfolg haben, wobei man schnell Gefahr läuft, das Betriebssystem dabei „abzuschießen".

Ohne besonderen Aufwand ist es deshalb per Software nur möglich den Raspberry Pi in den Halt-Modus (Standby) zu versetzen, sodass dann minimal der Ruhestrom fließt, wie er in der Tab. 7.1 angegeben ist. Eine noch geringere Stromaufnahme lässt sich nur durch zusätzliche Hardware – die allerdings ebenfalls Strom verbraucht – erreichen. Etwa mit mithilfe einer externen Schaltung, wie einem Timer, der die Anschlüsse RUN oder PEN eines Raspberry Pi steuert.

Um den Raspberry Pi wieder aus dem Standby zu aktivieren, kann dies generell programmgesteuert erfolgen oder aber durch eine fallende Signalflanke (ca. 2 s an GND schalten) am GPIO3 (Pin 5), was damit einer Hardware-Steuerung entspricht.

7.1.3 Einfluss des Betriebssystems

Das verwendete Betriebssystem hat einen nicht zu vernachlässigenden Einfluss auf den Stromverbrauch. Für Low Power-Anwendungen empfiehlt es sich generell, nicht in eine grafische Oberfläche zu booten, sondern in der textbasierten (Konsolenmodus) zu arbeiten.

Ein Embedded System muss nicht zwangsläufig mit einem Betriebssystem arbeiten, sodass auch die Möglichkeit besteht, den Raspberry Pi direkt mit einem Programm (Assembler, C) auszustatten (siehe Abschn. 5.6.5). Im Internet sind hierzu auch einige Beispiele zu finden, beispielsweise von David Welch (Raspberry Pi Bare Metal Examples) unter https://github.com/dwelch67/raspberrypi. Die Stromersparnis fällt nach eigenen Messungen allerdings nicht so stark aus, wie zunächst vermutet. Im Idle-Modus beträgt der Unterschied ca. 10 mA, und beim Ablauf eines exklusiv laufenden Programms im Konsolenmodus fällt der Stromverbrauch, der letztlich durch die Systemroutinen des Betriebssystems verursacht wird, kaum ins Gewicht.

Bei einem Vergleich bekannter Betriebssysteme (Raspbian, Arch Linux, Pidora) für den Raspberry Pi zeigt sich, dass sich die Stromaufnahmen im Idle- und auch im Sleep-Modus (shutdown) zwar kaum voneinander unterscheiden, die Bootzeit jedoch sehr unterschiedlich ist. Arch Linux richtet sich eher an erfahrene Anwender, die weniger an den zahlreichen vorinstallierten Paketen interessiert sind, sondern das System individuell anpassen möchten (und können). Es benötigt nur etwa ein Drittel der Bootzeit gegenüber Raspbian, d. h. der Energieverbrauch ($E = P * t$) beträgt demnach auch nur ein Drittel für diesen Vorgang. Falls ein System nach dem Boot nur für eine relativ kurze Zeit Messungen ausführen und danach wieder in den Schlafmodus gehen soll, ist deshalb ein schnellbootendes Betriebssystem zu bevorzugen.

Dabei ist auch interessant, welche Dienste des Betriebssystems wie lange aktiv sind. Nützlich für diese Analyse ist das Kommando `systemd-analyze`, welches die jeweilige Bootzeit ausgibt (Abb. 7.1). Mit `systemd-analyze blame`, `systemd-analyze critical-chain` und `systemd-analyze plot` erhält man nützliche Informationen über die zeitlichen Abläufe beim Starten des Raspberry Pi. Es ist relativ leicht zu erkennen, welche Dienste für die Länge der Bootzeit maßgeblich sind und welche eine eher untergeordnete Rolle spielen.

```
pi@raspberrypi:~ $ systemd-analyze blame
         4.534s hciuart.service
         2.883s networking.service
         1.234s raspi-config.service
         1.046s gammu-smsd.service
          869ms systemd-logind.service
          718ms alsa-restore.service
          713ms pppd-dns.service
          671ms rc-local.service
          670ms dphys-swapfile.service
          667ms triggerhappy.service
          663ms ntp.service
          609ms keyboard-setup.service
          530ms avahi-daemon.service
          346ms console-setup.service
          330ms systemd-udev-trigger.service
          302ms systemd-fsck-root.service
          268ms kmod-static-nodes.service
          254ms fake-hwclock.service
          236ms systemd-setup-dgram-qlen.service
          197ms kbd.service
          185ms rsyslog.service
          181ms systemd-modules-load.service
          120ms systemd-tmpfiles-setup.service
          113ms systemd-tmpfiles-setup-dev.service
          100ms systemd-journal-flush.service
           65ms plymouth-read-write.service
           62ms systemd-user-sessions.service
           59ms systemd-sysctl.service
           46ms systemd-fsck@dev-mmcblk0p1.service
           45ms sys-kernel-debug.mount
           43ms systemd-update-utmp.service
           41ms sys-kernel-config.mount
           35ms boot.mount
           31ms systemd-update-utmp-runlevel.service
           24ms systemd-remount-fs.service
           23ms dev-mqueue.mount
           23ms plymouth-quit.service
           22ms plymouth-quit-wait.service
           19ms systemd-udevd.service
           18ms systemd-random-seed.service
            9ms udev-finish.service
```

Abb. 7.1 Anzeige der Initialisierungsdauer einzelner Dienste mit `systemd-analyze blame`

Nicht benötigte Kernelmodule (z. B. joydev, ipv6, snd_bcm2835) lassen sich in die Blacklist aufnehmen und auch das Deaktivieren oder Umsortieren von Skripten, die die beim Systemstart in den verschiedenen Runleveln des Systems ausgeführt werden, versprechen kürzere Bootzeiten.

Die effektivste Methode, um schnell eine deutlich geringere Bootzeit zu erreichen, ist jedoch das Deaktivieren von zeitkritischen und nicht benötigten Systemdiensten, deren genaue Funktion natürlich bekannt sein muss, damit das System dadurch nicht die gewünschte Funktionalität einbüßt. Das Deaktivieren eines Dienstes erfolgt über die Eingabe von:

```
pi@raspberrypi:~ $ sudo systemctl disable <Dienstname>.service
```

Dienstname ist dabei durch den jeweiligen Namen zu ersetzen. In der Tab. 7.2 sind hierfür einige Beispiele mit den gemessenen Bootzeiten angegeben.

Tab. 7.2 Einfluss verschiedener Systemdienste auf die Bootzeit

	Bootzeit			Einsparung
	Kernel	Userspace	Total	
Ausgangssituation	2,344 s	10,162 s	12,507 s	——
hciuart	2,344 s	6,840 s	9,184 s	3,323 s
networking	2,344 s	5,049 s	7,393 s	1,791 s
gammu-smsd	2,344 s	4,830 s	7,175 s	218 ms
ntp	2,344 s	4,763 s	7,091 s	840 ms
caspi-config	2,344 s	3,874 s	6,217 s	874 ms
fake-hwclock	"	"	"	minimal
avahi-daemon	"	"	"	"
alsa-restore	"	"	"	"
triggerhappy	"	"	"	"
			Summe	6,290 s

7.1.4 Hardware abschalten

Für einen möglichst stromsparenden Betrieb gibt es die allgemein gültige Empfehlung möglichst alle Einheiten, die nicht für die konkrete Applikation notwendig sind, abzuschalten. Durch das Abtrennen bzw. Entfernen der roten Power-LED, die im Halt-Modus leuchtet, lassen sich zunächst 2 mA einsparen.

Für Embedded-Systems ist oftmals keine Video-Ausgabe notwendig, weshalb ein Abschalten des PAL- und des HDMI-Ausgangs sinnvoll sein kann, um Strom zu sparen. Typischerweise führt dies zu einem um ca. 20 mA geringeren Verbrauch, was durch die folgende Zeile ausgelöst wird:

```
pi@raspberrypi: ~ $ /opt/vc/bin/# tvservice -off
```

Nach dem nächsten Boot ist die Ausgabe automatisch wieder aktiviert, wenn die Zeile nicht für eine automatisierte Verarbeitung in eine der zuständigen Dateien (z. B. in `boot/config.txt` bzw. `/etc/modules`) eingetragen wird.

Die Abschaltung der Audioausgabe hat hingegen keine messbaren Auswirkungen. Das Programm *hub-ctrl (*https://github.com/codazoda/hub-ctrl.c) ermöglicht es den Ethernet-Port sowie die USB-Ports anzusteuern und zu auch zu deaktivieren. Durch das Ausschalten des Ethernet-Ports lassen sich ungefähr 46 mA einsparen, während die Abschaltung der USB-Ports zusammen ca. 4 mA wenige Stromverbrauch zur Folge hat, was der Idle-Stromaufnahme einer angeschlossenen Tastatur entspricht, sodass durch die USB-Abschaltung kein Gewinn erzielt wird. Genauso wenig wie durch die Abschaltung des WiFi/Bluetooth-Module-Chips, der sich bei Nichtbenutzung automatisch in einem effektiven Energiesparmodus befindet.

7.1.5 Einstellung der Taktfrequenzen

Grundsätzlich hat die Höhe der Taktfrequenz (f) nach der folgenden Formel einen maßgeblichen Einfluss auf den Stromverbrauch, denn sie ist proportional zur dynamischen Leitungsaufnahme:

$$P_{dyn} = f * C_L * V_{CC}^2$$

Anhand der Formel ist zu erkennen, dass die Leistungsaufnahme quadratisch von der Versorgungsspannung (Vcc) abhängt, was deshalb noch separat zu betrachten ist. Der Kondensator C_L repräsentiert dabei die Kapazität, die sich durch die Transistoren im Chip ergibt.

Beim Raspberry Pi gibt es drei entscheidende Taktfrequenzen: Die des ARM-Prozessorkerns (CPU), die das Grafikprozessors (GPU) und die des Arbeitsspeichers (SDRAM), die sich aus einem Quarzoszillator von 19,2 MHz ableiten. Die Veränderung der Frequenzen ist sehr einfach mit einem Editor in der Datei `/boot/config.txt` (Abb. 7.2, am Ende der Datei, gekennzeichnet durch `_freq`) durchführbar. Nach jeder Änderung ist die Konfigurationsdatei zu speichern und ein Neuboot auszuführen.

Eine ausführliche Beschreibung der Einträge in der Datei `config.txt` über die verschiedenen Frequenzen und Spannungen findet bei den *Overcloking Options* unter:

https://www.raspberrypi.org/documentation/configuration/config-txt/overclocking.md

Für den Geschwindigkeitstest des Systems wurden die zum Booten benötigte Zeit und die Laufzeit bei verschiedenen Taktfrequenzen und Spannungen eines einfachen C-Programms gemessen, welches die Berechnung von Primzahlen ausführt.

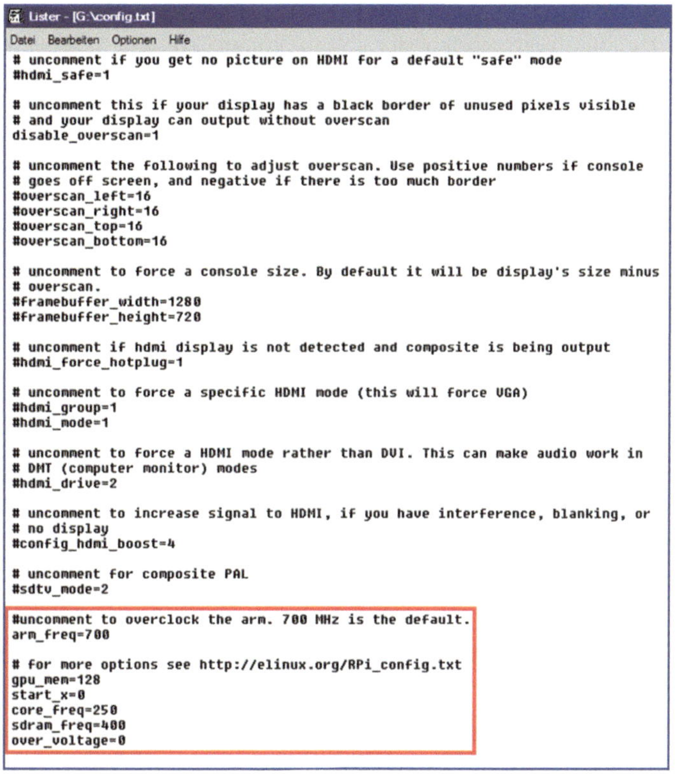

```
Lister - [G:\config.txt]
Datei Bearbeiten Optionen Hilfe
# uncomment if you get no picture on HDMI for a default "safe" mode
#hdmi_safe=1

# uncomment this if your display has a black border of unused pixels visible
# and your display can output without overscan
disable_overscan=1

# uncomment the following to adjust overscan. Use positive numbers if console
# goes off screen, and negative if there is too much border
#overscan_left=16
#overscan_right=16
#overscan_top=16
#overscan_bottom=16

# uncomment to force a console size. By default it will be display's size minus
# overscan.
#framebuffer_width=1280
#framebuffer_height=720

# uncomment if hdmi display is not detected and composite is being output
#hdmi_force_hotplug=1

# uncomment to force a specific HDMI mode (this will force VGA)
#hdmi_group=1
#hdmi_mode=1

# uncomment to force a HDMI mode rather than DVI. This can make audio work in
# DMT (computer monitor) modes
#hdmi_drive=2

# uncomment to increase signal to HDMI, if you have interference, blanking, or
# no display
#config_hdmi_boost=4

# uncomment for composite PAL
#sdtv_mode=2

#uncomment to overclock the arm. 700 MHz is the default.
arm_freq=700

# for more options see http://elinux.org/RPi_config.txt
gpu_mem=128
start_x=0
core_freq=250
sdram_freq=400
over_voltage=0
```

Abb. 7.2 In der Datei config.txt lassen sich manuelle Anpassungen für die Takt- und Spannungseinstellung vornehmen

Durch Über- und Untertakten sind theoretisch CPU-Frequenzen im Bereich von 40 MHz bis über 1500 MHz möglich. Grundsätzlich ist bei den Modellen mit 700 MHz noch etwas „Luft nach oben", während mit den Modellen 3A+ und 3B+, die mit einem CPU-Takt von 1400 MHz arbeiten das vertretbare Maximum erreicht ist. Bei diesen Typen ist zur Kühlung ein Kühlblech (Heat Spreader) montiert und falls ein anderes Modell höher getaktet werden soll, ist die Montage eines entsprechenden Kühlkörpers für die zusätzliche Wärmeabfuhr notwendig. Eine Übertaktung – um eine vermeintlich höhere Rechenleistung zu erzielen – ist grundsätzlich nicht empfehlenswert, weil dadurch die Garantie verfällt, die Lebensdauer des Chips reduziert wird und das System im Regelfall auch nicht mehr stabil läuft.

Anhand der Messwerte in der Abb. 7.3, die mit einem Modell 3B ermittelt wurden, ist zu erkennen, dass eine Verringerung der CPU-Frequenz auf 450 MHz sinnvoll sein kann, was zu einer Einsparung von bis zu 50 mA führen kann. Bei geringeren Frequenzen erhöht sich die Bootzeit und bei höheren steigt der Stromverbrauch stark an.

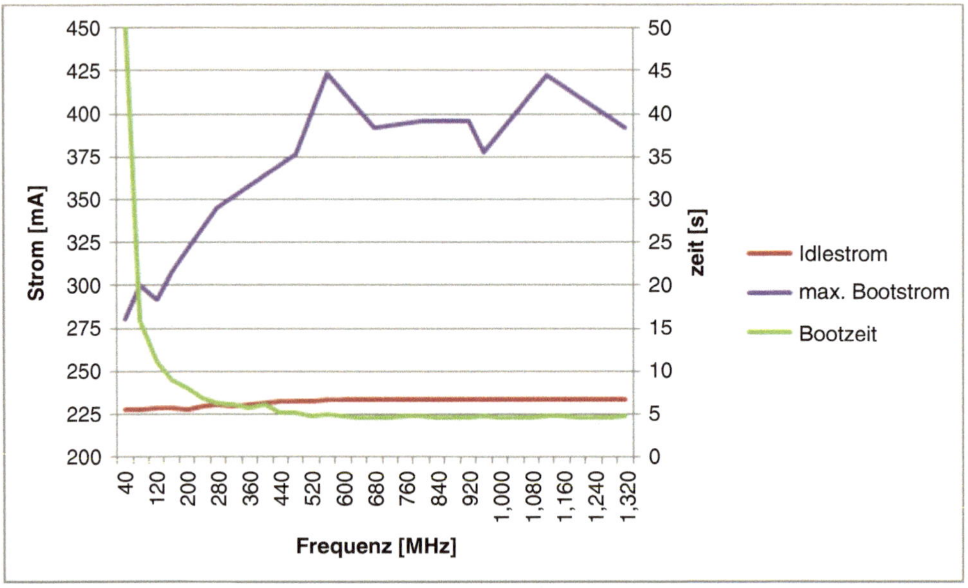

Abb. 7.3 Der Stromverbrauch (blau) steigt mit der CPU-Frequenz an, während die Bootzeit (grün) geringer wird und der Idle-Strom (rot) nahezu konstant bleibt

Die GPU-Frequenz beträgt laut Voreinstellung 250 MHz und kann bis auf maximal 500 MHz. festgelegt werden. Die GPU-Frequenz *gpu_freq* (GPU Core Frequency) setzt sich aus vier verschiedenen „GPU-Teilfrequenzen" zusammen, die auch einzeln konfiguriert werden können, wozu die Zeile in der Konfigurationsdatei mit der Angabe *gpu_freq* auszukommentieren (#-Präfix) und durch die Angaben *core_freq, isp_freq*, *h264_freq* und *v3d_freq* zu ersetzen ist.

Durch eine Verringerung dieser Frequenzen ergibt sich eine Reduzierung des Stromverbrauchs. Weil die Performance der GPU für Embedded-Applikationen üblicherweise nicht von Bedeutung ist, ist hierfür lediglich die Minimalfrequenz zu ermitteln, mit der das System noch stabil funktioniert. Ein minimaler Wert von 160 MHz ergibt sich für die GPU-Frequenz als praktikable Lösung, denn eine weitere Reduzierung führt automatisch dazu, dass wieder die Default-Werte aktiviert werden. Bei einer Einstellung von 160 MHz sowie jeweils 40 MHz für die vier „GPU-Teilfrequenzen" ergibt sich eine Stromersparnis von ca. 25 mA.

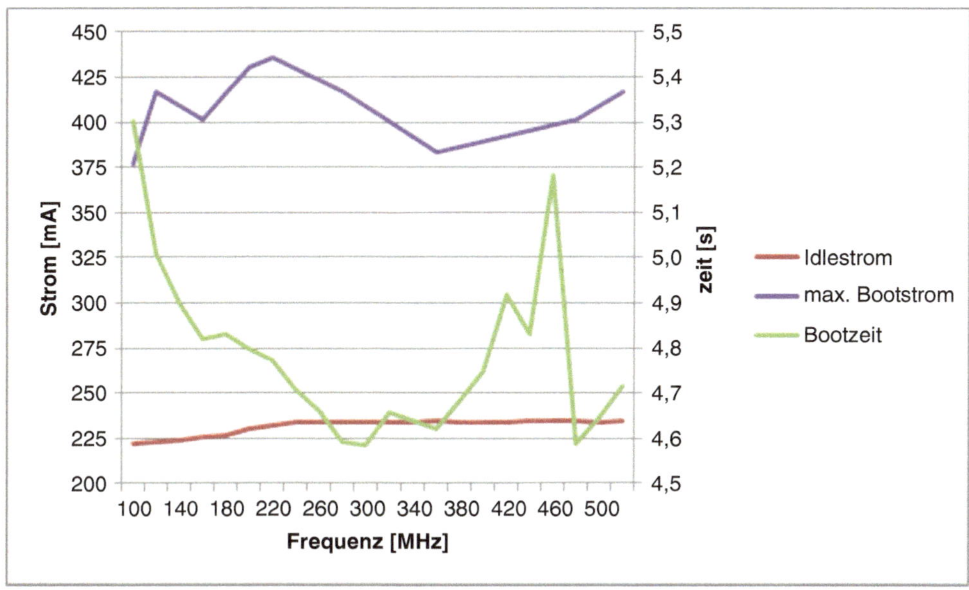

Abb. 7.4 Der Stromverbrauch (blau) und die Bootzeit (grün) bieten bei ca. 160 MHz für die GPU-Einstellung einen guten Kompromiss

Die Einstellung *sdram_freq* beträgt üblicherweise 400 MHz, und es ist zu beobachten, dass eine Verringerung auf unter 300 MHz nicht zu einer Reduzierung, sondern zu einem erhöhten Stromverbrauch (Abb. 7.4) führt, und die Stabilität des Systems nicht mehr gewährleistet ist. Bei einer Einstellung von *sdram_freq = 360* (MHz) scheint hierfür das Optimum zu liegen, Der Idle-Strom ist im Übrigen nahezu unabhängig von den verschiedenen Frequenzeinstellungen, wie es die beiden Abbildungen zeigen.

7.1.6 Einstellung der Spannungen

Die Spannungsversorgung für ein Raspberry Pi-Board wird von einem separaten Steckernetzteil mit Micro-USB-Anschlusskabel zur Verfügung gestellt. Aus den hiermit generierten 5 V werden auf der Platine drei verschiedene Spannungen für die einzelnen Bauelemente mithilfe von entsprechenden Spannungsreglern (3,3 V und 2,5 V und 1,8 V) erzeugt, wie es im Abschn. 3.9 erläutert ist. Die Spannung, die der CPU und der GPU intern zur Verfugung steht, wird chipintern erzeugt und beträgt zunächst 1,2 V. In der Konfigurationsdatei lassen sich mit der Option *over_voltage* Spannungen von 0,8 bis 1,4 V einstellen. Der jeweilige Wert ist eine Ganzzahl zwischen minimal –16 und maximal 8. Die Schrittweite beträgt damit 0,025 V, sodass eine recht granulare Festlegung möglich ist.

Für die Bootzeit und die Höhe des Stromes in Abhängigkeit von der CPU- und GPU-Spannung gilt grundsätzlich ein ähnliches Verhalten, wie es zuvor für die Taktfrequenzen erläutert ist. Eine niedrigere Spannung hat eine längere Bootzeit zur Folge, aber einen niedrigeren Strom und eine höhere Spannung eine kürzere Bootzeit aber dafür einen höheren Strom (Abb. 7.5). Da auch hier aufgrund des relativ kleinen Verhältnisses von Idlezeit zu Bootzeit, die Bootzeit der ausschlaggebende Faktor für einen niedrigen Energieverbrauch ist, sollte die CPU- und die GPU-Spannung nicht kleiner als 1,075 V gewählt werden.

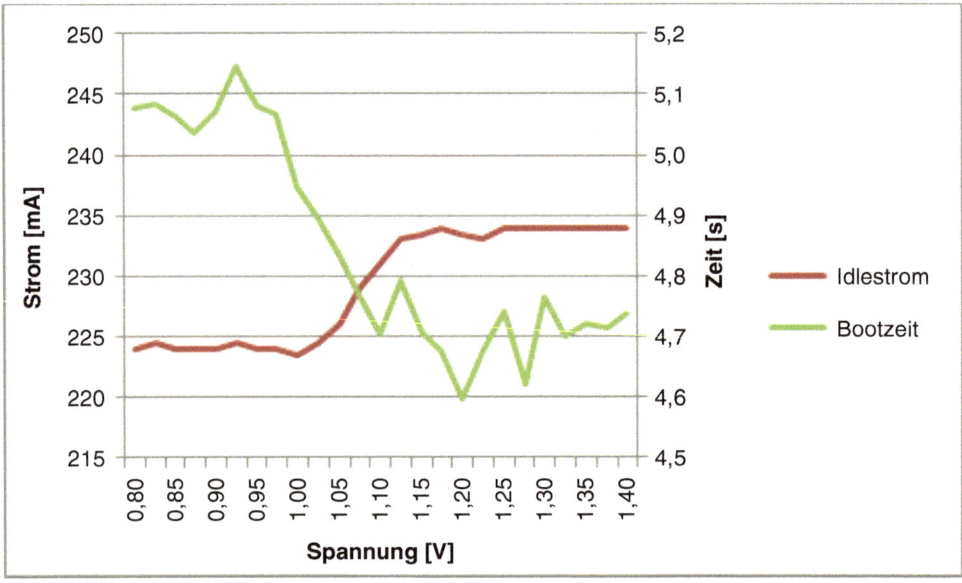

Abb. 7.5 Der Stromverbrauch und die Bootzeit in Abhängigkeit von der Prozessorspannung (CPU und GPU)

Die mögliche Stromersparnis durch Verändern der SDRAM-Spannung ist äußerst gering und beeinflusst die Bootzeit nur unwesentlich. Eine zu geringe Spannung hat ein instabil laufendes System zur Folge, das unter Umständen nicht einmal mehr komplett bootet, weshalb sich die Veränderung der SDRAM-Spannung weniger für eine Optimierung des Stromverbrauchs eignet. Typischerweise muss die SDRAM-Spannung bei einem Übertakten angehoben werden, was – wie bereits erwähnt – keinen Sinn macht.

Durch eine geschickte Kombination der erläuterten Takt- und Spannungsanpassungen sind beachtliche Stromeinsparungen möglich. Es ist allerdings notwendig eine gewisse Sicherheitsreserve mit einzukalkulieren, damit das System weiterhin stabil und zuverlässig ohne störende Bootverzögerungen funktioniert.

7.1.7 Einfluss der CPU-Kern-Anzahl

In der Datei `/boot/config.txt` lässt sich auch festlegen wie viele CPU-Kerne maximal genutzt werden sollen, indem die Zeile `maxcpus=N` ergänzt wird. Der Einfluss der Anzahl genutzter Kerne auf den Stromverbrauch im Idle-Betrieb und auf die Bootzeit ist in der Tab. 7.3 dargestellt.

Tab. 7.3 Einfluss der Anzahl verwendeter CPU-Kerne auf die Stromaufnahme und Bootzeit

Anzahl aktiver Kerne	Stromaufnahme	Bootzeit
1	337 mA	6,245 s
2	310 mA	4,871 s
3	277 mA	4,635 s
4	237 mA	4,510 s

Beide Werte steigen an, je weniger Kerne zur Verfügung stehen, wobei der Unterschied in der Bootzeit mit ca. 1,4 s besonders groß ist, wenn statt zwei Kernen nur einer verwendet wird. Ob zwei, drei oder vier Kerne verwendet werden, hat demgegenüber nur einen geringen Einfluss. Die Stromaufnahme verhält sich genau umgekehrt. Hier ergibt sich bei einem Wechsel von vier auf drei Kerne die größte Differenz mit einem Mehrverbrauch von 40 mA und die kleinste bei einem Wechsel von zwei auf einen Kern.

Die Unterschiede in der Bootzeit ergeben sich durch die Parallelisierung des Bootvorgangs, wenn mehr als ein Kern zur Verfügung steht. Die Parallelisierung ist jedoch nicht unendlich skalierbar, weil die ablaufenden Prozesse nicht alle voneinander unabhängig sind. Durch diese Abhängigkeiten entsteht eine Prozesskette, die die minimale Bootzeit vorgibt. Je näher diese Zeit rückt, desto geringer wird die Anzahl noch nicht parallelisierter Prozesse und entsprechend auch die Zeitersparnis, die durch zusätzliche Kerne erreicht werden kann.

Falsch ist dagegen die Annahme, dass mit mehr aktiven Kernen der Energieverbrauch steigt. Tab. 7.3 zeigt auch, dass die Stromaufnahme des Raspberry Pi am geringsten ist, wenn maximal vier Kerne verwendet werden und größer wird, je weniger zur Verfügung stehen. Somit scheint es effektiver zu sein, viele Kerne nur leicht auszulasten, als wenige dafür stärker. Der Grund für dieses vielleicht überraschende Ergebnis liegt im Power Management des Raspberry Pi, das die Taktfrequenzen der Kerne drosselt, je nachdem wie viel Leistung benötigt wird. Je weniger Kerne verwendet werden können, desto höher werden sie getaktet und sie verbrauchen deswegen mehr Energie, als eine größere Anzahl niedrig getakteter Kerne. Die optimale Einstellung ist demnach maxcpus=4, weil damit sowohl die Stromaufnahme als auch die Bootzeit am geringsten sind.

7.2 Optionen für die Spannungsversorgung

Raspberry Pi-Boards können mit einer Eingangsspannung versorgt werden, die laut der *Raspberry Pi Foundation* im Bereich von 4,75 V bis 5,25 V liegen muss und typischerweise von einem Steckernetzteil (2,5 A) geliefert wird. Die Spannungsversorgung muss nicht zwingend über den Micro-USB-Anschluss aus einem Steckernetzteil erfolgen, sondern kann auch an die GPIO-Pins 2 oder 4 (5 V, GND z. B. an Pin 6) angeschlossen werden, was eine einfachere Verschaltung mit einer externen Versorgung ermöglicht.

Die 5 V aus dem Steckernetzteil oder über die GPIO-Pins, gelangen zum einen auf den 3,3 V-Regler und zum anderen direkt an die USB-Anschlüsse, den HDMI-Connector und an den Battery Sense-Pin des SoC.

Mit dem 3,3 V-Anschlüssen an der GPIO-Pfostenleiste (Pin 1, Pin 17) ist ebenfalls eine Versorgung möglich, wenn die Raspberry Pi-Applikation mit dieser geringeren Spannung betrieben werden kann. Dies bedeutet, dass dann keine USB-Einheiten laut Standard eingesetzt werden können, denn diese sind für 5 V spezifiziert, wobei einige den Betrieb mit 3,3 V durchaus erlauben. Bei Tastaturen und Mäusen stellt die geringere Spannung meist kein Problem dar, während andere USB-Geräte damit nicht funktionieren.

Grundsätzlich ist bei dieser Art der Spannungsversorgung über die Kontakte am GPIO-Pfostenstecker kein Schutz über die Sicherung auf dem Board gegeben. Bei den Modellen A und B ist es außerdem möglich die Versorgung extern über den USB herzustellen (USB Backpowering).

In der Praxis zeigt sich, dass alle Raspberry Pi Boards auch noch mit 4,5 V am Micro-USB-Spannungsanschluss und einem grafischen Desktop (LXDE) arbeiten können, wobei meist die Maus als erstes mit Verzögerungen aufgrund einer zu geringen Spannung reagiert. Beim Verzicht auf einen grafischen Desktop und einer Maus gelingt es bis auf 4 V herunterzugehen, d. h. die Tastatur reagiert bis dahin auch noch normal, wobei sie bei ca. 3,8 V nicht mehr funktioniert. Die Spannung am USB ist stets um ca. 200 mV geringer als die über den Micro-USB-Spannungsanschluss eingespeiste.

Bei einer Einspeisung über die 5 V-GPIO-Kontakte (Pin 2 oder 4 und Masse z. B. an Pin 25) muss die Minimalspannung ca. 0,2 V höher liegen als bei einer Versorgung über den Micro-USB-Spannungsanschluss, d. h. mit minimal 4,5 V sollte das Raspberry Pi Board korrekt mit Maus und Desktop funktionieren.

7.2.1 Betrieb mit 3,3 V

Wie erwähnt ist es möglich ein Raspberry Pi Board mit lediglich 3,3 V über den 3,3 V-Kontakt an der GPIO-Pfostenleiste (Pin 1, Pin 17) zu versorgen, wobei dann jedoch keine USB-Geräte – auch keine Tastatur – eingesetzt werden können. Dies liegt daran, dass die USB-Spannung an der Buchse dann nur noch ca. 2,5 V beträgt.

Abb. 7.6 Der RG2-Spannungsregler ist entfernt und die Kontakte sind gebrückt, sodass der Raspberry Pi nur noch mit 3,3 V arbeitet

Durch eine Veränderung am Raspberry Pi Board (Modell A und B) lässt sich dies dennoch beheben, in dem der Regler REG2 (NCP1117), der die 5 V-Eingangsspannung auf 3,3 V umsetzt entfernt und eine Brücke vom Eingang auf den Ausgang gelötet wird (Abb. 7.6). Als Einspeisung sind dann natürlich 3,3 V notwendig. Demnach existiert dann keine 5 V-Versorgung mehr und USB, HMDI sowie der Battery Sense-Pin des SoC arbeiten mit 3,3 V, was entsprechend positive Auswirkungen (siehe Formel im Abschn. 7.1.5) auf die maximale Laufzeit bei einer Versorgung mit einer Batterie oder einem Akku hat. Dieses Verfahren lässt sich im Prinzip auch auf andere Raspberry Pi Boards anwenden, was allerdings nicht so einfach ist, weil die PMICs ab dem PAM2306 (siehe Abschn. 3.9) mehrere Regler enthalten.

7.2.2 Wirkungsgrad und Laufzeit

Für den Einsatz von Batterien und Akkus zur Versorgung eines Raspberry Pi sind verschiedene Parameter von Bedeutung, um eine möglichst energieeffiziente Spannungsversorgung zu gewährleisten. Der Wirkungsgrad (η) ist allgemein das Maß für die Energieumsetzung (E). Er gibt das Verhältnis zwischen der genutzten (P_{nutz}) und der zugeführten Leistung (P_{zu}) an.

$$\eta = \frac{E_{nutz}}{E_{zu}} = \frac{P_{nutz}}{P_{zu}}$$

Dementsprechend sollte die Eingangsspannung (U_{bat}) von einem Akku oder einer Batterie bei der Verwendung eines Linearreglers, der auch als Längsregler bezeichnet wird, möglichst nah an der für den Raspberry Pi (U_{pi}) notwendigen Versorgungsspannung liegen.

Der zulässige minimale Unterschied zwischen Eingangs- und Ausgangsspannung wird durch den verwendeten Regler bestimmt, der mit einer Dropout-Spannung spezifiziert ist.

Bei gewöhnlichen Linearreglern (LM78xx) beträgt diese Spannung mehrere Volt, während Low Dropout-Regler nur noch ca. 200 mV benötigen.

$$\eta = \frac{U_{pi}}{U_{bat}}$$

Demnach wäre der Wirkungsgrad bei der Versorgung eines Raspberry Pi, der mindestens 5 V benötigt, mit einem 9 V-Block nur 55 %, bei Versorgung mit 6 V (4 ∗ 1,5 V Batterie) hingegen 83 %.

Die Laufzeit (t) eines Raspberry Pi (oder natürlich auch einer anderen Schaltung) beträgt allgemein:

$$t = \frac{Q}{I}; Laufzeit = \frac{Ladung}{Strom}$$

Die Ladung entspricht der Kapazitätsangabe des Akkus oder der Batterie und der Strom ist der (durchschnittliche) Verbrauchsstrom der Schaltung. Mit Berücksichtigung des Wirkungsgrads führt dies zu:

$$t = \frac{Q * \eta}{100 * I}$$

Mit einer beispielhaften 6 V-Versorgung (s. o.), die über eine Kapazität (Ladung) von 1000 mAh verfügt, ergibt bei einem Raspberry Pi, der einen durchschnittlichen Strom von 200 mA verbraucht:

$$t = \frac{1000\ mAh * 83\ \%}{100 * 200\ mA} = 4{,}15h$$

Falls ein Raspberry Pi Modell A stattdessen im Halt-Modus (Standby, siehe Tab. 7.1) mit lediglich 36 mA arbeitet, reicht die Versorgung für 27 Stunden aus. Beim Einsatz eines Schaltreglers ist der Wert für den Wirkungsgrad aus dem jeweiligen Datenblatt bei den vorgesehenen Betriebsparametern ersichtlich.

7.2.3 Batterien und Akkus

Typische AA-Batterien (Mignon 1,5 V Alkaline) liefern im günstigsten Fall eine Energie (Ladung) von 1100 mAh und die Lithium-Pendants bis zu 1300 mAh. Die Micro-Ausführungen (AAA) liegen in ihren Kapazitätswerten ca. 10-20 % unter denen der Mignon-Typen. Der Einsatz von 9 V-Blocks, die über Kapazitäten von bis zu 1200 mAh (Lithium-Typ) verfügen, ist aufgrund der zu hohen Spannung keine effektive Lösung.

Grundsätzlich wird für eine Batterie- und auch für eine Akkulösung ein weiterer Spannungsregler benötigt, der die externe Spannung in die notwendigen 5 V umsetzt. Hierfür empfiehlt sich ein Schaltregler, wie etwa ein MagI³c-Modul der Firma Würth Elektronik, welches sich ohne weitere Beschaltung und somit sehr einfach einsetzen lässt.

NiMH-Akkus in der AAA-Bauform liefern bis zu 2700 mAh, die Spannung beträgt allerdings nur 1,2 V pro Zelle, sodass vier Zellen eigentlich nicht ausreichen. Lithium-Ionen- und Lithium-Polymer-Zellen sind in einer Vielzahl von Ausführungen (Abb. 7.7) erhältlich, etwa für Digitalcameras oder Smartphones mit einer typischen Spannung von 3,7 V. Höhere Spannungen, etwa für Modellbau, Notebooks oder auch Elektrowerkzeuge werden durch eine Reihenschaltung einzelner Lithium-Zellen realisiert, was zu mechanisch mehr oder weniger großen Akku-Packs führt.

Abb. 7.7 Lithium-Ionen- und Lithium-Polymer-Akkus sind in zahlreichen verschiedenen Bauformen und mit unterschiedlichen Kapazitäten erhältlich

7.2.4 Power Packs

Für die Aufladung von Akkus sind entsprechende Ladegeräte notwendig, was demnach wie beim Einsatz von Batterien, einen Wechsel der Zellen bei deren Erschöpfung erfordert. Deshalb ist neben dem Spannungsregler für 5 V noch eine Ladeschaltung für die Akkus in der Schaltung selbst wünschenswert, die sich möglicherweise auch per Solarzelle betreiben lässt, was allerdings noch einen Boost-Converter voraussetzt, der die Spannung der Solarzellen auf einen nutzbaren Pegel anhebt.

Diese Komponenten gibt es bereits zusammengefasst in fertiger Form als so genannte *Power Banks* oder *Power Packs* oder *USB Battery Packs*, die insbesondere für das Aufladen von Smartphones unterwegs gedacht sind. Im täglichen Umgang zeigt sich, dass die in einer Power Bank integrierten Akkus über die vorgesehene Solarzelle selten voll geladen werden können, sodass das Laden meist über den USB oder das mitgelieferte Netzteil durchzuführen ist. Als Ausgangsspannung sind 5 V üblich und als Ausgang ein Micro-USB-Anschluss, sodass sich hiermit direkt eine Verbindung für die Spannungsversorgung des Raspberry Pi herstellen lässt.

Abb. 7.8 Mit Power Banks lässt sich ein Raspberry Pi auch mobil betreiben. Idealerweise schafft es die Solarzelle einer geeigneten Power Bank (Bild Mitte) die Akkus nachzuladen, um somit einen autarken kontinuierlichen Betrieb zu ermöglichen

Die Power Banks (Abb. 7.8) sind mit unterschiedlichen Kapazitäten erhältlich, wobei nicht immer deutlich wird, worauf sich die Kapazitätsangabe bezieht: auf die tatsächlich zu nutzende Energie am Ausgang der Power Bank (5 V) oder aber nur auf den integrierten Akku, der typischerweise mit 3,7 V arbeitet (Lithium). Außerdem kann man davon ausgehen, dass sich die angegebenen Kapazitätsangaben in der Praxis deutlich geringer darstellen.

Die üblichen Power Banks sind für Kapazitäten von 1500 mAh bis hin zu 12.600 mAh ausgelegt, was bei einem überschlagsmäßigen Stromverbrauch eines Raspberry Pi von 150 mA zu einer Laufzeit von 10 bzw. 84 Stunden führen müsste. In der Praxis ereicht man diese Idealwerte nicht, denn im Akku muss noch eine Restkapazität vorhanden bleiben, die bei der Kapazitätsangabe meist mitgezählt wird, aber nicht nutzbar ist. Bei eher schwachen Power Banks kann die Spannung beim Einschalten des Raspberry Pi bereits so stark einbrechen, dass gar kein oder nur ein sehr kurzer Betrieb möglich ist. Deshalb sind die Angaben wichtig, welchen Strom die Power Bank verlässlich am Ausgang liefern kann und welche Kapazität tatsächlich nutzbar ist, was man zumindest bei den teureren Power Bank-Modellen erwarten sollte.

Bei solarbetriebenen Power Banks sollte das Aufladen des Akkus bei gleichzeitigem Betrieb eines aktiven Verbrauchers möglich sein, was – je nach Modell – mehr oder weniger gut funktioniert und in der Qualität der integrierten Power Management-Schaltung begründet ist. In Abhängigkeit von der Betriebssituation kann es passieren, dass der „geerntete Strom“ zwar für das Laden des Akkus verwendet wird, durch den angeschlossenen Verbraucher jedoch gleich wieder verbraucht wird, sodass der Akku nie voll aufgeladen und der Verbraucher nie ausreichend versorgt und damit betrieben werden kann. Eine gute (solarbetriebene) Power Bank sollte sowohl das Laden als auch die Versorgung eines Verbrauchers gleichzeitig ermöglichen, damit sich hiermit ein Raspberry Pi betreiben lassen kann.

Dennoch ist es notwendig, sich genauer Gedanken darüber zu machen, ob der Raspberry Pi tatsächlich kontinuierlich arbeiten muss oder ob es nicht ausreicht ihn zu bestimmten programmierten Zeiten aus dem Halt-Modus aufzuwecken, daraufhin Messungen auszuführen und ihn dann wieder schlafen zu legen. Durch eine entsprechende Abstimmung mit der Beleuchtungssituation lässt sich dann auch ein autarker Betrieb mit Solarzellen (in einer Power Bank) realisieren.

7.2.5 Unterbrechungsfreie Stromversorgung – USV

Eine gewöhnliche Power Bank verfügt nicht über die Möglichkeit den aktuellen Energiezustand per Statusleitung nach außen an einen Raspberry Pi melden zu können, damit er sich dementsprechend verhalten kann. Wenn der Ladezustand der Power Bank über die Helligkeit einer LED visualisiert wird, ließe sich hier jedoch eine Leitung anschließen und das Signal mit dem Raspberry Pi dann auswerten.

Grundsätzlich kann der Fall auftreten, dass die Versorgungsspannung für den Raspberry Pi ausfällt, sodass das System nicht korrekt heruntergefahren werden kann, sondern ungewollt und abrupt den Betrieb beendet. Eine Beschädigung des Linux-Betriebssystems, insbesondere des Dateisystems, ist dabei weniger zu befürchten, sondern eher dass geöffnete Dateien, die beispielsweise kontinuierlich mit Messdaten gefüllt werden, beschädigt werden und sich daraufhin nicht mehr lesen lassen.

Für das geordnete Herunterfahren eines Computers beim Stromausfall oder auch bei einer nicht in der spezifizierten Toleranz liegenden Versorgung, werden traditionell unterbrechungsfreie Stromversorgungen (USV, UPS) eingesetzt. Sie arbeiten mit einem integrierten Akku, der das System solange am Laufen hält, bis alle Dateien geschlossen und das System heruntergefahren worden ist. Bei aktuellen Computern wird der USB als Kommunikationsschnittstelle zwischen USV und Computer eingesetzt, wozu eine passende Treibersoftware gehört.

Abb. 7.9 Eine USV für den Raspberry Pi setzt sich aus einer HAT-kompatiblen Steuerungsplatine sowie im einfachsten Fall einem Batteriehalter zusammen

Für den Raspberry Pi werden ebenfalls verschiedene USVs wie etwa *PI USV* oder *StromPI* in verschiedenen Ausführungen angeboten. Zum Lieferumfang gehört stets eine Steuerungsplatine im HAT-Format, die auf die GPIO-Leiste des Raspberry Pi zu stecken ist. In der einfachsten Form gehört eine Batteriehalterung für sechs AA-Batterien dazu, die an die Steuerungsplatine angeschlossen wird (Abb. 7.9). Die Spannungsversorgung des Raspberry Pi wird über die USV hergestellt und falls diese ausfällt, tritt die Versorgung mit den Batterien über die entsprechenden Kontakte des GPIO-Headers (Backpowering) in Kraft.

Die weiterentwickelten USV-Versionen können außerdem mit Akkus arbeiten (Abb. 7.10) und diese im Betrieb aufladen. Sie bieten, wie etwa das Modell RPI USV+, demnach mehr als die Funktion einer reinen USV und stellen somit eine mobile Spannungsquelle dar, die über zwei Eingänge mit unterschiedlichen Spannungsquellen – auch mit Solarzellen – umgehen kann. Als Akku kommt ein einzelliger Lithium-Ionen- oder ein Lithium-Polymer-Akku zum Einsatz, der über eine Kapazität von mindestens 300 mAh verfügt. Der Ladestrom des Akkus beträgt laut Datenblatt 100 mA, während er für einen Entladestrom von mehr 3 A ausgelegt ist. Die dazugehörige Software *Pi USV Monitor* firmiert unter Open Source und ist beim jeweiligen Anbieter erhältlich. Einstellbar ist damit unter anderem nach wie vielen Sekunden der Raspberry Pi heruntergefahren werden soll, nachdem auf die sekundäre Energiequelle umgeschaltet wurde, und nach wie vielen Sekunden die USV selbst ausgeschaltet wird, um ein weiteres Entladen des Akkus zu verhindern.

Des Weiteren kann ein eigenes Skript für das Ausschalten der USV hinterlegt sowie Einstellungen für das Log-Verhaltens der Software getroffen werden. Die Kommunikation der USV mit der Software auf dem Raspberry Pi erfolgt über den I²C-Bus, wie es die HAT-Spezifikation (siehe Abschn. 6.8) vorsieht.

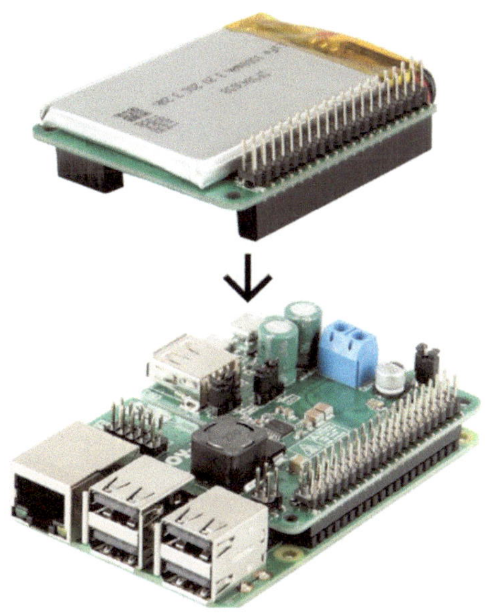

Abb. 7.10 Der geeignete Akku sich auch direkt auf die HAT-Steuerungsplatine aufstecken

Diesen Vorteilen stehen allerdings auch nicht zu vernachlässigende Nachteile gegenüber, insbesondere wenn hiermit Embedded Systems betrieben werden sollen. Zunächst sind die technischen Datenangaben zu den Raspberry Pi-USVs sehr dürftig, sodass das Praxisverhalten schlecht abschätzbar ist und für ihre Funktion verbrauchen sie relativ viel Strom (300 mW), der bei einer Eingangsspannung von über 10 V exponentiell ansteigt. Außerdem ist der Akkuladestrom mit 100 mA recht niedrig, weshalb ein alleiniger Akkubetrieb mit einer Solarzelle nicht möglich ist.

7.2.6 Power-over-Ethernet – PoE

Für bestimmte Netzwerkeinheiten wie etwa *WLAN Access Points*, Überwachungskameras und insbesondere VoIP-Telefone (Voice Over IP) ist es wünschenswert, wenn auf eine Spannungsversorgung und damit auf einen Anschluss an das 230 V-Netz verzichtet werden kann. Ein Verfahren zur Versorgung Ethernet-fähiger Einheiten über Twisted Pair-Kabel ist im Standard IEEE 802.3af festgelegt. Mit dem Modell 3B+ und dem speziell hierfür vorgesehenen PoE-HAT wird diese Funktionalität erstmalig mit einem Raspberry Pi möglich, was bereits im Abschn. 3.5.5 beim LAN-Controller erwähnt worden ist.

Als Steckverbinder kommt der übliche Twisted Pair-Anschluss (RJ45) zum Einsatz, der jedoch nicht für hohe Leistungen konzipiert ist. Deshalb wird für PoE eine relativ hohe Spannung von 48 V auf dem LAN-Kabel bei maximal 320 mA übertragen, was zu einer maximalen Leistung von 15,4 W führt. Je höher die Spannung ist, desto geringer fällt die Verlustleistung aus, damit nach wie vor die dünnen TP-Leitungen verwendet werden können.

Für die Energieversorgung sind im Standard IEEE 802.3af zwei verschiedene Methoden festgelegt. Bei der ersten werden die ungenutzten Aderpaare 4-5 und 7-8 des LAN-Kabels verwendet, was aber nicht mit Gigabit-Ethernet funktioniert, wo alle Leitungen des Kabels für die Datenübertragung zum Einsatz kommen. Deshalb ist die zweite Methode üblich, die auch beim Raspberry Pi Modell 3B+ sowie dem Raspberry Pi Modell 4B vorzugsweise zum Einsatz kommt, wo eine so genannte Phantomspannung auf den Aderpaaren der Datenleitungen 1-2 und 3-6 transportiert wird. Geräte, die dem PoE-Standard entsprechen, müssen beide Methoden der Energieversorgung unterstützen. Von der Gerätekonzeption her muss ausgeschlossen sein, dass eine gleichzeitige Nutzung beider Verfahren möglich ist.

Das Prinzip der Phantomspannung ist von Audiosystemen, aktiven Mikrofonen oder auch von Lautsprechersystemen her bekannt, wo Transformatoren auf beiden Geräteseiten eingesetzt werden. Das Nutzsignal – bei PoE die Daten – wird auf der Übertragungsstrecke um die Speisespannung im Potenzial angehoben.

Abb. 7.11 Ein preisgünstiger 8-Port-Gigabit-Switch mit vier PoE-Ports (links)

Die Spannung wird entweder direkt von einem PoE-Switch (Abb. 7.11) in das LAN-Kabel eingespeist oder aber über einen PoE-Injektor. Dabei handelt es sich meist um ein Gerät mit zwei RJ45-Buchsen und einer Versorgung mithilfe eines separaten Steckernetzteils. Ein derartiges Gerät wird in die Netzwerkleitung zwischen dem (nicht PoE-fähigen Switch) und dem PoE-tauglichen Endgerät geschaltet; die Daten werden unverändert durchgeleitet, und es wird hier nur die Energie für das Netzwerkendgerät eingespeist. Falls das Endgerät nicht PoE-konform ist, kann es durch die Einspeisung durchaus beschädigt werden. Deshalb müssen in den Injektoren entsprechende Überprüfungsmechanismen integriert sein, die den jeweiligen Verbrauchertyp erkennen sollten.

Abb. 7.12 Ein PoE-Splitter für die Versorgung konventioneller Netzwerkeinheiten

Für die Auskopplung der Spannung kann ein PoE-Splitter (Abb. 7.12) eingesetzt werden, sodass dann auch gewöhnliche Endgeräte versorgt werden können. Üblicherweise lassen sich am PoE-Splitter unterschiedliche Spannungen, passend für das jeweilige Endgerät einstellen. Zu beachten ist dabei außerdem, dass der maximal zulässige Strom des Splitters vom Endgerät nicht überschritten werden kann.

Mithilfe der PoE-HAT-Platine wird die 5 V-Versorgungsspannung für den Raspberry Pi auf die Anschlüsse der GPIO-Leiste gegeben, die von der LAN-Controllerschaltung (siehe Abb. 3.39) über den 4-Pin Header ausgekoppelt werden. Auf der HAT-Platine wird ein MP8007 (Abb. 7.13) von *Monolitic Power Systems* für die Umsetzung von 48 V auf 5 V eingesetzt. Die PoE-HAT-Platine ist für das Modell 3B+ eingeführt worden und demnach für einen maximalen Strom von 2,5 A spezifiziert, was meist aber auch für den Raspberry Pi 4B ausreicht für den ein Netzteil von 3 A empfohlen wird.

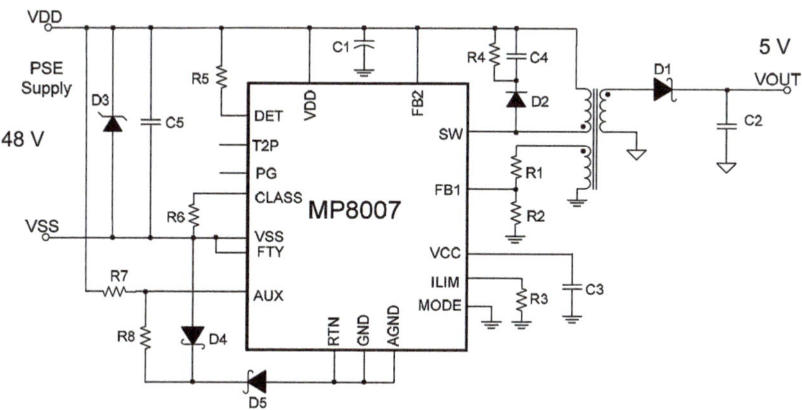

Abb. 7.13 Der MP8007 ist ein PoE-kompatibler Spannungsconverter

Für den Betrieb sind keine besonderen Vorkehrungen notwendig, die HAT-Platine ist lediglich auf die GPIO-Leiste und den separaten vierpoligen Connector aufzustecken. Die beiliegenden Abstandshalter sollten zuvor für einen besseren mechanischen Halt montiert und die Platine anschließend daran festgeschraubt werden. Nach dem Anschluss des LAN-Kabels, das natürlich die PoE-Spanung führen muss, startet der Raspberry Pi dann genauso als wenn die Spannung aus dem Steckernetzteil über den Micro-USB-Anschluss anliegen würde. Die Schaltung wird im Betrieb recht warm, was sich auch auf den Raspberry Pi überträgt und ein entsprechendes „luftiges" Gehäuse verlangt, damit der Lüfter der HAT-Platine die Wärme auch abtransportieren kann.

Mittlerweile gibt es eine zweite Version der PoE-HAT-Platine, denn die erste bereitet Probleme, wenn mehrere Geräte am USB-Port angeschlossen werden. Der Strom erreicht dadurch eine gewisse Höhe, woraufhin die Converter-Schaltung anfängt zu schwingen, was zu Spannungseinbrüchen und damit zu einen instabilen Betrieb des Raspberry Pi führt. Die erste Serie der PoE-Hat-Platine wurde deshalb vom Markt genommen und durch ein zusätzliches LC-Filter ergänzt, welches mit einer extra Platine (RPI-POE-MOD, GW-05) auf die ursprüngliche Platine (Abb. 7.14) aufgesetzt wurde.

Abb. 7.14 Das PoE HAT Board mit dem MP8007 und der ergänzten LC-Filterschaltung

Der RJ45-Anschluss ist traditionell nicht dafür vorgesehen, dass hiermit auch eine Betriebsspannung geführt wird, wie es im Gegensatz dazu bei USB oder auch Firewire (IEEE 1394) der Fall ist. Bei diesen Anschlüssen hat man dem Umstand Rechnung getragen, dass die Spannungsversorgung beim Anschließen zuerst und beim Abziehen zuletzt getrennt werden muss, und dort längere Kontakte – gegenüber den Kontakten für die Datensignale – eingebaut. Dies kann beim RJ45-Anschluss jedoch nicht praktiziert werden, was bedeutet, dass man das Netzwerkendgerät vor dem Trennen von einer PoE-Verbindung zunächst spannungsfrei schalten müsste. In der Praxis unterbleibt dies oftmals oder es ist vielleicht vom Gerät her auch gar nicht möglich, sodass das Netzwerkkabel einfach aus dem Gerät herausgezogen wird, ihm also im laufenden Betrieb die Betriebsspannung weggenommen wird. Dies kann einen Lichtfunken zur Folge haben, was zu einem sukzessiven Abbrennen der RJ45-Kontakte führen kann und damit die Lebensdauer der Komponenten drastisch verkürzt. Im aktuellen IEEE-Standard wurde dieser Problematik noch nicht begegnet, sodass man sich beim Einsatz von PoE-Einheiten dieser Möglichkeit bewusst sein sollte. Beim Raspberry Pi besteht diese Problematik im Prinzip genauso. Das Abziehen des LAN-Kabels, nachdem er heruntergefahren ist, sollte jedoch keine Beschädigungen hervorrufen.

7.3 Industrielle Systeme und emPC/RPI3

Plattformen wie Arduino und Raspberry Pi haben nicht nur Maßstäbe für Open Source in der Hardware-Entwicklung gesetzt, sondern verändern auch zunehmend die etablierten Methoden und Entwicklungsumgebungen für das System Design. Die relativ einfach zugänglichen Plattformen mit einer Vielzahl von bereits vorhandenen Applikationen sowie die niedrigen Kosten für die Hardware sind Argumente, die auch im professionellen Umfeld nicht mehr unbeachtet bleiben können.

Ein üblicher Raspberry Pi ist keineswegs für industrielle Anwendungen ausgelegt, was beispielsweise die Art der Spannungsversorgung, die Verwendung einer SD Card als Arbeitsspeicher und die Ermangelung an industrietauglichen Schnittstellen (RS485, CAN) betrifft. Zusätzliche Schnittstellen lassen sich zwar über entsprechende HAT-Erweiterungs-Boards zur Verfügung stellen, allerdings gilt dies unter industriellen Gesichtspunkten als „wackelige" Konstruktion, was die generelle Empfindlichkeit gegenüber externer Störstrahlung zudem noch verschärft.

Für den professionellen Einsatz spielt die Langzeitverfügbarkeit der Komponenten eine wichtige Rolle. Hierfür sind von der *Raspberry Pi Foundation* bisher kaum verlässliche Angaben zu den verschiedenen Boards zu finden. Die Hersteller der einzelnen Bauelemente sind vielfach auch nicht informativer zur längerfristigen Verfügbarkeit ihrer Komponenten. Nach der – mitunter überraschenden – Vorstellung eines neuen Raspberry Pi Boards kann es passieren, dass die Produktion vorheriger Boards relativ schnell eingestellt wird. Dieser Umstand sowie auch eine fehlende Standardisierung lassen einen Raspberry Pi für den Einsatz im industriellen Umfeld zunächst als eher ungeeignet erscheinen. Immerhin wird für den Raspberry Pi 4B angegeben, dass er bis zum Januar 2026 produziert werden soll.

Gleichwohl ermöglicht ein Raspberry Pi einen schnellen Aufbau von Prototypsystemen ohne dass langjährige Erfahrungen im Design von Embedded Systems eine zwingende Voraussetzung wären. Diese Basis-Hardware ist zudem kaum günstiger herzustellen, wenn nicht gleich abertausende Stück davon gefertigt werden sollen.

Mittlerweile bieten verschiedene etablierte Hersteller von Industriesystemen auch Raspberry Pi-basierte Systeme an, womit man auch Anwender und Entwickler erreicht, die aufgrund der hohen Kosten und auch Komplexität vor derartigen Lösungen bisher zurückgeschreckt sind und ihre Entwicklung zunächst mit einem Raspberry Pi-basierten System starten, um dann in der Zukunft möglicherweise auf ein geeigneteres System – der bereits bekannten Firma – umzusteigen.

Grundsätzlich sind zwei unterschiedliche Vorgehensweisen für die Integration der Raspberry Pi-Technik zu erkennen. Entweder verwendet der Hersteller ein gewöhnliches Raspberry Pi Board, welches er in einer eigenen Schaltung einsetzt, wie es beispielsweise die Firmen Janztec (emPC-A/RPI3) und Qube Solutions (PiXtend) praktizieren oder aber es wird ein eigenes Embedded-System entwickelt, dass auf einem *Raspberry Pi Compute Modul* basiert, was im folgenden Kapitel näher behandelt wird. Der *RevolutionPi* im Hutschienenformat der Firma Kunbus oder das *SBC-Developer Kit für Raspberry Pi* der Firma Kontron sind Beispiele für Compute Module-basierte Systeme.

Abb. 7.15 Der Embedded Controller arbeitet auf der Basis eines gewöhnlichen Raspberry Pi

Das Modell emPC/RPI3 der Firma Janztec (Abb. 7.15) besteht aus einem stabilen Gehäuse (ca. 10 × 10 × 3 cm) mit Montagemöglichkeiten auf Hutschienen, es bietet eine flexible Spannungsversorgung sowie robuste Anschlussklemmen und ist CE-spezifiziert, wie man es von einem industriellen System erwartet. Die Raspberry Pi-Platine ist fest im Gehäuse montiert, das mit passgenauen Ausstanzungen für die Anschlüsse versehen ist und stabile Halterungen bietet, sodass mechanische Erschütterungen dem Innenleben nichts anhaben können. Die Micro-SDCard verschwindet komplett im Gehäuse.

Als DC-Spannungsversorgung sind 9 V bis 32 V möglich, die, wie die Schnittstellensignale, an einem 24-poligen Multi Connector angeschlossen wird. Der Ethernet- und der HDMI-Anschuss sowie die USB-Buchsen lassen sich wie gewohnt verwenden, während die GPIO-Signale inklusive SPI und I²C, die für die spezielle Peripherie zuständig sind, auf einer beidseitig bestückten Platine (Abb. 7.16) untergebracht ist. Der standardmäßige serielle Port (RXD, TXD) des Raspberry Pi wird auf den neunpoligen Connector als Console-Port geführt, während am Multiconnector die Anschlüsse für eine RS232-Schnittstelle mit Übergabeleitungen (RXD, TXD, RTS, CTS) vorhanden sind, die sich per Jumper in eine RS485-Schnittselle umschalten lässt. Der hierfür notwendige Busabschluss (120 Ω) lässt sich per Jumper ein- oder ausschalten. Hierfür wird ein UART vom Typ SC16IS740 von NXP plus entsprechendem Multiprotocol Transceicer (SP330 von Exar) eingesetzt.

Abb. 7.16 Der emPC von Innen mit entferntem Raspberry Pi

Der UART wird, wie der CAN-Controller von Microchip (MCP2515), über ein SPInterface des Raspberry Pi angesteuert (Abb. 7.17). Das CAN-Interface ist gegenüber den Ports des Raspberry Pi mithilfe eines Solid State Relays (VN330P von STM) optoisoliert aufgebaut. Ebenfalls optoisoliert sind die vier digitalen Ausgänge und die vier digitalen Eingänge, die bis zu 24 V mit 0,5 A verkraften. Hierfür kommen zwei Vierfach-Photocoupler (TPL281) von Toshiba zum Einsatz. Zur Signalisierung von Statusmeldungen sind zwei Leuchtdioden (User LEDs) vorhanden, die direkt vom GPIO-Port gesteuert werden.

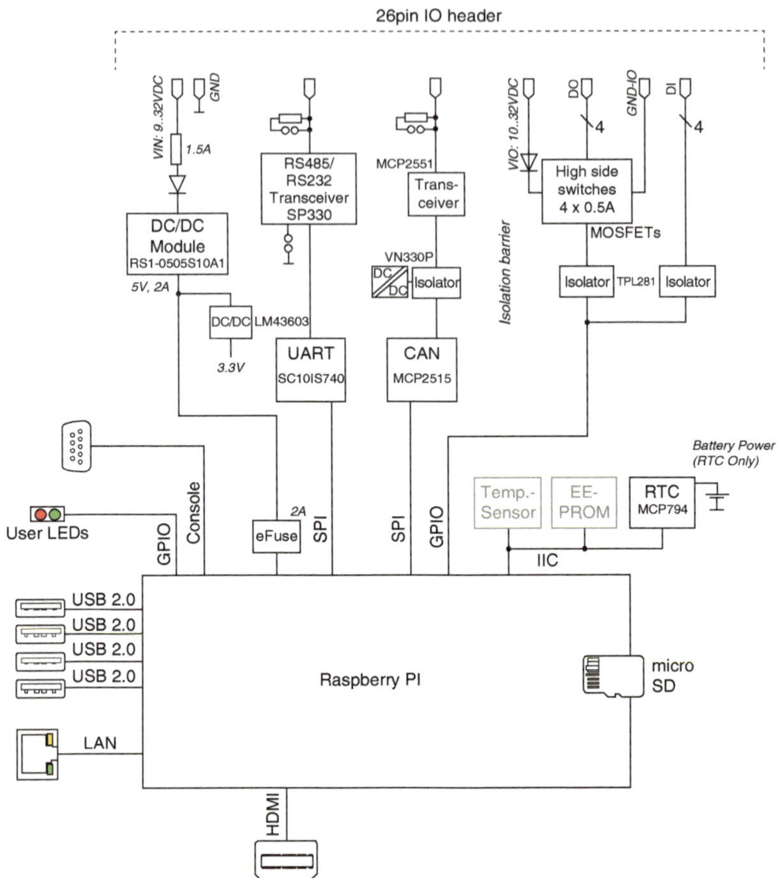

Abb. 7.17 Blockschaltbild des emPC

Eine Rapberry Pi-Erweiterung – zumal für Embedded-Anwendungen – kommt nicht ohne eine Echtzeituhr aus. Als Real Time Clock (RTC) wird der Typ MCP794-ON von Microchip verwendet, der standardmäßig vom rtc-ds1307-Linux-Treiber (ab Kernel 3.19) unterstützt wird, weshalb dieser oder ein hierzu kompatibler Typ auf fast allen Raspberry Pi-Erweiterungen mit RTC zu finden ist. Die dazugehörige microSD-Card enthält eine aktuelle Raspbian-Version mit Vierkern-Unterstützung plus installiertem und konfiguriertem emPC-Driver Package, um die die zusätzliche Hardware (RTC, UART/RS232/RS485, CAN) ansprechen zu können. Die CODESYS-Software von 3S-Smart Software Solutions wird per Treiber unterstützt, sodass man ein plattformunabhängiges Werkzeug für Steuerungen (IEC 61131) einsetzen und mit den eigenen CODESYS-Anwendungen später relativ problemlos auf ein anderes System umziehen kann.

7.4 Compute Module

Im Frühjahr 2014 wurde von der *Raspberry Pi Foundation* das erste *Raspberry Pi Compute Module* (Abb. 7.18) vorgestellt. Es arbeitet ebenfalls mit dem SoC BCM2835 der Firma Broadcom und einen RAM-Speicher von 512 MByte. Im Gegensatz zu den bis dato üblichen Raspberry Pi Boards hat ein *Raspberry Pi Compute Module* die Form eines DDR2-SO-DIMM-Speichermoduls, wie es bei Notebooks verwendet wird, und verfügt, abgesehen von den Platinensteckkontakten, über keinerlei weitere Anschlüsse.

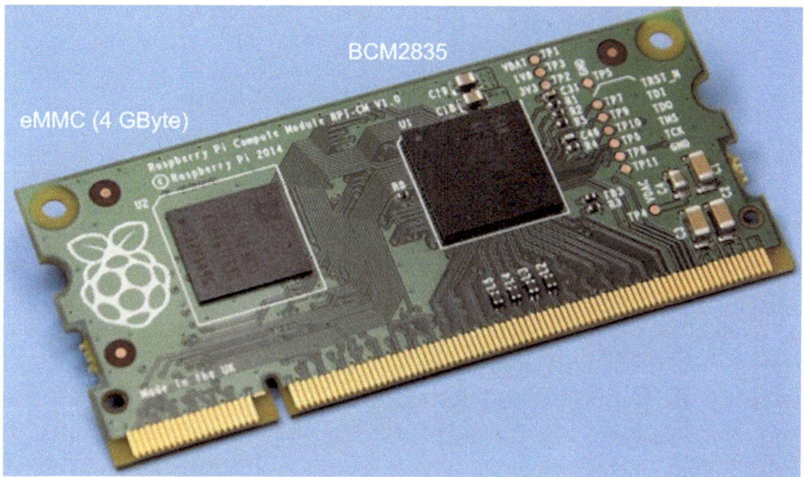

Abb. 7.18 Das Raspberry Pi Compute Modul ist in Form eines Speichermoduls ausgeführt und beherbergt lediglich den SoC BCM2835 mit integriertem RAM sowie den Flash-Speicher in Form eines eMMC-Chips

Mit dem Modul (Abb. 7.19) allein lässt sich zunächst nichts bewerkstelligen, denn es wird ein entsprechendes „Umfeld" mit der Spannungsversorgung und den notwendigen Peripherie-Chips sowie den passenden Anschlüssen benötigt. Hierfür soll eine eigene individuelle Hardware entwickelt werden, die lediglich diejenigen Komponenten beinhaltet, die für die jeweilige Embedded-Applikation benötigt werden, was einen direkten Einfluss auf den Stromverbrauch hat und außerdem zu sehr kompakten Lösungen führen kann.

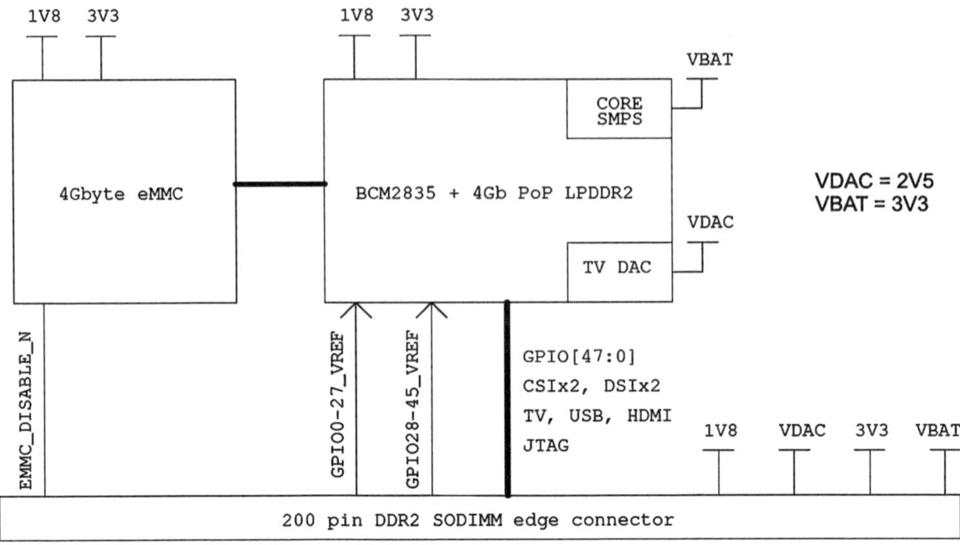

Abb. 7.19 Das Prinzipschaltbild des Raspberry Pi Compute Module

Zum Modul gibt es auch ein offizielles „Trägerboard", mit dem es getestet werden kann und mit dem sich Probeaufbauten durchführen lassen. Dieses I/O-Board (Abb. 7.20) verfügt über die Konverterschaltung für die Spannungsversorgung, die auch hier wieder von einem separaten 5 V-Steckernetzteil zur Verfügung gestellt werden muss, sowie über den HDMI-Grafikconnector, zwei USB-Ports, jeweils zwei Kamera- und LCD-Anschlüsse für Flachbandkabel und zwei Steckerleisten mit GPIO-Ports. Einen Audio- und auch einen Netzwerkanschluss gibt es hier nicht. Während Audio für Embedded-Applikationen meist verzichtbar ist, kann das Fehlen eines LAN-Controllers durchaus als Einschränkung angesehen werden. Das Compute Module wird zusammen mit dem I/O-Board, zwei Adaptern für CSI und DSI, einem Steckernetzteil (5 V, 1A) sowie vier Steckleitungen als *Compute Module Development Kit* von den bekannten Distributoren angeboten.

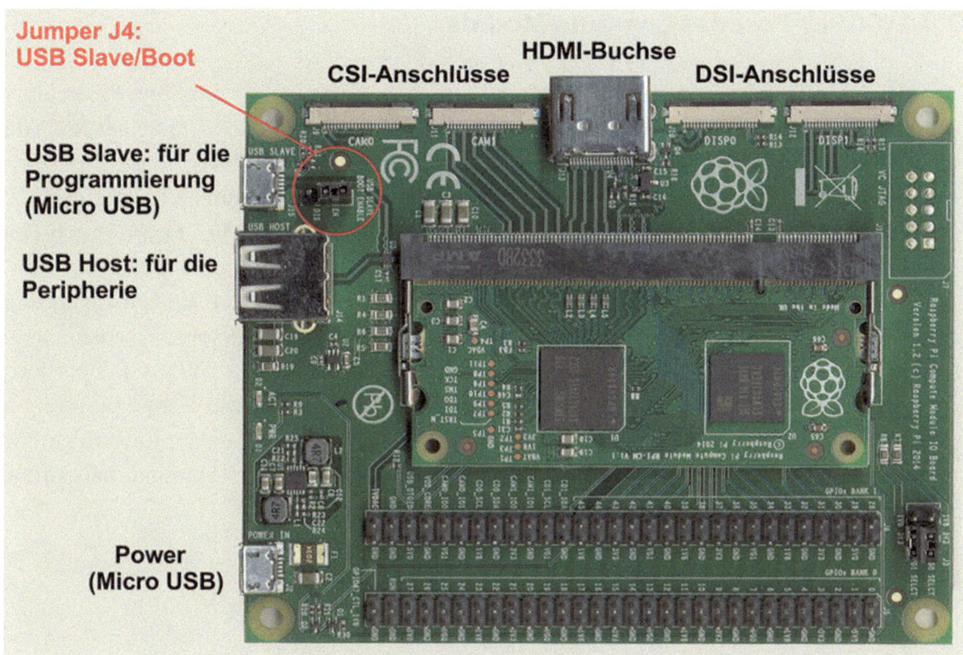

Abb. 7.20 Das Raspberry Pi I/O-Board mit eingesetztem Compute Modul

Seit 2017 steht ein neues *Compute Module* (CM3) zur Verfügung, das wie der Raspberry Pi 3, mit einem BCM2837 mit einem Takt von 1 GHz und 1 GByte SDRAM arbeitet. Wie beim ersten *Compute Module* wird hier statt eines Slots für eine (Micro) SD-Karte ein Flash-Speicher mit 4 GByte in Form eines auf der Platine aufgelöteten eMMC-Chips verwendet. In der Lite-Version wird auf Flash-Speicher verzichtet, der sich demnach auf dem passenden Träger-Board befinden muss. Wie für das erste *Compute Module* wird auch für das *Compute Module 3* ein Träger-Board mit verschiedenen Adaptern (DSI, CSI) zusammen als *Development Kit* angeboten. Als wichtige Ergänzung zur ersten Version ist hier ein Slot für *Micro SD Cards* eingebaut.

7.4.1 GPIO-Port des Compute Module

Auf dem I/O-Board für das Compute Module befindet sich zwei zweireihige Pfostenleisten (Abb. 7.21) mit jeweils 2 × 60 Polen. Hier sind sämtliche I/O-Anschlüsse des SoC, die nicht anderweitig, etwa für die Display-Anschlüsse und den HDMI-Ausgang benötigt werden, angelegt. Somit ist es einfach möglich, an bestimmten Leitungen Messungen vorzunehmen und hier Peripherie zum Test anzuschließen, bevor das I/O-Board durch eine eigene Lösung ersetzt wird, die dann das Compute Module aufnimmt.

Insgesamt bietet dieser GPIO-Port 46 einzelne I/O-Ports, die zwei Bänken zugeordnet sind und die sich auf beide Pfostenleisten verteilen sowie die Versorgungsspannungen (5 V, 3,3 V, 1,8 V) und einige der speziellen Signale (CAM/2x I^2C, TVDAC). Über zwei Jumper (J3) lassen sich die GPIO-Spannungen (VG0, VG1) der zwei Bänke bestimmen, die entweder 3,3 V oder 1,8 V betragen können und auf mehrere Pins der Leisten geführt werden. Dabei ist es wichtig, dass hier auf jeden Fall Jumper gesteckt sind, andernfalls kann der BCM283x zerstört werden.

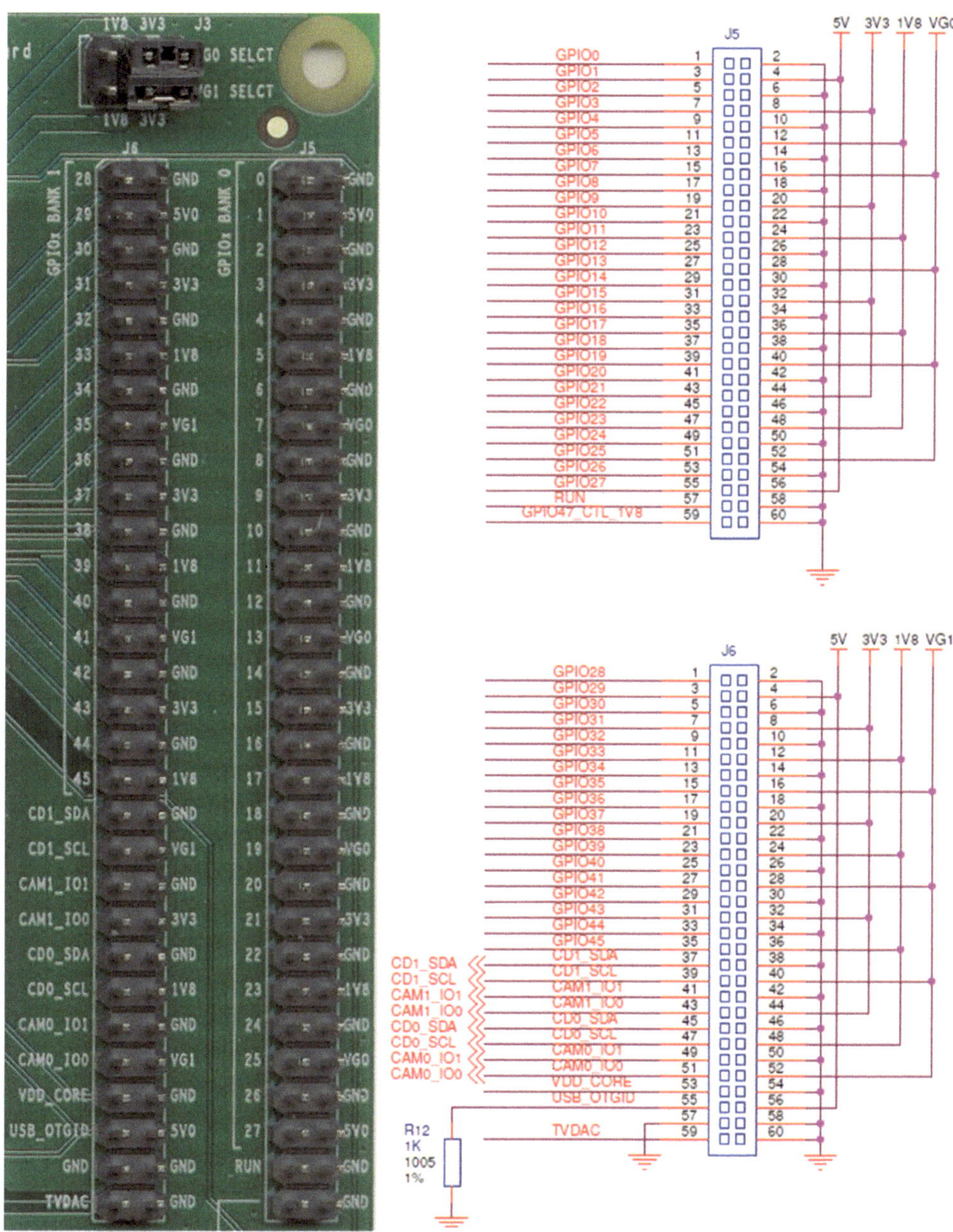

Abb. 7.21 Die Belegung und das Layout der beiden GPIO-Leisten

7.4.2 Beschreiben der Embedded Multimedia Card

Der Flash-Speicher ist auf dem Compute Module (vgl. Abb. 7.18) mit einem eMMC-Chip aufgebaut, der bei Auslieferung des Moduls leer ist, sodass das Betriebssystem hier zunächst installiert werden muss, was um etwas aufwendiger ist, als eine übliche SD Card mit einem Image zu beschreiben. Der eMMC-Chip ist elektrisch direkt mit dem BCM283x verbunden. Als Modulkontakte stehen diese Signale nicht zur Verfügung.

Für die Übertragung des Betriebssystems in den eMMC-Chip wird ein Linux-Computer als Host benötigt, was durchaus ein anderer Raspberry Pi sein kann. Er sollte mit einer SD Card verwendet werden, die mindestens über eine Kapazität von 8 GByte verfügt, denn neben dem Betriebssystem für den Raspberry Pi als Host muss hier auch noch das Image selbst Platz haben, das in den eMMC-Chip geschrieben werden soll und typischerweise um die 4 GByte groß ist. Außerdem sind noch einige Tools für die Übertragung des Systems in den eMMC-Chip notwendig, sodass man mit einer 16 GByte-SD-Card auf der sicheren Seite sein sollte.

Zunächst ist das Linux-Host-System auf den neuesten Stand zu bringen, wie es im Abschn. 5.2 erläutert ist. Danach sind auf dem Linux-Host die *USB Tools* sowie die USB-Bibliothek (libusb) notwendig. Hierfür wird die komplette *Tools Repository* auf das Hostsystem übertragen mit:

```
pi@raspberrypi: ~ $ git clone -depth=1
https///github.com/raspberrypi/tools
```

was durch die Anzeige *Cloning into ,Tools'* und durch die abschließende Meldung *done* signalisiert wird. Nach Beendigung des Vorgangs wird in das neu angelegte Verzeichnis gewechselt:

```
pi@raspberrypi: ~ $ cd tools/usbboot
```

und die USB-Bibliothek wird in *dev* installiert mit:

```
pi@raspberrypi: ~/tools/usbboot $ sudo apt-get install-1,0-0-dev
```

Diese beiden Vorgänge müssen ohne Fehlermeldungen absolviert worden sein, sodass jetzt der Build-Vorgang für das *usbboot tool* durch die Angabe von *make* (im usbboot-Verzeichnis) ausgelöst werden kann.

Anschließend ist *rpiboot*, welches Bestandteil der *USB Tools* ist, aufzurufen, woraufhin auf die Etablierung einer USB-Verbindung gewartet wird (Anzeige: Waiting for BCM2835 …):

```
pi@raspberrypi: ~/tools/usbboot $ sudo ./rpiboot
```

Auf dem I/O-Board mit dem installiertem Compute Module muss sich der Jumper J4 (Abb. 7.20) in der Stellung *Enable* (Usb Slave Boot) befinden.

Das USB-Kabel (Typ: Micro-USB auf Standard-USB) wird mit dem I/O-Board (J15: USB slave port) und dem Host-System (Raspberry Pi) verbunden, und die Spannungsversorgung für das I/O-Board ist einzuschalten, sodass die rote LED (PWR) auf dem I/O-Board leuchtet. Die grüne LED (ACT) direkt darüber bleibt zunächst aus, bis das System auf dem Compute Module funktioniert.

Kurz danach detektiert das laufende USB Tool (`sudo ./rpiboot`) das I/O-Board und sendet einen Boot Code, um den Kontakt mit dem eMMC-Chip aufzubauen (Abb. 7.22). Wenn dieser Vorgang abgeschlossen ist, erscheint ein neues sda-Device unter `/dev`.

```
pi@raspberrypi / $ cd home/pi/tools/usbboot
pi@raspberrypi ~/tools/usbboot $ sudo ./rpiboot
Waiting for BCM2835 ...
Found serial = 0: writing file usbbootcode.bin
Successful
Waiting for BCM2835 ...
Found serial = 1: writing file msd.bin
Successful
Raspberry Pi is now a mass storage device, use lsblk to find it
pi@raspberrypi ~/tools/usbboot $
```

Abb. 7.22 Die Verbindung zwischen dem Host und dem Compute Module, welches als USB-Speicherträger fungiert, ist korrekt hergestellt

Zur Kontrolle, ob das neue USB Device – das I/O-Board – erkannt worden ist, empfiehlt sich die Anwendung des lsusb-Befehls (Abb. 7.23) oder auch die Eingabe von *lsblk*. Wichtig ist an dieser Stelle, dass tatsächlich ein /sda- oder – je nach Konfiguration bzw. Ausstattung des Host-Systems – auch ein /sdb-Device neu hinzugekommen ist.

Für die Übertragung des Image auf den eMMC-Chip wird der Befehl *dd* (Dump Device) mit den Optionen `if` (input file), `of` (output file) und `bs` (Block Size 4 MBit) wie folgt aus demjenigen Verzeichnis eingesetzt (hier /media), wo das Image abgelegt worden ist.

```
pi@raspberrypi: /media $ sudo dd if=wheezy-raspbian.img
of=/dev/sda bs=4MiB
```

Das jeweils zu verwendende Image (hier wheezy-raspbian.img) lässt sich mit den üblichen Linux-Methoden, wie beispielsweise mit dem Befehl `wget`, direkt aus dem Internet beziehen oder auch per Kopie mittels PuTTY von einem PC aus mit SSH/FTP (siehe Abschn. 4.2.9) auf den Host-Computer übertragen.

Nachdem das Image übertragen worden ist, was mehrere Minuten dauert, wobei die ACT-LED am Raspberry Pi-Host flackert, ist das verbindende USB-Kabel zwischen

Compute Module und Host-Computer abzuziehen und wieder anzustecken, damit eine Neuinitialisierung stattfindet. Danach sind zwei weitere Partitionen hinzugekommen, wobei `/dev/sda` weiterhin den eMMC-Speicher repräsentiert, `/dev/sda1` entspricht der ersten Partition im FAT-Format und `/dev/sda2` der zweiten Partition im Linux-Format. Das bedeutet, dass die Einrichtung des Systems auf dem eMMC-Speicher beendet ist und nachfolgend von ihm gebootet werden kann, wofür der Jumper J4 wieder in die Stellung *Disable* (Usb Slave Boot) zu setzen und das USB-Kabel zum Host zu entfernen ist. Wie üblich, wird dann beim ersten Boot raspi-config automatisch gestartet.

```
pi@raspberrypi ~/tools/usbboot $ lsusb
Bus 001 Device 002: ID 0424:9512 Standard Microsystems Corp.
Bus 001 Device 001: ID 1d6b:0002 Linux Foundation 2.0 root hub
Bus 001 Device 003: ID 0424:ec00 Standard Microsystems Corp.
Bus 001 Device 004: ID 04d9:1503 Holtek Semiconductor, Inc. Shortboard Lefty
Bus 001 Device 007: ID 0a5c:0001 Broadcom Corp.
pi@raspberrypi ~/tools/usbboot $ lsblk
NAME        MAJ:MIN RM  SIZE RO TYPE MOUNTPOINT
sda           8:0    1  3.7G  0 disk
├─sda1        8:1    1   56M  0 part
└─sda2        8:2    1  3.6G  0 part
mmcblk0     179:0    0 14.9G  0 disk
├─mmcblk0p1 179:1    0   56M  0 part /boot
└─mmcblk0p2 179:2    0 14.9G  0 part /
pi@raspberrypi ~/tools/usbboot $
```

Abb. 7.23 Das USB Device 007 (Broadcom Corp.) entspricht dem Compute Module, welches als Datenträger gegenüber dem Host mit sda und den beiden Partitionen sda1 und sda2 erscheint

Für das zu übertragende Image sollte keinesfalls ein in irgendeiner Form angepasstes Image, sondern tatsächlich ein neues (von der Raspberry Pi Foundation) verwendet werden. Auch wenn es praktisch erscheint ein Image zu übertragen, welches aus einem bereits lauffähigen System mit den entsprechenden Anpassungen und Einstellungsoptionen stammt, führt dies meist zu einem Bootproblem mit einer Fehlermeldung wie *PANIC: VFS: Unable to mount root fs on unknown-block* beim Compute Module, weil die zulässige Größe der Bootpartition überschritten wird und deshalb nicht korrekt „gemounted" werden kann. Üblicherweise wird die Partition per raspi-config und der Option *Expand Root Partion* auf die maximale Größe der SD-Card angepasst, sodass hier die Ursache für das spätere Bootproblem zu sehen ist, auch wenn das gewissermaßen „expandierte Image" nur von einer 4 GByte-SD-Card stammt.

Stichwortverzeichnis

K. Dembowski, *Raspberry Pi – Das technische Handbuch*,
https://doi.org/10.1007/978-3-658-27493-1